选矿手册

第二卷

第一分册

《选矿手册》编辑委员会

北京
冶金工业出版社
2008

图书在版编目(CIP)数据

选矿手册. 第二卷. 第一分册/《选矿手册》编辑委员会编.
—北京:冶金工业出版社, 1993.6(2008.1 重印)
ISBN 978-7-5024-1085-8

Ⅰ. 选… Ⅱ. 选… Ⅲ. 选矿-手册 Ⅳ. TD9-62

中国版本图书馆 CIP 数据核字(2008)第 003845 号

出 版 人 曹胜利
地　　址 北京北河沿大街嵩祝院北巷 39 号,邮编 100009
电　　话 (010)64027926 电子信箱 postmaster@ cnmip. com. cn
责任编辑 王之光 杨秋奎 美术编辑 李 心 责任印制 牛晓波
ISBN 978-7-5024-1085-8
北京百善印刷厂印刷; 冶金工业出版社发行; 各地新华书店经销
1993 年 6 月第 1 版; 2008 年 1 月第 4 次印刷
850mm × 1168mm 1/32; 14.625 印张; 370 千字;439 页;6001-9000 册
48.00 元
冶金工业出版社发行部 电话: (010)64044283 传真: (010)64027893
冶金书店 地址: 北京东四西大街 46 号(100711) 电话: (010)65289081

本分册主编、副主编

第四篇　配　矿

主　　编：沈志诚

副主编：宋梅贤

第五篇　洗　矿

主　　编：邵全渝

第六篇　筛　分

主　　编：闻邦椿　刘　杰

第七篇　破　碎

主　　编：王宏勋

本分册序

为了提高我国在选矿科研、设计、生产方面的水平和总结经验，推动选矿事业的进一步发展，中国金属学会选矿学术委员会于1983年8月决定组织编写我国第一部选矿专业大型工具书——《选矿手册》，由选矿学术委员会组成《选矿手册》编辑委员会主持编写工作，并成立了相应的编写组。参加撰写工作的有国内具有几十年教学、科研、设计、生产经验的专家、教授、高级工程师、工程师几百人。在整个编写过程中，实行了三级审核规定，严格贯彻"主编责任制"和"编辑委员会最终审定制"。

《选矿手册》共分八卷、三十七篇，按十四个分册陆续出版。全套书约为450万字。考虑到选煤另有专著，本《手册》不包括煤的洗选。《选矿手册》的内容有：总论、选矿前准备，选矿方法和选矿药剂、产品处理及辅助作业、取样、试验技术与选矿过程检测、数模和工艺过程控制、选矿厂设计、选矿实践等。

《选矿手册》是一部供中级以上程度的选矿工作者及有关人员使用的工具书。编入了较成熟的选矿理论、方法、工艺、药剂、设备和生产实践经验，内容丰富、实用性强。编写时，参阅了国内外上万篇文献、收集了上千个厂、矿的生产实践资料，理论与实践兼备，以实践为主，选材以国内为主，同时辅以典型的国外资料，体现了近代选矿科学技术水平。是一部具有中国特色的《选矿手册》。

第二卷为选矿前准备，内容包括：配矿、洗矿、筛分、破碎、分级和磨矿。

本书为《手册》第二卷第一分册，内容包括《手册》第二卷的第四篇配矿、第五篇洗矿、第六篇筛分和第七篇破碎。

书中简明扼要地介绍了配矿、洗矿、筛分及破碎在选矿中的作用和地位，以及使用设备类型、工作原理、选择和计算，并列举了配矿场、洗矿厂及破碎筛分厂的不少有参考价值的实例。

本分册除主编、副主编外，参加撰写的人员有：任德树审查饰分篇，杨中威整理了全稿，胡力行翻译目录英文。

本分册编写过程中，得到了有关科研、设计院所、大专院校，生产厂矿的大力支持和帮助，在此一并表示衷心感谢！

编　者

第二卷 第一分册目录

4 配 矿

7 破 碎

Volume 2 - Part 1

Contents

4 Blending

5 Washing

6 Screening

7 Crushing

4 配 矿

4.1 概述

随着科学技术的发展，以矿物原料为原材料的冶金、化工、建材和其他工业部门对矿物原料不仅要求质量高而且要求质量稳定。如我国各个选矿厂虽然具体条件不同，但对入选矿石的品位都有各自的要求。各钢铁企业对磁选精矿含铁品位要求大于65%，其品位波动范围要求±0.5～±1.0%。有色金属铜冶炼厂对铜精矿的质量要求一是按质论价，二是按各品级严格限制杂质含量。总之，凡是矿产品都有质量和质量指标波动的要求。

为了满足对选矿产品质量高而且稳定的要求，对入选矿石要进行配矿和混匀处理。处理后的矿石对稳定选矿生产，提高选矿指标，降低成本均有明显的效果。如果入选矿石质量波动大且频繁，就迫使选矿生产作相应频繁的调整，而且这种调整总是滞后于矿石性质的波动，于是引起生产不正常，造成精矿产品质量低，回收率和产量下降。

选矿厂采取矿石配矿及混匀设施，对协调矿山与选矿厂的生产起到积极作用，它可以减少因一方生产出现故障而影响另一方生产，提高设备作业率。

选矿前矿石进行配矿及混匀是为使入选矿石的品位、硬度、粒度及其他物理性质得到稳定的质量指标，也是改善矿石质量、稳定精矿质量的有效方法。近年来已引起人们的注意。早在70年代，有些国家，如利比里亚邦格（Bong）铁矿由于矿石性质变化大（铁品位33～45%，磁铁矿含量15～70%），采用配矿及混匀处理后，才满足了选矿要求。苏联新克里沃罗格采选公司按矿石可选性进行配矿并通过矿仓给矿，使精矿铁品位标准差达到0.22%（班平均）。我国鞍钢东鞍山铁矿和东鞍山烧结总厂选矿车间由于采取简易的配矿及混匀措施，使选矿生产均衡稳定。近年来新建选矿厂、水泥厂等设置矿石配矿及混匀设施日渐增多，尤其是矿产资源贫乏，依靠外购矿石的国家。我国有些选矿厂也相继采用。

矿石配矿及混匀与矿石质量指标关系密切。对矿石质量指标差异较大并影响选矿生产指标时，则需要进行配矿及混匀处理；对矿石质量指标变化不大并对选矿生产指标无大影响时，配矿及混匀处理就没有必要。所以不是每一个选矿厂都要进行矿石配矿及混匀。

矿石品位、有害杂质的种类及含量、矿物组成、嵌布粒度和物理化学性质等都是矿石配矿及混匀的重要质量指标。但在实践中，这些质量指标不可能全部都考虑进去，目前多数选矿厂只对矿石品位进行配矿及混匀，其他质量指标在进行矿石品位混匀时也得到了相应的改善，这样矿石质量指标就可在较长时期内保持稳定，为选矿工艺稳定操作创造了良好条件。但在某些情况下，当矿石全部或部分外购时，由于矿石产地不同，矿批质量不断变化，矿石质量指标不能实现长期稳定，这时只能对一批矿石进行配矿及混匀，在一定时期内保持矿石质量指标的稳定。这个时期称为矿批的周期，周期最短不应少于一昼夜。

配矿和混匀是相互关联的，配矿是混匀的基础，混匀是在配矿的基础上进一步使矿石质量均匀。配矿及混匀通常采用两种方式：一种是配矿和混匀同时进行，这就是混匀料场；另一种是配矿和混匀分别进行，这就是通常认为的简易配矿及混匀设施。对矿石质量指标波动要求严格时，可取前者，但其基建投资高，占地面积大，管理复杂；对矿石质量指标波动要求不太严格时，可取后者，因为它经济适用。至于采取那种配矿及混匀方式，要在建厂前进行技术经济论证，根据论证结果决定。

4.2 选矿厂对矿石质量指标波动的要求

4.2.1 矿石质量指标的波动对选矿工艺的影响

矿石质量指标的波动对选矿工艺及其指标有着不同程度的影响，这种影响取决于选矿工艺对矿石质量变化的适应性。为了保证选矿厂正常生产和使产品质量稳定，一般对入选矿石的质量指标波动范围提出某些要求，这些要求通常由试验和生产实践来确定。矿石质量指标波动对选矿工艺及其指标的影响是多方面的。如在粗破碎、中破碎和细破碎作业中，矿石粒度(粗粒级%)，硬度（坚硬类型矿石%）的波动对作业有一定的影响，对旋回破碎机，当给矿粒度变小时，矿石只通过破碎机而不被破碎，损失了工作时间和电能。当给矿粒度过粗时，破碎机处理量降低且电耗提高。对标准或短头圆锥破碎机，当给矿粒度变小时，使破碎部分和破碎空间的充填率缩小，而导致破碎矿石粒度的增大，且不降低用电量。

在棒、球磨和自磨作业中，矿石粒度、可磨性、嵌布粒度、粗粒级和细粒级的比例变化等都会影响作业生产。如矿石粒度增大使磨矿粒度“跑粗”；矿石粒度缩小产生“过磨”，导致选矿指标降低。矿石可磨性的变化也有类似反应。嵌布粒度增大，使金属矿粒过磨；嵌布粒度缩小，金属矿物解离度不足，均导致选矿中的损失提高。矿石粒度对平均值而言的波动综合起来会使处理量损失5～8%。矿石可磨性和嵌布粒度的波动导致处理量损失2～5%，并降低回收率1～3%。其主要原因是磨矿和选矿作业生产不协调和过程调节滞后所致。

在干式和湿式磁选作业中，矿石粒度、含铁量（磁铁矿中的铁）的波动，如增大和缩小粒度导致精矿质量降低和尾矿中铁流失增加。含铁量的提高和降低导致主要作业磁性产品产率变化和后面再选作业负荷的改变，从而使尾矿中铁分流失增大。

在浮选作业中，给矿粒度、金属含量、金属矿物和脉石矿物的可浮性等质量指标，如粒度的改变会导致精矿质量和尾矿中金属流失的变化。金属含量的改变导致泡沫产品产率和再选作业负荷、精矿质量和尾矿带走的金属量相应变化。金属矿物的氧化度和围岩矿物含量的改变使浮选选择性变化，从而使精矿质量和回收率也随之变化。

根据苏联的资料，以班和小时为批量的质量指标波动造成选矿厂约有30～50%生产班生产不正常时，选矿指标将下降。对铁矿选矿厂而言，回收率降低0.5～2%；精矿品位平均降低1～1.5%；处理量平均降低5～10%。对有色金属和稀有金属选矿厂而言，回收率平均降低1.5～3%；精矿品位平均降低2～5%；处理量平均降低5～10%；药剂用量增加10～15%。

4.2.2　入选矿石质量指标允许波动范围

为了保证入选矿石满足选矿工艺要求，必须对矿石配矿及混匀指标允许波动范围作出若干规定，现将苏联有关资料列于表4.2.1，以供参考。

表 4.2.1　设计矿石配矿及混匀设施时采用的矿石质量指标的波动范围

企业名称	质量指标	由矿山给入选矿厂（每班·日为一矿批）		给入选矿主厂房(每10～30个班为一矿批)	
		按平均值的波动范围,%	标准差	按平均值的波动范围,%	标准差
科夫多尔斯克采选公司磁选厂和磷灰石一斜锆石选矿厂(Ковдорский Гок. Моф и Абоф)	全铁	±2.0	0.8	±1.0	0.4
	磁性铁	±2.0	0.7	±1.0	0.3
	磁铁矿中的铁	±0.80	0.8	±0.5	0.2
	磷	±0.8	0.3	±0.5	0.2
	氧化镁	±3.0	1.0	—	—

续表4.2.1

企业名称	质量指标	由矿山给入选矿厂(每班·日为一矿批)		给入选矿主厂房(每10～30个班为一矿批)	
		按平均值的波动范围,%	标准差	按平均值的波动范围,%	标准差
哲兹卡兹干矿冶公司第三选矿厂(Джезказгонский гмк. доф-3)	铜	±0.5	0.2	±0.1	0.02
	铅	±0.5	0.2	±0.1	0.02
卡拉盖林斯克采选公司①(Карагайлинский гок)	铅	±0.5	0.2	±0.2	0.1
	锌	±0.7	0.3	±0.3	0.15
	重晶石	±15.0	6.0	±5.0	0.2
奥列涅戈尔斯克采选公司(Оленегорский гок)	全铁	±1.8	0.7	±1.5	0.6
	磁性铁	±1.8	0.7	±1.5	0.6
	赤铁矿中的铁	±2.0	0.8	±1.5	0.6
柯尔苏诺夫斯克采选公司(Коршуновский гок)	全铁	±2.5	1.0	±1.5	0.6
	磁性铁	±2.0	0.8	±1.5	0.6

① 由矿山给入选矿厂为每周一矿批，而给入选矿厂主厂房为每班和每四小时一矿批。

4.3 配矿及混匀

任何一个矿山在全矿床的范围内矿石的质量分布总是不均匀的。为了保证选矿厂正常生产，获得良好的技术经济指标，要求入选矿石的质量指标必须均衡稳定。为此，在一般情况下，将矿石进行配矿及混匀。办法是建配矿及混匀料场，或采用简易配矿混匀设施。当采用配矿及混匀料场时,配矿和混匀均在料场进行；当采用简易配矿混匀设施时，配矿通常在采矿场，粗破碎前栈桥上或在精矿仓中进行；混匀则在破碎、筛分和运输过程中进行。

4.3.1 各种情况的配矿及混匀

4.3.1.1 在矿山掌子面配矿与混匀

按照选矿厂对入选矿石质量指标的要求，根据矿山地质资料，结合矿山开采实际进行配矿设计。根据设计合理选择开采矿段，确定开采掌子数量，出矿顺序及比例并考虑围岩混入等因素，采出的不同质量矿石，按配矿设计要求分别装车，并按确定的编组计划将矿石送往选矿厂粗破碎栈桥上，根据矿石基本特性和可选性试验结果，采取车厢对翻的方法进行配矿和混匀，然后经破碎、筛分、贮存、卸矿和在运输过程中将矿石进一步混匀，使之满足在一定周期内入选矿石的质量要求。

4.3.1.2 在选矿厂矿石料场上配矿及混匀

有些选矿厂由不同矿山来的矿石（或外购矿）种类较多，质量指标差异较大，矿石运到选矿厂矿石料场后要分别贮存，按各种矿石基本特性和可选性试验结果进行配矿，一定周期内选配某几种矿石，过期再另行选配，使配矿后的矿石质量均衡稳定，满足选矿厂工艺要求。

另一种较为普遍采用的配矿方法是积层法，这种方法就是在矿石料场上把运来的矿石用堆料机按要求堆成许多互相平行，上下重叠的料层，每一料层的重量基本相等，每个料堆的层数可达几百层，这分层铺料本身就是配矿。料堆形成后，再用取料机从料堆垂直于料层的整个截面上切取所有料层，这是一种有效的混匀方法。有的料场使用电铲进行配矿及混匀的。

4.3.1.3 在磨矿后选矿前配矿与混匀

此法是把矿山运来的矿石按质量不同分别堆存，分别破碎和磨矿，然后按要求分别送到搅拌槽中配矿混匀，混匀后的矿浆送下一作业处理。水口山铅锌矿将外购矿和自产矿按规定的矿量比例分别破碎和磨矿，粒度合格后按要求分别送到同一搅拌槽中进行配矿和混匀，然后给入浮选作业。

4.3.1.4 在精矿料场配矿和混匀

精矿配矿是把不同等级的精矿，按冶炼不同要求进行配矿和混匀，然后以商品精矿出厂。精矿配矿混匀可在精矿仓库用抓斗起重机倒料或将不同等级的精矿分别贮存于料仓中，然后按要求从料仓中排料和装车。

4.3.1.5 在料仓中混匀

矿石通过破碎、筛分和运输过程得到了一定程度的混匀，特别是矿石在中间贮料仓及磨矿料仓通过移动卸料车或梭式皮带往返分层布料，再从料仓底部的排料设备按计划排料，使矿石得到进一步混匀。这种混匀方式在我国许多选矿厂生产中得到应用。鞍钢东鞍山烧结厂选矿车间采用此法混匀矿石有一定的效果，见表4.3.1。

表 4.3.1 东鞍山烧结厂选矿车间矿石混匀前后对比

取样地点	取样个数（n）	标准差（s）
混匀前在矿山掌子面	313	1.48
混匀后在一次分级机溢流	329	1.11

注：表中数据系1984年10月生产统计资料。

4.3.2 混匀效果计算

关于混匀效果计算，一般采用进料成分的标准差与出料成分的标准差之比来表示。标准差按下式计算：

$$s=\sqrt{\frac{1}{n-1}\Sigma(\alpha-\bar{\alpha})^2} \quad (4.3.1)$$

式中 s——标准差；

α——各次取样样品含量测定值，%；

$\bar{\alpha}$——各次取样样品含量平均值，%；

n——取样个数。

混匀效果按下式计算。

$$\eta=\frac{s_E}{s_A} \quad (4.3.2)$$

式中 η——混匀效果；

s_E——进料成分标准差；

s_A——出料成分标准差。

若（4.3.2）式中η值越大，说明混匀效果越好。在实际应用中，除了用η值大小反映混匀效果外，还可用出料成分标准差值来表示混匀效果，这是因为这种表示方法用起来更直观。我国石岭水泥厂从1979年4月至1982年10月对石灰石做过多次混匀工业试验，其结果见表4.3.2。

表 4.3.2 石岭水泥厂石灰石混匀工业试验结果

试验编号	进料标准差	出料标准差	η
GS—Ⅰ	93.44±8.8	94.08±1.6	5.5
GS—Ⅱ	94.72±5.65	95.43±0.89	6.4
GS—Ⅲ	93.97±6.72	94.31±0.86	7.8
GS—Ⅳ	91.75±6.64	91.77±1.02	6.5

从表4.3.2中数据看出，第三组η值大，出料标准差小，说明混匀效果好，第二组次之，第一组最差。

在配矿及混匀设计中，常常需要在已知原料条件下计算设置配矿及混匀工艺后的混匀效果，此时可用下述经验式计算：

$$s_Q=\frac{s_E}{\sqrt{n}} \tag{4.3.3}$$

式中 s_Q——取料断面上物料的标准差预测值；

s_E——进料成分标准差；

n——料堆铺料层数。

用此式计算结果尚须根据取料机的不同类型进行修正。

4.4 选矿厂配矿及混匀料场

4.4.1 料场的作用和布置方式

4.4.1.1 料场的作用

选矿厂的配矿及混匀料场有如下作用：

（1）贮存作用。由于料场有一定的矿石贮存量，把它用作贮存设施，保证对选矿厂提供足够的矿石。料场起到调节和缓冲选矿厂与矿山开采，运输条件所引起的矛盾。如由于工作制度不同的相互干扰，运输不及时的影响等因素可以基本消除，这就保证选矿厂可在正常条件下进行连续生产。

（2）配矿与混匀作用。对进入料场的矿石，用适当的堆料方式和布料方法，选用合适的堆料和取料设备，使矿石在化学成分和物理性质方面得到混匀，入选矿石的质量得到稳定，生产操作和管理得到改善。

4.4.1.2 料场的布置方式

料场基本上有两种布置方式，一是长形料场，另一种是圆形料场。

A 长形料场

长形料场主要有两种布置方式，一种是平行并列式布置，另一种是串联直线式布置。这两种布置方式，一般都要有两个以上的料堆，一个用作堆料，一个用作取料，在生产过程中相互交替使用，堆料和取料分别同时进行，不会发生两种作业相互影响。

在配矿及混匀料场中选用的设备，大都是堆料和取料分开，而不选用堆取合一的设备。

料场的布置方式主要是根据用料量，场地条件，总图布置和选用的堆取料机型式等因素来决定。采用平行并列式可布置成两跨两堆制和两跨四堆制。采用串联直线式则布置成一跨两堆制。

这些形式各有其优缺点。

选用的堆料机和取料机类型与料场布置方式有着密切关系。

当选用固定式悬臂皮带堆料机时，由于它不能回转，料场布置成一跨两堆制，若用回转式悬臂皮带堆料机，料场可布置成两跨两堆制。

选用桥式滚筒取料机或桥式双斗轮取料机时，料场可按两跨两堆制布置，若一台取料设备要取两跨的料堆，由于取料设备不能直接过跨或过堆，当要过跨时，就要用过跨小车的办法，见图4.4.1。

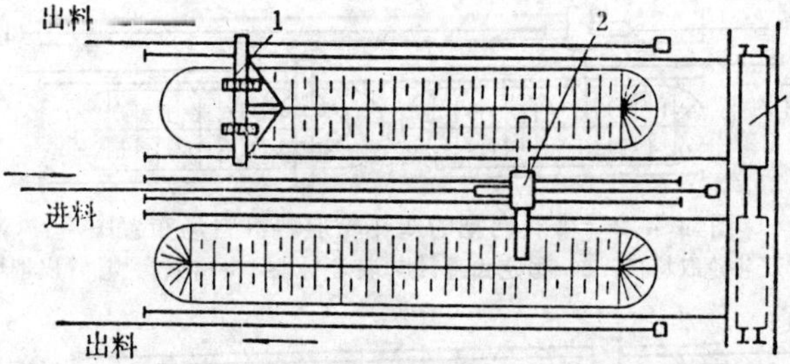

图 4.4.1 桥式双斗轮（或滚筒）取料机料场布置图

1—桥式双斗轮取料机；2—回转式悬臂皮带堆料机；3—过跨小车

选用双向耙料架的桥式取料机，其铲斗可以调换方向，可将料场布置为每跨两堆制，具体形式有一跨两堆制，两跨四堆制，取料机设置在两个料堆之间，取料时可向两个方向取料。见图4.4.2。

选用可回转的桥式双斗轮取料机时，由于桥架能俯仰回转，它可直接过跨过堆，因此料场可布置成一跨两堆制，两跨两堆制或两跨四堆制，见图4.4.3。

B 圆形料场

圆形料场堆料时，矿石由设置在栈桥上的皮带运输机运来，通过堆场中心的旋转漏斗将矿石卸至径向的回转式堆料皮带机上进行布料。堆料皮带机应是可俯仰的，以减少粉尘的污染。取料

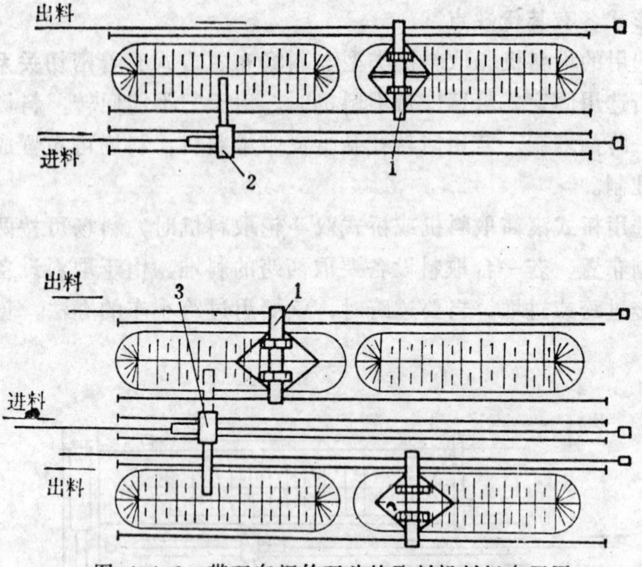

图 4.4.2　带双向耙的双斗轮取料机料场布置图

1—双向耙双斗轮取料机；2—固定式悬臂皮 带堆料机；3—回转式悬臂皮带堆料机

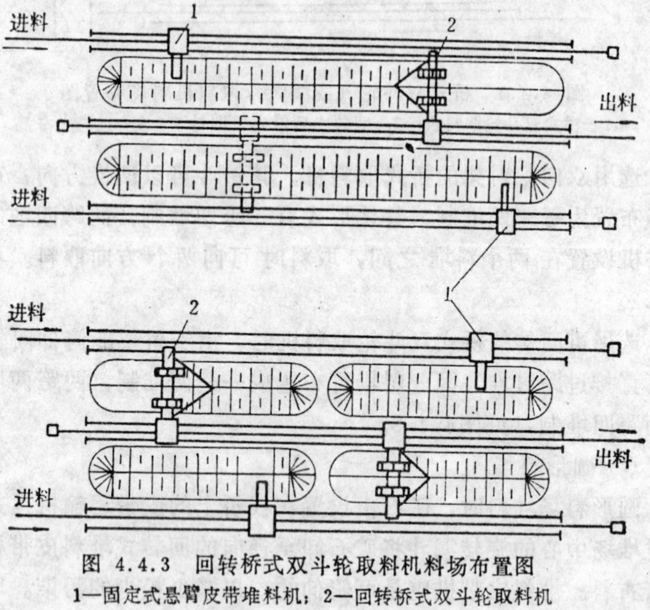

图 4.4.3　回转桥式双斗轮取料机料场布置图

1—固定式悬臂皮带堆料机；2—回转桥式双斗轮取料机

通常采用桥式括板取料机，取料机的桥架一端支承在堆场中心的主柱上，另一端支承在料堆外圆的圆形轨道上。见图4.4.4。

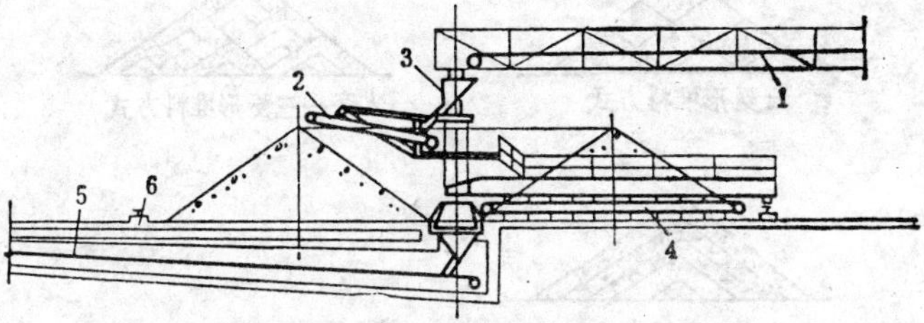

图 4.4.4 圆形料场

1—栈桥及进料皮带机；2—旋转堆料皮带机；3—旋转漏斗；4—刮板取料机；5—出料皮带机；6—环形轨道

圆形料场的外圆直径在45～100米之间，最大为150米，但在使用中多为85～100米。这种圆形料场较适用于中小型厂，但在钢铁企业中较少使用。

料场堆料时一般是在圆形料场上分成三堆，每堆按圆心角120°左右，因此可以一堆布料，一堆取料，一堆待用。这种料场的特点是面积利用率较高，缺点是堆料时有相互交叉的过渡带，过渡带对配矿及混匀效果有影响，料场扩建较困难。

对于上述的长形料场和圆形料场，有的布置在室内，而有的在露天。在目前绝大部分是露天的，有特殊要求时才布置在室内，如由于气候条件严寒或多雨，为了防冻或防雨，或由于矿石含有特殊有害成分，为了减少对环境污染等。料场设制在室内，其投资是较高的。

4.4.2 堆料方式和取料方式

4.4.2.1 堆料方式

主要的堆料方式有如下几种：

（1）人字形（或等腰三角形）堆料方式；

（2）三菱形（或波浪形）堆料方式；

（3）人字—三菱形堆料方式。

上述几种堆料方式如图4.4.5所示。

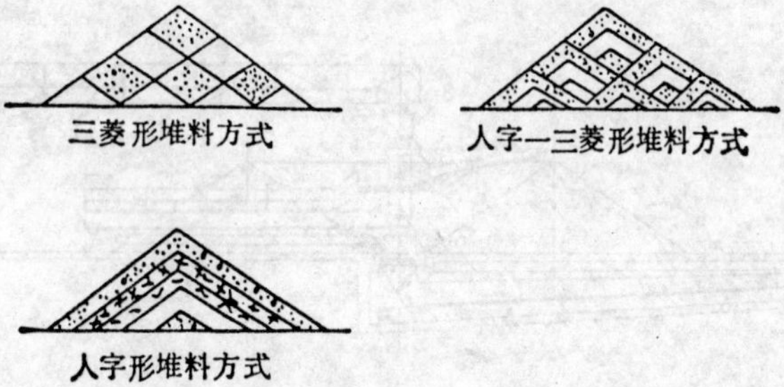

图 4.4.5　堆料方式

人字形堆料方式是比较简单的一种，用于细粒矿石或铁精矿效果较好，如用于块矿则粒度偏析较大。三菱形堆料方式可使粒度偏析问题得到一定程度的解决，但要求堆料设备除纵向行走外，悬臂还能回转及俯仰，设备结构和操作都比较复杂。人字—三菱形的堆料方式则介于上述两者之间。

4.4.2.2　**取料方式**

取料方式有端面取料、侧面取料和底部取料等几种。

端面取料指的是取料机作业时沿着料堆纵向由一端开始直至另一端。取料时由于选用的取料设备不同，有的取料可在料堆的整个横截面进行，如用滚筒取料机。有的取料时只在横截面上局部横向推进，一个周期后再往纵向推进，如桥式斗轮取料机。端面取料在料场中比较普遍使用。

侧面取料是取料机沿着料堆纵向往复在料堆侧面取料，侧面取料的混匀效果不如端面取料的好，因此在配矿及混匀作业要求效果不高时可采用。

底部取料是在料堆底部皮带通廊内的皮带机上装设在轨道上移动的叶轮式取料机，沿着料堆纵向专设的矿仓孔往复运行，把料取出卸至皮带机上运走。

4.4.3 料场及料堆有关参数

4.4.3.1 料场设备能力的确定

主要确定堆料机和取料机的能力

A 矿石日使用量

$$Q_1=Q/365\eta \quad (4.4.1)$$

式中 Q——矿石年需要量，t/a；

Q_1——矿石日使用量，t/d；

η——选矿厂或破碎间作业率。

B 设备小时平均能力

$$Q_2=Q_1/24\eta_1 \quad (4.4.2)$$

式中 Q_2——设备小时平均能力，t/h；

η_1——设备作业率，堆料机和取料机的作业率一般取0.85。

C 设备公称能力

$$Q_3=1.1\times Q_2 \quad (4.4.3)$$

式中 Q_3——设备公称能力，t/h。

4.4.3.2 料场贮存时间

料场的贮存时间，因为各个选矿厂和矿山的具体条件不同，如选矿厂与矿山的距离，矿石种类，运输条件等各种因素不同，所以料场的贮存时间也各有差异，需按具体条件进行考虑。

4.4.3.3 料堆截面形状

料堆截面形状可以堆成人字形或梯形，在确定料堆截面时应与堆高、堆宽和物料安息角等因素一起考虑。采用桥式取料机的料场，其料堆截面可考虑下列几种形状，如图4.4.6所示。

（1）料堆截面的底边与料场地面在同一水平上。优点是施工工作量较少，但料堆截面积小。见图4.4.6*a*。

（2）料堆截面的底边低于料场地面，优点是可以增加贮量，但工程量增加。见图4.4.6*b*。

（3）在料堆两侧加挡墙，挡墙的高度与取料设备有关。这种形式可以增加贮量。见图4.4.6*c*。

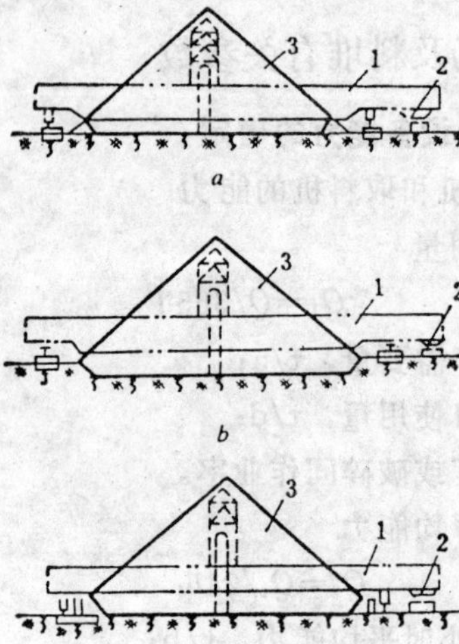

图 4.4.6 料堆截面形状

1—桥式取料机；2—出料皮带机；3—料堆

4.4.3.4 **料堆高度的确定**

料堆高度与料堆宽度、所选用的堆料机臂长、俯仰角度、矿石的安息角等有关。另外，也受到地耐力的影响，当遇到地耐力不够时，可对地面进行处理，或分期堆成所需高度。例如宝钢原料堆场建于长江下游，地面下60米以内为粘土或亚粘土的淤泥层，含水高，自然地耐力仅 8～10 吨/米^2，故除 煤堆场外，均采用砂桩处理。为了减少初期的冲击负荷，采取逐步增加料堆高度的办法，如煤场初期的料堆高度为12米，使用一段时间，待两个月后才堆到设计高度16.8米。矿石堆场堆高初期为6米，半年后堆高增至 9 米，一年后才允许堆至设计高度13米或12.4米。

4.4.3.5 **料堆长度计算**

料堆长度根据矿石贮存时间及贮量等条件进行计算。

计算方法如下：

矿石的必要贮存量（湿重）Q_{4}：

$$Q_4=\frac{Q_1\times T}{(1-W)/100} \qquad (4.4.4)$$

式中 Q_4——矿石贮量（湿重），t；

Q_1——矿石的平均用量（干重），t/d；

T——贮存天数，d；

W——矿石的平均含水量，%。

矿石的贮存体积

$$V=Q_4/\gamma \tag{4.4.5}$$

式中 V——矿石的贮存体积，m^3；

γ——矿石松散密度，t/m^3。

假定有N个料堆，则一个料堆的体积为：

$$V_1=V/N\psi \tag{4.4.6}$$

式中 V_1——一个料堆的体积，m^3；

N——料堆数；

ψ——堆料时的操作系数，一般为0.75～1。

一个料堆长度

$$L_1=\frac{V-V_R}{S_1}+2R \tag{4.4.7}$$

式中 L_1——一个料堆的长度，m；

V_R——端部料堆的体积，m^3；

S_1——料堆截面积，m^2；

R——端部料堆半径，$R=\frac{B}{2}$，m。

矿石料堆总长度

$$L_n=\sum L_1 \tag{4.4.8}$$

式中 L_n——N个料堆总长度，m。

对于三角形截面的料堆，其一个料堆长度计算可按下式进行

$$L_1=\frac{2Q_4}{N\psi\gamma HB}+2R \tag{4.4.9}$$

式中 ψ——堆料时的操作系数，与料堆形式有关，对配矿及混匀料堆可取$\psi=1.0$；

B——料堆宽度，m；

$$B=\frac{2H}{\mathrm{tg}\alpha} \tag{4.4.10}$$

α——矿石安息角，(°)；

H——料堆高度，m；

其余符号同前。

4.4.3.6　人字形料堆有关参数计算

人字形料堆有关参数计算如下：

（1）料堆贮量（不包括端部料）

$$Q_5=\frac{BHL_1\gamma}{2},\ \mathrm{t} \tag{4.4.11}$$

（2）料堆的层数

$$n=\frac{Q_5}{qL_1} \tag{4.4.12}$$

以Q_5代入（4.4.12）式中

故　$n=\dfrac{BH\gamma}{2q}$，层　其中 $H=\dfrac{1}{2}B\mathrm{tg}\alpha$，m

$n=\dfrac{B^2\mathrm{tg}\alpha\gamma}{4q}$，层　其中 $q=\dfrac{Q_6}{3600v}$

（3）各层的物料在垂直方向上的厚度

$$\delta_{hn}=h_n-h_{n-1} \tag{4.4.13}$$

$$=\frac{\mathrm{tg}\alpha}{2}(B_n-B_{n-1})$$

因$B_n=\sqrt{\dfrac{4nq}{\gamma\mathrm{tg}\alpha}}$

故 $\delta_{hn}=\sqrt{\dfrac{\mathrm{tg}\alpha q}{\gamma}}\left(\sqrt{n}-\sqrt{n-1}\right)$

（4）端部料计算

$$Q_R=\frac{\pi R^2H}{3}\gamma,\ \mathrm{t} \tag{4.4.14}$$

（5）各层料层顶点距地面高度

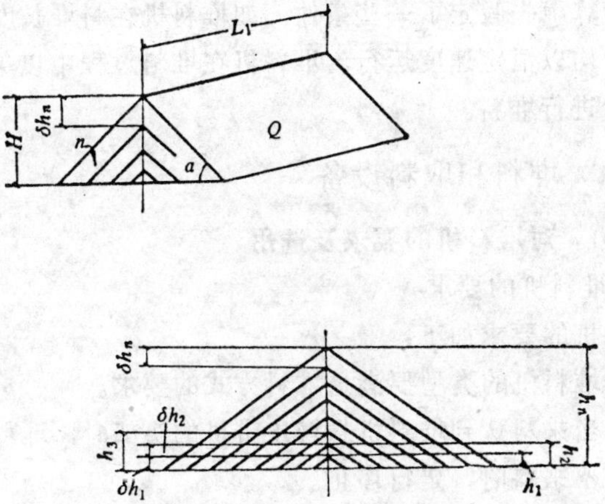

图 4.4.7 人字形料堆的基本参数

$$h_n=\sqrt{\frac{qn\text{tg}\alpha}{\gamma}},\ \text{m} \tag{4.4.15}$$

式中 Q_5——料堆贮量 （不包括端部料），t；

Q_6——进料皮带机运输量，t/h；

Q_R——端部料量，t；

q——每层单位长度内堆料量，t/层·m；

L_1——料堆长度（不包括端部料），m；

B——料堆宽度，m；

H——料堆高度，m；

γ——矿石松散密度，t/m³；

v——堆料机行走速度，m/s；

n——料堆层数；

h_n——料堆第n层料层顶点至地面高度，m；

δ_{hn}——各料层在垂直方向的厚度，m；

α——矿石安息角，(°)；

R——端部料半径， $R=\frac{B}{2}$，m。

上述计算中先假定了一些条件，如堆料机在料堆长度内，其顺向或反向均以恒定速度运行。堆料机在堆料过程中以单位时间恒定堆料量进行堆料。

4.4.4 堆料和取料设备

4.4.4.1 对堆料机的要求及选用

A 对堆料机的要求

对堆料机的要求如下：

（1）堆料机的类型要满足堆料方式的要求。

（2）当来料达到堆料机悬臂皮带机的头部时，堆料机能立即运行，当不来料时，走行停止。

（3）扬尘少，机上设有除尘及洒水装置。

（4）设有各种控制装置，可以配合电子计算机实行自动化操作。

（5）堆料机悬臂皮带机头部设有料堆高度探测器，能按一定节距随料堆高度俯仰。

（6）堆料机行走速度，其顺行或逆行均能保持相同的平铺料层厚度，其关系式如下：

$$q_1=\frac{Q_6}{60\times v_1}-\frac{Q_6}{60\times v}$$

$$q_2=\frac{Q_6}{60\times v_2}+\frac{Q_6}{60\times v}$$

因$q_1=q_2$，整理得

$$\frac{v}{v_1}-\frac{v}{v_2}=2 \qquad (4.4.16)$$

式中 q_1——堆料机顺向行走时堆料量，t/m·层；

q_2——堆料机逆向行走时堆料量，t/m·层；

Q_6——进料主皮带机运输量，t/h；

v_1——堆料机顺向行走速度，m/min；

v_2——堆料机逆向行走速度，m/min；

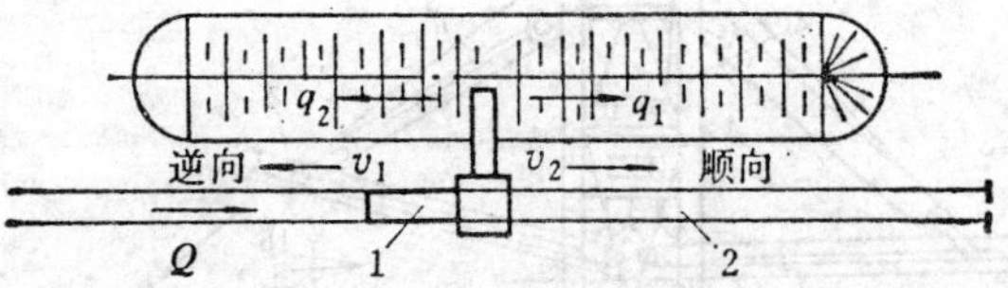

图 4.4.8 堆料机的速度示意图

1—堆料机；2—进料主皮带机

v——进料主皮带机速度，m/min。

宝钢原料车间混匀堆料机设计中，v=120米/分，v_1=20米/分，v =30米/分，这样使顺向和逆向的单位布料量理论值相等。

（7）堆料机在堆人字形料堆时，要使料堆的顶尖在一条垂线上。

（8）料堆两端的端部料成分波动较大，生产中往往将此部分料取出后再返回堆料，为了减少端部料成分波动，采用如下不同的布料方法：

1)固定起点和终点的布料方法。这种方法较为简单，但端部料较多；

2)变化起点和终点的布料方法。这种布料方法对堆料机的运行比较复杂，但优点是避免了端部料的偏析和成分的波动；

3)变化起点和固定终点的布料方法。这种布料方法可以减少端部料的不均匀性，并使操作尽可能简化，但仍有一个质量不均的端部料。

B 堆料机的选用

堆料机的选用如下：

（1）固定式悬臂皮带堆料机有单翼悬臂堆料机和双翼悬臂堆料机两种，如图 4.4.9和图 4.4.10所示。使用时可根据料场布置方式选用，若采用两跨制的料场可选用双翼悬臂堆料机，它可向堆料机台车两侧堆料。如果采用单跨制布置的料场，则可选用单翼悬臂堆料机。

堆料机的悬臂除固定与台车轨道成90°角不能旋转外，有固定

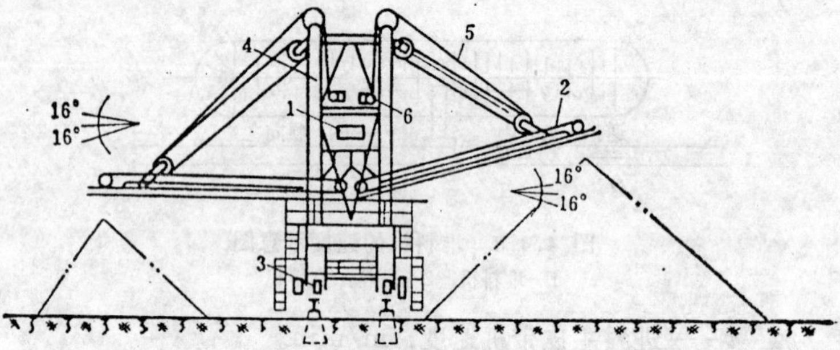

图 4.4.9 双翼悬臂皮带堆料机

1—主皮带机；2—堆料皮带机；3—台车；4—门柱及支架；5—升降用钢绳；6—卷扬机构

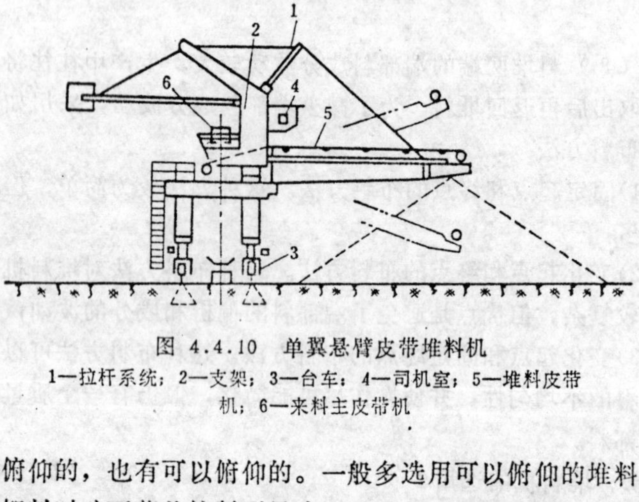

图 4.4.10 单翼悬臂皮带堆料机

1—拉杆系统；2—支架；3—台车；4—司机室；5—堆料皮带机；6—来料主皮带机

不能俯仰的，也有可以俯仰的。一般多选用可以俯仰的堆料机，以便卸料时矿石落差控制到最小。

固定式悬臂堆料机只适于人字形或圆锥形料堆使用，为了保持料堆顶尖在纵向成直线，在能俯仰的堆料机卸料皮带机端部需设挡板或布料漏斗，以控制料流落点位置。

（2）回转式悬臂皮带堆料机，如图4.4.11所示。它具有回转装置，可以在±90°至120°角的范围内回转，所以它在堆料时比较灵活，另外它的悬臂可以俯仰，控制了卸矿落差，减少粉尘产生，这种堆料机可用于一侧堆料，也可以用于两侧堆料，适用于各种不同布料方式，如人字形布料，梯形布料和菱形布料。

由于回转式悬臂皮带堆料机的配重位置不同，有高型和低型两种，分别如图4.4.11和图4.4.12所示。使用时可根据料场不同要求选用，对于露天布置的料场可以选用高型和低型配重结构。而对料场设在室内的则需选用低型配重结构，这样可以减少厂房空间。

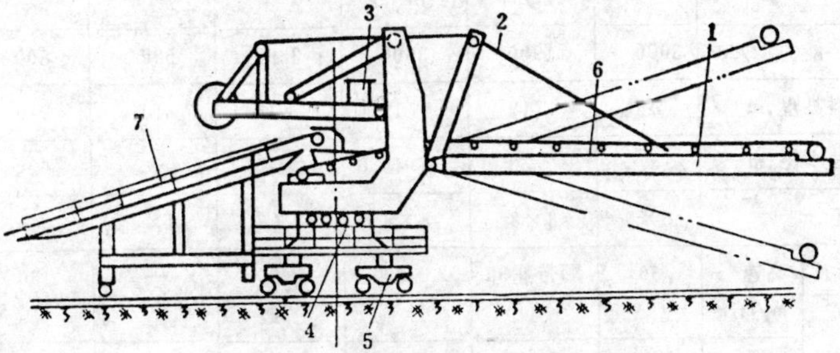

图 4.4.11 高型回转悬臂皮带堆料机

1—悬臂架；2—拉杆及支架；3—司机室；4—回转机构；5—行走台车；6—堆料皮带机；7—主皮带机

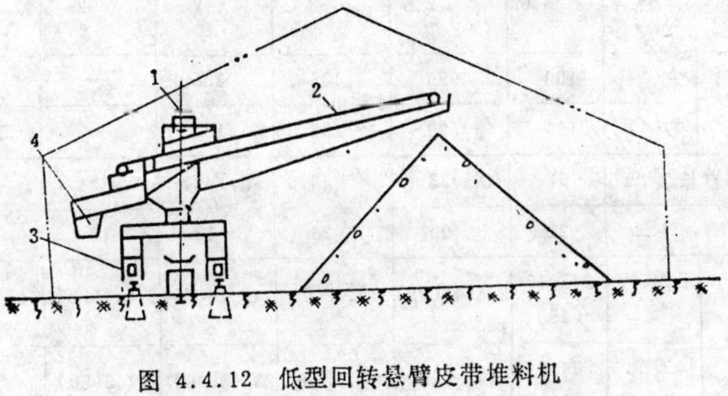

图 4.4.12 低型回转悬臂皮带堆料机

1—主皮带机；2—堆料皮带机；3—台车；4—配重

国内已生产和使用的各种规格悬臂皮带堆料机，其最大回转半径可达43米。

目前国内制造的悬臂皮带堆料机主要技术参数见表4.4.1。

表 4.4.1 堆料机主要技术参数

参数名称		悬臂式 DB30037	悬臂式 DB1900 33	悬臂式 DB3600 43	悬臂式 DB3600 42	固定臂双翼 SBD500 15	悬臂式 DB800 20
用户		秦皇岛港			秦皇岛港	山西阳泉煤矿	汕头港
使用物料品种		原煤	松散密度 2.2t/m³	松散密度 1.6t/m³	原煤	原煤	原煤
生产能力，t/h		3000	1900	3600	3600	500	800
堆料高度，m		16	13	12.4	15	10	10
回转半径，m		37	33	43.6	42	—	20
轨距，m		6×6	8×8	8×8	8×8	4×5	5
行走速度	高速 m/min	30	顺带速30	30	30	—	30
	低速 m/min	7	逆带速20	15	15	7	7
卸料皮带机	带宽，m	1.6	1.2	1.6	1.8	0.8	1
	速度 m/s	3.68	2.5	3	4	2	2.5
回转角度	左(°)	100	90	135	135	—	110
	右(°)	100	90	135	135	—	110
卸料臂长度，m		37	33	43.6	42	15	20
轮压，t		21	20	20	13	13	15
风压 Pa(kg/m²)	工作，Pa	245.16(25)	245.16(25)	245.16(25)	245.16(25)	245.16(25)	245.16(25)
	非工作 Pa	784.5(80)	784.5(80)	784.5(80)	784.5(80)	784.5(80)	1176.8(120)
设备总重，t		318	250	415	430	43	90
总装机功率，kW		380	180	330	330	94	100

4.4.4.2 对取料机的要求及选用

取料机是配矿及混匀料场的主要设备，它的型式结构可以影响配矿及混匀效果。目前普遍采用的取料机有桥式单斗轮、桥式双斗轮及桥式滚筒等三种。

A 对取料机的要求

对取料机要求如下：

（1）取料机取料时，能垂直于料层并同时切取每一层料，每次切取的厚度相等，以保证均匀性。

（2）取料机的取料量能按规定值在一定范围内进行定量取料并能保持稳定。

（3）在取料过程中能保持料堆截面的平整，不引起塌料现象。

（4）具有松料耙能将料堆表面耙松，并使下落矿石量稳定。

（5）可以用电子计算机进行控制，实现自动化操作。

（6）对环境污染小，扬尘少。

B 取料机的选用

a 桥式斗轮取料机

桥式斗轮取料机有单斗轮和双斗轮两种，根据生产要求选用。一般对取料量较小或中等以下的，可选用单斗轮取料机。若取料量较大，混匀效果要求较高时，通常选用双斗轮取料机。双斗轮取料机如图4.4.13所示。斗轮取料机不能从料堆的整个截面上取料，因此出现成分波动问题，单斗轮更甚。为了使双斗轮取料机克服取料截面成分不均匀的现象，因此将两个斗轮的间距定为料堆底边宽度的一半，当一个斗轮位于料堆中间时，另一个斗轮则在料堆的边上。

为了取料均匀衡定，单斗轮取料机的小车行走速度是可变的，当走向料堆中心时逐渐减速，走向料堆边时则逐渐加速。双斗轮取料机一般不需调速，但当取料能力很大，同时跨度也很大时，则两个斗轮需要分别向中间慢、向两边快进行变速。

双斗轮取料机有普通桥式和旋回桥式两种，普通桥式斗轮取

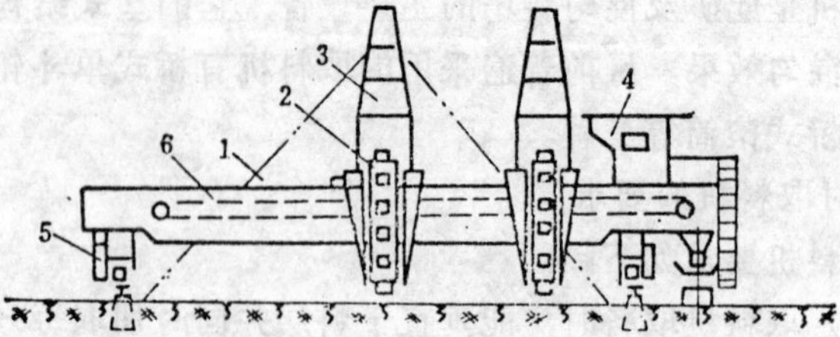

图 4.4.13 桥式双斗轮取料机

1—桥架；2—斗轮机构；3—料耙；4—司机室；5—台车；
6—出料皮带机

料机用于两跨制的料堆时，要过跨时需要采取过跨小车的措施，而旋回桥式斗轮取料机则可以旋转过跨。

斗轮取料机的铲斗，其铲口方向有固定式和可逆式。如果对料堆取料是固定一个方向的，则可选用铲斗方向固定的。如果用于一跨两堆制或两跨四堆制的两个料堆之间，则需要双向取料，就要选用铲斗方向是可逆式的。

不论单斗轮或双斗轮取料机，都必须有松料装置，即松料耙。如果双向取料的，则在小车两侧装设松料耙，松料耙不仅将料堆截面的表面矿石耙松，并使矿石定量往下滚落到料堆底部，使矿石更好地进行混匀。松料耙可以防止料堆上方下塌，使斗轮工作条件不受影响。

根据不同规模及不同使用条件，选用不同规格的取料机。

目前国内生产的斗轮取料机的取料能力为100至1500吨/时，其跨度在20～40米。

斗轮取料机的主要技术参数见表4.4.2。

b 桥式滚筒取料机

桥式滚筒取料机，如图4.4.14所示。它是用一个回转的滚筒代替斗轮，滚筒的长度几乎与料堆底部宽度相等。在滚筒筒体周围的适当位置上安设一定数量的铲斗，其数量安排是根据料堆横截面中间料多，两边料少的原则，因此滚筒上的铲斗相应的中间

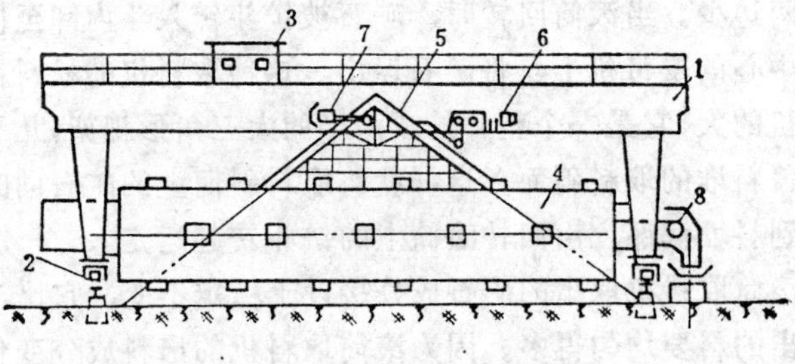

图 4.4.14 桥式滚筒取料机

1—门架；2—台车；3—司机室；4—滚筒；5—耙架；6—料耙往复机构；7—料耙俯仰机构；8—出料皮带机

表 4.4.2 混匀取料机技术参数

参数名称		桥式滚筒取料机 GHQ1500	桥式滚筒取料机 GHQ300	桥式双斗轮取料机 SHQ1500	桥式斗轮取料机 7116A	桥式斗轮取料机 QQ10028
生产能力，t/h		1500	300	1500	100	100
取料高度，m		13	5	13	6.8	6.8
行走速度 m/min	高速			30	12.2	12.2
	低速	0.05	0.0268	7	1.8	1.8
排料胶带机	宽度，m	1.2	0.8	1	0.5	0.5
	带速，m/s	2	2	2.5	1.6	1.6
滚筒	直径，m	5.6	2.6			
	转速，r/min	3	3			
斗轮	直径，m			5.3	3	3.2
	数量，个			2	1	1
跨度，m		40	10	40	20	28
轮压，t		20	10	25	12	12
风压，Pa (kg/m^2)	工作	245.16(25)	245.16(25)	245.16(25)	245.16(25)	245.16(25)
	非工作	784.5(80)	784.5(80)	784.5(80)	784.5(80)	784.5(80)
设备总重，t		410	42	280	44	48
总装机功率，kW		344	80	250	32	32

多而两边少。当滚筒回转时，矿石被铲斗铲入斗内卸至横贯整个滚筒中心的皮带机上，将矿石运出。这种取料机的松料耙比斗轮取料机的大，它是一个整体的或两半的大三角形耙架，几乎可以全部覆盖料堆的取料斜面。这样就将取料斜面上的矿石同时耙落一定量到料堆底部，由回转滚筒上的铲斗铲起运走。

滚筒取料机取出的矿石成分接近于稳定不变，它比斗轮取料机取出的料要均匀得多。因为滚筒取料机的出料成分变化周期是滚筒旋转一周的时间，周期短，相应地物料批量显著减少。而单斗轮取料机出料成分变化周期为斗轮横贯整个料堆往返一次的时间，相应这一批物料量也很大。双斗轮取料机的出料成分变化周期比单斗轮减少了一半时间，因而其取出料的均匀性高于单斗轮取料机。

桥式滚筒取料机使用于较大规模的配矿及混匀料场，在国外使用的多数在每小时1000吨以上，最大可达每小时6000吨。在国内哈尔滨重型机器厂已设计和制造这种取料机，生产能力可根据用户要求选定。

取料机的主要技术参数见表4.4.2。

4.4.5 料场的环境保护

矿石料场的环境保护，不单是料场本身的要求，同时周围环境也要求防止被污染。矿石由于转运、堆料、取料等过程而产生粉尘污染，尤其在干燥和多风季节，如果没有防护措施，会造成对环境的污染更加严重，因此必须重视料场环境保护。

料场环保措施有以下几种：

（1）皮带运输机转运点设通风除尘及洒水装置。

（2）要求堆料机或取料机本身带有除尘及洒水装置。

（3）料场场地洒水。

1）在堆料两侧设固定式或回转式喷枪喷水，沿料堆长度方向每隔40～50米安设一个喷枪。喷枪角度35°～45°。以控制场内空气粉尘浓度。

2）单位面积用水量为3升/米^2。

3）一般每班洒水1～2次，每次洒水时间约0.5～1小时。实际可按当时料场条件情况而定。

4）使用水压约686千帕。

（4）使用化学凝固剂，以防止风雨对料堆的影响，减少粉尘的污染。做法是在料堆表面喷洒化学凝固剂。

1）药剂名称：醋酸乙烯树脂。

2）使用浓度：3%。

3）使用量：2升/米^2。

4）作用：是使料堆表面形成3～5毫米的硬壳，从而防止风雨对料堆的吹刷。

5）喷洒方法：化学凝固剂在堆料机上进行喷洒，在堆料机上装一个容积为2.5米^{3}的水箱，化学剂和水在密闭水箱中用泵混合后，用泵输送到堆料机臂上的喷嘴向堆好的料堆表面喷洒。

这种喷洒化学药剂措施的缺点是增加成本。

（5）对贮料场重要进出通道的地方，设置冲洗汽车的装置。

4.5 料场的控制要求，电子计算机使用及取样检验设施

4.5.1 堆、取料机的控制

矿石料场的主要设备是皮带运输机，堆料机和取料机。随着技术日益不断的发展，对控制和操作水平要求不断提高，因而对自动化操作的要求越来越高。

料场的堆料方式有人字形、梯形和菱形等，由于堆料方式不同，对堆料机的操作控制也不同。采用人字形堆料时，堆料机的运行控制要比其他堆料方法简单一些，不论用什么堆料方式进行堆料，对堆料机的往返运行，布料方法控制，料堆高度与堆料机的俯仰控制以及取料机取料时大车行走距离，斗轮小车行走及速度控制等等，都要求有较高水平的自动控制和检测。

4.5.1.1 堆、取料机的控制和检测要求

在料场工艺方面一般有如下控制和检测要求：

（1）堆料机的往返堆料，要求堆完一层料后自动返回的控制。

（2）为了减少端部料，采用变化起点和终点的布料方法，或变化起点和固定终点的布料方法，堆料机往返堆料时行走距离不断变化，为了保证作业准确，需要装设行走定位装置，用电子计算机控制堆料机的运行。

（3）堆料机和取料机的防碰撞装置，在设备较多的堆料场中，不论两台设备在同一轨道上还是不在同一轨道上，为了防止设备碰撞，设置防碰撞装置，使两台设备在相距一定距离时发出信号或设备自动停机。

（4）堆料机悬臂俯仰控制及料堆高度探测装置，为了降低

卸料的落差，减少粉尘污染，在堆料机堆料时，使卸料端与料堆顶端保持一定距离，因而利用料堆高度探测装置，自动控制堆料机悬臂高度随着料堆高度的增长而按规定的一定节距间歇地提高。

（5）堆料机旋回装置的控制，根据堆料方式不同，如梯形和菱形等，当堆料机沿着料堆长度堆完一次料后，再返回堆料时，堆料机需按要求旋转一定角度后再行堆料。也就是每堆完一次料，堆料机的悬臂就要旋转一定的角度，以满足堆料的要求。

（6）取料机均匀取料的控制，要求取料机能按规定量进行取料，并能同时取到每一层料，保证出料均匀性。取料机取完一次料后，大车需向前移动一定距离，其距离大小可有几种尺寸。取料时松料耙需要动作。这些操作可用遥控自动操作或电子计算机自动控制操作。

4.5.1.2 堆、取料机的操作方式

根据要求和实际条件对矿石料场的堆、取料机有下列几种操作方式：

（1）通过电子计算机和程序控制器作远距离全自动运转控制操作。

（2）在集中控制室的操作台上通过程序控制器作远距离自动运转控制操作。

（3）通过集中控制盘作远距离手动运转操作。

（4）机上手动运转操作。

4.5.2 堆、取料机和皮带运输机的监测

料场中的堆料和取料设备工作状况需要经常了解。对皮带运输机为了安全运转，也需要设置监测装置。

4.5.2.1 工业电视

为了监视料场中堆料机和取料机的工作情况，在中心操作室安设彩色工业电视，每台电视可用转换开关看2～3台堆料机或取料机的工作状况。工业电视24小时工作。

4.5.2.2 皮带运输机的检测

为了皮带运输机安全运转，一般设置下列检测装置。

（1）皮带跑偏检测装置。

（2）带速检测（防止打滑）。

（3）漏斗溜槽堵塞检测装置。

（4）金属检测装置。

（5）皮带纵向撕裂检测装置。

（6）负荷检测装置。

（7）料位检测装置。

（8）计量装置。

4.5.3　电子计算机在料场中使用

矿石料场对电子计算机的使用越来越普遍，计算机主要用途有二：一是控制、操作用计算机。二是数据处理，管理用计算机。料场使用计算机能取得良好的效果，通过控制堆料设备和堆料层厚，可以稳定矿石配矿及混匀的质量。通过计算机自动作业各种报表和皮带机系统选择运转，不仅使作业减少，还减少了操作误差。

4.5.3.1　矿石料场计算机系统的控制功能

矿石料场控制计算机系统一般应有下列控制功能：

（1）原料输入作业计划。

（2）编制运输计划。

（3）料场库存管理系统，该系统收集原料供应和用量数据。向料场、选矿厂等单位进行必要的实物管理和财务管理提供数据。对原料的实际贮量进行及时管理。

（4）皮带机运转控制，选择皮带机的运转路线，皮带机系统的运输，有关料位控制，运输量的检测。

（5）料场的移动设备运转控制，编制堆料机和取料机的堆、取料计划。控制堆、取料机的自动运转。

（6）收集料场有关设备如皮带机、堆料机和取料机的作业情况。

（7）编制报表，包括选矿厂和料场的生产数据报表。

（8）数据通讯，与有关选矿，分析中心和试验中心计算机的数据传送装置进行数据通讯。传递库存管理信息。

（9）数据显示。

（10）技术计算。

（11）料场计算机系统与电气设备、仪表设备等组成分级控制系统，对运输设备进行集中控制和监视。

4.5.3.2 料场计算机操作系统的用途

料场计算机操作系统应有下列用途：

（1）任务管理。

（2）输入输出管理。

（3）系统管理。

（4）定时器管理。

（5）中断处理。

（6）通讯处理。

（7）作业管理。

4.5.4 料场取样检测设施

矿石料场的取样检测目的，是为了了解进入料场和输出料场的矿石化学成分、物理性质以及测定矿石配矿及混匀效果等。因此，在矿石输入系统及输出系统以及在已堆好的料堆中，都需进行取样检验。

4.5.4.1 取样次数

在运输系统中取样，为了保证样品的代表性，连续进行取样是最理想的，但是往往由于运输量大，因而连续取样所得样品量过大，处理困难。故一般都采用间断取样，间隔的时间没有统一的规定，有采用间隔10分钟，半小时或1小时取样一次，也有采用每通过1000至1500吨矿石取样一次。

4.5.4.2 取样量

取样量分块矿：一般取样量400kg/次；粉矿：一般取样量

300kg/次。

4.5.4.3　**取样方法**

取样方法除了特定的条件，如在已经混匀好的料堆上取样，要在料堆上布置采样点，用人工取样以外，一般在输入或输出料场的运输系统上用取样设备自动定时取样。

4.5.4.4　**取样设备**

在料场的皮带运输系统中取样，一般采用下列取样设备：

（1）带式取样机。这是由一条短的皮带机截取主皮带的料流并可以横向移动而形成的取样机，这样的取料机布置在主皮带机的转运站交料的地方。

带式取样机如图4.5.1所示。

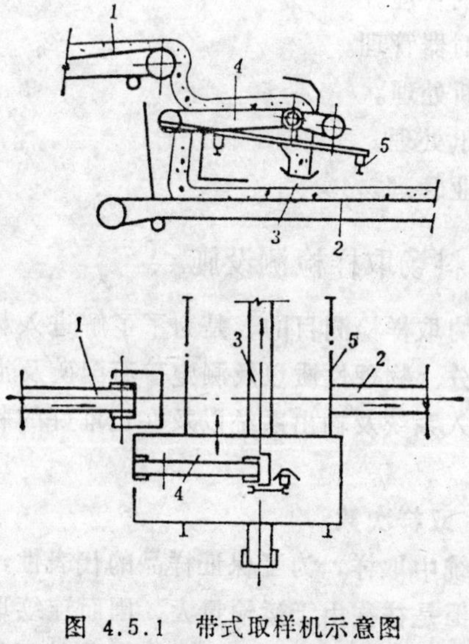

图 4.5.1　带式取样机示意图

1—来料主皮带；2—出料主皮带；3—矿样皮带机；4—带式取样机；5—轨道

（2）漏斗式取样机。这种取样机是将漏斗装在移动小车上，小车可以横向移动截取主皮带料流，截取的矿样通过漏斗导致取样皮带上运至制样间。漏斗式取样机如图4.5.2所示。

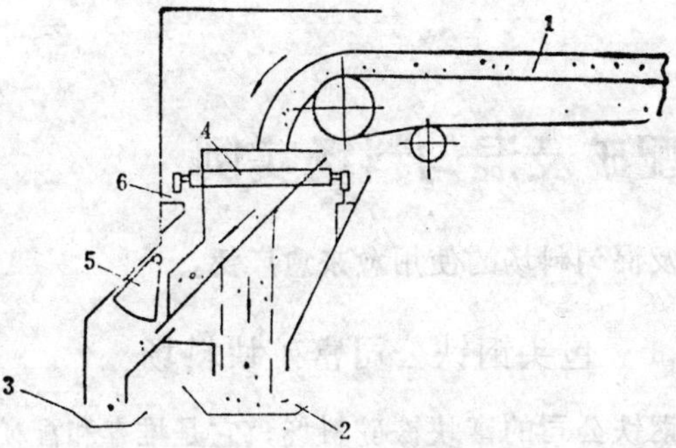

图 4.5.2 漏斗式取样机

1—来料主皮带机；2—出料主皮带机；3—矿样皮带机；4—取样漏斗小车；5—电动闸门；6—轨道

4.5.4.5 **试样处理**

由人工及取样机取得的矿样，处理时一般在专门处理矿样的装置中进行，这种装置包括取样、破碎、粉磨、烘干、混合、缩分、称量及压片等单元操作，通过加工后最后得到所需的几十克试料。用荧光分析仪或其他方法进行化学成分分析。

近年来国内外新建的混匀料场都设有较完善的取样和试样处理系统，并与电子计算机相联，整个取样和试样处理连接在生产系统之中，可以随着料场的进出料一起连续地进行，成为在线操作。也可以按一定的时间间隔不连续地进行，作为离线操作。目前离线操作的占多数。

在试样处理中，通过γ射线荧光分析仪将每次分析结果输入到电子计算机中储存，待积累到一定数量的信息（按要求所定）以后，计算机通过一系列计算并将其结果与要求的目标值相比较，可获得正确的判断，发出相应的调节讯号和指令，指导料场的操作。

4.6 配矿及混匀料场实例

配矿及混匀料场的使用愈来愈广泛。

4.6.1 包头钢铁公司富矿块料场

包头钢铁公司的富块铁矿料场，它是堆存和配矿混匀炼铁富矿原料。料场长度450米，宽70米共 2 个。

富矿矿石由白云鄂博用火车送来，用链斗卸车机将矿石卸至轨道路基一侧，然后用电铲分堆并倒堆两次。料堆数量根据实际情况变动，每个料堆长70～80米，底宽15米，堆高 8 米。当混匀矿石时用电铲倒矿两次，装车外运前再倒矿一次。料场共有 4 米^{3}电铲 4 台，3米^{3}电铲 2 台。

4.6.1.1 送入料场的富矿情况

矿石粒度：8～75毫米

矿石平均品位49%，允许波动3%

极差：10

标准差：2.77

4.6.1.2 经混匀后输出料场的矿石情况

矿石平均品位：49±1.5%

极差：5

标准差：1.2

4.6.2 宝山钢铁总厂原料车间的料场

宝山钢铁总厂原料车间是目前我国最大的、装备水平比较高的综合原料车间，它有主副原料及燃料各种料场。其中有混匀料场一个，这料场是设在露天的，在总图上与一次料场布置在一起。各种需要配矿及混匀的原料在未进入混匀料场之前，先在一次料场按品种和成分的不同分别堆放。进行配矿及混匀时先通过配料槽配料后，将原料送入料场，用堆料机按人字形堆料方式堆料。料场按两跨两堆制布置，料堆为长540米，宽 33 米，高12.4米，每堆容积24万吨，料场贮存10天。

参加配矿及混匀的原料有：球团矿、粉矿、筛下粉、粉碎粉、锰粉、氧化铁皮、高炉灰、烧结粉、蛇纹石粉、铁砂、转炉粗渣等12种原料。

料场采用俯仰单悬臂式皮带堆料机连续走行堆料，堆料机堆料能力为1900吨/时，平铺料层约342层。取料机采用旋回桥式双斗轮取料机，取料能力为1500吨/时。通过堆料机将原料平铺，再经斗轮取料机取料时进行了混匀。设计中混匀后的铁品位波动为0.2～0.25%，二氧化硅含量波动为0.15～0.20%。

4.6.3 邦格采矿公司铁矿石料场

利比里亚邦格采矿公司(Bong Mining Company Liberia)的矿石，其化学成份及矿物组成变化很大，铁品位为33～45%，磁铁矿含量15%至70%，单位电力消耗为 1.5～15 千瓦·时/吨。选矿厂作业稳定和最佳化的先决条件是组成均匀的给矿，为此，邦格矿为了满足选矿厂自磨工艺的原矿质量稳定的要求，进行了矿石配矿及混匀。

从1970年起使用了一个料场，处理350～0毫米供选矿厂自磨的原矿。料场为500×150米，根据选矿厂要求每年处理原矿1700万吨，共两个料堆，每个料堆的贮量约25万吨，即 5 天的贮量。因为是粗粒原矿，为了避免偏析，采用了菱形堆料方式。使用的堆料机实际平均能力为 2200 吨/时，双斗轮取料机实际平均能力为2800吨/时。

未经配矿及混匀的矿石进入选厂时，其铁品位和磁铁矿含量每天都变化很大，同时矿石的硬度也显著变化。而经过配矿及混匀的矿石进入选厂时，其铁品位和磁铁矿含量以及矿石硬度就稳定得多。配矿及混匀前后的矿石对选矿的影响见表4.6.1。

表 4.6.1 配矿及混匀前后的矿石对选矿的影响

指 标	未混匀的情况				混匀后的情况			
	最大	最小	平均	标准差	最大	最小	平均	标准差
给 矿								
铁品位,%	38.40	34.50	36.90	0.93	39.1	37.00	37.90	0.35
磁铁矿含量,%	27.80	21.40	24.70	1.37	29.2	21.40	25.10	0.45
硬度,kW·h/t	9.40	6.10	7.75	0.94	9.6	7.80	8.70	0.181
精 矿								
铁品位,%	66.60	63.40	65.40	0.63	66.00	64.40	65.20	0.36
铁收率,%	88.40	78.30	82.50	2.89	87.40	77.8	83.10	2.06

参 考 文 献

〔1〕 利比里亚邦格铁矿原矿和球团给矿的混矿和均匀化,原载Erzmetdll 1979, Heft 7/8。

〔2〕 万起，苏联铁矿石选矿技术现状与发展趋势，钢铁情报研究第5期，1986. 3。

〔3〕 鞍钢东鞍山铁矿，应用线性规划配矿与质量控制的研究，(1983，10)，未发表著作。

〔4〕 П. П. Бастан., Н. Н. Болощин, Усреднение рудна горно-обогатительных предприяхия 1981。

〔5〕 О. С. Ботдановидр, Справоцник по обогащение руд Москва Недра, 1983。

〔6〕 项世贵，菱铁矿予均化技术探讨，(1986，6)，未发表著作。

〔7〕 高长明，矿物原料予均化，中国建筑工业出版社，1983。

〔8〕 唐先觉，李希超，现代钢铁工业技术——烧结，冶金工业出版社，1984。

5 洗　矿

5.1 概 述

除去矿石中粘土质物料的过程叫洗矿。这个过程实际上包括着碎散和分离两个步骤。整个过程是在水流作用和相应的机械中进行的。碎散就是借水的浸泡、冲击和搅拌使粘土质物料碎解和分散；分离就是借水流的作用将悬浮于水中的粘土质细粒和矿泥与粗粒物料分开。对有些物料，碎散和分离两个步骤是分别进行的；但是，对于大多数物料，碎散和分离几乎是同时进行的。只要包含着这两个步骤并得出粗粒和细粒或矿泥产品的作业和流程，均可统称谓洗矿。

粘土质物料来源于矿床中的粘土类矿物或被粘土所胶结成团的、风化成细粒的矿石；某些亚粘土类矿物的风化或蚀变产物以及在开采过程中被粉碎了的造泥矿物。这三种情况都可能产生“泥”而混入矿石中，构成含泥物料(或矿石)。

洗矿被广泛地用于黑色金属（铁、锰）矿石、有色金属(铜、铝、锌、钨、锡、铝）矿石、非金属（金刚石、高岭土、石英砂、硅藻土等）矿石、稀有和贵金属砂矿、建筑材料（碎石、砾石和砂）以及其他一些物料（如能源矿物和化学原料矿物）的处理。

到目前为止，关于“泥”，仍没有一个完全统一而明确的概念和严格的粒度界限。在一些文献和资料上以及在实际生产中，都是根据各个不同的具体工艺条件和物料的特性而确定“泥”的粒度界限。譬如，在国内有色金属选矿厂，把影响碎矿作业的“泥”的粒度界限，确定为－0.3毫米。但是，在有些选矿厂仍然习惯地以200网目（0.075毫米）作为“泥”的界限。

由于“泥”没有确定的概念，因而，含泥物料的可洗性能也无法有完整意义的表述。最初，是根据被洗物料本身的物理机械性质来间接地评定其可洗的难易程度。但是，这不能准确地反映洗矿过程的实际，而且，明显地忽视了洗矿设备的机械作用。近年来，基于洗矿动力学的研究，提出用洗矿过程的参数（单位矿石的洗矿能耗及必须的洗矿时间）和洗矿强度来评定被洗物料的可洗性能，并由此引出了可洗性系数的概念。这样，就比较准确地反映了洗矿过程的实际。

影响洗矿效率的因素，除了被洗物料本身的物理机械性质和洗矿设备的机械作用外，尚有水流的速度、压力、水量、水温和可能添加的药剂（水玻璃、硫酸、苏打、石灰等）以及洗矿前物料的准备方法（事先浸泡或预先干燥）等。

对一些粘结较强的砂矿，往往要用一定流速的高压水冲击和输送，方能使结团的块状物料得到碎散和分离。

对于难洗物料的用水量显然要比易洗矿石的用水量大。洗矿效率随水温的升高而提高。譬如，从10℃加热到40℃的水，对粘土的碎散速度提高将近二倍。

事先将被洗物料浸泡或干燥，可以起到改变被洗物料所固有的物理机械性质或是破坏被洗物料内的牢固的粘结力的作用，从而达到改善洗矿的指标，缩短洗矿时间。

各种类型的洗矿设备都是以其独特的结构和工作参数来完成洗矿任务的。从洗矿过程应用的历史来看，最初只是单纯地用水在普通的筛子上冲洗，逐步演变到使用专门的洗矿机械。随着被处理物料的复杂、难洗，又出现了将碎散和分离作业合在一起的洗矿装置和洗矿机组。在现代选矿领域中，随着选矿应用范围的不断扩大和被处理物料难洗程度的加深以及工艺要求的严格，要良好地完成洗矿的任务，也非单个的洗矿机械所能胜任，往往要多种洗矿机和筛分（或分级）机配合使用，这样，就组成了洗矿流程。

洗矿一般在选矿厂是用作准备作业，设置于拣选（包括手选和光电选）、破碎、重选（包括重介质选矿）、磁选和浮选作业之前。洗矿的目的在于消除矿泥对这些作业的影响和危害，以改善这些作业的工艺条件，提高作业效率和获得良好的选别指标。例如，在我国南方的黑钨矿选矿厂的手选作业前，普遍采用了在振动筛上加冲洗水的洗矿作业来清除矿石表面的矿泥、从而提高了手选作业的丢废率，并且为进一步降低手选粒级的下限创造了条件。在我国长江中下游及华南地区的大多数选矿厂的碎矿工段中，也普遍地采用洗矿作业来消除矿泥的危害，防止破碎腔、漏斗和矿仓的堵塞，以保证碎矿流程的畅通、实现破碎筛分作业的正常生产。对矿石中含有可溶性的重有色金属氧化矿物，碎矿工段中的洗矿作业，不仅是为了改善碎矿作业的条件，而且是为了有效地回收这些可溶性矿物中的重金属离子，同时，也可提高浮选作业的指标。当然，对规模很大的选矿厂要处理湿而粘的物料，洗矿是极复杂又困难的作业，就应当考虑采用自磨工艺了。

洗矿也可以是一种直接产出成品精矿的独立选矿过程。例如我国的残积型铁、锰矿石和褐铁矿的处理，大多采用了多段洗矿作业，直接产出最终精矿或粗精矿送下段选别处理。天然硅砂，工业用陶土和高岭土以及某些磷灰石矿，通常只需要洗矿、加上筛分（或分级）就可以获得合格产品。又如供冶炼用的辅助材料石灰石，在矿床中由于岩溶裂隙较发育，地表粘土和风化产物混入矿石中，通常也都是用洗矿的方法除去杂质以获得优质石灰石。在金刚石砂矿中，金刚石颗粒呈松散或胶结状存在，一般不需要进行破碎和磨矿，只需要将原矿进行洗矿，筛分和脱泥，即可将大块砾石和细泥尾矿分出，获得粗精矿（或称净砂），进一步用重选法即可产出最终精矿。

在化学原料矿石中，磷矿通常都需要洗矿。在我国，80%以上的磷矿属硅钙型的胶磷矿。煅烧后，就变得松酥易碎，但大量的钙、镁氧化物仍包裹在矿物集合体中，妨碍了水化反应。简单的脱泥不见效果。为有效地脱除钙、镁脉石，在消化的同时要进行擦洗。这样，既强化了脱泥效果、又促使了水化反应的顺利进行。在加拿大，几乎所有的钾盐矿选厂都有脱泥回路，以除去极细的不溶物。这种不溶物是一种白云石、赤铁矿和少量粘土以及硬石膏的混合物。在卤水中一经潮湿就解离成很细的分散物。这种矿泥要经多段高强度擦洗才得以完全碎散，随之经多段脱泥回路才能逐步分离出去。

洗矿过程所产出的细泥和粗粒矿块（除直接成品外），都需要作进一步的处理，特别是细泥。在某些金属矿石中，洗矿细泥往往含有较高的金属品位，应考虑用适当的选别方法加以回收。对某些非金属矿石，粗粒的可能作为废渣丢弃，细泥则需经分级、浓缩（或沉淀）、烘干等处理。洗矿过程用水量都很大，因而将排出大量的污水。在考虑采用洗矿作业时，必须同时考虑污水的处理，否则将会对环境带来恶劣的影响。

5.2 矿石的可洗性

在选择洗矿设备和制定洗矿流程时，首先就得了解含泥物料（矿石）的可洗性能。含泥物料（矿石）的可洗性可以用含泥物料本身的某些物理机械性能，洗矿过程的参数和可洗性系数来划分。

5.2.1 含泥物料的塑性、膨胀性和松散系数

5.2.1.1 塑性

粘土物料因吸水量不一而具不同的湿度（或含水率）。塑限和屈服点是粘土物料湿度的特征常数。塑限系指粘土物料从固体状态变成塑性状态时的湿度。屈服点指的是塑性状态变为流态时的湿度。可用塑性指数和塑性强度来表征粘土物料的塑性。

塑性指数可按下列公式计算：

$$K_S = B_S - B_H \quad (5.2.1)$$

式中 K_S——塑性指数，%；

B_S——粘土开始流动时的含水率，%；

B_H——粘土被压碎时（固态）的含水率，%。

塑性指数越大，物料越难洗。反之亦然。

塑性强度 对处于塑性状态下的粘土类物料可用一个特定的圆锥测塑仪来测定。以帕斯卡（或千帕）单位表示。按下述公式计算：

$$\tau = \frac{G\cos^2\dfrac{\alpha}{2}}{\pi h^2 \mathrm{tg}\dfrac{\alpha}{2}} \quad (5.2.2)$$

式中 τ——塑性强度，Pa(kPa)；

G——圆锥体重量，N；

h——圆锥体陷入粘土的深度，cm；

α——圆锥体的锥角，(°)。

	易洗的	中等可洗的	难洗的
塑性指数，%	＜5	5～15	＞15
塑性强度，千帕	＜15	15～35	35～30

5.2.1.2 膨胀性

从洗矿的观点看，粘土类物料吸水及粘合物质之间的键受到破坏而产生碎散的过程，正是粘土类物料膨胀的过程。应以粘土类物料的膨胀速度来划分可洗性。

测定粘土的膨胀性有下述两种方法：

第一种方法叫浸泡法。用图5.2.1所示的仪器测定。

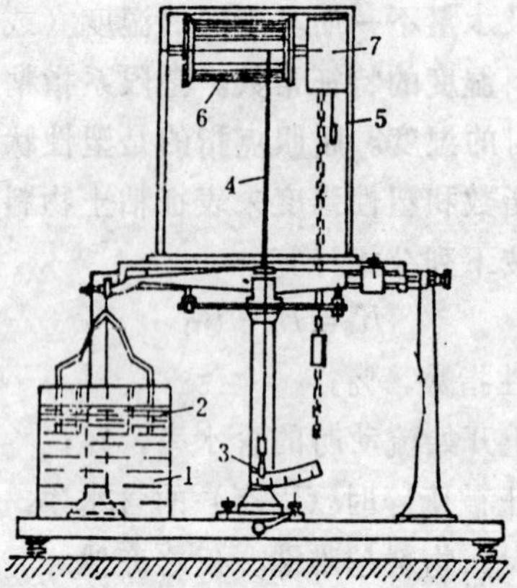

图 5.2.1　测定粘土膨胀性的仪器

1—玻璃缸；2—薄片；3—指针；4—竖杆；5—滚筒；6—钟表机构；7—转动链轮

取每边长 5 厘米的小立方体粘土试样，放在筛孔尺寸为1×1厘米的筛网上，置于盛有水的容器里浸泡。试料经水泡胀而碎散并穿过筛网，直至试样完全消失。以这段时间来确定粘土物料的膨胀速度。根据粘土物料的膨胀时间来划分物料的可洗性：

可洗性程度　　　　膨胀时间（小时）

易 洗 的	5
中等可洗的	5～8
难 洗 的	>8

第二种方法称压痕法。用图5.2.2所示的平衡圆锥仪来测定。

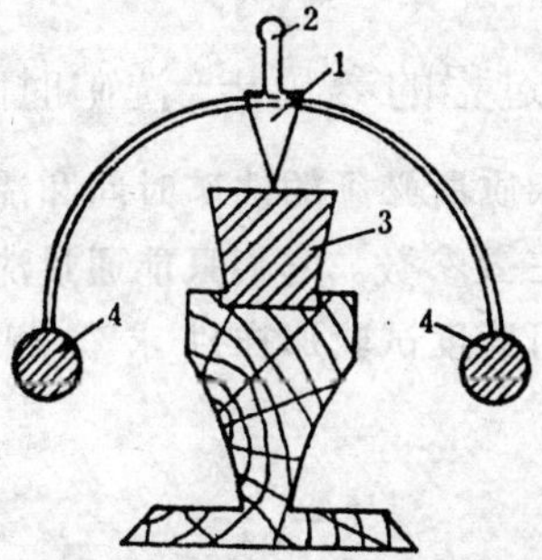

图 5.2.2 测定粘土膨胀性的平衡圆锥仪

1—圆锥；2—手柄；3—粘土样；4—平衡球

平衡锥重76克，锥角 30°，用下式计算压痕深度：

$$h=\frac{d}{2}\sqrt{3} \tag{5.2.3}$$

式中 h——压痕深度，mm；

d——压痕宽度，mm。

可洗性程度	圆锥压痕深度，毫米
易 洗 的	8～10
中等可洗的	6～8
难 洗 的	3～6

5.2.1.3 **松散系数**

对于某些砂矿床，可以用含砂砾层的松散程度来评定物料的可洗性。松散系数可按下式计算：

$$K_N=\frac{V_2}{V_1} \tag{5.2.4}$$

式中 V_1——钻坑取样时，用钻坑断面和采取厚度计算所得的样品的几何体积，m^3；

V_2——样品采出后，用容器测得的松散体积，m^3。

在通常的地质报告中，都会记载这个数值。在金刚石砂矿中，松散系数小于1.2的属易洗的，松散系数介于1.2～1.3属中等可洗，松散系数大于1.3的就难洗了。

5.2.2 洗矿过程的参数——洗矿时间和单位电耗

完全清除含泥杂质所必须的洗矿时间和洗矿时所消耗的电耗，是洗矿过程的主要参数。它们只能通过洗矿试验来取得。在试验室可以通过像可磨度试验那样以求得相对的可洗性系数（K_1）：

$$K_1=\frac{t_E}{t} \tag{5.2.5}$$

式中 t_E——已知标准物料所必须的洗矿时间，min；

t——在同样设备中，被测定物所必须的洗矿时间，min。

根据相对可洗性系数K_1，可以计算出被测定物料所需的单位电耗（q）：

$$q=\frac{q_E}{K_1} \tag{5.2.6}$$

式中 q_E——已知标准物料洗矿时的单位电耗，kW·h/t。

无论是被测定物料或是已知的标准物料的相对可洗性系数、洗矿时间和单位电耗均可在给入固定水量的标准洗矿筒中进行测定。测定时只需记录洗矿筒运转的有效功率和洗矿时间，同时，可按一定的粒度进行洗矿效率的计算。洗矿时间越长，洗矿的单位电耗越大，含泥物料就越难洗。

按洗矿过程参数划分的可洗性

	易洗的	中等可洗的	难洗的
洗矿时间，分	<1	1～2	2～6
单位电耗，千瓦时/吨	<0.25	0.25～0.75	0.75～2

5.2.3 可洗性系数

洗矿动力学研究表明，洗矿过程的参数（洗矿时间和单位电耗）与洗矿强度是一致的。以含泥杂质（可以一定的粒度为界）在溢流中的最大回收率ε_0表示洗矿强度，此时所须的时间t_0称为代表性的洗矿时间，以可洗性系数K作为含泥物料的可洗性特征，它们的关系如下：

$$K=0.5t_0\varepsilon_0+6(t_0\varepsilon_0)^2 \qquad (5.2.7)$$

式中 ε_0——一定粒度在洗矿溢流中的最大回收率，小数；

t_0——在溢流中获得最大回收率的洗矿时间，s。

按洗矿动力学划分的可洗性

	易洗的	中等可洗的	难洗的
代表性的洗矿时间t_0，秒	<50	50～150	150～300
可洗性系数K，	>1	1～0.5	<0.5

以测定物料的物理机械性质来评定含泥物料的可洗性虽然是间接的和不够准确的，但是，可以作为对物料可洗性能的初步认识。

用洗矿过程的参数和从洗矿动力学所表征的可洗性系数能客观而准确地评定含泥物料的可洗性能，但是，必须要进行一定规模的洗矿试验。

5.3 洗矿设备

5.3.1 洗矿设备的分类

按碎散含泥物料的方法，洗矿设备可分为两类：其一是借高压水流的动力作用来碎散含泥物料，如洗矿溜槽，水力洗矿床和各式平面筛等；或者是在低压水流中，借矿块彼此间和矿块与机械表面的摩擦来碎散含泥物料的，如圆筒洗矿机，擦洗机等。其二是完全靠设备的机械作用来完成的，如槽式洗矿机，机械分级机和"打击式"洗矿机。

按排出矿泥的方式，洗矿设备也可分为两类：其一是粉矿和矿泥通过筛孔排出；其二是以溢流的形式排出矿泥。在前一类洗矿机中，粒度大小由筛孔控制，筛上物料则为洗矿产品或进入下段处理；粉矿和矿泥混合以矿浆状作为筛下物料，废弃或进一步处理。在后一类洗矿设备中，粒度的大小由洗矿给水量和洗矿设备的堰板高度来控制。洗过的矿石以块状或粒状沉积在洗矿设备中，借转动机构排出作为洗矿产品，其含水量在大多数情况下都是比较高的。溢流废弃或进入选别作业处理。

在我国目前应用较普遍的洗矿设备是这样的：在处理砂矿和采金船中，常用洗矿溜槽和圆筒洗矿机。在处理残坡积砂锡和锰矿时，结合水力开采，常采用水力洗矿床——即用高压水枪和多种筛子组成的一种组合式洗矿装置。在有色金属矿石的洗矿作业中，常用双层振动筛（或连续设置的两台单层振动筛）加螺旋分级机作为洗矿设备。在金刚石矿的洗矿中，常采用圆筒洗矿机，槽式洗矿机和带头筛的擦洗机。在南方的一些黑色金属选矿厂中，常用振动筛，圆筒洗矿机和槽式洗矿机。在磷灰石矿的洗矿中，也都是采用各种振动筛和槽式洗矿机。洗矿用的各种振动筛都是定型的筛分机加高压水冲洗而已。圆筒洗矿机大都是各生产矿山根据实际需要自行设计和制造的。槽式洗矿机和擦洗机大部沿用苏联的标准，且规格单一。我国的洗矿设备尚处在待开发的阶段。

在苏联的某些铁、锰矿石的洗矿中，还采用了“打击式”洗矿机和塔式洗矿机两种洗矿设备。这两种洗矿机的特点是工作很平稳，矿石能得到充分的洗涤，而磨剥又很小。

在日本，生产了一种类似于浮选机的摩擦洗矿机，主要用于处理已碎散了的硅酸盐物料，以清除含泥杂质对硅酸盐选别的影响。

5.3.2 洗矿溜槽

洗矿溜槽适用于易洗和中等可洗的矿石。在我国多用于一些砂矿和砂金矿石的洗矿，在实际生产中，常与圆筒洗矿机或振动洗矿筛联合使用。

结构上与普通溜槽的不同是在整个溜槽长度的底部安有格栅，并且在溜槽的端部设置了固定条筛。在溜槽头部（或整个溜槽上部）设有喷嘴。物料在喷嘴高速射出的水流中沿溜槽运动时，粗粒矿块的滑动和翻转，使得矿泥在射流中冲洗掉。在实际生产中，为了强化对粘土类杂质的碎散常常采用人工耙矿以及在溜槽的头部给矿漏斗内用水枪给入高压水。细砂和粘土经溜槽底的格栅与端部的固定条筛与粗粒物料分离。格栅孔隙和条筛筛孔尺寸由工艺条件决定，通常为10～15毫米。洗矿效率与溜槽的长度和角度有关，单位用水量取决于物料的可洗性，通常1米^{3}物料耗水10～30米^3。

需要计算的只是水流的功率A（千瓦），当耗水量为Q（升/分）和压头H（米）时，则

$$A=0.0098QH,\ \mathrm{kW} \tag{5.3.1}$$

5.3.3 水力洗矿床

水力洗矿床（又称水枪—条筛）适用于难洗和中等可洗的矿

石。在我国主要用于残坡积砂锡矿，锰矿和沉积型铁矿的洗矿，并与水采水运结合在一起。洗矿的最大粒度可达300毫米。

水力洗矿床主要由高压水枪和一些固定条筛所组成的洗矿装置。图5.3.1为水力洗矿床结构型式示意图。各部尺寸及其配置可根据具体的地形条件决定。

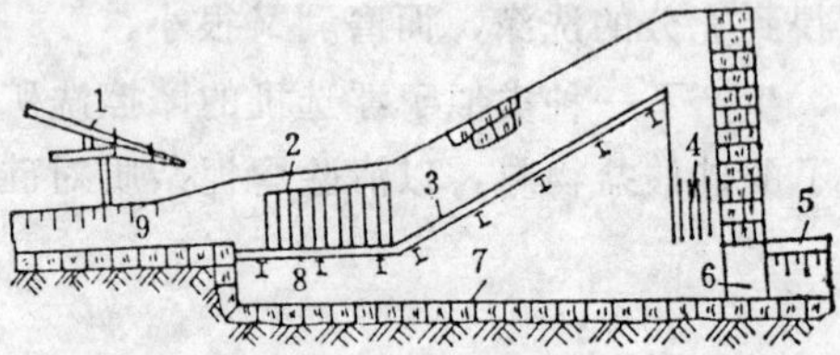

图 5.3.1　水力洗矿床示意图

1—小水枪；2—溢流筛；3—斜筛；4—废石筛；5、9—运矿沟；6—筛下产物排出口；7—床底；8—平筛

每一组水力洗矿床通常要配备2～3台小水枪（包括备用在内），水枪压力不低于7.8～9.8×10^5帕。平筛和斜筛的宽度约3米左右，平筛长度为2～3米，斜筛长度5～6米。平筛倾角3°～3.5°，斜筛20°～22°。废石筛倾角为40°～45°，溢流筛与平筛垂直。各种筛子一般用ϕ25～30毫米圆钢制成，筛条间隙根据给矿中废石粒度的大小及下一步工艺要求而定，云南的砂锡矿一般为25～30毫米，最大为50毫米。在洗矿床内，矿浆起点落差及床底坡度可根据地形高差条件确定，一般落差应保证在0.5米以上，床底坡度则要求大于运矿沟的坡度。

生产时，原矿石由水采水运送到洗矿床的平筛上，通常，给矿浓度以20～30%为宜。矿浆及小于筛隙尺寸的矿粒经平筛和溢流筛落入床底。大于筛隙尺寸的矿块和泥团堆存于平筛上，借高压水枪进行喷射冲洗。泥团在强力的水柱冲击与沿斜筛筛面向上运动相互碰撞、摩擦作用下碎散。在水压9.8×10^5帕以上时，对200～300毫米的粘性大的泥团也能有效地碎散。碎散后的细粒矿石和泥团通过斜筛也落入床底，与筛下矿浆一起从床底的尾端排出。留在筛面上被冲洗干净的大块废石则被水枪的高压水流提升至洗矿床尾端的废石筛上，再经排矿溜槽排至矿车（或皮带运输机上），运往废石场堆存。若废石中尚有少量矿石的话，可设置手选作业，将其选出进行破碎，然后送选别作业以回收有用矿物。

表5.3.1列出了云南某残坡积砂锡矿选矿厂使用的水力洗矿床的技术规格及操作条件。

表 5.3.1 水力洗矿床的技术规格及操作条件

水枪		平筛			斜筛		
口径 mm	压力 $\times10^5$Pa	长×宽 mm	筛隙 mm	安装倾角 (°)	长×宽 mm	筛隙 mm	安装倾角 (°)
30	9.8～11.76	3000×3000	30	3.5	6000×3000	30	21
溢流筛		**废石筛**			**操作条件**		
长×宽 mm	筛隙 mm	长×宽 mm	筛隙 mm	安装倾角 (°)	处理能力 t/h	给矿浓度 %	最大给矿粒度 mm
2000×1000	30	3000×1000	30	45	300×400	20～30	200～300

5.3.4 圆筒洗矿机

圆筒洗矿机（又称洗矿圆筒筛）实际上是一个加长的圆筒筛。(图5.3.2)只不过在圆筒筛内安装有喷嘴的管子，水以(1.96～3.92)×10^6帕的压力从喷嘴射出，冲洗沿圆筒筛运动着的含粘土的矿石（图5.3.3）。

当作筛分用的圆筒筛只适宜处理含有少量粘土杂质的易洗的砂石物料。而圆筒洗矿机则具有较强烈的机械和水力作用，适宜处理粒度达200～300毫米的中等可洗和较难洗的矿石。在我国主要用于建筑业洗砂石物料，某些石英砂矿和采金船上洗选原矿以及褐铁矿石和个别有色金属矿石的洗矿流程中。

圆筒洗矿机的结构比较简单，在进料和排料端有二个无孔的筒体，支承在托辊上回转，中部就是筒筛。当处理的粒度不大

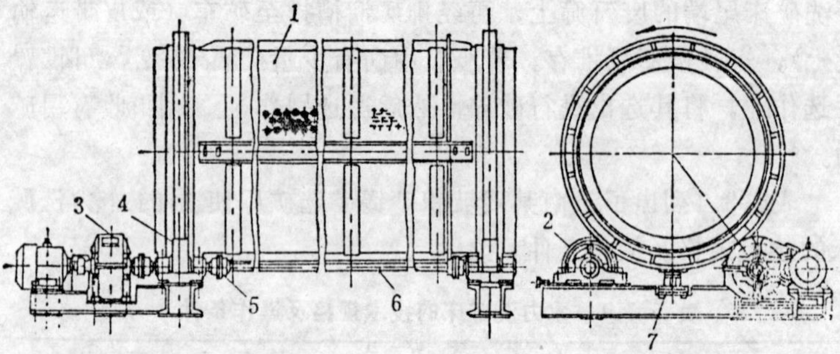

图 5.3.2 圆筒洗矿机

1—筒筛筒体；2—托轮；3—减速机；4—传动轮；5—联轴节；6—传动轴；7—支承托架

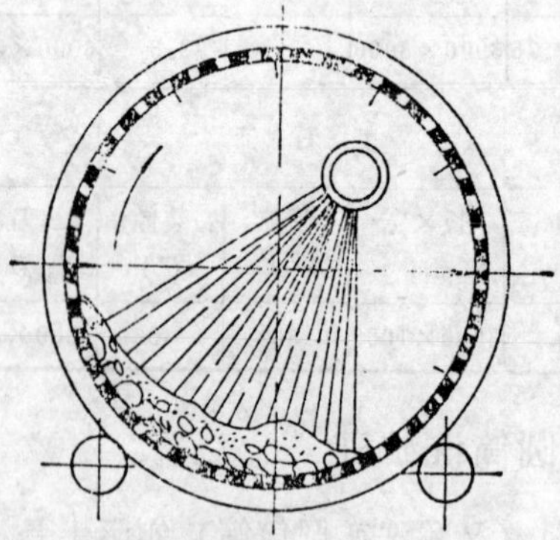

图 5.3.3 圆筒洗矿机的喷水装置

时，有单层筒筛就够了，若块度很大时，可设置两层或两层以上的筒筛，其筛孔尺寸由内向外依次减小。圆筒洗矿机通常是倾斜安装的，以利物料的排出，倾角一般小于8°。

圆筒洗矿机的转数约为临界转数的30～40%。物料在圆筒筛中纵向运动的速度（v）由下式确定：

$$v=0.105rn\text{tg}2\alpha \tag{5.3.2}$$

式中 r——圆筒半径，m；

n——圆筒的转数，r/min；

α——圆筒的倾角，(°)。

传动机构由电动机，圆柱齿轮对和三角皮带所组成。

洗矿效果随矿石在圆筒筛中的停留时间、喷水的水压和用水量的增加而增高；而停留时间又随圆筒筛的长径比增大而增长，却随安装倾角和转数的减少而增加。为了强化设备的机械作用，在圆筒筛的内壁可安装松散矿石用的纵向耙筋（钢条或角钢）和环形堰。

为了避免筛孔的堵塞，洗矿圆筒筛最好做成圆锥形，并使直径大的一头朝排矿端。对于难洗的矿石，在圆筒筛内壁要安设链条和环形的耙齿。

圆筒洗矿机的生产能力和耗水量取决于矿石的可洗性。在运动学上，圆筒洗矿机的工作条件与筒筛相同。所以，可以根据每平方米筛面单位时间处理量和用水量等实际资料，自行设计和制造适用的圆筒洗矿机。表5.3.2列出的圆筒洗矿机的技术数据仅供参考。

表 5.3.2 圆筒洗矿机的技术数据

标准尺寸，mm		生产能力 t/h	耗水量 m^3/t	转数 r/min	功率 kW	物料粒度 mm
直径	长度					
1200	3000	10～30	2～5	15～25	25	75
1500	3500	15～45	2～5	12～18	30	75
1800	4000	25～75	2～5	10～15	35	100
2000	6000	35～100	2～5	8～12	50	125(150)
2400	10000	75～250	2～5	6～8	75	200(300)

5.3.5 擦洗机和带头筛的擦洗机

擦洗机和带头筛的擦洗机适用于粒度达300毫米的中等可洗和难洗的矿石。

擦洗机（如图5.3.4和图5.3.5）不同于圆筒洗矿机。它具有无孔的筒体，给料和排料端均有端盖板，如同球磨机一样。筒体和

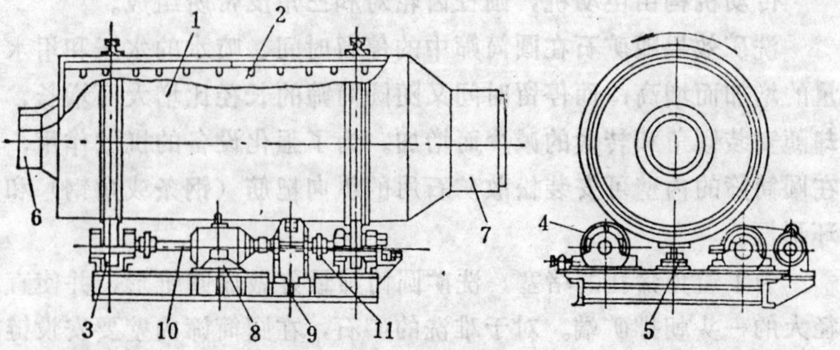

图 5.3.4 擦洗机

1—筒体；2—带筋衬板；3—传动辊；4—托轮；5—止推辊；6—给料口；7—排料口；8—电动机；9—减速机；10—联轴节；11—传动轴

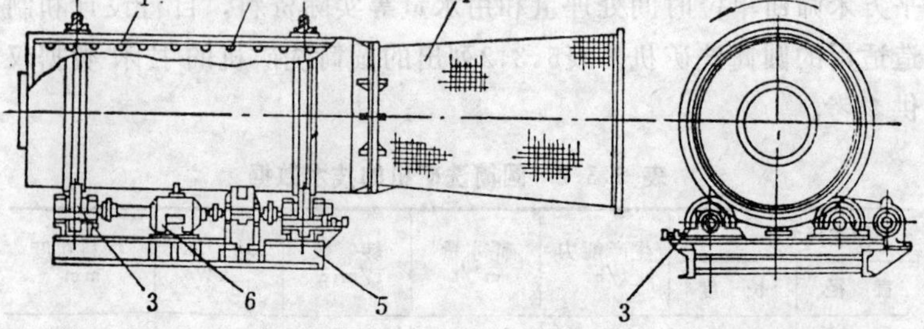

图 5.3.5 带头筛的擦洗机

1—筒体；2—带筋衬板；3—传动辊；4—圆筒筛；5—减速机；6—电动机

端盖板内壁均有锰钢或橡胶衬板，衬板上有筋条，排成螺距逐渐向排料端增大的螺旋线。可以使物料得到良好的碎散，并且保证物料向排料端运动。筒体是借金属托轮或橡胶轮胎的摩擦，或者是齿轮传动。

擦洗机可以水平安装，也可以倾斜安装。在倾斜安装时，为避免筒体的轴向移动，可以用止推托辊支撑着筒体。通常，安装倾角应小于6°。

排料口的直径要大于给料口的直径，但排料口有一定（或可调）高度的环状堰。这样，在擦洗机内就形成了固定的物料层。

通常，擦洗机的充填率可达容积的25%。

矿石与水同时由给料口进入筒体，要有一定的浓度（约40～50%固体），使其有足够的流动性。同时，在擦洗机筒体内可设置固定的喷嘴水管，水压为0.1～0.2千帕。高压冲洗水既可反物料流的方向喷射，也可以顺物料流的方向喷射。在逆向流擦洗机中，矿泥以溢流的形式从给料端流出；经高压水冲洗过的块状物料，由排料端的升矿轮或有孔的铲斗提升至锥形排料口排出筒体。

对可能发生明显磨剥现象的矿石，擦洗机应用较低的转数（30～40%的临界转数）。在处理难洗的高塑性粘土质矿石时，应采用高转数（70～80%临界转数）。在筒体旋转时，物料在擦洗机内形成瀑落式运动，使矿块抛落并产生强烈的摩擦，迫使高塑性粘土质物料的碎散。经高压水冲洗过的块状物料随矿浆流从排料口排出。

由于矿石的可洗性不同，在擦洗机中必要的洗矿时间也应不同，否则，矿石就会没有受到充分的洗涤，或者会发生矿块的磨剥现象。这就需要通过必要的试验和对生产实际情况的认真考察来解决。

通常，对难洗矿石，在擦洗机中的洗矿时间可长达12～24分钟，处理中等可洗性矿石的洗矿时间约为4～12分钟。

擦洗机的技术特性列于表5.3.3。擦洗机的倾角、转数及其生产能力的数值列于表5.3.4。

当然，倘若擦洗机的规格相同，则实际的洗矿时间可以借改变处理能力来调节：处理能力增大，洗矿时间缩短，反之亦然。

擦洗机处理矿石的最大粒度随擦洗机直径的增大而增大。擦洗机直径大于3米以上的可处理300毫米粒度的矿石。擦洗机直径减小，所能处理的矿石粒度也减小。

在实际生产中，擦洗机常与洗矿振动筛和螺旋分级机配合使用。大块矿石经洗矿后送往破碎机，细粒矿石和矿泥自流到分级机进行脱水、脱泥，以溢流的形式排走；分级机的沉砂可进行分

表 5.3.3 擦洗机的技术特性

筒体,mm		倾角,(°)	转数 r/min	耗水量 m^3/t	给矿最大粒度 mm	倾角3.5°时的生产能力 m^3/h
内径	长					
1300	2800	3.5～6	20	3～5	150	30
1400	5600	2～4	20	6～8	150	40
2000	3600	0～5	9.5;12.5;15;19	3～6	150	100
2200	5185		18	3～6	250	35～50
3000	4000		18	2～5	350	125
3560	7785		12.8;18.9	2～5	350	500
2605	4110		16	2～4	300	100
3350	10770		15	2～4	300	250
3600	7300		11.2;17.9		300	400

表 5.3.4 擦洗机的倾角、转数及其生产能力的关系①

倾角,(°)	转数 r/min	物料运动速度 mm/s	料层厚度 mm	停留时间 s	生产能力 m^3/h
1	18	30	200	93	9.9
2	10	30	200	93	11.3
2	12	40	200	70	13.5
2	16	53	200	53	18.1
2	18	60	200	47	20.1
2	20	66	200	42	22.6
3	18	90	200	31	30.6
4	18	120	200	23	40.8
5	18	150	200	19	51.3
6	18	180	200	16	61.8

①此关系指表5.3.3中的ϕ1300×2800mm擦洗机而言。

级，经分级后的各级别物料送入选别作业。我国华东某金刚石原生矿的处理就采用了这样的流程。

带头筛的擦洗机（如图5.3.5）。它是在擦洗机的排料端装3个悬臂的锥形圆筒筛，锥角不大于6°。用螺栓固结在擦洗机的筒体上，可以是单层的，也可以是双层的。带头筛的擦洗机与擦洗机具有同样的工作条件。由于有锥形圆筒筛，可以使粘土物料与块（粒）状物料的充分分离。

在我国中南某金刚石砂矿就采用过这种擦洗机。原矿在擦洗机内洗矿后，经圆筒筛除去大块砾石，细粒送至螺旋分级机脱泥、脱水后，再分级入选。

我国云南某锡石-氧化矿选厂使用的带头筛的擦洗机的技术规格及操作条件分别列于表5.3.5和表5.3.6。

表 5.3.5 带头筛擦洗机的技术规格

筒体,mm		圆筒筛,mm		外形尺寸,mm			衬板筋条高 mm	转数 r/min	安装功率 kW
内径	长	长	筛孔	长	宽	高			
1120	3620	1070	内25 外5	5520	2650	2130	90	21.5	22.5

表 5.3.6 带头筛的擦洗机操作条件

处理量 t/d	总耗水量 m³/t	给矿			溢流		沉砂 -2mm 含量,%	洗矿粒度界限 mm	洗矿效率,%
		最大粒度mm	-0.074mm 含量 %	浓度 %	-2mm 含量,%	浓度 %			
600～700	2～4	100	20～30	40～50	80～85	20～25	5～10	2	80～85

5.3.6 槽式洗矿机

槽式洗矿机有倾斜式的、水平的和组合式的三种类型。倾斜槽式洗矿机是最常见的。水平和组合式的因为增加了给料和洗矿产品脱水等辅助装置，从而未能得到广泛地应用。

就碎散和输送物料所采用的工作机构和应用范围而言，倾斜槽式洗矿机又分为螺旋（或带条螺旋）的和叶桨的两种。前者与螺旋分级机相似，用于处理粒度 0～10 毫米的易洗和中等可洗的物料。后者用于处理粒度达 100 毫米的中等可洗和难洗的物料。

倾斜叶桨槽式洗矿机按叶桨轴的数量、叶桨形状和尺寸、叶桨的安装角度、溢流堰、传动装置、冲洗水的布置以及去除矿泥能力的不同等特点，构成了各种不同的型号和规格。但在机械结构方面，它们都是相同的，只是叶桨轴和槽体的尺寸不同而已。

倾斜叶桨槽式洗矿机（如图5.3.6）由槽体、安有叶桨的两根面对面旋转的中空轴、下轴承、盘根水封、传动装置、沉砂槽和溢流槽等部件组成。叶桨用高锰钢制成，互相交错安装在中空轴上。叶桨顶点连线构成螺旋线，叶桨的安装角（通常为65°）朝向轴的下方。轴带动叶桨旋转，推动矿粒向排料端移动。

给料和水从槽体下部给入洗矿机内，槽体内约2/3的长度充满了矿浆。泥团和表面粘附着矿泥的矿粒，借助于叶桨的揉搓、擦洗以及由槽体上端给入适量高压水（水压为0.1～0.2千帕）冲洗，使矿泥得以碎散并与矿粒分离，达到洗矿的目的。矿浆和粗粒物料反向运动，洗出的细泥从槽体下端的溢流槽排出，粗粒物料由叶桨向上推送到沉砂槽排出。槽体的倾角一般为5°～12°。

倾斜槽式洗矿机的技术特性列于表5.3.7。

在我国，倾斜槽式洗矿机已广泛地用于金刚石、残坡积铁矿和锰矿、褐铁矿及砂锡矿的洗矿作业。长沙黑色冶金矿山设计研究院为南方地区难洗的石灰石、白云石和锰矿的洗矿，设计了一种倾斜槽式洗矿机，其技术规格如下：

槽体宽度，	毫米	2200
槽体长度，	毫米	8420
槽体倾角，	度	14
轴的转数，	转/分	23
两轴的中心距，	毫米	1000
叶桨的工作直径，	毫米	950
旋转轴直径，	毫米	377
旋转轴长度，	毫米	7800
叶桨的间距，	毫米	600
安装功率，	千瓦	30❶
给矿粒度，	毫米	50～0
最大生产能力，	吨/时	80

❶指处理石灰石、白云石的实际数据。

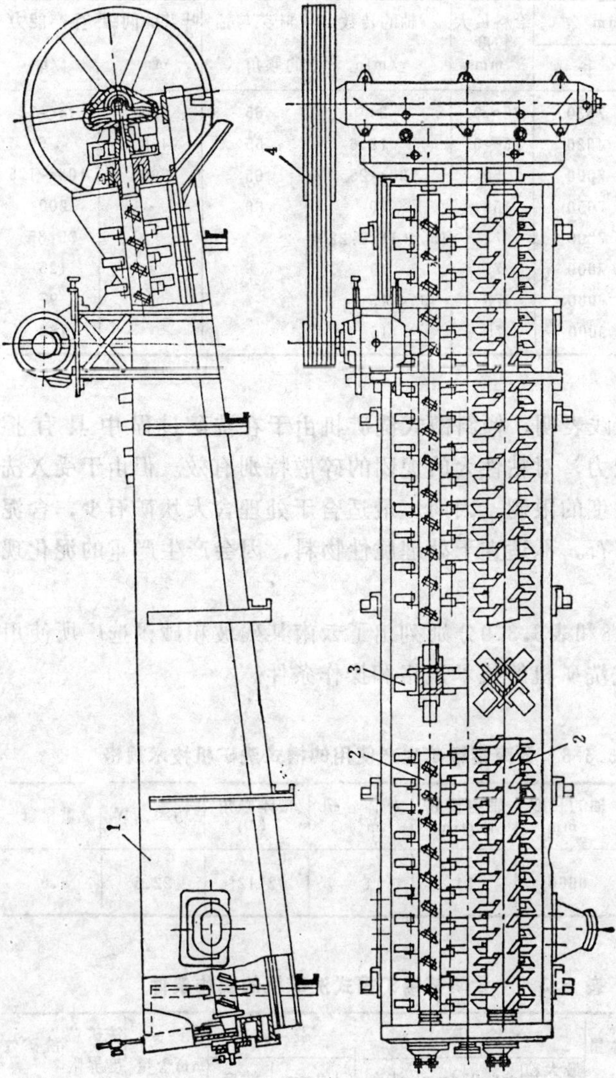

图 5.3.6 倾斜槽式洗矿机

1—槽体；2—叶桨轴；3—叶桨；4—传动部

表 5.3.7 倾斜槽式洗矿机技术特性

槽体,mm 宽	槽体,mm 长	给料最大粒度 mm	轴的转数 r/min	叶桨与轴的倾角,(°)	叶桨的间距 mm	生产能力 t/h
1600	7630	75～0	24	65	250	44～72
970	4880	75～0	18.6	55	400	6
1840	7000	50	20～25	65	560	100～125
2700	7650	150	20	50		200
1750	7000	75	15.4(18.6;22)			75;85
2390	7000	75	15			125
2520	9000	75	9.4;15			97
2900	9000	75	15			160

生产实践表明，倾斜槽式洗矿机由于在洗矿过程中具有擦洗、揉搓能力，对粘性大的泥团的碎散特别有效。但由于受入洗矿石最大粒度的限制，因而，最适合于处理含大块矿石少，含泥多的难洗矿石。不适宜于处理脆性物料，因会产生严重的泥化现象。

表5.3.8和表5.3.9分别列出了云南某残坡积砂锡选厂所使用的倾斜槽式洗矿机的技术规格和操作条件。

表 5.3.8 云南某锡矿生产使用的槽式洗矿机技术规格

长×宽mm	轴的长度 mm	轴的转数 r/min	槽体容积 m^3	槽体倾角 (°)	功率,kW	重量,t
6600×1500	6660	21	6	12°12′	22.5	8.6

表 5.3.9 云南某锡矿槽式洗矿机的操作条件

处理量 t/d	用水量 m^3/t	给矿 最大粒度 mm	给矿 −0.074mm含量,%	给矿 浓度 %	溢流 +2mm含量,%	溢流 浓度 %	沉砂−2mm含量 %	洗矿粒度界限 mm	洗矿效率,%
800～1100	4～6	50	60～70	22～28	<3	12～18	14～17	2	>90

5.3.7 “打击式”洗矿机

这是原苏联为处理特别难洗的粘土状锰矿石而设计的。它实际上是装有机械搅拌器和清洗装置的水平槽式洗矿机。是由并排安放在一起的三个槽组成；在头两个槽中旋转着的轴上装有打击鞭条，用以洗涤和搅拌矿石。在第三个槽中，装有多孔挖斗的轮式提升机，对洗涤过的矿石进行清洗、并同时将其送往排矿溜槽（图5-9为示意图）。

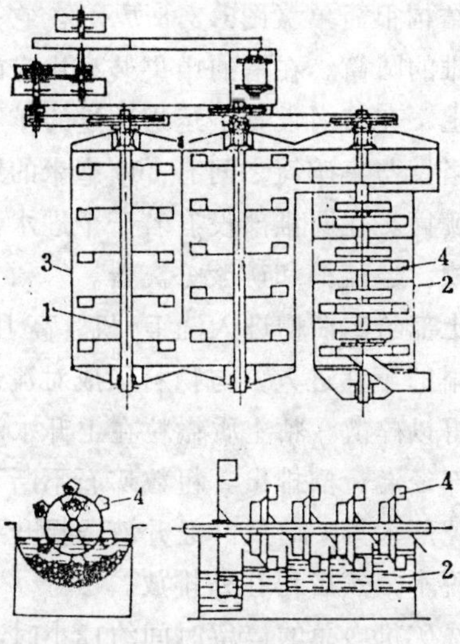

图 5.3.7 “打击式”洗矿机示意图

1—旋转轴；2—挖斗槽；3—打击鞭条；4—带挖斗的轮式提升机

头两个槽是碎散矿石用的。打击鞭条与轴中心线的平面稍呈倾斜，打击鞭条的顶端装有可更换的半椭圆形或角状掌，掌平面与轴中心线的角度可以调节。这样，不但可以搅动着物料，而且促使物料沿中心线向前移动。第三个槽才是洗矿槽，并隔成若干小槽。每个小槽内均有轮式提升机的挖斗固结在旋转轴上。

物料在“打击式”洗矿机中移动的顺序是：从第一槽到第二槽，然后再到第三槽。在第三槽中用轮式提升机逐个地从一个小槽经溜槽流至另一小槽，最后将洗净的物料卸至排矿流槽中。进入第三槽的水与物料是逆向流动的。

5.3.8 塔式洗矿机

塔式洗矿机是借水流的浸泡并经充气搅拌达到碎散和清洗易磨蚀而又难洗物料的特殊洗矿设备。适用于难洗的褐铁矿和锰矿的洗矿。由于没有机械作用，矿石经长时间浸泡后，借外加空气的搅拌得以碎散和清洗，而对矿石的磨剥又很小。

塔式洗矿机结构很简单（图5.3.8所示）。它是由钢筋混凝土做成的下部带圆锥的圆筒。在塔的中央装有中空的套筒，套筒支承在底部集矿筒上，套筒内设置了运送洗过的矿石升液管和压缩空气管。圆锥部塔壁与集矿筒之间有300毫米的缝隙，以利洗过的矿石能落入集矿筒。在圆锥部设有若干个进水管和进气管。塔的顶部有给矿溜槽、溢流槽和矿浆分离器。

物料由塔的上部给矿溜槽进入洗矿机，高压（0.1～0.4千帕）水和空气由塔的下部进入，与物料形成对流运动。从而使物料在下落运动中得以碎散。粘土质微粒在上升水流和空气的作用下上浮到塔的上部经溢流槽排出。粗粒矿石不断下落，穿过塔壁与集矿筒间的缝隙落入集矿筒里。经升液器提升到位于塔顶部的矿浆分离器进行脱水，然后再往外排放。

物料在塔式洗矿机内总的停留时间约12小时，对特别粘的矿石可达24小时。洗矿粒度为50毫米以下。空气耗量约为18～24米^3/吨，水耗约为2～3米^3/吨。

苏联广泛使用的φ5.5米塔式洗矿机的技术特性如下：

塔的高度，	米	6.1
塔的直径，	米	5.5
有效容积，	米^3	150
生产能力，	吨/时	120～150
最大给矿粒度，	毫米	25
洗矿提升高度，	米	1.5

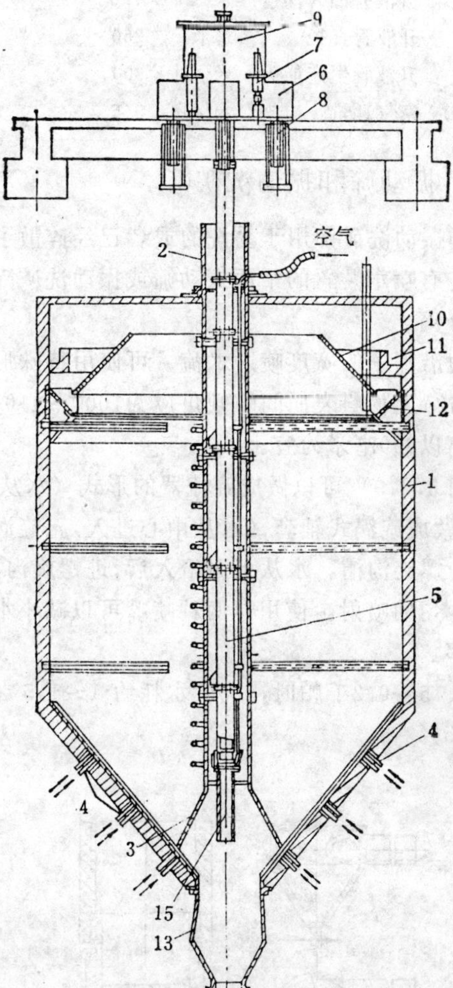

图 5.3.8 塔式洗矿机

1—钢筋混凝土塔；2—套管；3—集矿筒；4—空气和水的喷嘴；5—升液管；6—矿浆分离器；7—提升用起重器；8—给矿管；9—空气转换器；10—缓冲装置；11—溢流槽；12—环形挡板；13—异物捕集溜槽；14—扇形闸门；15—减压阀

升液管插入深度，	米	7.6
升液管直径，	毫米	250
升液管生产能力，	米^3/时	300
空气耗量，	米^3/分	5.5

5.3.9　振动筛和振动洗矿筛

振动筛和振动洗矿筛用于易洗的或者已经碎散了的矿石。用普通结构的安有喷水装置的平面振动筛或振动洗矿筛就能将矿泥和粗粒矿石分离。

为均匀地沿筛子的宽度喷射水流，可使用特殊形状的喷嘴。喷嘴中心线与筛上物料表面间的倾角应为100°～110°，从喷嘴到物料面的距离以300毫米为宜。

喷嘴（图5.3.9）可以做成旋流器的形式（水从切线方向进入），也可以做成旋涡式轴套（水从中心进入）。旋涡式轴套呈圆锥形，内壁为螺旋沟槽。水从上面给入后，进螺旋沟槽产生旋涡，形成相当均匀的喷射。使用这两种喷嘴可以减小水的用量并能提高洗矿效率。

水压为0.15～0.2千帕时，洗矿水耗约1～1.5米^3/吨。洗矿效率为75～85％。

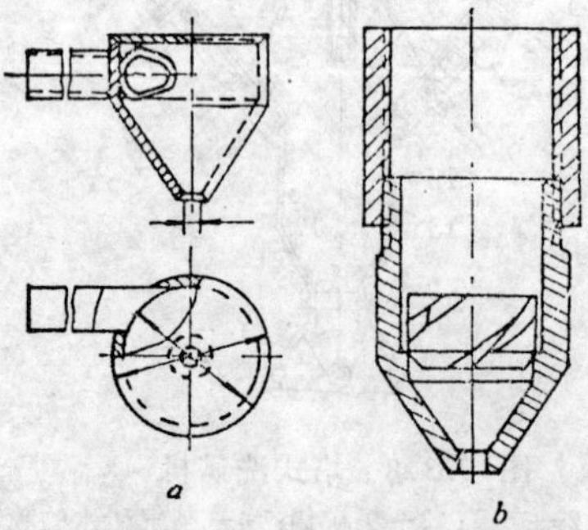

图 5.3.9　喷嘴

a—旋流器式（水从切线进入）；*b*—旋涡式（水从中心进入）

5.4 洗矿设备生产能力的计算

计算洗矿设备的生产能力时，应当考虑到物料的具体洗矿条件，物料的可洗性，设备的工艺和结构参数等因素。

下述两种计算洗矿设备生产能力的方法都是根据实践经验进行类比的方法。其一是按洗1吨物料所必须的单位电耗；其二是洗矿物料达到规定的质量时所必须的洗矿时间。从两种计算所获得的数值中，建议选取最小的数值。

5.4.1 第一种方法的计算公式

$$Q=N\eta/q \tag{5.4.1}$$

式中 Q——洗矿设备的生产能力，t/h；

N——电动机安装功率，kW；

η——功率利用系数，小数(对槽式洗矿机$\eta=0.7\sim0.8$)；

q——物料洗矿的单位电耗，kW·h/t（可由试验确定，也可根据实际生产中的经验数值确定）。

物料洗矿单位电耗的倒数可称之谓洗矿效率（e）。

这样，上述计算洗矿设备生产能力的公式可改写为：

$$Q=N\eta e \tag{5.4.2}$$

可用类似于磨矿效率的方法来计算洗矿效率：

$$e=e_1K \tag{5.4.3}$$

式中 e——所要计算的洗矿效率，t/kW·h；

e_1——实际生产处理的标准矿石的洗矿效率，t/kW·h；

K——物料的可洗性系数，小数。

K值可通过直接的洗矿试验，按第二章所述的公式（5.2.7）来确定。也可通过对比的洗矿试验数据来确定，它等于标准矿石所需的洗矿时间与被研究矿石所需的洗矿时间之比。

5.4.2 第二种方法的计算公式

对擦洗机：

$$Q=60V\varphi/t \qquad (5.4.4)$$

式中 Q——擦洗机的生产能力，t/h；

V——擦洗机的有效容积，m^3；

φ——物料在擦洗机中的充填率，小数：（通常为0.1～0.3）；

t——洗矿物料达到规定质量所必须的时间，min，（根据试验或生产实践的经验数值）。

对双轴倾斜的槽式洗矿机：

$$Q=30\pi D^2\varphi LK/t \qquad (5.4.5)$$

式中 Q——槽式洗矿机的生产能力，t/h；

D——叶桨的圆周直径，m；

φ——物料在槽内的充填率，小数（通常为0.1～0.15）；

L——槽体长度，m；

K——槽体长度的利用系数，小数（通常为0.8～0.9）。

5.5 洗矿实践

残坡积沉积型铁、锰矿床、赋存大量的氧化矿石，还有褐铁矿型矿石，由于强烈的风化蚀变和淋沥作用，矿石中含有大量的粘土质物料，且大多属于贫矿。在通常情况下，洗矿已成为处理这类矿石的必不可少的手段，或者已构成工艺流程中的主要作业。

我国的残积型铁、锰矿石和褐铁矿的处理，大多采用了圆筒洗矿机，槽式洗矿机和振动筛组成的洗矿流程，直接产出最终产品或半成品再送往下段选别处理。图 5.5.1 是广东大广山铁矿的洗矿—破碎工艺流程。图 5.5.2 是我国西南某氧化锰矿的洗矿生产工艺流程。

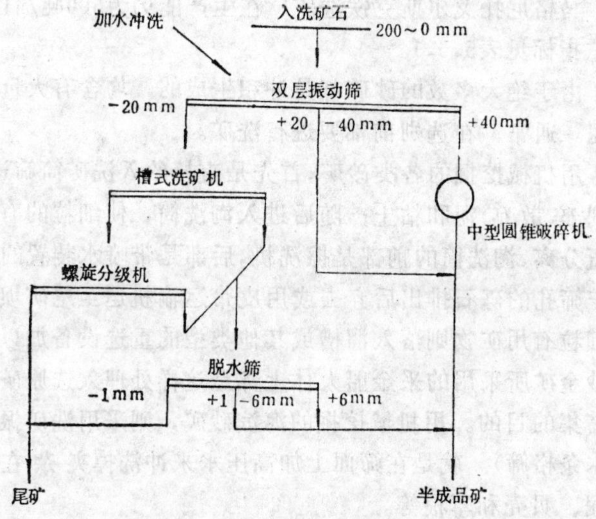

图 5.5.1 广东大广山铁矿的洗矿—破碎工艺流程

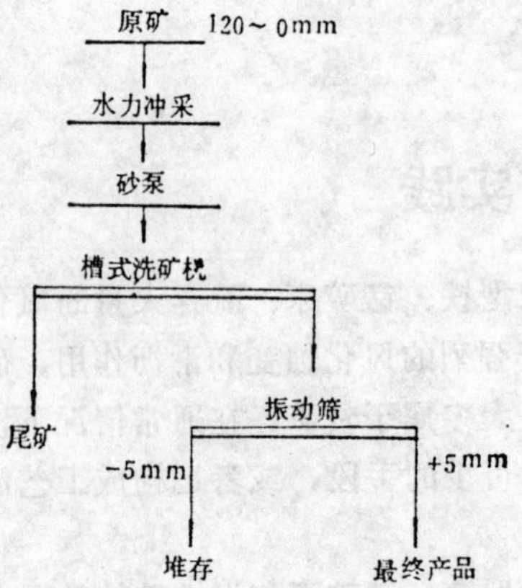

图 5.5.2 西南某氧化锰矿的洗矿工艺流程

国外处理这种类型的矿石也同样广泛地采用了洗矿，只不过用擦洗机取代了圆筒洗矿机和槽式洗矿机。原苏联还采用了5.4所述的“组合式”洗矿机和塔式洗矿机。图5.5.3是原苏联马格尼托戈尔斯克铁矿所采用的洗矿工艺流程。

马格尼托戈尔斯克铁选矿厂在生产能力为500吨/日时的洗矿工艺指标见表5.5.1。

由于绝大多数的砂矿都是冲积生成的，均含有大量的粘土和淤泥。通常，在选别前都要进行洗矿。

用机械挖掘的各类砂矿，首先是直接给入洗矿筒筛进行冲洗，达到碎散矿泥和粘土；随后进入淘洗筒，使细粒的有用矿物与砾石分离，淘洗筒的前部是擦洗机，后部是带喷水装置的圆筒筛。大于筛孔的砾石排出后弃去或用皮带运输机运至尾矿坝堆存。而细粒有用矿物则落入溜槽或其他类型的重选设备加以回收。我国砂金矿所采用的采金船大体上都是这样处理入选原矿并达到初步富集的目的。用机械挖掘的海滨砂矿，则采用洗矿振动筛（或喷水条格筛）。就是在筛面上加高压水来冲洗掉夹杂在砂矿中的淤泥、贝壳和草根等。

用水力冲采的残坡积砂矿，通常可以采用这样两类洗矿流

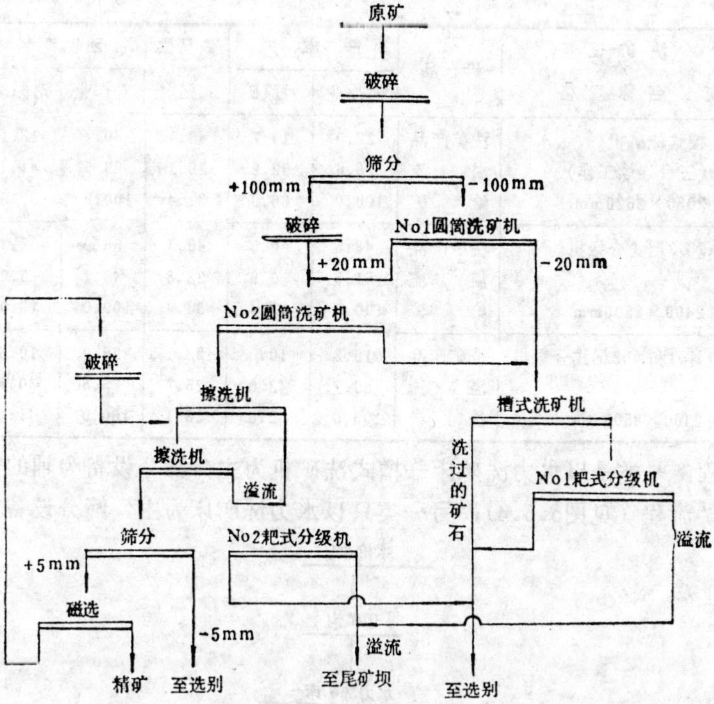

图 5.5.3 苏联马格尼托戈尔斯克铁矿的洗矿工艺流程

表 5.5.1 选矿厂生产能力500t/h的洗矿工艺指标

洗矿设备名称规格	产品	产率，%		铁品位	回收率，%	
		对作业	对原矿	%	对作业	对原矿
No1洗矿筒筛	洗矿产品	53.5	34.4	36.5	58.0	35.5
	溢流	46.5	29.9	30.6	42.0	25.8
2870×6800mm	给矿	100.0	64.3	33.7	100.0	61.3
No2洗矿筒筛	洗矿产品	47.2	33.1	43.4	54.4	40.5
	溢流	52.8	37.0	32.2	45.6	33.7
2870×6800mm	给矿	100.0	70.1	37.5	100.0	74.2
擦洗机	洗矿产品	80.6	55.9	48.1	85.1	76.0
	溢流	19.4	13.4	34.4	14.9	13.0
2600×4110mm	给矿	100.0	69.3	45.5	100.0	89.0

续表5.5.1

洗矿设备名称规格	产品	产率，%		铁品位 %	回收率，%	
		对作业	对原矿		对作业	对原矿
槽式洗矿机	洗矿产品	22.0	14.7	43.1	30.4	18.1
(三台连续工作)	溢流	78.0	52.2	28.1	69.6	41.4
2030×2620mm	给矿	100.0	66.9	31.4	100.0	59.5
No3耙式分级机	洗矿产品	48.5	6.5	40.4	56.9	7.4
	溢流	51.5	6.9	28.8	43.1	5.6
2400×8500mm	给矿	100.0	13.4	34.4	100.0	13.0
No1和No2耙式分级机	洗矿产品	19.3	10.0	38.1	26.2	10.8
	溢流	80.7	42.0	25.7	73.8	30.6
2400×8500mm	给矿	100.0	52.0	28.1	100.0	41.4

程：一类是以水力洗矿床—槽式洗矿机为主，筛分设备为辅的洗矿流程（见图5.5.4）；另一类只以水力洗矿床为主，筛分设备为

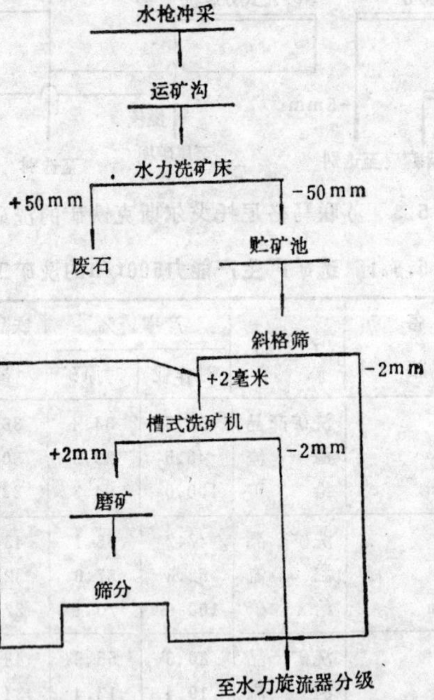

图 5.5.4 水力洗矿床-槽式洗矿机-筛分机组成的洗矿流程

辅的洗矿流程（见图5.5.5)。

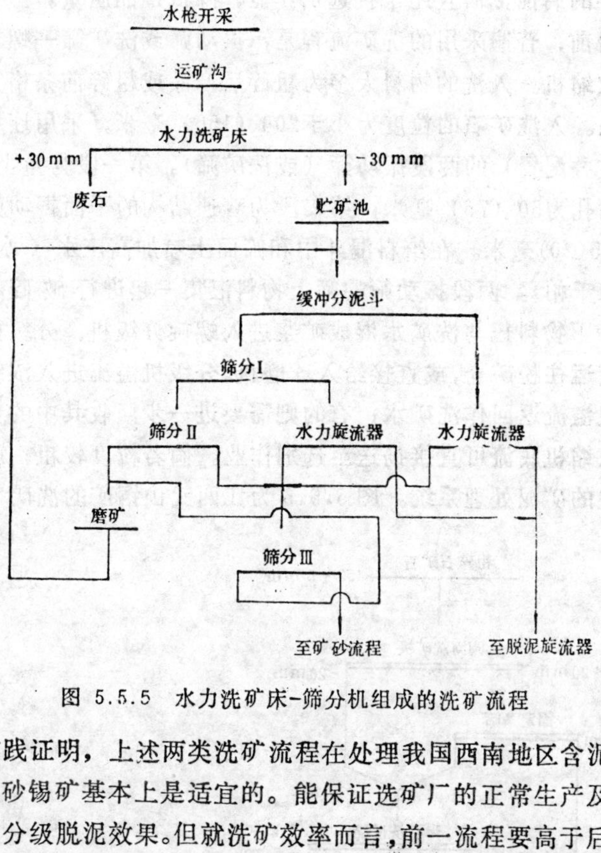

图 5.5.5 水力洗矿床-筛分机组成的洗矿流程

实践证明，上述两类洗矿流程在处理我国西南地区含泥多的残坡积砂锡矿基本上是适宜的。能保证选矿厂的正常生产及获得良好的分级脱泥效果。但就洗矿效率而言，前一流程要高于后一流程。这说明使用槽式洗矿机，可以获得更高的效率指标。

在我国长江流域中下游一带的有色金属矿山一般都有洗矿设施。这是由于原矿石中都不同程度地含有粘土类矿物和造泥矿物。且又地处温湿多雨地区，致使进入选矿厂的原矿含泥含水；甚至粘结成团。极易造成碎矿系统各个生产环节(漏斗、排矿口、筛孔等）的堵塞，使生产流程不能畅通，影响正常作业。许多选矿厂都是在投产后被迫增建了洗矿设施的。对于氧化、混合矿石，除了矿石中含泥含水更多外，尚有一定数量的可溶性金属离子有待回收。矿泥和可溶性金属离子不仅影响到碎磨流程的畅通，金属部件的腐蚀，而且还干扰选别作业，降低产品质量。

目前，普遍采用的洗矿流程是：振动筛或洗矿筛—螺旋分级机—浓缩机。入洗的物料大多为粗碎后产品或粗碎前条格筛的筛下产品。入洗矿石的粒度为小于200（150）毫米，采用连续设置（或重叠配置）的两段振动筛（或洗矿筛）。第一段为重型振动筛，筛孔为50（75）毫米；第二段为普通结构的平面振动筛，筛孔为15(20)毫米。在给料漏斗中和筛面上喷加高压水（水压为0.6～1千帕）。两段振动筛的筛上物料汇集一起进行破碎。第二段的筛下物料已与洗矿水混成矿浆进入螺旋分级机、分级机沉砂可直接运往粉矿仓，或直接给入球磨机。分级机溢流进入浓缩机。浓缩机溢流返回作洗矿水；有的则需要进一步回收其中的金属离子。浓缩机底流可直接扬送至选别作业。倘若粒度较粗，就扬送至单独的矿泥处理系统。图 5.5.6 为江西武山铜矿的洗矿工艺流程。

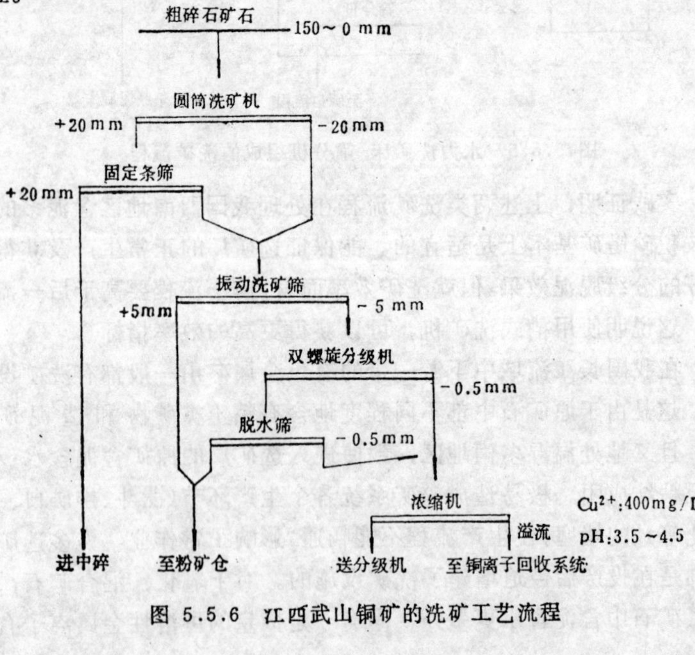

图 5.5.6　江西武山铜矿的洗矿工艺流程

冶炼用的辅助材料石灰石，如果受表土的污染或侵入，通常也是用洗矿的方法除掉混入矿石中的粘土杂质。我国湖北乌龙泉石灰石矿，岩溶率为8%，岩溶裂隙的含泥量为40%。且大多为红色粘土并有少量风化产物。塑性指数为23.98，属难洗的矿石。在实际生产中，采用了手选和洗矿作业，最终生产出了供冶炼用的优质石灰石。其破碎—洗矿工艺流程见图5.5.7。

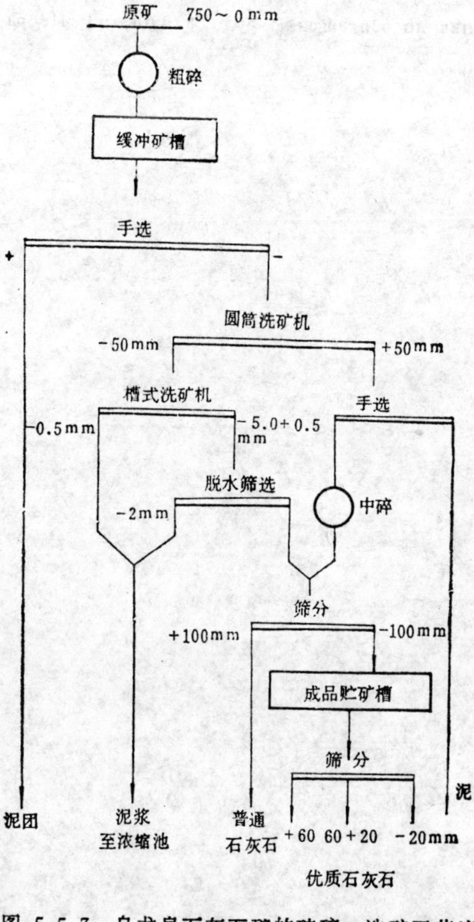

图 5.5.7 乌龙泉石灰石矿的破碎—洗矿工艺流程

参 考 文 献

〔1〕 东北工学院矿山机械教研室编著，选矿机械，冶金工业出版社，1959.11.
〔2〕 C. Φ. 申柯连科主编，黑色金属选矿手册，冶金工业出版社，1985.4。
〔3〕 《黑色金属矿石选矿试验》编写组，黑色金属矿石选矿试验，冶金工业出版社，1978.12。
〔4〕 湖北建筑工业学院选矿教研室、建材七〇一矿，金刚石选矿，中国建筑工业出版社，1975。
〔5〕 В. В. Троиций, Пронывка полезных ископальных М., Недра, 1978.
〔6〕 Справочник по обогащению руд, Ⅱ Тон. н., Недра, 1978.

6 筛 分

6.1 概　　论

6.1.1 筛分的概念

从井下或露天采矿场开采出来的，或是经过破碎的矿石以及其他物料，是以各种大小不同的颗粒混合在一起的，在使用或进一步处理之前，常常需要把它们分成粒度接近的几种级别。利用多孔的工作面将颗粒大小不同的混合物料按其颗粒大小进行的分级作业称为筛分。多孔的工作面称为筛面。装有筛面的用于物料分级的机械称为筛机(或称筛子)。

筛面是筛机的基本工作部分，在多数情况下，筛面是平的，但也有弧形或锥形的等等。筛面上孔眼称为筛孔，筛孔的形状有方形，圆形，长方形和条缝形。筛孔尺寸是以孔边的最小距离来表示，例如，圆孔以其直径，方孔以其边长，长方形孔及条缝形孔以其宽度表示等。

在一个筛面上筛分物料时，可得两种产品，通过筛孔的物料叫筛下产品，而留在筛面上的物料称为筛上产品，如筛孔尺寸为12毫米，则筛下与筛上产品分别用 -12毫米和 +12毫米表示，用n个筛面筛分物料则可获得$n+1$种产品。筛分级别的数目和各种级别粒度的上限和下限，是由进行下一步处理的工艺要求及产品标准来决定的。在进行多级筛分时，在一系列筛孔尺寸不同的筛面上，相邻两个筛面筛孔尺寸的比值有一定的数值，这个比值称为筛比，例如，筛孔分别为32、12和6毫米的筛机,其筛比为2.75和2.00。

筛分操作可以在湿式条件下（含较多的水分、向筛面上加水或浸没在水槽中）进行，这种作业称为湿式筛分，而目前广泛采用的是不加水的干式筛分作业。

6.1.2 筛分的任务及筛分顺序

在选矿厂和筛选厂，筛机在整个流程中肩负着的任务常不相同，因而筛分作业可分为以下几种：独立筛分，预备筛分和辅助筛分，此外还有以脱水，脱泥或脱介为目的的筛分。在实验室内或实验场所，筛机时常用来对物料进行筛分分析。

在筛选厂，为了将物料按粒度分成几种直接供消费者使用的产品，而采用独立筛分。

为下一步加工而进行的筛分作业称预备筛分。在选矿厂中，如采用跳汰选，摇床选，风选等选矿方法，则要求被选矿石有一定的粒度范围，需对矿石进行预备筛分。

在选矿厂破碎筛分流程中的筛分作业属于辅助筛分，根据在流程中所起作用的不同分为预先筛分，检查筛分和预先检查筛分等三种。

筛分分析是将一堆大小不等的混合物料用一组筛孔尺寸不同的标准筛（套筛）按其粒度分成几种级别，以便了解物料中各种粒度含量和物料的粒度特性。

无论是独立筛分，预备筛分或是辅助筛分，如果要将物料分成若干级别，必须采用以下某一种筛分方式或某一种筛分顺序。

（1）由小到大的筛分：它是先将物料中的细级别筛出，然后依次筛出粒度较大的级别（图6.1.1*a*）。

（2）由大到小的筛分：它与前一种方式相反，这种方式是先筛出较大的级别，然后逐步筛出较细的级别（图6.1.1*b*）。

（3）混合筛分方式：它是由上述两种方式混合而成的（图6.1.1*c*）。

6.1.3 筛面

筛面的形式与筛机的用途及其工作条件有关。目前，工业中最常用的筛面有以下三种形式。

（1）筛格：由一根根平行安置（或接近平行）的具有一定

a

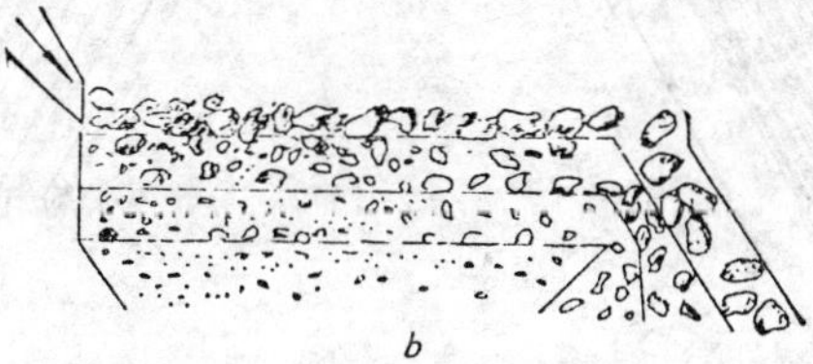
b

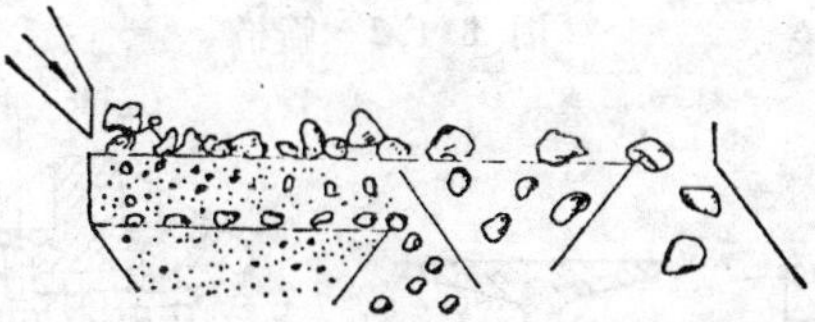
c

图 6.1.1 筛分顺序

断面形状的钢条或钢棒制成（图6.1.2），常用于固定筛中，在可动筛上应用较少。组成筛格的钢条和钢棒通常称为格条，格条间的缝隙决定了筛下产品粒度的大小，格条有各种不同的形状（图6.1.3），如梯形、切去下边的钢轨、倒放的钢轨、圆形、方形和组合形等几种。梯形断面的筛条较为有利，因为筛孔向下扩大，物料不易堵塞筛孔。格条通常用横向联接件互相联接在一起，格条间还装设有垫圈。

为了避免矿块堵塞筛孔，筛条间的间隙可向排料端逐渐扩大，如图6.1.2所示，排料端缝宽S'大于给料端缝宽S，例如，当筛格长为2000毫米，$S=45$毫米，则$S'\geqslant1.2S\geqslant55$毫米。此外，也可以采用悬臂固定的格条，这些格条由于矿块下落及运动而引起颤动，从而可减轻矿块堵塞筛孔。

筛格通常用于粗筛或中筛作业，粗筛时格条间的缝隙一般大

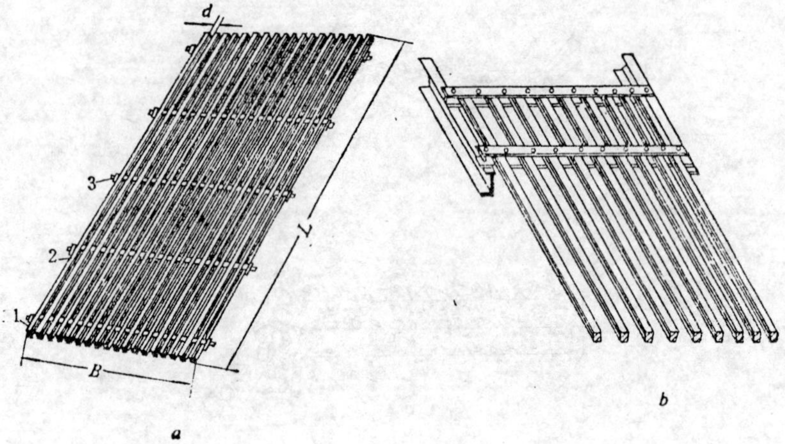

图 6.1.2　筛格

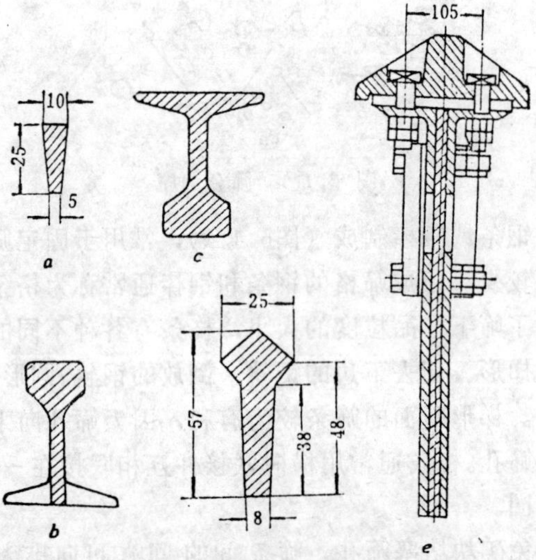

图 6.1.3　格条的断面形状

a—梯形；*b*—切去底边的钢轨；*c*—倒置钢轨；*d*—方形钢；*e*—上部为锰钢条，下部为组合的格条

于50毫米，中筛时小到25毫米。筛格的工作寿命一般在2500小时以上。

（2）筛板：即为冲孔或钻孔的金属板（图6.1.4）。此外，还有用橡胶制成的橡胶筛板。通常由钢板冲孔而成的筛板，常用于可动筛中。筛板通常用A_3号钢板制成，筛孔的形状有圆形，方形或长条形。如为圆孔，则可钻制，但通常在穿孔压力机上冲出。为了在某种程度上减轻筛孔的堵塞现象，筛孔稍呈锥形，即孔向下逐渐放大，其锥角约7°。对于圆形筛板，孔的大小与孔距可按表6.1.1选取。金属筛板的寿命一般为700小时左右，当上表面焊接硬质合金时，寿命可增加。

图 6.1.4 筛板上孔的排列方法

表 6.1.1 圆孔尺寸与孔距的关系

筛孔尺寸，mm	当开孔率为××%时的孔距，mm					板厚，mm
	40	45	50	56	63	
7	10.5	10.0				4～6
12	18.0	16.5				
15	22.5	21.0				6～8
18	27.0	25.5				
20	30.0	28.0	46.5			
24	35.0	33.5	32.5			
26		37.0	35.5			
30		42.5	40.5			
32		45.0	43.0			8～10
40		46.5	53.0	50		
47			62.5	58.0	56.0	
50			67.0	63.5	60.0	
60			80.0	76.0	71.5	
75				95.0	90.0	8～12
82				100.0	95.0	
90				115.0	108.0	
95				120.0	114.0	

目前，橡胶筛板（图6.1.5）在筛机中开始得到广泛应用，因其工作寿命较长，具有弹性，筛孔不易发生堵塞。橡胶筛板的平均工作寿命约为2000小时。

图 6.1.5 橡胶筛板图

条缝筛板：它是由不锈钢条穿合，焊接或编织而成（图6.1.6）。目前我国生产有0.25、0.5和0.75毫米三种。筛条形状有平顶型和波纹型两种（图6.1.6*a*、*b*），筛条断面呈梯形，缝隙自上而下逐渐增加，这样可以减小透筛物料的堵塞。表6.1.2表示了平顶型与波纹型条缝筛板的技术规格。

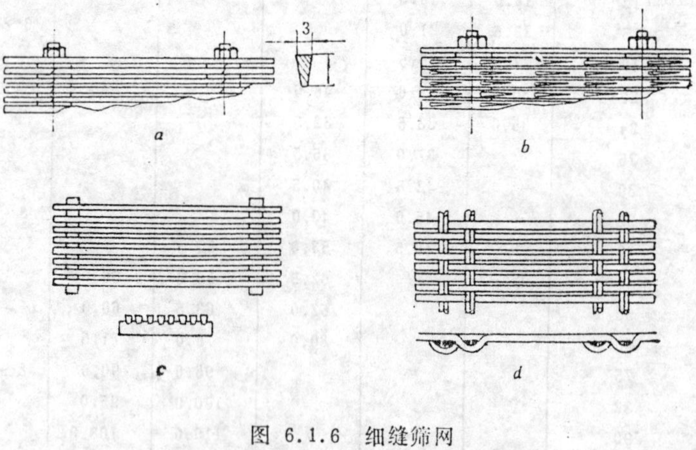

图 6.1.6 细缝筛网

a、*b*—穿条型；*c*—焊接型；*d*—编织型

表 6.1.2 平顶型和波型条缝筛板技术规格

材质 名称	筛缝，mm						
	0.25		0.50			0.75	
	铜	不锈钢	铜	不锈钢		铜	不锈钢
圈厚，mm	3.25	3.25	3.5	3.25	2.7	3.5	3.4
条背宽，mm	3	3	3	2.75	2.2	2.75	2.65
圆孔直径，mm	8	8	8	8	8	8	8
条背高，mm	4	4	4	4	3.5	4	4
圆中心至条背距离，mm	11	11	11	11	10.5	11	11

条缝筛板的组合方法有以下三种：

1）穿条（图6.1.6*a*、*b*）：由横向穿条联接而成。

2）焊接（图6.1.6*c*）：纵横条焊接在一起。

3）编织（图6.1.6*d*）：纵横筛条编织而成。

条缝筛板的开孔率一般为14～30%。

（3）筛网：是由金属丝或尼龙丝线等编织而成的（图6.1.7）。它的突出优点是开孔率大，可达总筛面面积的70%，但与筛板比较，坚固性差，使用寿命较短，所以一般只用在细粒度分级上。

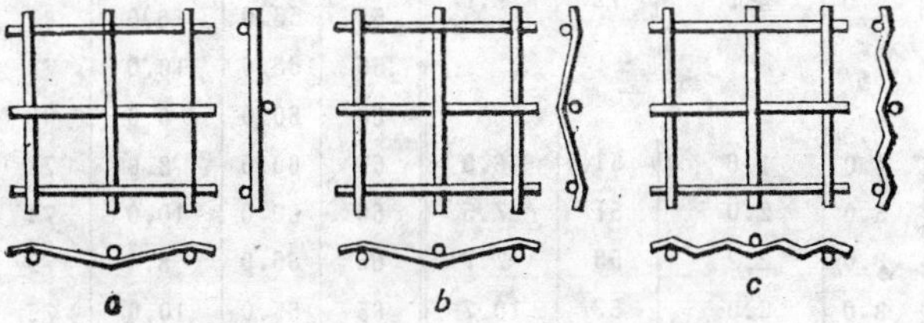

图 6.1.7 筛网

a—单向筛条压型；*b*—双向筛条压型；*c*—复杂型

筛网最常用的材质是低碳钢，它只适用于磨损性较小的物料，如果物料的磨损性较大，可采用高碳钢或合金钢（如不锈钢）。采用不锈钢和65Mn钢丝制造筛网，使用寿命可延长几倍。

表 6.1.3 钢丝筛网的规格尺寸

筛网规格	筛孔尺寸 mm	金属丝直径 mm	有效面积 %	每平方米面重量 kg
a 型				
1.6	1.6	0.9;1.0①	39	4.8
2	2.0	1.2;1.3①	38	6.5
2.6	2.6	1.2	47	5.2
3	3.0	1.2	51	4.5
3	3.0	1.4	46	5.1
4	4.0	1.6	51	6.0
5	5.0	2.0	51	7.3
6	6.0	1.8	59	5.4
6	6.0	2.2	53	7.7
8	8.0	3.0	53	10.7
10	10.0	3.0	59	9.0
12	12.0	3.0	64	7.9
13	13.0	3.0	66	7.4
16	16.0	3.6	66	8.7
18	18.0	3.6	67	7.9
18	18.0	4.0	65	9.5
20	20.0	3.6	72	7.3
20	20.0	4.0	69	8.7
22	22.0	3.6	74	6.6
22	22.0	4.0	72	8.1
25	25.0	3.6	77	5.9
25	25.0	4.5	72	9.0
b 型				
4	4.0	1.6	51	6.0
5	5.0	2.0	51	7.5
6	6.0	2.2	53	7.7
8	8.0	3.0	53	10.7
10	10.0	3.0	59	9.0
10	10.0	3.6	54	12.5
13	13.0	3.0	66	7.4
13	13.0	4.0	59	12.2
14	14.0	3.6	64	9.6
14	14.0	4.0	61	11.6
15	15.0	3.6	65	9.1
16	16.0	4.0	64	10.5
16	16.0	5.0	58	15.5
18	18.0	5.0	61	14.2
18	18.0	5.6	58	17.3
20	20.0	5.0	64	13.1
20	20.0	5.6	61	16.0
25	25.0	4.5	72	8.6
25	25.0	5.0	69	10.9
25	25.0	6.0	65	15.2
c 型				
32	32.0	5.0	75	8.9
35	35.0	5.0	77	8.2
37	37.0	5.0	78	7.8
37	37.0	6.0	74	11.0
40	40.0	5.6	77	9.1
40	40.0	6.0	76	10.2
45	45.0	5.6	80	8.1
45	45.0	6.0	77	9.2
50	50.0	6.0	80	8.2
50	50.0	8.0	74	14.5
55	55.0	6.0	81	7.7
55	55.0	10.0	72	21.2
60	60.0	6.0	83	7.2
60	60.0	8.0	78	12.3
60	60.0	10.0	74	18.7
65	65.0	8.0	79	11.5
65	65.0	10.0	75	17.5
70	70.0	8.0	81	10.8
70	70.0	10.0	77	16.4
75	75.0	10.0	78	15.4
80	80.0	10.0	79	14.5
100	100.0	10.0	83	11.9

①前一种为基本型式，后一种为附加型式。

表 6.1.4 金属丝筛网的筛孔尺寸

尺寸，mm

基本系列尺寸	补充系列尺寸	基本系列尺寸	补充系列尺寸	基本系列尺寸	补充系列尺寸	基本系列尺寸	补充系列尺寸
0.04	0.042	0.315	0.335	2.5	2.6	20	21
0.045	0.048	0.355	0.375	2.8	3	22	23
0.05	0.053	0.4	0.42	3.2	3.3	25	26
0.056	0.06	0.45	0.475	3.5	3.8	28	30
0.063	0.067	0.5	0.63	4	4.2	32	34
0.071	0.075	0.56	0.6	4.5	4.8	35	38
0.08	0.085	0.63	0.67	5	5.2	40	42
0.09	0.095	0.7	0.75	5.5	5.8	45	48
0.1	0.105	0.8	0.85	6	6.5	50	52
0.112	0.118	0.9	0.95	7	7.5	55	58
0.125	0.132	1	1.05	8	8.5	60	65
0.14	0.15	1.1	1.15	9	9.5	70	75
0.16	0.17	1.2	1.3	10	10.5	80	85
0.18	0.19	1.4	1.5	11	11.5	90	95
0.20	0.21	1.6	1.7	12	13	100	105
0.225	0.235	1.8	1.9	14	15	110	115
0.25	0.265	2	2.1	16	17	120	130
0.28	0.3	2.2	2.3	18	19	140	150

筛网的筛孔绝大部分是方形，也有长方形的。

筛网的规格及主要技术参数如表6.1.3所列。筛孔的标准尺寸如表6.1.4所列。

6.1.4 筛面的固定

筛板及筛网的固定方法如图6.1.8所示。图6.1.8*a*，*b*为筛板固定法。筛板两边可用木楔压紧，当湿筛时，木楔遇水后膨胀，

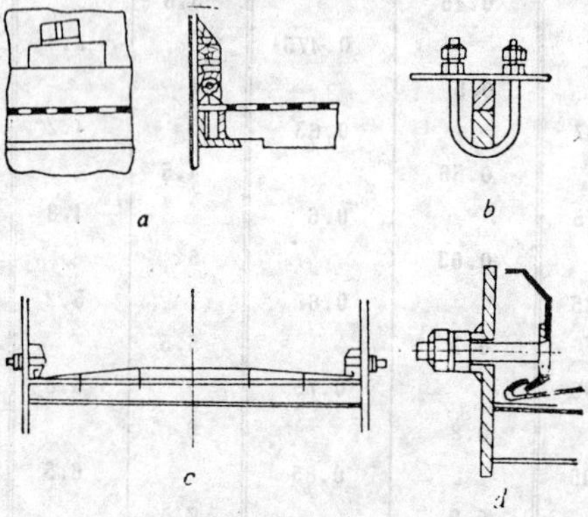

图 6.1.8 筛板及筛网的固定

a，*b*—筛板的固定；*c*，*d*—筛网的固定

可以把筛面压得很紧，为了防止中间发生松动，可用V型螺栓压紧。筛网固定法如图6.1.8*c*，*d*，筛框两边用特制卡板从横向拉紧，然后用螺栓把拉紧板固定在筛箱上。为了使筛分物料能够均匀地分布在筛面上，筛网往往安装成拱型。筛网还可以采用纵向拉紧，纵向拉紧是将筛网一端用螺栓压紧在横梁上，另一端用螺栓拉紧。

橡胶筛板的固定方法如图 6.1.9 所示。其两侧的固定与金属筛板侧向固定法相同，中间用螺钉压紧。

6.1.5 筛面的有效面积系数(开孔率)

当其他条件相同时，筛机的生产率与筛面有效面积系数 K有

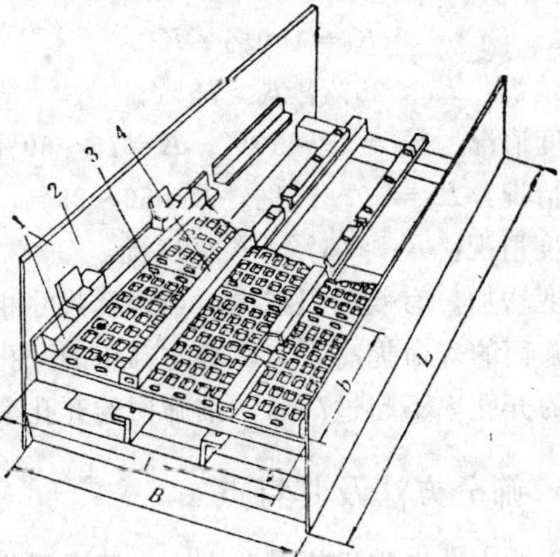

图 6.1.9 橡胶筛板固定法

1—斜木块；2—筛箱；3—橡胶筛面；4—沿纵向将筛板压紧

关。筛面有效面积系数即是筛孔总面积与筛面总面积之比。

对于方形筛孔的筛网，有效面积系数为：

$$K=100a^2/(a+b)^2,\% \tag{6.1.1}$$

式中 a——正方形筛孔的尺寸，mm；

b——筛条直径，mm。

对于长方形孔的筛网，有效面积系数为：

$$K=100la/(l+b)(a+b),\% \tag{6.1.2}$$

式中 l与a——筛孔的两个边长。

对于棒条筛，其有效面积系数为：

$$K=100S/(S+b),\% \tag{6.1.3}$$

式中 S——缝宽，mm。

对于圆孔的筛板，其有效面积系数为：

$$K=100n\pi d^2/4,\% \tag{6.1.4}$$

其中 d——孔的直径，m；

n——一平米筛面上孔的个数。

筛面有效面积系数（即开孔率）K与无效面积系数（即固体密度系数）K_0之和等于100%，即

$$K_0 = 100\% - K \tag{6.1.5}$$

小密度情况：$K_0 < 25\%$，$K > 75\%$。

正常密度情况：$K_0 = 25 \sim 50\%$，$K = 75 \sim 50\%$。

大密度情况：$K_0 = 50 \sim 75\%$，$K = 50 \sim 25\%$。

特大密度情况：$K_0 > 75\%$，$K < 25\%$

随着密度增加，有效面积减少，当筛孔尺寸相同时，筛机的产量降低，筛面的寿命提高了。筛板与筛格的开孔率不超过40～50%，筛网的开孔率不超过70%，细筛网的开孔率30～70%。

6.1.6 筛分方法及其特点

目前在工业中获得应用的筛分方法有普通筛分法，薄层筛分法，概率筛分法，厚层筛分法和概率厚层筛分法等。

6.1.6.1 普通筛分法

在工业部门中长期使用的筛分法是普通筛分法，这是一种中等料层厚度的筛分方法，在普通振动筛和共振筛中所进行的筛分就是这种筛分，它的特点如下：

（1）料层厚度一般为筛孔尺寸的3～6倍。

（2）筛面层数为1～2层。

（3）物料颗粒的透筛是在筛面连续振动的情况下按照筛孔的大小进行的。小于筛孔尺寸的物料颗粒在沿筛长方向运动的过程中不断透过筛孔，而大于筛孔的物料颗粒，沿筛长方向移动，最后从筛面上方排出。其筛分过程如图6.1.10所示。

（4）在一般情况下，筛孔尺寸与筛下物的最大颗粒尺寸有如下关系：对圆孔，筛孔尺寸a与筛下物的最大颗粒尺寸d之比为1.3～1.4，即$a = 1.3 \sim 1.4d$；对方形孔，$a = 1.1 \sim 1.3d$，对于长条形孔，$a = 0.7 \sim 0.8d$。

利用普通筛分法对物料进行筛分，物料的透筛过程进行得较缓慢，在筛长一定的情况下，这种筛分法的筛分效率较低。因此近十年多来，许多国内外的科技工作者相继提出了多种新的筛分方法，这些方法对提高筛分过程的质量和产量具有实际价值。

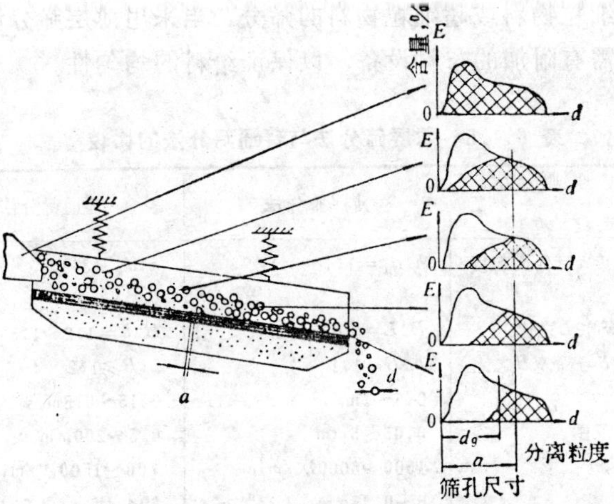

图 6.1.10 普通筛分法示意图

普通筛分法一般只适用于颗粒状或块状物料的筛分。

6.1.6.2 薄层筛分法

薄层筛分法是在物料层极薄的条件下进行的一种筛分方法。这种方法通常应用于筛面直接被激振的筛机，如筛网直接激振式电磁振动筛，凸轮式振动筛，双激振电机式直线振动筛等。该法有以下一些特点：

（1）料层厚度h与筛孔尺寸a之比通常为1:1～2:1，即 $h/a=1\sim2$。

（2）筛面一般为单层或双层。

（3）物料运动速度较高，通常为0.5～1米/秒。

（4）给料宽度与筛机宽度之比接近于1:1。

（5）适用的分离粒度一般为0.05～5毫米，最常见的为0.1～3毫米。

（6）宜采用高频率，小振幅，振动频率一般为1500～6000次/分，单振幅相应为3～0.125毫米。

（7）适用的筛面倾角一般为25°～45°。

薄层筛分法与普通筛分法的区别列于表6.1.5中，薄层筛分法适用于细粒物料或超细粒物料的筛分，当采用薄层筛分法时，筛机前面需有附加的布料设备，以保证给料的均匀性。

表 6.1.5　薄层筛分法与普通筛分法的比较

比较项目＼筛分方法	薄层筛分法	普通筛分法
物料层厚度h与分离粒度d_g之比	$h:d_g=1:1\sim2:1$	$h:d_g\geqslant3:1$
筛宽B与筛长L之比	$B:L=1:1\sim1:2$	$B:L=1:2\sim1:3$
给料宽度b与筛宽B之比	$b:B=1:1$	$b:B\geqslant1:2$
输送速度,v	0.5～1m/s	0.15～0.3m/s
分离粒度范围	0.05～5mm	0.5～200mm
振动频率,n	1500～6000次/min	700～1500次/min
双振幅	6～0.25mm	20～4mm
加速度	5～15g局部区域更大	4～10g
工作面倾角,α_0	25°～45°	0～30°

6.1.6.3　概率筛分法

概率筛分法是瑞典人摩根森首先提出的。这种方法有效地按照概率理论去完成物料筛分的整个过程，它有以下一些特点：

（1）采用多层筛面，一般为3～6层。

（2）筛面采用较大的安装倾角，一般为25°～60°。

（3）采用较大的筛孔，筛孔尺寸a与分离粒度d_g之比为2～10。

采用这种筛分法的筛机，我们称它为概率筛，国外称为摩根森筛，其原理见图6.1.11。

由于这种方法能动地利用了概率原理，使得在这种筛机中物料的筛分过程进行得十分迅速，物料在这种筛机中经历的时间一般为3～6秒，而在普通筛机中约需10～30秒，因此，可以说在概率筛上进行的筛分属于快速筛分。

这种筛分法的优点是，由于采用了大筛孔，大倾角和多层的筛面，物料入筛后能迅速透筛，同时也克服了普通筛分法中容易

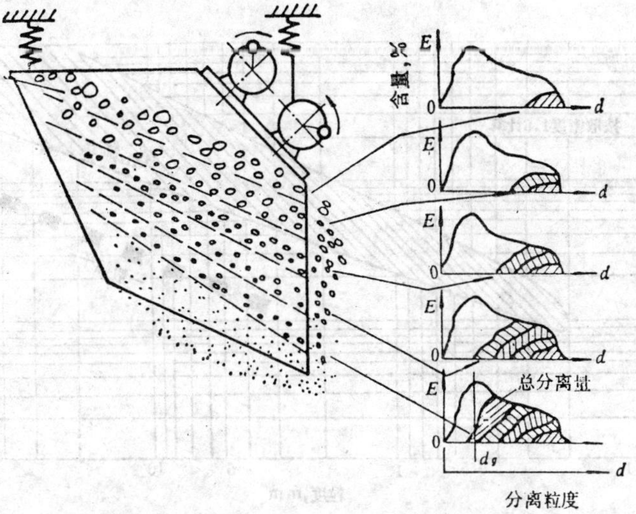

图 6.1.11 概率筛分法原理图

堵塞筛孔的缺点，消除了临界颗粒的影响，减少了筛面的磨损，提高了单位面积的处理量，由图6.1.12可见，概率筛单位面积的处理量约为普通振动筛单位面积处理量的五倍。由于采用了多层筛面，它还可以同时分出几种级别的产品。因为概率筛的筛分过程利用概率的原理，所以它只适用于物料近似筛分的场合，筛下产品中往往含有少量的粗颗粒，在某些情况下，不能得到较高的筛分效率。

6.1.6.4 厚层筛分法

厚层筛分法又叫等厚筛分法，60年代该法首先出现于法国，70年代初期国外广泛应用这一种新筛分法。该法的特点是：不管入料中小于筛孔的颗粒所占的百分比如何，在筛分过程中筛上物料层的厚度保持不变或递增（见图6.1.13*a*）而采用普通筛分法时，筛上物料层厚度都是递减的。

用普通筛分法筛分物料时，筛上料层较厚，而筛面给予物料层的加速度值又不够大，从而使小颗粒向下渗透的速度低，到达

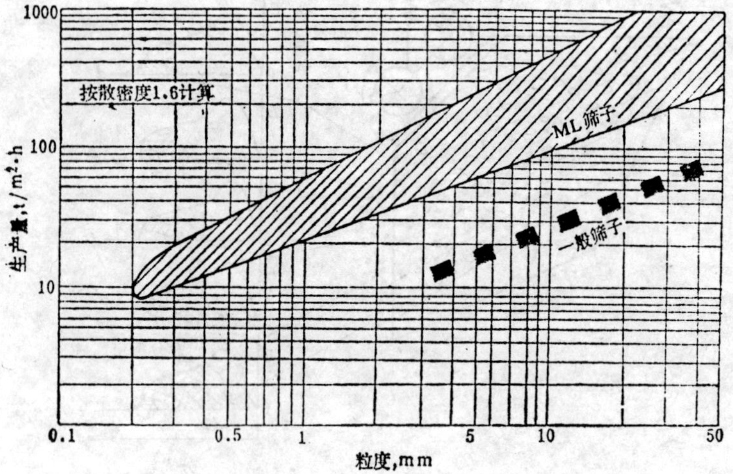

图 6.1.12 概率筛与普通振动筛单位面积产量的比较

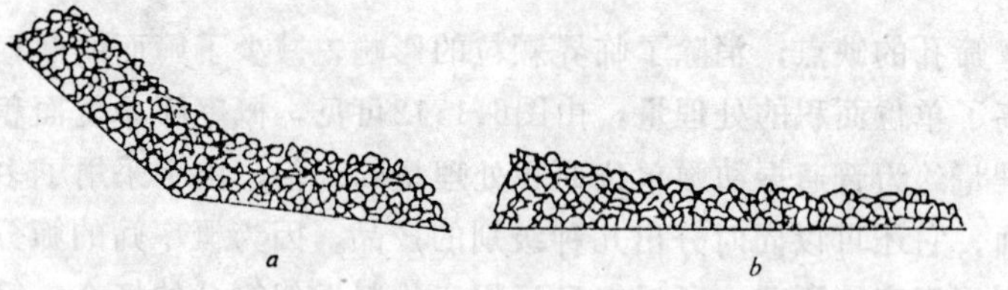

图 6.1.13 厚层筛分法与普通筛分法筛上料层变化图

筛面要经过一段较长的时间，物料分层不好，因此，普通筛分法平均单位面积透节能力仅是筛面实际透节能力的25%左右。

厚层筛分法在入料端的加速度要比普通筛分法大，因而可使物料层的加速度加大，料层迅速变薄，并很快地分层。对已分层的料群，再施加与普通筛分法相同的加速度，而使物料透筛。这种筛分方式，使小颗粒和筛面接触的概率显著增大，平均单位面积透筛能力约为筛面实际透筛能力的80%，因此，厚层筛可成倍地提高筛机的处理能力。

为了使物料层能沿筛面接近相同的厚度分布，可以采用以下两种方法。

（1）大抛掷指数的厚层筛分法（图6.1.14）。在筛分作业中，筛面呈缓倾斜或水平，并分成若干区段，每区段都有自己的传动机构，第一区段的振幅和频率都比较大（振动强度K约为10g），第二区段的振幅和频率比较小（K约为4～5g）。

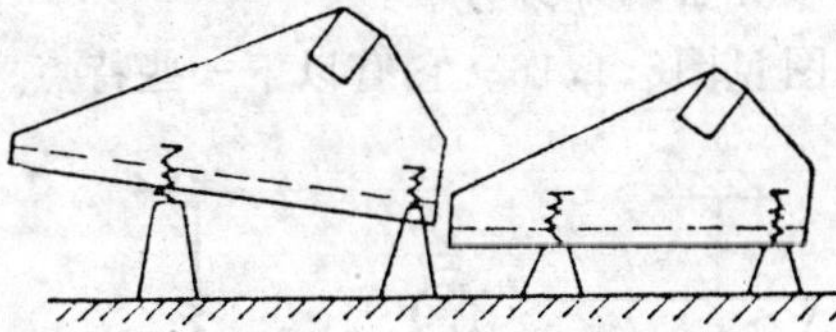

图 6.1.14 大抛掷指数的厚层筛分法

（2）大倾角安装的厚层筛分法（图6.1.15）。图6.1.15*a*是圆运动振动筛和直线振动筛串联安装，圆振动筛的倾角为30°～40°，物料有较高的运动速度，料层较薄，直线振动筛倾角为0°～10°，以正常的加速度进行筛分；图6.1.15*b*是多个小型筛机串联安装；图6.1.15*c*是一台筛机上安装三段筛面，第一段为34°，长4米；第二段为20°，长0.8米；第三段为0°，长4.5米。

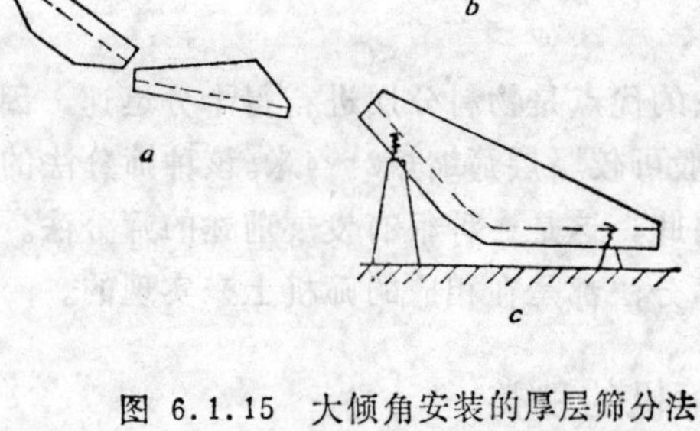

图 6.1.15 大倾角安装的厚层筛分法

厚层筛分法目前在我国某些大型选煤厂中使用，其产量约为普通振动筛的两倍。

6.1.6.5 概率厚层筛分法

作者经过多年的研究，在分析概率筛分法与厚层筛分法的优点及缺点基础上，提出了一种概率厚层筛分法，这种新筛分法保留了前述两种筛分法的主要优点，而克服了它们的缺点，使得新筛分法成为一种较完善的筛分方法。

该法的示意图见图6.1.16。它有以下一些特点。

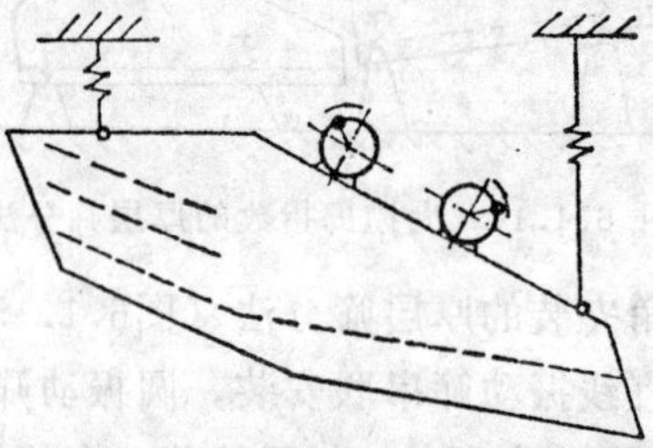

图 6.1.16 概率分层大厚度筛分法（概率厚层筛分法）

（1）第一段利用概率原理对物料进行快速分层，并兼有筛分的作用。筛面层数一般为2～4层，其布置方式与概率筛分法相似，该段长度一般为1～1.5米，倾角为20°～50°。

（2）第二段利用大厚度筛分法，筛面为1～2层，细粒级物料中的大部分已通过概率分层处于料层底部，还有一小部分细粒物料将透过大块物料间的空隙下降到料层底部，还为细粒物料透筛创造了良好的条件。第二段筛面的长度一般为2～4米．倾角为0°～20°。

这种筛分法的优点是物料分层进行得十分迅速，因而可缩短筛机的长度，一般可较厚层筛缩短2～4米。该种筛分法的产量大，筛分效率高。因此，这是一种很有发展前途的筛分法。

上述各种筛分法都是在相应的筛机上来实现的。

6.1.7 筛机的种类

筛分机械按其筛分原理可分为：

（1）普通筛机：采用普通筛分法的筛机。

（2）薄层筛机：采用薄层筛分法的筛机。

（3）概率筛机：采用概率筛分法的筛机。

（4）厚层筛机：采用厚层筛分法的筛机。

（5）概率厚层筛：利用概率厚层筛分法的筛分机械。

按其工作机构的结构形式及运动形式可分为：

（1）固定筛：其工作面固定不动。

（2）滚轴筛：其工作面为一根根平行排列的滚轴。

（3）筒筛：其工作面为回转的筒体。

（4）平面摇动筛：由偏心连杆机构驱动的平面筛。

（5）平面振动筛：由惯性激振器驱动的平面筛，通常在非共振情况下工作。

（6）共振筛：在近共振状态下工作的平面筛，其驱动机构为惯性激振器，弹性连杆式激振器或电磁激振器。

此外，还有其他型式的筛机。

6.2 固定筛、滚轴筛、筒筛

6.2.1 固定筛

固定筛中又分固定格筛与固定细筛两类。前者通常用于粗筛或中筛，而后者通常用于细筛。本章只介绍固定格筛，固定细筛请参阅本篇6.6.2节。

固定格筛（图6.2.1）是由平行排列的钢条或钢棒组成，钢条或钢棒称为格条或筛条，格条借横杆（螺杆）联系在一起，格条间由一定大小的垫圈隔开，以获得一定大小的筛孔。

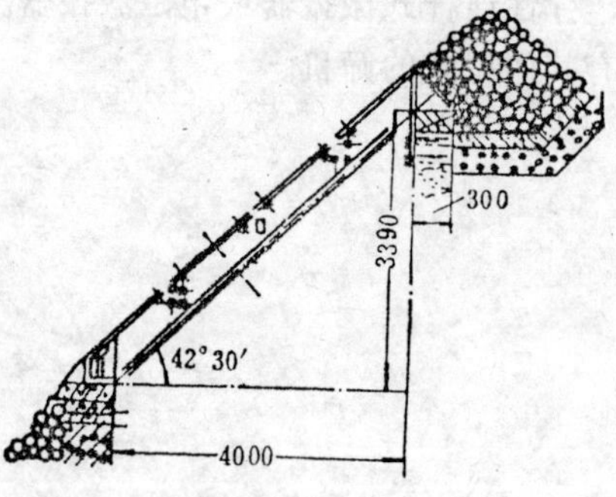

图 6.2.1 格筛

固定格筛通常倾斜放置(图6.2.1)，倾斜角的大小应能使物料沿筛面自动地下滑。通常应取倾斜角α大于物料对筛面的摩擦角，一般取$\alpha=35°\sim45°$，而对于粘性矿石，可取$\alpha=50°$。

固定格筛常用于矿石粗、中碎前的预先筛分。筛孔尺寸一般大于50毫米，而有时小到25毫米。用这种筛子只能粗糙地把物料分成筛上和筛下两种产品。格筛的构造简单、坚固、不消耗动力，并且允许由车箱直接将矿石卸到筛面上，它的缺点是生产率低，筛分效率不高，一般为50～60%，安置这种筛子需要相当大的高度和面积，筛孔易被堵塞。

格筛有两种型式，一种是格条刚性固定的格筛（图6.2.1*a*），另一种是悬臂格筛（图6.2.1*b*），后一种筛子由于格条为悬臂固定，当筛上给入物料而发生冲击作用时，格条末端产生震动，因而减小了筛孔堵塞的可能性，并略能提高筛分效率。

此外，还有筛孔向排料端逐渐增宽的筛子，它的优点是几乎可以完全消除筛孔堵塞现象。

格筛的格条的断面形状如图6.1.3*b*所示。在矿山，格条常用旧钢轨制造，用钢轨制造格条时，或是把钢轨下底切除，或是钢轨底边向上。为了增长格筛寿命，物料最好不直接倾卸在筛面上，而先卸在铁板或岩石堆上。

格筛的宽度决定于装料器械装料边的宽度，例如，车箱与小车的长度，装料箕斗与运输带的宽度等。为了避免物料堵塞在筛面上，筛子的宽度*B*应大于最大物料块直径的三倍。而筛子的长度通常为宽度的一倍左右。

格筛的生产率可按下式计算。

$$Q=\varepsilon AS,\ \text{t/h} \qquad (6.2.1)$$

式中 A——筛面面积，m^2；

S——格条间的缝隙，mm；

ε——比生产率，即当格条间缝隙为1mm时单位筛面面积（m^2）之小时生产率（$t/mm\cdot h\cdot m^2$）。ε可按表6.2.1选取。

表 6.2.1 固定格筛的比生产率

指标名称	筛孔尺寸，mm										
	10	12.5	20	25	30	40	50	75	100	150	200
比生产率ε，$t/mm\cdot h\cdot m^2$	1.4	1.35	1.2	1.1	1.0	0.85	0.75	0.53	0.40	0.26	0.2

6.2.2　滚动筛

滚动筛具有由一根根回转滚轴排列成的工作表面，轴上有盘子。相邻滚轴和相邻盘子间的空隙，即为该种筛子的筛孔。滚动筛通常安装成不大的倾角（15°左右）。由于滚轴回转，使给到筛面上的物料逐渐向排料端移动，同时获得筛分。

滚轴筛常用于粗筛物料（孔大于15毫米）的作业中，与固定筛比较，筛分效率较高，所需的安装高度较小。虽然这种筛机的构造坚固可靠，而且没有不平衡部分，但由于构造复杂，目前较少采用。这种筛机在选煤厂及炼铁厂使用，它的筛分效率较高，该筛除用于筛分外，还兼作给料机用。

滚轴筛有几种不同型式，它们的区别主要是盘子形状不同，最常用的有圆盘滚轴筛和异形盘滚轴筛。

6.2.2.1　圆盘滚轴筛

圆盘滚轴筛如图6.2.2所示，它是由筛架1、滚轴2和圆盘3所组成。筛架上装有七根滚轴，滚轴构成的平面成15°倾斜。每根轴上有九个圆盘，圆盘与轴是铸成一体的。

在滚轴轴颈上装有滚珠轴承4，这些轴承安置在筛架的轴承座中。为了传递运动，每根轴上装有两个链轮5，两链轮有不同齿数（18和20），其传动比$i=20/18\approx1.11$。给料端的第一根轴的回转速度为每分钟2.66转，因而排料端轴之转数每分钟为$49.98=1.11^6\times2.66$转。所有轴的回转方向与物料运动方向相同，由于两相邻轴的转速不同，也就可以避免物料块的堵塞，并且使物料能向排料端加速移动。轴上圆盘是交错排列的，圆盘的直径比各轴间距离稍大，这样可以使筛面上的物料更好的松散开，并往前移动。

在架子平台上装有电动机6及减速器7，减速器速比为20。电动机与减速器用联轴器联结，再经减速器通过链子带动筛机中间的主轴。为了拉紧链子，可移动电动机的底座。机架是用槽钢和钢板制成的金属结构。

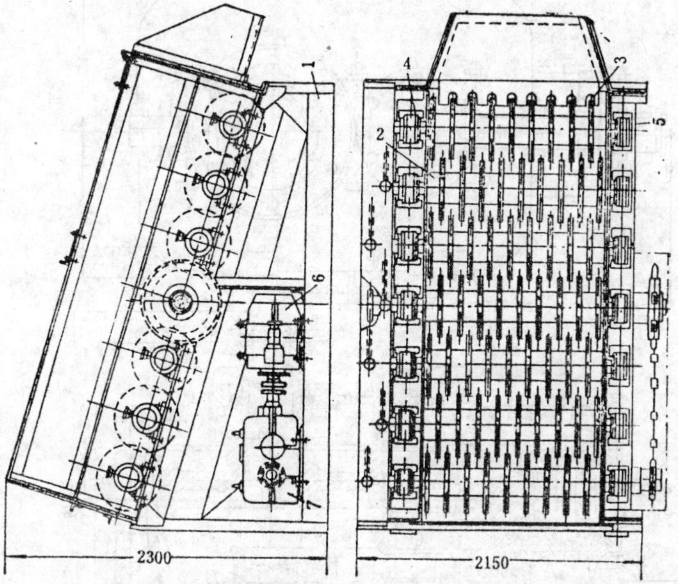

图 6.2.2 圆盘滚轴筛

减速器（图6.2.3）出轴的两端都伸出壳外，因此，传动部可根据需要安装在任何一端。

6.2.2.2 异形盘滚轴筛

异形盘滚轴筛如图6.2.4所示，筛架上有九根滚轴，由这些轴构成的平面成12°倾斜角。为了在筛分过程中避免物料破碎，两邻轴上盘子间的距离应保持不变，因此，盘子应相对排列，同时各轴的速度应该相同。

此外，异形盘滚轴筛需要精密的制造与安装。

除去两端的轴以外，其余每根轴上均装有两个链轮，并顺序将运动从一轴传给另一轴，每一个链轮上有12个齿。

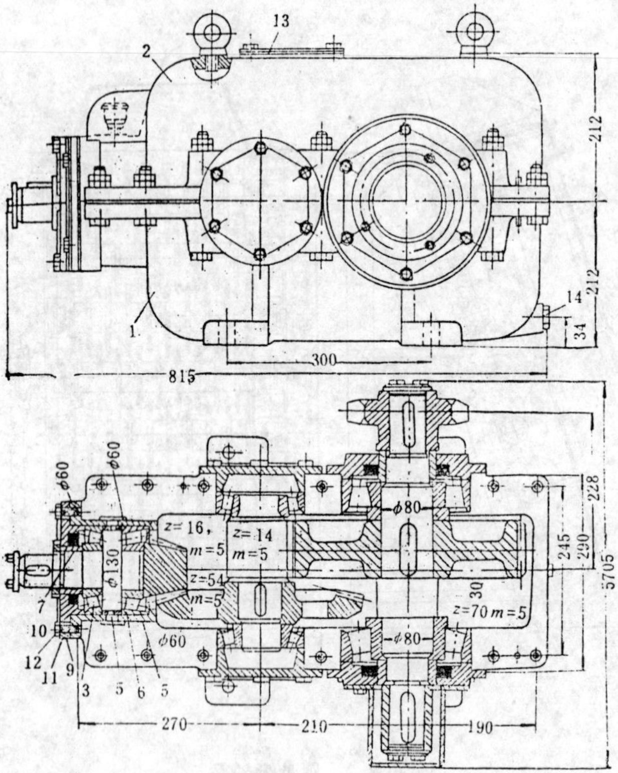

图 6.2.3　圆盘滚轴筛的减速器

这种筛机的缺点是：盘的突出部分磨损很快，但由于盘子回转时，其外缘半径不断变化，被筛物经常上下运动，这种运动能促使物料松散开，使筛分工作进行得更好。因此，在这种筛机上，物料层的厚度可适当增大。

滚轴筛的技术特征列于表6.2.2中。

滚轴筛的生产率可按下式计算：

$$Q=\varepsilon Aa,\ \mathrm{t/h} \tag{6.2.2}$$

式中　A——筛面面积，m^2；

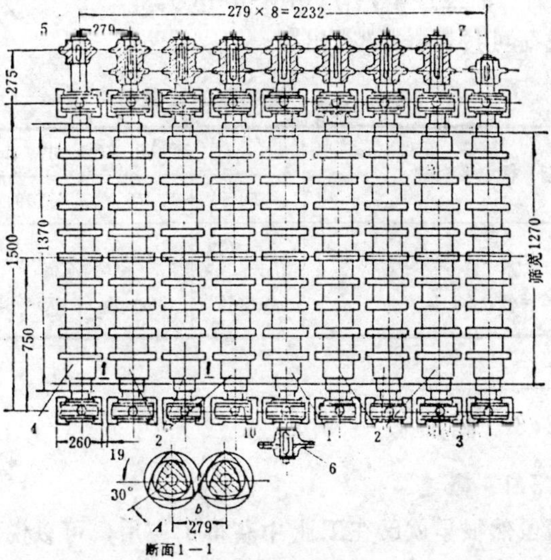

图 6.2.4 异形盘滚轴筛

表 6.2.2 滚轴筛的技术特征

指 标 名 称	圆盘滚轴筛	异形盘滚轴筛
筛机工作部分长度×宽度,mm	2280×1270	2232×1270
筛孔尺寸,mm	100×100	100×100
轴 数	7	9
盘的形状	圆 盘	圆 盘
盘的尺寸,mm	ϕ430	边长264
盘缘速度,m/s	0.5～1	0.76
电动机: 型式	MA143—1/4	MA143—1/4
容量,kW	11.4	11.4
每分钟转数,r/min	1460	1460
生产能力,t/h	近250	近400
外形尺寸(长×宽×高),mm	3735×2160×2100	3675×2160×2100
筛机倾角	15°	12°
筛机重量(不包括电动机),kg	6340	5242.5

a——筛孔尺寸，mm；

ε——比载荷，筛孔尺寸为1mm时单位筛面面积(m^2)之小时生产率，t/(mm·h·m²)。

比载荷可按表6.2.3查出。

表 6.2.3 滚轴筛的比载荷

指标名称	筛孔尺寸，mm			
	50	75	100	125
1mm筛孔上比载荷ε，t/(mm·h·m²)	0.8～0.9	0.8～0.85	0.75～0.85	0.8～0.9
比生产率$q_o=q_a$，t/m·h	40～45	60～65	75～85	100～110

6.2.3 筒筛

6.2.3.1 概述

筒筛虽然很早就已在工业中获得了应用，可以说比任何一种可动筛应用得都早，但由于构造简单的平面筛的出现，筒筛的应用受到了很大的限制。

筒筛有圆柱形、截圆锥形、角柱形和角锥形的工作表面，圆柱形和角柱形筒筛的回转轴线通常装成不大的倾角(4°～7°)，而锥形筒筛则装成水平。被筛物料从筒体的一端装入筒内，由于筒体的回转，物料则沿筒体内壁滑动，细粒物料通过工作表面上的筛孔落到接收漏斗中，而粗粒物料则从筒体的另一端排出。

筒筛的转速很低，工作平稳，没有不平衡的工作部分，故可装在建筑物的上层。但是这种筛机也有很多缺点：筛孔易被堵塞，筛分效率低，工作表面的面积仅为整个筛面面积的1/6～1/8，因而它比平面筛笨重，金属消耗量大，而且昂贵，若给料块度愈大，后一缺点会愈加明显，工作也会变得不安静。因此，筒筛一般只用于中筛和细筛，筛孔尺寸通常为1～75毫米。

筒体的支持方式有滚子支承、轴承支承和混合支承（一端支持于轴承上，另一端支持在滚子上）等三种。筒筛是由齿轮和减速器传动，或由托辊传动。

6.2.3.2 筒筛的构造

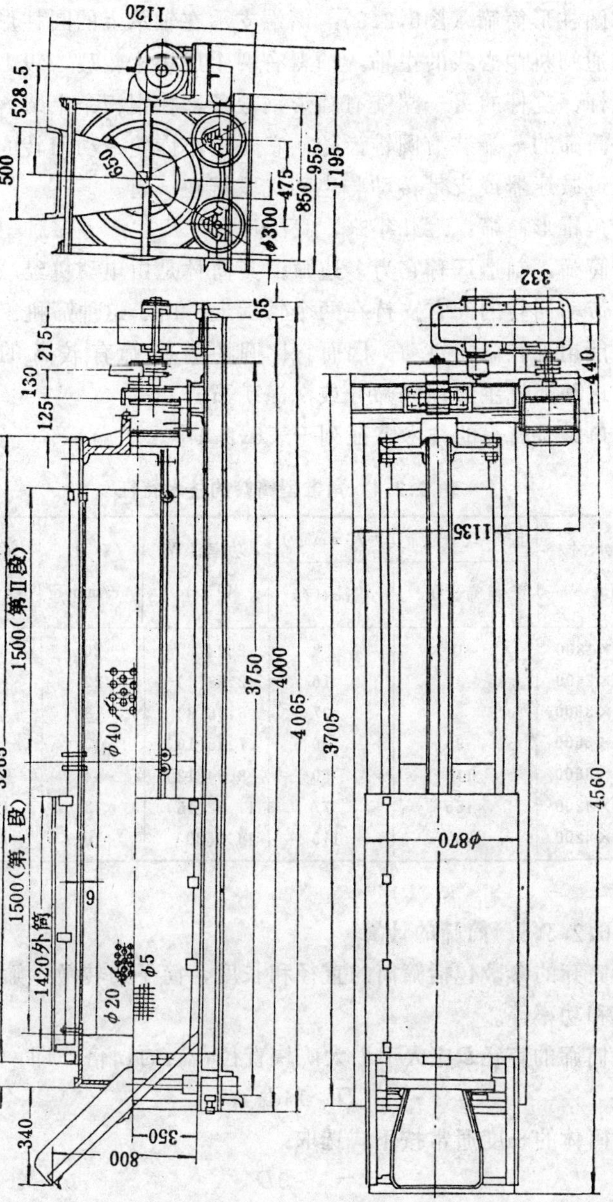
1120
528.5
500
650
φ300
475
850
955
1195
65
215
130
125
332
440
1135
1500(第Ⅱ段)
3750
4000
4065
3705
3265
φ40
4560
φ870
1500(第Ⅰ段)
9
1420外筒
φ5
φ20
110
340
350
800

图 6.2.5 圆柱形筒筛

圆柱形筒筛（图6.2.5）：两端支承在轴承上的圆柱形筒筛有一贯通筛机中心线的主轴，轴上有两个或多个轮毂，毂上有4～6根支杆，支杆的另一端安有圆形钢板条，在钢板条上装有筛网。这种筒筛的一端装有圆锥齿轮，它是由小齿轮带动回转的，小齿轮通过减速器或皮带传动与电动机联接在一起。

角锥形筒筛：近几年来，我国许多工厂生产了多种型式的角锥型筒筛，制造厂称它为多边筛，其筒体是由电动机经减速器与齿轮带动回转的，它支持在两个轴承上。由于这种筛机工作时，物料能出现轻微的抖动，因而它比圆柱型筒筛有较高的筛分效率。这种筛机主要用来筛分或洗涤矿石。

角锥型筒筛的技术特征列于表6.2.4中。

表 6.2.4 角锥型筒筛的技术特征

筛机尺寸 mm	生产率Q(当筛孔为75mm时)		功率,kW (Hp)	转数 r/min	筛机重量 kg
	粗筛,t/h	精筛,t/h			
600×1800	18	8	2.24(3)	26	1360
800×2400	36	16	2.98(4)	22	2540
1000×3000	60	27	5.96(8)	18	3600
1200×3600	90	40	7.45(10)	16	5900
1500×3600	110	50	8.94(12)	14	9520
1800×4200	165	77	11.92(16)	12	13600
2100×4200	230	115	14.9(20)	10	18140

6.2.3.3 筒筛的计算

筒筛的参数包括筛筒的直径和长度，筒子的转数，筛机的生产率和功率等。

筒筛的直径D应大于最大矿块直径d_{max}的14倍，即

$$D > 14d_{max}$$

筒体的长度通常按下式选取：

$$L = 3 \sim 5D \qquad (6.2.3)$$

筒筛的转数通常在下列范围内选取：

$$n=\frac{8}{\sqrt{R}}\sim\frac{14}{\sqrt{R}}, \text{ r/min} \quad (6.2.4)$$

式中 R——筒体半径，m。

筒体的圆周速度 $v=0.6\sim1.25$米/秒，最常用的为$0.7\sim1$米/秒。

筒筛的生产率可按下式计算：

$$Q=0.72\gamma\mu n\text{tg}^2\alpha\cdot\sqrt{R^3h^3}, \text{ t/h} \quad (6.2.5)$$

式中 γ——物料的密度（重量），kg/m^3；

μ——松散系数0.6～0.8；

n——筛机每分钟转数；

α——筒筛轴的倾角；

R——筛筒半径，m；

h——物料层的厚度，m。

筛机的功率：对于用托辊传动的筒筛，其传动轴上的功率按下式计算：

$$N=\frac{Rn(G+13G_0)}{29200}, \text{ kW} \quad (6.2.6)$$

式中 G——回转筒体总重，kg；

G_0——筛体中被筛物料的重量，kg。

其他符号意义同前。

支承在轴承上的筒筛的功率可按下式计算：

$$N=\frac{dn(G+G_0)}{17500}, \text{ kW} \quad (6.2.7)$$

式中 d——轴颈直径，m·

其他符号意义同前。

6.3 普通振动筛

利用振动原理进行工作的筛机可分为两大类：振动筛与共振筛。在振动筛中，又分单轴圆运动惯性振动筛和双轴直线运动（或椭圆运动）惯性振动筛两类。在共振筛中，可分为惯性式共振筛、弹性连杆式共振筛和电磁式振动筛三种。概率筛与等厚筛，既可以在非共振情况下工作，也可以在近共振条件下工作。

6.3.1 单轴圆运动的惯性振动筛

圆运动惯性振动筛是利用一个带偏心块的激振器使筛箱实现振动的筛机，其运动轨迹一般为圆形或近似于圆形（椭圆形）。它与双轴直线振动筛相比，具有结构简单，制造成本低廉和维修工作量少等优点，因而在工业中得到广泛应用。

圆运动振动筛可分为简单振动筛和自定中心振动筛两种。

6.3.1.1 简单振动筛

这种振动筛的特点是激振器的轴心线与皮带轮的中心在一条直线上，因而皮带轮与激振器轴线均参与振动，其工作原理如图6.3.1所示。筛箱通过弹簧支持在底座上，带有偏心块的轴通过轴承和轴承座安装在筛箱的侧壁上，主轴旋转时，它与偏心块产生的惯性力迫使筛箱产生振动，此时，皮带轮也与筛箱一起振动。隔振弹簧的刚度选得较小，使这种筛机通常在远超共振状态下工作。

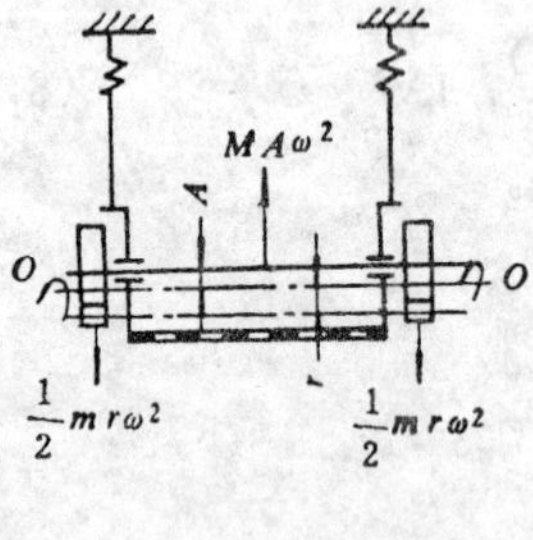

图 6.3.1 简单惯性振动筛的工作原理

简单惯性振动筛的优点是结构简单，制造容易。它的缺点是由于皮带轮与筛箱一起振动，无论电动机在任何角度安装，都不能避免皮带传动中心距的周期变化，从而引起三角皮带的反复伸长与缩短，影响其使用寿命，为了减轻对皮带寿命的影响，三角皮带必须选得较长。

6.3.1.2 自定中心振动筛

当筛机运转时，自定中心振动筛的三角皮带轮不与筛箱一起振动。这种筛机的优点是传动皮带寿命较长，工作较稳定。

自定中心振动筛还可分为轴偏心式和皮带轮偏心式两种。轴偏心式自定中心振动筛如图6.3.2所示，筛箱1安装在主轴4的偏心部分3的轴承2上，筛箱借弹簧5吊挂在固定结构架上。圆盘7上装有偏心块6。圆盘旋转时，偏心块所产生的离心力和筛箱回转时所产生的离心力接近相等，此时筛箱绕着主轴 $O—O$ 作圆运动。由于主轴的偏心距等于筛箱的振幅，故筛箱振动时，主轴中心线与皮带轮8的空间位置保持不变。

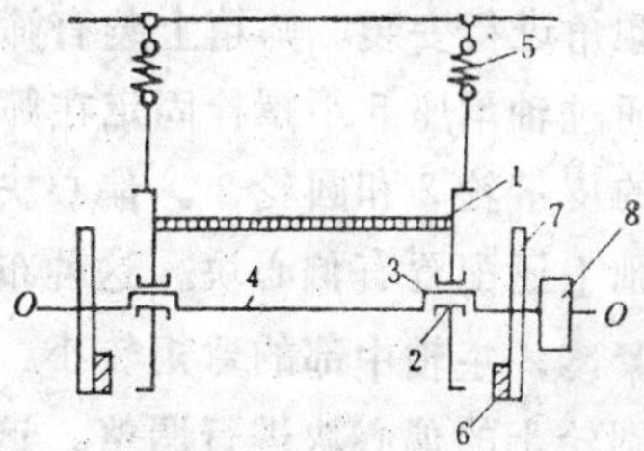

图 6.3.2 轴偏心式自定中心振动筛

皮带轮偏心式自定中心振动筛主轴的轴心线与轴承中心线在同一直线上，但皮带轮的轴孔对皮带轮轮缘偏心车削，其偏心距等于筛箱振幅，工作时，轴承和主轴轴心线及皮带轮内孔均产生振动，由于轴孔偏心，所以皮带轮的轮缘的中心不产生振动，从而避免了皮带的反复伸缩。

有些圆运动惯性振动筛采用万向联轴器或轮胎联轴器直接传动，取消了皮带轮，这样就克服了皮带的伸缩和寿命不长的缺点。

各种单轴惯性振动筛构造的主要区别有以下几个方面：

（1）激振器的型式：长轴筒式激振器和短轴箱式激振器。

（2）筛箱的结构型式与筛面的层数：筛箱有平行四边形与上部近似于三角形等两种形式。筛面的层数有单层、双层与多层之分。

（3）隔振器的类型与支承方式：隔振器的类型有金属螺旋弹簧、橡胶弹簧、板弹簧、复合弹簧和空气弹簧等；其支承方式有悬吊式与支承式两种；此外还有一次隔振与二次隔振之分。

皮带轮偏心式自定中心振动筛的构造如图6.3.3所示。筛箱1用四根带有弹簧的吊杆4固定在支架上。筛箱与水平成15°～20°的倾角进行安装。筛箱上装有筛网2和激振器3。激振器（图6.3.4）通过轴承座5用螺栓固定在筛箱上。主轴7的两端有带偏心块1的皮带轮2和圆轮8。偏心块除布置在皮带轮和圆轮上外，在主轴上还配置有偏心块。这种布置方式的优点是激振器的结构比较紧凑，主轴中部的弯矩较小。筛箱的振幅可以通过增减皮带轮和圆轮上的偏心块进行调整。这种筛机的主轴中心线与轴承中心线同心，但皮带轮与圆轮的中心孔偏心车削，其偏心距恰等于筛箱的振幅，这样也能使皮带不产生振动。这种结构较轴承偏心式的结构简单，便于制造。

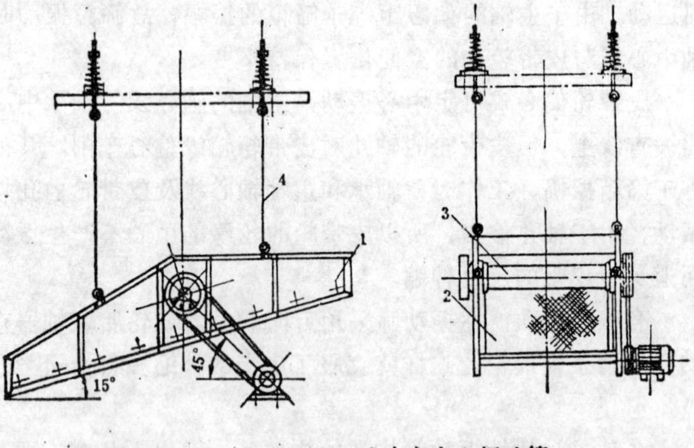

图 6.3.3　皮带轮偏心式自定中心振动筛

1—筛箱；2—筛网；3—激振器；4—弹簧吊杆

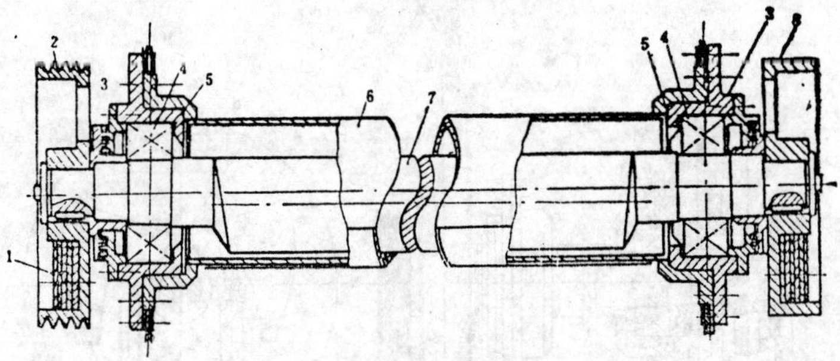

图 6.3.4 自定中心振动筛的激振器

1—偏心块；2—三角皮带轮；3—轴承端盖；4—滚柱轴承；5—轴承座；6—圆筒；7—主轴；8—圆轮

图 6.3.5 表示另一种皮带轮偏心式自定中心振动筛，它的主要特点是：

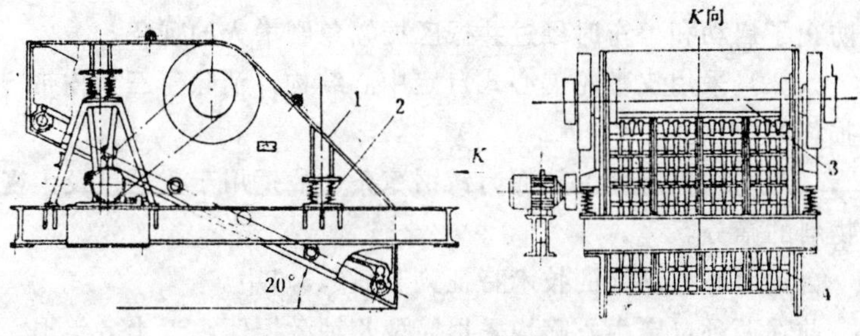

图 6.3.5 重型自定中心式振动筛

1—筛箱；2—弹簧；3—激振器；4—筛面

（1）激振器采用带旋转偏心块式的消振装置（图6.3.6）。图中所示位置是处于停车状态。这时偏心块6在弹簧 10 恢复力的作用下，其重心接近回转中心。当激振器主轴开始回转时，起始转速较低，偏心块的离心力小于弹簧的恢复力，这时筛机不产生振动。当转速增加到超过系统的共振频率（即固有频率）后一定值时，偏心块产生的离心力大于弹簧的恢复力，偏心块便迅速地绕销轴 8 偏离到激振器外壳 7 的挡块 9 上，这时激振器产生的激振力急剧增加，筛机开始振动并转入正常工作。因此，这种消振装

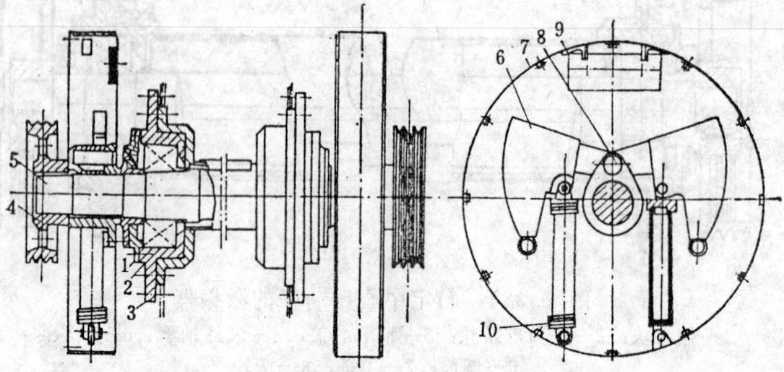

图 6.3.6　重型振动筛的激振器

1—轴承端盖；2—滚柱轴承；3—轴承座；4—三角皮带轮；5—主轴；6—偏心块；7—激振器外壳；8—销轴；9—挡块；10—弹簧

置防止了启动和停车时经过共振区振幅急剧增大的现象。

（2）采用皮带轮偏心式自定中心结构，消除了三角皮带容易损坏的缺点。

（3）结构坚固。筛面为铸钢篦条，故适用于大粒度及大密度物料的筛分。

自定中心振动筛的技术特征列于表6.3.1中。

前述两种自定中心筛均采用筒型长轴激振器，近十多年来，在某些自定中心振动筛中采用了箱式短轴激振器。图 6.3.7 所示的振动筛即为这种型式。其结构特点是：

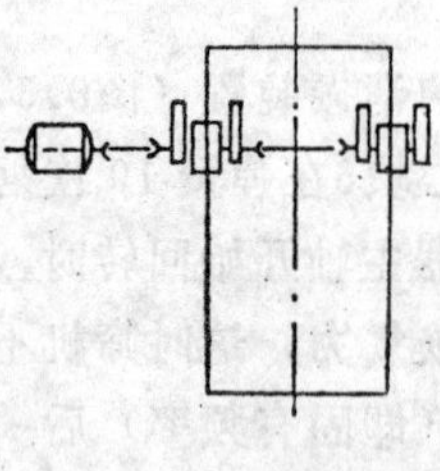

图 6.3.7　箱式激振器振动筛示意图

它是一种电动机直接传动的简单惯性振动筛，筛机的两侧各有一个激振器，两激振器主轴之间以及激振器与电动机之间都用万向联轴器联接。

当需要较大的筛分面积时，可使两台筛子并联工作。此时，两台筛机之间也采用万向联轴器联接，并将两台筛子的偏心块成180°安装，这样可节省电动机的台数与功率，增加筛机停车时稳定性，减小占地面积。

单轴振动筛的技术特征列于表6.3.1中。

表 6.3.1 几种单轴圆运动振动筛的技术特征

指标	SZZ型 1500×4000	SZX_2型 1750×3500	PiPl-F10 (美国)	F型 (日本)	WK_2 (波兰)	TNT71 (苏联)
处理量,t					50～600	<900
筛面尺寸 mm						
宽	1500	1750	910～2440	2400	2200	2500
长	4000	3500	2440～6100	7200	6000	5000
筛面层数	1	2	1～2	1～2	2	1
筛孔尺寸 mm	6、8、10、13、16、25、30、40	25、50、75、100	0.5～200	30～100	6～80	50～300
振动频率 次/min	840	840	850～1700	750～890	965～1100	650
双振幅,mm	5～10	8	4～9	8～10	12	12
筛面倾角,(°) 度	15～20	22～25		15～20	10～20	10～30
入料最大块度,mm	150	300	125～400	400～500	200	1100
电动机功率 kW	11	15		30	18.5	30
外形尺寸,mm (长×宽×高)						5340×3370 ×2450
筛机重量,kg	2500	5280			600	11100

6.3.2 双轴直线运动筛

6.3.2.1 概述

直线振动筛是靠两根带偏心块的主轴作同步反向旋转而产生振动的筛机，其筛面呈水平或微倾斜安装，且运动轨迹为直线，故称之为直线振动筛或水平振动筛。

直线运动筛与圆运动筛相比，具有以下优点：

（1）该种振动筛的运动轨迹为直线，物料在筛面上的运动情况较为良好，因而有较高的筛分效率。

（2）筛面可以水平安装，因而降低了筛机的高度。

（3）由于筛箱有较大的振动和速度，且常安装成水平，所以，特别适合于煤炭的脱水、脱泥与脱介，也可用于物料的分级。

直线振动筛激振器的工作原理如图6.3.8所示。两偏心块质量$m_1=m_2$，离心力$F_1=F_2=F$，偏心块作同步反向回转，在各瞬时位置中，离心力沿K向（即振动方向）的分力总是互相迭加，而与K向相垂直的方向，离心力的分力总是互相抵消，因此，形成了单一的沿K向的激振力，驱动筛机作直线振动。

在图6.3.8中，1、3位置离心力叠加，激振力最大（$2F$），2、4位置离心力完全抵消，激振力为零。

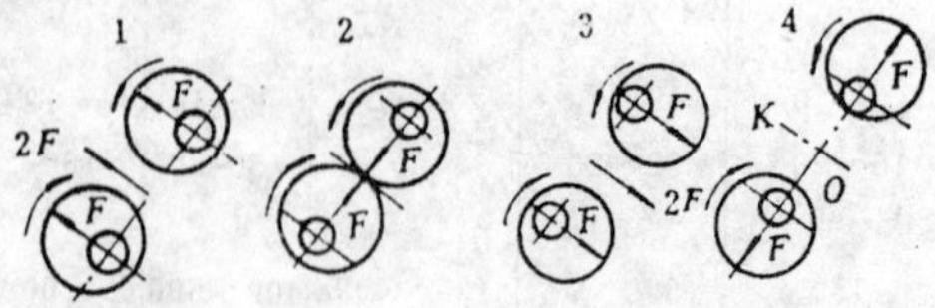

图 6.3.8　直线振动筛激振器工作原理

由于激振器与筛面呈45°倾角，所以筛箱的振动角（振动方向线与水平面夹角）也是45°。物料被抛起，在与筛面相遇撞击时小于筛孔的物料颗粒及水分透筛，从而可以完成脱水、脱泥、脱介与分级等各种工作。

直线振动筛的激振器也分为箱式和筒式两种（图6.3.10、图6.3.11）。这两种激振器的主要区别是轴的长短和偏心块的型式。箱式激振器采用带偏心块的短轴；筒式激振器则采用长偏心轴。

箱式激振器的优点是：结构紧凑，所占空间少；并且可将两个激振器并联安装。缺点是安装在大断面的横梁上，重量大，高度大，激振力集中在一个位置，而且其安装精度不容易保证，安装误差会直接影响筛箱上各点的振幅。

筒式激振器的优点是：高度小，不必另设横梁，故筛箱重量轻；激振力相当于沿整个筛宽均匀分布的载荷，安装精度容易保证。缺点是：偏心轴的制造比偏心块困难；皮带轮与齿轮在筛箱外，所占面积和空间较大。

国外的直线振动筛采用箱式激振器的较多。

目前，国内外直线振动筛的发展趋势是采用双电机驱动的自同步式激振器，其优点是取消了齿轮同步器及其润滑装置，简化了结构与维护工作，并且便于实现三化（标准化、系列化、通用化）。

下面介绍箱式激振器直线振动筛、筒式直线振动筛和自同步式直线振动筛的构造。

6.3.2.2 箱式激振器直线振动筛

图6.3.9为2DS1256型双轴振动筛的构造。筛机由双层筛面的筛箱1、激振器2和吊挂装置组成。吊挂装置包括钢丝绳3、隔振弹簧4和防摆配重5。倾斜装设的激振器由电动机6带动，产生与筛面呈45°的往复运动。被筛物料从右边加入，在筛面上跳跃前进，筛下产品从下部排出，收集在筛下漏斗中，而筛上产品从左侧排出。

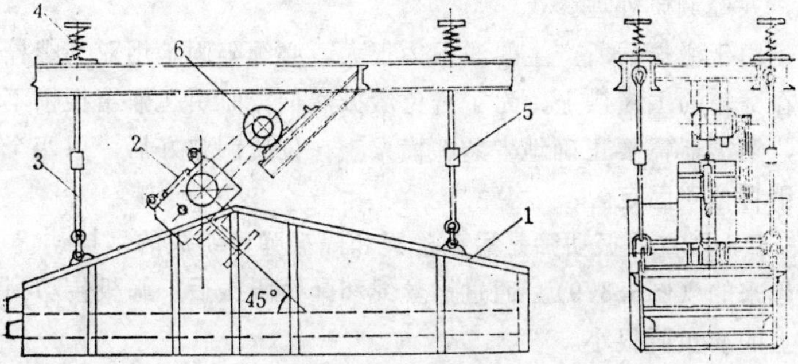

图 6.3.9 2DS1256型直线振动筛

1—筛箱；2—激振器；3—钢丝绳；4—隔振弹簧；5—防摆配重；6—电动机

图6.3.10表示了箱式激振器的构造。激振器的箱体是由35号铸钢制成，箱体内装有主动轴1和从动轴2，轴上各有一对重量

相同的偏心块3，皮带轮4带动主动轴回转，通过齿轮5使从动轴作方向相反速度相等的同步旋转，利用偏心块回转产生的离心力使激振器产生定向的激振力。

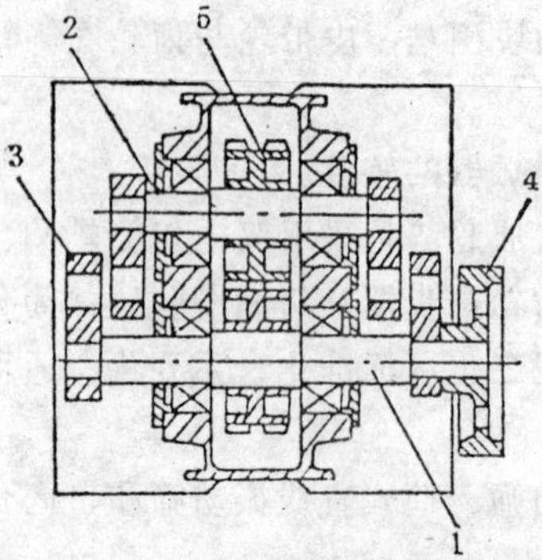

图 6.3.10　箱式激振器

1—主动轴；2—从动轴；3—偏心块；4—皮带轮；5—齿轮

DS 型直线振动筛的箱式激振器具有以下特点：

（1）偏心块成对布置在激振器箱体外。这样的布置，使箱内结构紧凑；便于调整偏心块上面的调整柱塞；以改变筛箱的工作振幅；同时，也可避免偏心块回转时碰击箱体内的润滑油，从而引起箱体发热。齿轮对安装在箱体内，使其润滑可靠，传动平稳。

（2）筛体做成整体式，没有剖分面，在承受激振力上比较合理，制造也简单，但拆装上比较困难。

激振器采用人字齿轮传动，齿轮和传动轴的材料均用40Cr钢，并经调质处理。

由于激振器所产生的激振力很大，必须牢固地用双头螺栓固定在筛箱的主横梁上，为了避免激振器偏置而引起筛箱振幅不稳定，激振器需要正确地安装在横梁上，位置调整好后，用两个定位销将位置固定。

DS 型直线振动筛是用钢丝绳和隔振弹簧组成的吊挂装置悬挂起来的（图6.3.9）。通过钢丝绳和弹簧隔振后，筛机传动到机架上的动负荷很小。

隔振用的金属螺旋弹簧是用抗冲击强度较好的弹簧钢（60Si2Mn）制造的。弹簧具有一定刚度，同时，4个弹簧的技术性能应当相同。

在吊挂钢丝绳上装有防摆配重（图6.3.9），它的作用是防止钢丝绳出现横向振动。因为筛机工作时，筛箱不可避免地要产生振动，而悬吊钢丝绳也有固有频率，当筛机的工作频率等于钢丝绳的固有频率时，就要发生共振，钢丝绳产生强烈的偏摆，筛箱振动就会不稳定。为了避免这种情况，可以变化防摆配重在绳上的高度，这样就能改变钢丝绳的固有频率，消除共振现象，并达到防摆的目的。防摆配重的位置，一般偏于钢丝绳的上方，其高度视实际情况而定。如果钢丝绳很短，也可以不用防摆配重。

6.3.2.3 筒式激振器直线振动筛

图6.3.11为 ZS 型座式筒式激振器直线振动筛，它分单层、双层两种。筛箱支持在支承装置上，支承装置共四组，包括压板、座耳、弹簧和弹簧座，座耳为铰链式，便于调整筛箱的角度。更换弹簧座可以把筛箱倾角调整成0°、2.5°和5°的位置。

该种振动筛的筒式激振器的构造如图6.3.12。在带三角侧板的扁圆筒形外壳1上装有轴承座2、两根偏心轴 3 和 4 通过一对双列向心球面滚柱轴承 5 固定在轴承座上，皮带轮 8 带动主动偏心轴 3 回转，通过齿轮 6 带动从动偏心轴 4 作反向而同步的回转，从而产生定向的激振力，激振力直接作用在筛机的侧板上。在齿轮 6 一侧有金属罩 7，内充润滑油，同时润滑齿轮与同侧的滚动轴承，皮带轮侧的轴承各成封闭油腔，用润滑脂润滑。齿轮侧的滚动轴承和皮带轮侧的滚动轴承都用迷宫式密封。激振器通过三角形侧板上的螺栓固定在筛箱上，并用铰孔螺栓定位。

筒式激振器采用直齿齿轮，材料为20Cr钢，经渗碳淬火热处理；偏心轴用45号优质钢制成，并经调质处理。

与箱式激振器相比较，筒式激振器具有以下特点：

（1）高度小，重量轻。由于筒式激振器直接安装在筛箱上，不必采用结构笨重的工字横梁，所以整个筛箱的高度较小，重心降低，重量减轻，增加了座式筛机工作的稳定性。

（2）激振力相当于沿整个筛宽的均布载荷，安装精度较易保证，其误差对筛箱各点振幅影响较小。

（3）皮带轮在圆筒侧壁之外，便于布置传动的电动机。

筒式激振器的缺点是由于皮带与齿轮放在圆筒侧壁以外，筛

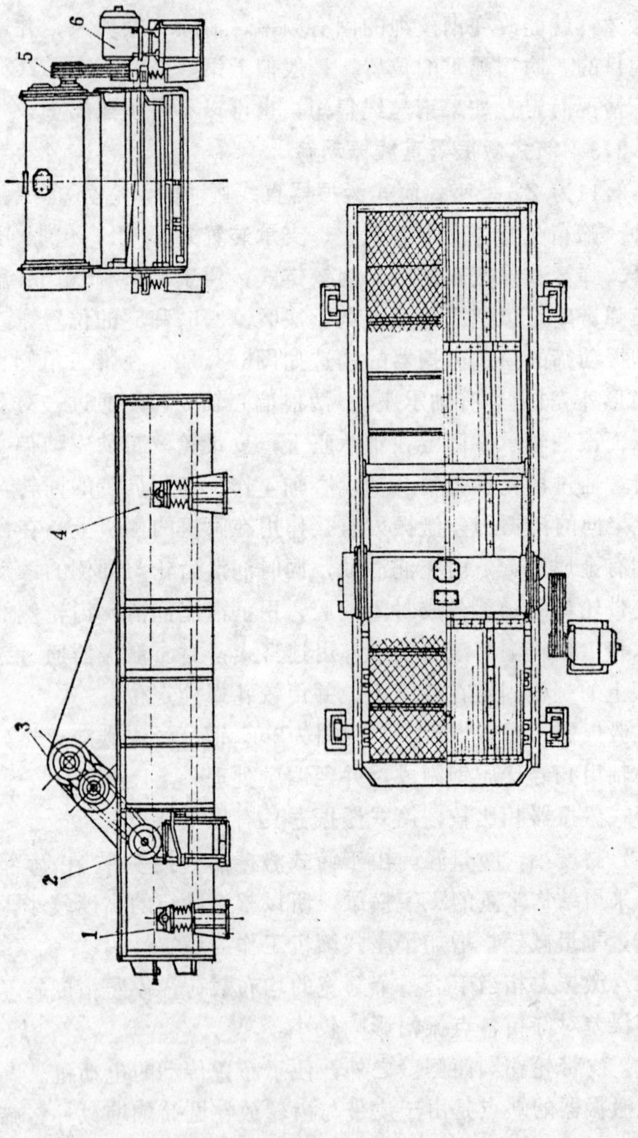

图 6.3.11 ZS型筒式激振器直线振动筛

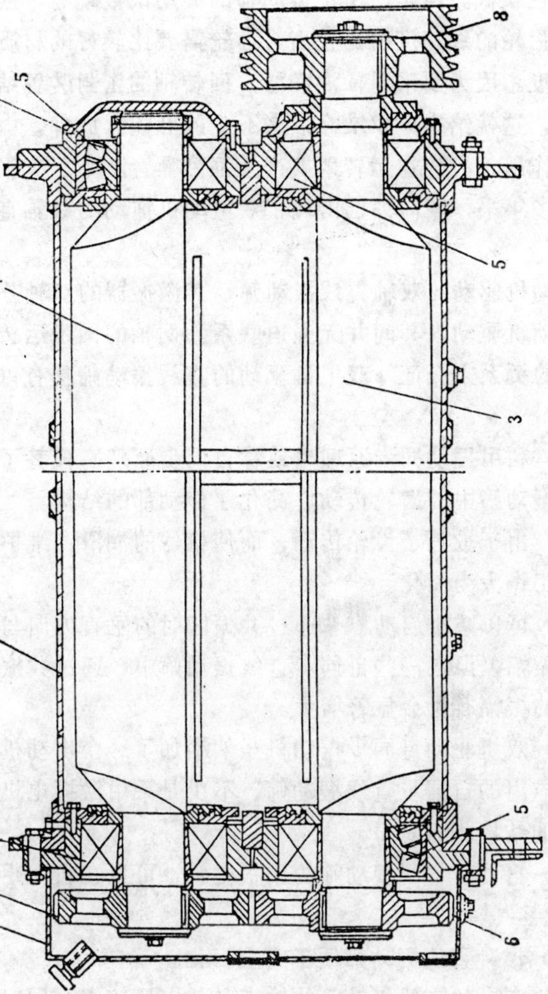

图 6.3.12 筒式激振器

1—外壳；2—轴承座；3—主动偏心轴；4—从动偏心轴；5—滚柱轴承；6—齿轮；7—金属罩；8—皮带轮

机宽度尺寸增大。同时，两侧需要留有一定检修操作位置。

6.3.2.4 自同步式直线振动筛

前述的采用齿轮传动的强迫联系的激振器，虽然其结构很紧凑、成本也较低。但是，由于振动筛的振动次数较高，振幅也较大，所以齿轮的线速度也比较高，齿轮需要比较好的材质，较高的制造精度。因为要采用稀油润滑，回转轴的密封装置结构要求也比较高，这就给生产和维修带来不少的麻烦。此外，由于偏心轴的动力作用，齿轮在运转中要产生强烈噪音。为了克服这些缺点，近十多年来，国内外已出现了双电动机拖动的双轴直线振动筛。

双电动机驱动的双轴直线振动筛，其激振器的双轴分别由两台异步电动机驱动，其间并无强迫联系。两轴的同步运转完全依靠动力学的关系来保证。双电机驱动的直线振动筛具有以下一些优点：

（1）利用振动同步原理（或称自同步原理）代替了强制同步式直线振动筛中的齿轮传动，简化了传动部的结构。

（2）由于取消了齿轮传动，而使机器的润滑、维护和检修等经常性工作大为简化。

（3）可以减小启动停车通过共振区时的垂直方向与水平方向的共振振幅，但在一些自同步直线振动筛中，通过共振区时的摇摆振动的振幅有时会显著增大。

（4）双机驱动自同步振动机虽然增加了一个电动机，但目前工业中应用的自同步直线振动筛，不少是采用激振电机直接驱动，使它的结构相当简单。

（5）自同步直线振动筛的两根主轴，可以在较大距离的条件下安装。

（6）该种直线振动筛便于实现三化。

双电机驱动的直线振动筛的缺点是耗电量较大，同时筛机占地面积也较大（除激振电机驱动的直线振动筛外）。

图6.3.13所示为两台激振电机直接驱动的直线振动筛，由图

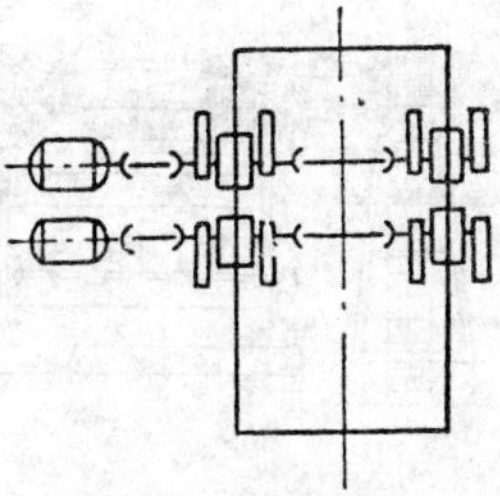

图 6.3.13 双激振电机驱动的直线振动筛

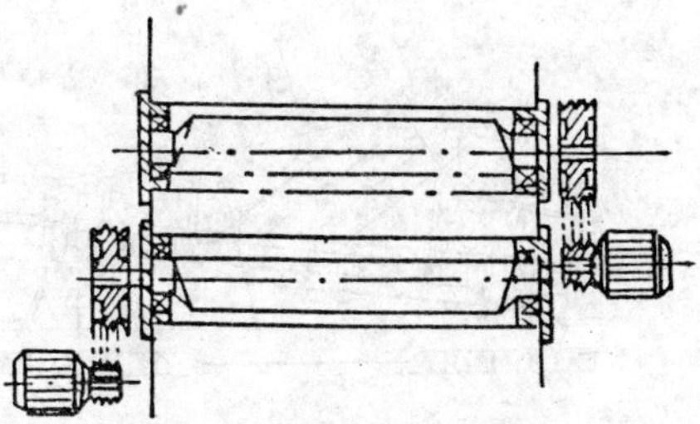

图 6.3.14 皮带传动的激振器

可见，两台激振电机固定于筛箱的两个侧壁上，电机与筛面成30°的倾角安装，两激振电机作反向回转，电机两端的偏心块回转时产生离心力，在筛机的横断面方向互相抵消，而在纵断面方向互相合成。合成激振力与电动机轴心线相垂直，电机轴与筛面约成60°，因而可使筛箱沿30°方向振动。

图6.3.14和图6.3.15分别表示皮带传动和直线传动的两种激振器的原理图。第一种传动方式是电动机经三角皮带轮从筛箱两侧分别带动两根主轴；第二种传动方式是两台电动机经挠性联轴器或万向联轴器（例如轮胎式联轴器）从筛箱两侧直接带动两根主轴，采用这种联轴器的原因是当筛箱产生振动时，仍能正常地传递扭矩。

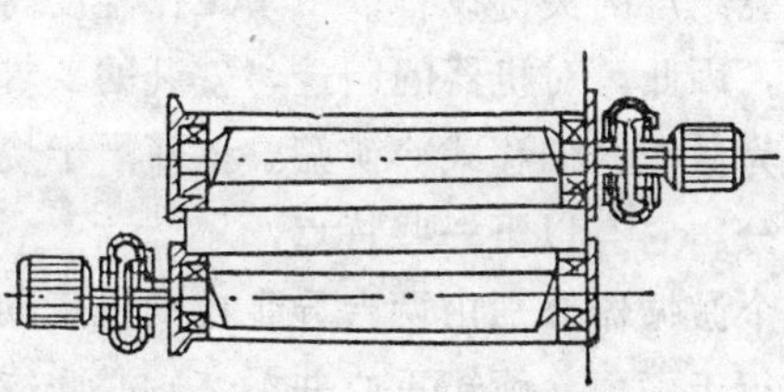

图 6.3.15 直接传动的激振器

图6.3.16为某热矿振动筛。该筛用于冶金工厂热烧结矿的筛分。它是由激振器1、筛箱2、二次隔振底架3、一次隔振弹簧4、感应电动机5与6、可伸长的弹性联轴器7、中间轴8和二

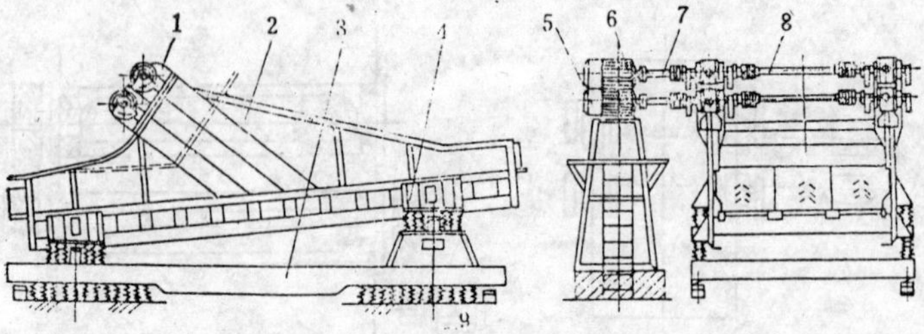

图 6.3.16 自同步式热矿振动筛

1—激振器；2—筛箱；3—二次隔振底架；4——次隔振弹簧；5、6—电动机；7—弹性联轴器；8—中间轴；9—二次隔振弹簧

次隔振弹簧9组成。该筛的特点是：

（1）两台电机装于筛箱的同一侧，电动机通过可伸缩的花键轴与橡胶弹性联轴器及激振器相联。

（2）采用二次隔振系统，使筛具有良好的隔振效果。

（3）由于筛机在很高的温度（约800℃）下工作，筛箱用耐热合金钢的钢板和型钢等铆接而成。

（4）四个激振器分别装于筛箱侧板的上方，使筛箱受力情况良好。

（5）该筛的筛板是用拧动螺帽来压缩压杆，再通过斜面与压紧轴将它压紧，压杆装于矩形横梁的方孔中。

热矿筛是烧结厂的关键设备，由于工作温度高，筛机重量大，结构复杂，因此，对机器的制造与安装的要求都比较严格。

图6.3.17为激振器偏移式冷矿筛。该筛用于烧结厂中，对冷烧结矿进行筛分。它有以下一些特点：

（1）两个激振器分别由两台异步电动机带动，而且两激振器轴心联线平行于筛面，筛箱重心并不在轴心联线的中垂线上，因此称它为“激振器偏移式”冷矿筛。

（2）筛机的隔振采用二次隔振系统。

（3）激振器装于筛箱两个侧壁中，所以筛箱的刚度与强度均有所加强。

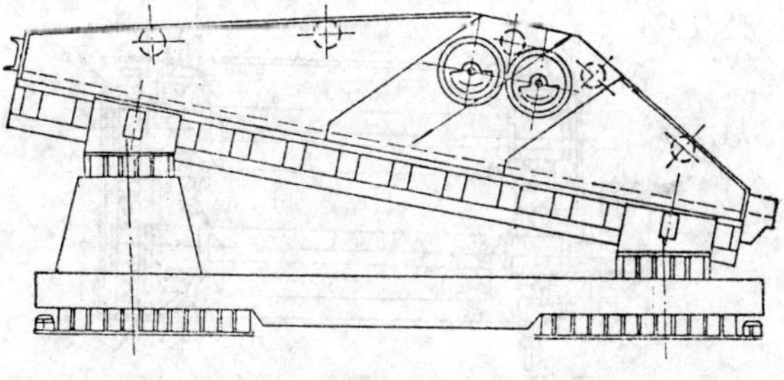

图 6.3.17 激振器偏移式冷矿筛

6.3.3 双轴椭圆振动筛与单轴双质体椭圆振动筛

6.3.3.1 双轴椭圆振动筛

日本古河株式会社制造的E型振动筛是一种椭圆运动的振动筛（图 6.3.18）。它用于中小粒级煤的干式或湿式筛分，以及脱水、脱介和脱泥。该筛采用筒式激振器（图 6.3.19）。该激振器主要由两根偏心轴、四个滚柱轴承、一对斜齿轮组成，三角皮带轮带动偏心轴旋转，并通过齿轮带动从动偏心轴与其反向等速旋转，从而产生激振力。由于两根轴的偏心质量不等，所以激振器带动筛箱作椭圆运动。

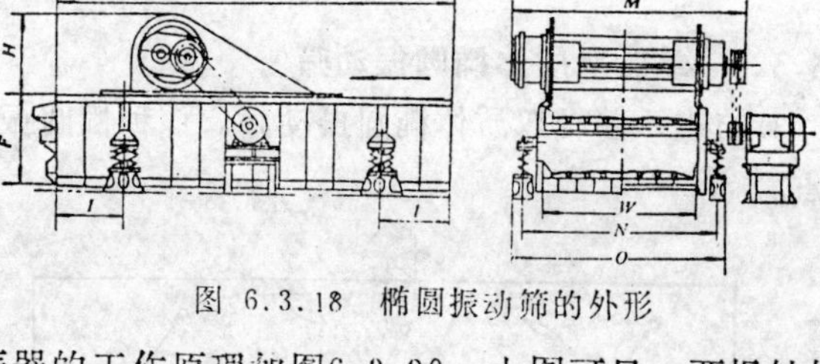

图 6.3.18 椭圆振动筛的外形

激振器的工作原理如图6.3.20。由图可见，两根轴的偏心质量不相等（$m_1>m_2$），所以离心力F_1大于F_2，在1、3位置，离心力抵消一部分，作用于筛箱上的力为F_1-F_2，在椭圆上为短轴b；在2、4位置，离心力迭加，作用于筛箱上的力为F_1+F_2，在椭圆上为长轴a，相当于双振幅。这种椭圆振动筛的长短轴之比为

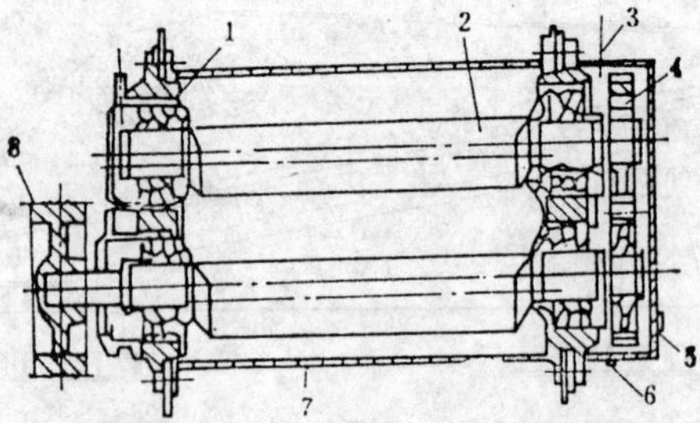

图 6.3.19　椭圆振动筛的激振器

1—轴承；2—偏心轴；3—加油杯；4—斜齿轮
5—油位表；6—排油塞；7—套筒；8—皮带轮

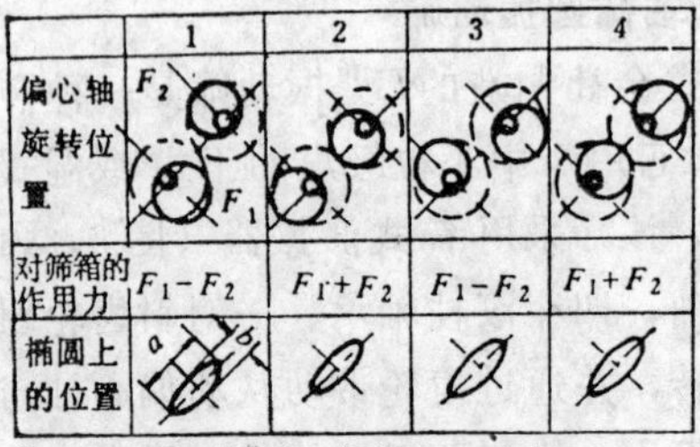

注：a—长轴（筛机的双振幅）；b—短轴

图 6.3.20　椭圆激振器工作原理

1∶6。

6.3.3.2　单轴双质体椭圆振动筛

图6.3.21表示单轴双质体椭圆振动筛。该种椭圆振动筛具有以下特点：

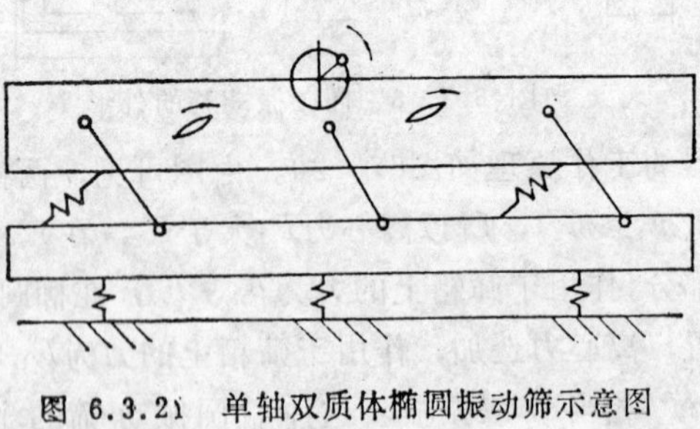

图 6.3.21　单轴双质体椭圆振动筛示意图

（1）单轴激振器装于上振动质体(筛箱上)。

（2）筛箱与下质体用剪切橡胶弹簧联接在一起，筛箱与下质体仅在剪切方向能产生相对运动。因而在这个方向激振器带动上质体（筛箱）振动，而在相垂直的方向上，激振器带动上下质体一起运动。所以筛箱的运动轨迹为椭圆形。

（3）下质体支承于隔振弹簧上。

几种直线振动筛与椭圆振动筛的技术特征列于表6.3.2中。

表 6.3.2 直线振动筛与椭圆振动筛的技术特征

指标	激振电机型振动筛	热矿振动筛	箱式激振器振动筛	JCA型直线振动筛（苏联）	椭圆振动筛（日本）
筛面尺寸,mm				面积10米^2	
宽	1200	3100	2200		2100
长	3000	7500	5000		6000
筛面层数	1	1	1～2	2	2
筛孔尺寸,mm	0.4	20、10.5		6～25 0.5	
振动频率,次/min	940	730	800～900	820	850～900
运动轨迹	直线	直线	直线	直线	椭圆
振动角,(°)	30	40	45		45
双振幅(长轴)	7～8	8～9	8～10	0～8	10～14
(短轴)	0	0	0	0	1.5～1.8
筛面倾角,(°)	0～5°	5°	0°～10°	10°	0°
入块最大块度,mm	<100	300	200		
电动机功率,kW	2×2.2	2×18.5	7.5～13	15	30
处理量,t/h			150	65	
外形尺寸（长×宽×高）					
机器重量,kg			7250	7430	

6.3.4 惯性式振动筛的安装、维护及检修

6.3.4.1 筛机的安装

中、小型惯性式振动筛可以根据现场要求采取吊装或座装，而大型振动筛一般都采取座装。由于振动筛会把较大的动负荷传给

基础，要求基础具有足够的刚度和强度。如果采取座装，大、中型振动筛与基础相连的弹簧座必须用底脚螺栓固定，而小型振动筛则可以不用底脚螺栓固定。如果减振弹簧分组安装，则应使给料端两组弹簧的平均高度和静压缩量接近相等，排料端的两组弹簧也应如此，而前后则可以有些差别。支承弹簧安装后，要求与弹簧支座平面保持垂直。

为减小对筛面的冲击，要求受料端的给料落差不大于500毫米，其给料方向要求与筛面上物料运动的方向一致，筛箱安装后，进料端和出料端的筛板平面要求左右方向保持水平，可用水平尺进行检查，若不水平可调整弹簧支座高度（座装）或悬吊钢丝绳的长度（吊装）来达到。

振动筛出厂后，若时间超过六个月，则安装前必须将激振器各零件拆洗干净，轴承和迷宫槽内注入适量的润滑脂。激振器两端的偏心块之偏心质量距应该相等。若激振器为振动电机，则应使振动电机两端的偏心块张开的角度相等且方向一致，否则筛机会出现摇摆，自同步振动筛两电机就会不同步。振动器安装完毕后，用手扳动偏心块，若有阻力过大或卡死等现象存在，必须找出原因加以调整。

当激振器由电动机通过挠性联轴节驱动时，要求电动机轴线与振动器轴线在同一垂直平面内。考虑到工作时筛面上物料重量的影响，电动机轴线应低于振动器轴线3～5毫米。对于自同步振动机，电机接线时应使两电机回转方向相反。

6.3.4.2　筛机的试运转

振动筛各部件安装经检查符合安装要求后，即可进行试运转。开机前应详细检查振动筛所有紧固螺栓是否拧紧，筛子周围是否有妨碍筛子运动的障碍物。

筛机空负荷试运转一般要求不少于8小时。试运转过程中应观察筛机运行情况，要求振动平稳，无横向摆动及不正常响声。若发现上述问题，应及时停机检查原因，排除故障。另外，在试运转时，应检查筛箱的振幅及振动方向角是否符合设计要求，检查振幅时可用振幅牌，测量直线振动筛振幅用的振幅牌如图6.3.22所示。振幅牌上有一测量三角形。振幅牌固定在筛箱侧板上，其底边与振动方向垂直。根据视觉暂留原理，当筛箱振动时，在振幅牌上将看到两组三角形，两组三角形相交点的读数，就是筛机的双振幅。

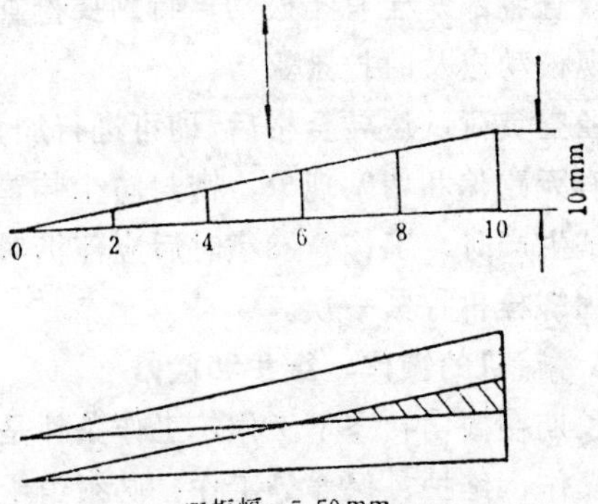

图 6.3.22 振幅牌

检查振动方向角时可用振动方向角牌，振动方向角牌如图6.3.23所示。振动方向角牌上有一个按角分成数格的直角，每格画出一组通过直角坐标原点的放射状直线。直角坐标的 x 轴，应与筛面平行。根据视觉暂留原理，在筛箱振动时，各射线中最清晰的一条与 x 轴所成的角度即为振动方向角。

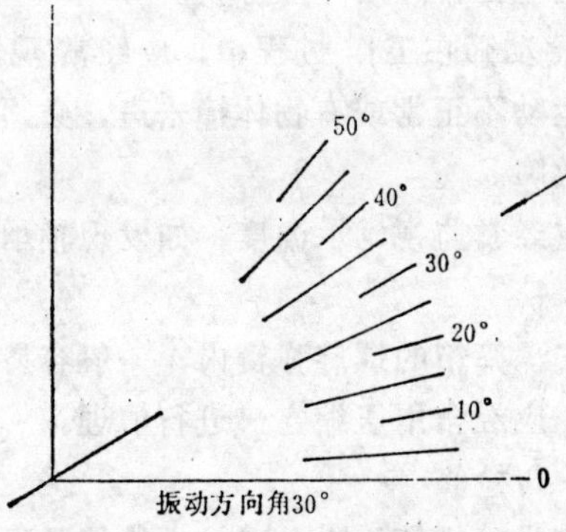

图 6.3.23 振动方向角牌

对于自同步振动筛还应注意检查两电机是否同步，如发现不同步，则应采取相应措施使其同步。

振动筛经8小时试运转后，应检查下列项目：

（1）振动器轴承工作温度，要求轴承最高温度不超过75℃；

（2）检查各部螺栓有无松动，特别要检查筛板和振动器紧固情况，发现松动应及时拧紧。

振动筛经空负荷试运转合格后，即可进行加负荷试生产。这时应检查物料有无跑偏和堵塞现象，密封防尘装置有无泄露。振动筛在第一次试生产时，工作6～8小时后应停机对筛板（筛网）和振动器的紧固螺栓再拧紧一次。

6.3.4.3 筛机的操作、维护和检修

振动筛长期在振动状态下工作，工作条件是很恶劣的，所以对振动筛的操作、维护、保养等工作，必须给予充分的重视。防止由于操作、维护、保养不当而造成设备损坏事故。

A 操作规程

（1）振动筛在开机前，应检查筛子周围是否有妨碍筛机运动的障碍物。

（2）振动筛应在没有负荷的情况下开机（尽量避免带负荷开机），待筛机运转平稳后才能给料。停机前，应先停止给料，待筛面上物料全部排除后才能停机。

（3）振动筛在工作过程中，应经常观察筛机运动是否平稳。若发现运动不正常或有物体撞击声，必须及时停机检查，找出原因排除故障。

（4）应经常监视轴承温度，如发现轴承温度过高，必须立即停机检查。

（5）支承筛箱的螺旋弹簧内，一般容易积聚矿粉，影响弹簧正常工作，应经常用压缩空气进行清理。

B 维护与检修

（1）经常检查筛机上各联接螺栓的紧固情况。振动器与筛

箱的联接螺栓的紧固情况更应引起重视，若发现松动应及时拧紧。

（2）筛板（或筛网）与物料直接接触，易磨损，故应经常检查筛板有无松动、破损（或筛网是否张紧，有无破损），如有破损应及时更换。

（3）振动器若采用润滑脂润滑，应每月加注一次润滑油。油量不宜过多，加油量不应超过整个轴承空间的三分之二，否则会引起轴承温度过高。

（4）振动器使用六个月后，应检查油质情况，发现润滑脂变干或有硬块时，应立即清洗，换新脂，要求轴承每年清洗一次，发现损坏及时更换。

（5）筛箱侧板和横梁如出现裂缝应及时焊补，可先在裂纹发展端钻一小孔，然后用碳弧气刨将裂纹处刨一坡口，再进行焊补，焊补时应严格按焊接工艺进行。

（6）筛面的寿命随其结构形式而有所区别，筛格的寿命高于5～6个月，筛板一般不低于2～3个月，筛网则为3～4个星期甚至更短。为了提高筛网的寿命，可在筛网金属丝上敷上一层耐磨橡胶，或采用特制的橡胶筛面。近年来还采用新材料制作筛网，如用尼龙制作的筛网可以使用3～6个月，用不锈钢制作的筛网寿命也可达1～3个月。

（7）筛机的轴承一般经8～12个月更换一次，传动皮带2～3个月更换一次，弹簧的寿命不低于3～6个月，筛框的寿命在两年以上。

在筛机中修及大修时，要更换筛机的成套部件，如激振器和筛框等。筛机一般在两年之内不进行大修，而只更换某些零部件。

为了减少筛机停歇修理的时间，在工作场所应储备有足够数量的易损件，如筛网、弹簧等。

6.4 普通共振筛

6.4.1 概述

惯性振动筛是在远超共振状态下工作，其工作频率远大于系统的固有频率，而共振筛在近共振状态下工作，其工作频率接近于固有频率。

弹性连杆式共振筛出现于1923年，但真正在工业中使用，还是在1950年以后，在选煤厂，这种筛机有广泛的用途，它可以对煤炭进行预先筛分和最终筛分，也可以用于脱水、脱泥和脱介。

惯性式共振筛在工业中的应用也在1950年以后，它常用来对煤炭、矿石和焦炭等物料进行筛分。

电磁式共振筛，通常称它为电磁振动筛。自从硅整流元件和可控硅元件在工业部门中获得推广之后，这种筛机才开始广泛应用于许多工业部门，对细粒物料进行筛分。

由于共振筛的振动系统在接近共振的情况下工作，这就可以利用较小的激振力来驱动较大面积的筛箱。共振筛利用共振的原理工作，这就是共振筛名称的由来。共振筛具有下列优点：

（1）传动机构受力小，只相当于直线振动筛$\frac{1}{3}\sim\frac{1}{5}$。

（2）传动机构的尺寸小，结构紧凑。

（3）由于激振力小，传动部分的摩擦功率也很小，起动容易，共振筛电动机功率远较直线振动筛为小。

（4）许多共振筛，由于采用了非线性弹簧，筛机工作时，其瞬时加速度大，因而对分级脱水、脱介等作业都十分有利。

但是，共振筛也有如下缺点：

（1）需要安装平衡架，以减轻传给建筑物或基础的动载荷，从而增大了筛机的重量。

（2）对弹性元件质量要求较严，安装调整比较困难，技术上比较复杂。

（3）由于有较大的瞬时加速度，筛机的某些零部件比较容易发生损坏，寿命较短。

（4）比较容易出现故障，对高度自动化的生产适应性较差。

由于存在上述缺点，七十年代以来，它的使用已受到了限制。

6.4.2 弹性连杆式共振筛

6.4.2.1 RS型共振筛

这种筛机（图6.4.1）具有筛箱1和平衡架2两个振动质体，平衡架2通过橡胶弹簧3固定在基础上。筛箱与平衡架之间装有导向板弹簧4，还装有由带间隙的非线性弹簧组成的主振弹簧5，主振弹簧的作用是储存能量与放出能量。电动机带动装在平衡底架上的偏心轴6，然后通过装有传动弹簧7的连杆8，将力传给筛箱，驱动筛箱作往复运动，同时，平衡底架也受到反方向的作用力，而作反向运动。

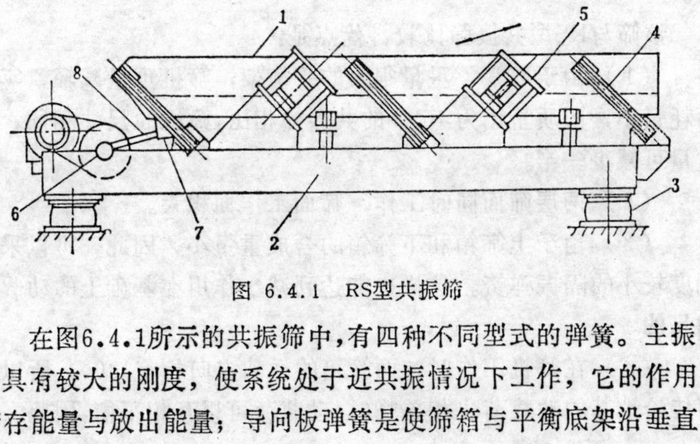

图 6.4.1 RS型共振筛

在图6.4.1所示的共振筛中，有四种不同型式的弹簧。主振弹簧具有较大的刚度，使系统处于近共振情况下工作，它的作用是储存能量与放出能量；导向板弹簧是使筛箱与平衡底架沿垂直于板弹簧的方向振动；传动弹簧用以传递激振力，并减小筛机工作过程中传给偏心轴的惯性力与减小筛机起动时电动机的转矩，使系统实现弹性振动；隔振弹簧用以隔离机器的振动，减小传给基础的动载荷，为了减小动载荷的数值，隔振弹簧的刚度往往选得较小。

RS型共振筛的激振器是弹性连杆式激振器，它是由偏心轴，连杆和传动橡胶弹簧7所组成。传动橡胶弹簧是一种串联式弹簧，它的弹性力接近于线性变化，其刚度通常为主振弹簧等效刚度的$\frac{1}{2}\sim\frac{1}{5}$。

6.4.2.2　15米²共振筛

我国自行设计制造的质量比为1∶1的双筛箱共振筛如图6.4.2所示。这种筛机的上筛箱1和下筛箱2分别用金属螺旋弹簧3和4安装在基础上，该弹簧起隔振作用。为了保持筛箱之间的相对位置，在两筛箱之间装有板弹簧5。主振弹簧是由线性橡胶弹簧6和带间隙的非线性橡胶弹簧7组成的，它们安装在两个筛箱之间，为了使筛箱受力均匀，组合弹簧沿筛长方向均匀布置。下筛箱上装有偏心轴8。当偏心轴转动时，通过弹性传动连杆9，将激振力传递到筛箱上，使筛箱作方向角为45°的直线振动。

该筛与RS型共振筛比较，优点是：

（1）由于取消了重量很大的平衡架，筛机重量减轻，金属消耗量小，同质量比为1∶3的共振筛相比，筛机的尺寸相同，其重量可减少一半。

（2）两层筛面同时工作，筛面工作面积大。

（3）由于上筛箱和下筛箱的合成重量小，因此，可以采用刚度较小的隔振弹簧。这样也能达到减小作用在基础上的动载荷的目的。

（4）在筛机工作时，两筛箱的运动方向相差180°，所以筛箱传给地基的动载荷也相差180°，动载荷可以互相平衡，因此，基

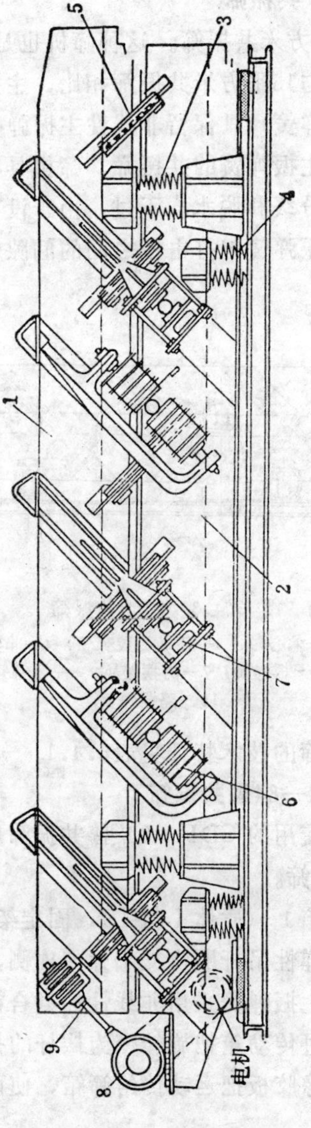

图 6.4.2 15m^{2}双筛箱共振筛

础所承受的动负荷很小。

6.4.2.3 30米²共振筛

图6.4.3为30平方米共振筛。这种筛机也是质量比为1∶1的双筛箱共振筛。它与15平方米共振筛相比，主要区别是取消了线性主振弹簧（串联弹簧），只保留非线性主振弹簧。根据动力学分析，只采用非线性主振弹簧的共振筛，筛机具有较大的加速度，从而有利于物料的分级和脱水。不过，由于没有串联线性主振弹簧，控制非线性主振弹簧与打击板之间的间隙较不便。

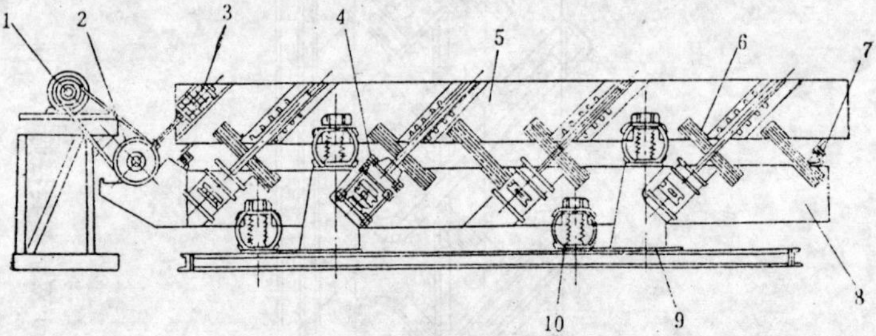

图 6.4.3 30m²共振筛

1—电动机；2—偏心轴；3—传动橡胶弹簧；4—非线性主振弹簧；5—上筛箱；6—板弹簧；7—防摆装置；8—下筛箱；9—底架；10—隔振弹簧

30平方米共振筛的技术特征见表6.4.1。

6.4.2.4 CDR—84型共振筛

我国选煤厂中使用的CDR—84型共振筛也是一种质量比为1∶1的双筛箱共振筛。

这种筛机由筛箱1（质体Ⅰ与Ⅱ），固定架2和传动箱3等组成。筛箱用木质弹性吊杆顺次支于筛架内侧，并通过主振弹簧4与固定架连接。主振弹簧采用非线性的复合橡胶弹簧。筛机的传动是由电动机经过传动箱把旋转变为摆杆的摇摆运动，再通过四根与筛箱相连的橡胶板把运动传给筛箱，使两个筛箱作相反方向的振动。

采用摆杆式激振器是CDR—84共振筛的一个特点，摆杆的

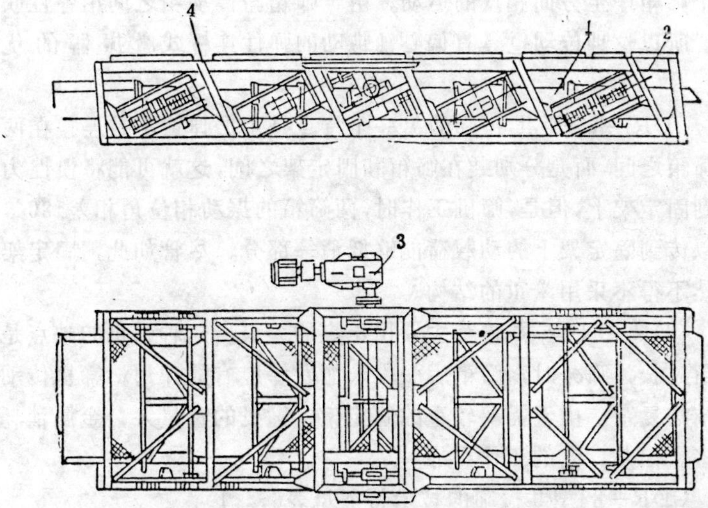

图 6.4.4　CDR—84型共振筛

表 6.4,1　几种弹性连杆式共振筛的技术特征

指　　标	RS型共振筛	$15m^2$共振筛	$30m^2$共振筛	CDR型共振筛
筛面尺寸,mm(宽×长)	2200×6750	2000×7500	2000×7500	2000×8800
面积,m^2		15	30	17.6
筛面层数	1	2	2	1
筛孔尺寸,mm	35～75 12	13,0.5,1	0.5～1	14×14
振动频率,次/min	650×700	800	530	400
双振幅,mm		9～12	4～10	20
筛面振动角,(°)	40～45	45	45	30
入料最大块度,mm	<100	<300	<300	<300
电动机功率,kW	10～20	13	22	14
产量,t/h	1000	—	—	270～320
筛机重量,kg	—	7244	—	27305

摇摆运动是通过传动箱来实现的，传动箱中装有减速齿轮、偏心轴、连杆，使另一根轴摆动，并带动摆杆摆动，摆杆再通过具有一定弹性的橡胶片与筛箱相连，再传递给筛箱所需的激振力，使

两个筛箱产生方向相反的运动。由于筛箱与传动箱之间用弹性联系，所以这种传动也具有偏心轴带动的弹性连杆式激振器的优点。

CDR—84型共振筛的另一个特点是主振弹簧不是连接在两个筛箱之间，而是分别装在筛箱和固定架之间，这就可能将惯性力传到固定架上，但是，筛机工作时，两筛箱的振动相位角相差180°，所以传到固定架上的动载荷能够抵消一部分。尽管如此，固定架仍然不得不采用笨重的结构。

CDR—84型共振筛主要用于煤的分级。这种筛机的缺点是筛箱过长，筛分时，筛箱后一段未能发挥应有的作用；筛机传动箱结构复杂，由于需要较重的固定架，筛机的重量大，金属消耗量多。但是，它的工作可靠。

CDR—84型共振筛的技术特征见表6.4.1。

6.4.3 惯性式共振筛

6.4.3.1 SZG型惯性式共振筛

惯性式共振筛的构造如图6.4.5所示，它只有一个筛箱，但有两个振动质体，另一个振动质体就是与激振器主轴装在一起的平衡质量。

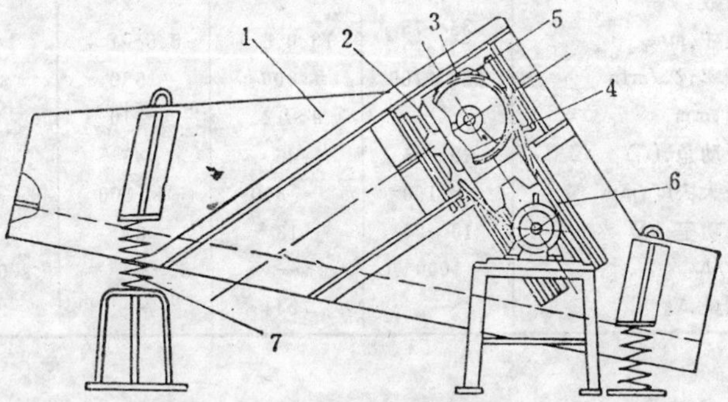

图 6.4.5 SZG型惯性共振筛

1—筛箱；2—主振弹簧；3—皮带轮；4—偏心块；5—平衡质体；6—板弹簧；7—隔振弹簧

平衡质体5通过板弹簧6支承于筛箱上，在与板弹簧相垂直的方向上，两个质体之间还装有非线性橡胶弹簧。因此，平衡质体，筛箱与非线性弹簧组成了具有非线性特性的主振动系统。为了使平衡质体与筛箱作对称的非线性振动，利用两个螺旋弹簧将平衡质体悬吊于筛箱上，使非线性弹簧两侧的间隙相等。

筛箱与平衡质体用螺旋弹簧7支承，形成了隔振系统。由于隔振弹簧刚度较小，因此，该筛有良好的隔振性能。

惯性式共振筛与弹性连杆式共振筛一样，它们都是工作在近共振低临界状态下。惯性式共振筛的构造比弹性连杆式共振筛简单得多。

6.4.3.2 平衡底架式惯性共振筛

平衡底架式惯性共振筛也是一种双质体系统的共振筛，该筛采用座式安装，也采用旋转偏心块式激振器。偏心块式激振器位于平衡架的中部（图6.4.6）。

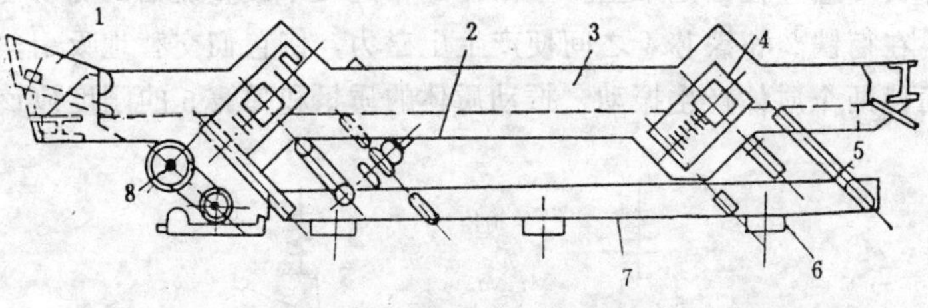

图 6.4.6 平衡底架式惯性共振筛

1—给料端；2—筛箱；3—平衡架；4—橡皮弹簧；5—弹性支杆；6—减振橡皮弹簧；7—机架；8—曲柄轴

筛箱每侧安装有两组橡胶弹簧，在给料端则有螺旋弹簧将筛箱顶起，以保持筛箱与平衡架之间的平衡位置。平衡架用隔振弹簧支承于基础上。由于在近共振情况下工作，偏心块质量较小，可以安装在较细的轴上，主轴两端用两个滚动轴承安装在下部平衡架上，因此，轴承承受的载荷很少，轴承的工作条件良好，偏心块旋转时产生的惯性力的方向垂直于导向杆时，筛箱与平衡架都产生垂直于导向杆方向的振动，但因平衡架的重量较大，其振幅较小，且与筛箱的振动有180°的相位差，而筛箱的振幅较大。当激振器的惯性力沿着导向杆的方向时，筛箱与平衡架做整体的振动，它们的振幅是相等的。这两种振动合成的结果，使筛箱产生一个椭圆形的运动轨迹，其长轴垂直于导向杆方向。

6.4.4 电磁式共振筛(电磁式振动筛)

电磁式振动筛有两类：一种是筛网振动式电磁振动筛，另一种是筛箱振动式电磁振动筛。它们都是由电磁激振器来驱动的，而且一般都在近共振状态下工作，因此，在实质上，它是一种共振筛，但是目前工业部门中均称它为电磁振动筛。

6.4.4.1 筛箱振动式电磁振动筛

图 6.4.7 表示筛箱振动式电磁振动筛原理图。筛箱 1 和筛箱上的衔铁 2 组成一个振动质体m_1，平衡重 3 和激振器的铁芯 4 组成第二个振动质体m_2，两质体之间用弹簧 5 联接。整个系统用隔振弹簧 6 悬挂在固定架上。激振器通常通入半波整流后的脉动电流，在衔铁 2 和铁芯 4 之间便产生电磁力，使它们交替地吸引，进而使两个质体产生振动，振动质体的质量和弹簧 5 的刚度应该

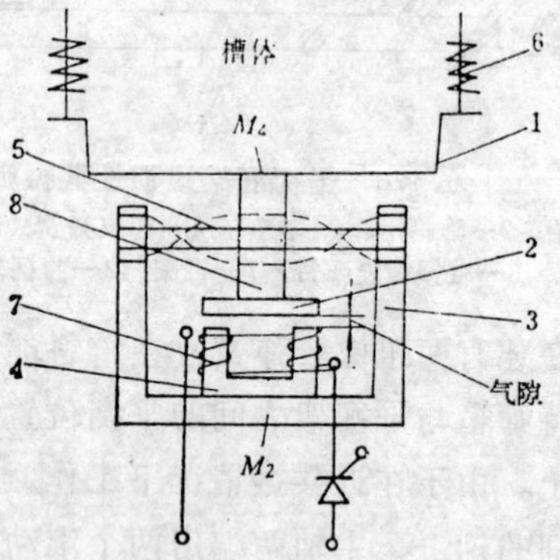

图 6.4.7 电磁式振动筛的原理图

1—筛箱；2—衔铁；3—平衡重；4—铁芯；5—主振弹簧；6—隔振弹簧；7—线圈；8—连接叉

这样选择，即使系统的固有频率略高于强迫振动频率，也就是说，使振动系统调整到近共振状态。在该种筛机中，主振弹簧5是很重要的零件，它的正确选择，除了可以显著减小所需的激振力之外，还可以使筛机稳定地工作。激振器倾斜地安装于筛箱上，与筛面成一定角度，使筛面产生沿某一倾斜方向的振动，在筛面连续振动的情况下，物料沿筛面连续滑动或跳动，在大多数情况下出现连续跳动，而使物料获得筛分。

图 6.4.8 表示筛箱振动式电磁式振动筛的结构图。该筛在进行筛分操作的同时，还可作为给料机将被筛物料定量地给入。它的使用范围很广，可用于矿石、煤、碎石，以及食品、药品等细物料的筛分、脱水和洗涤等。

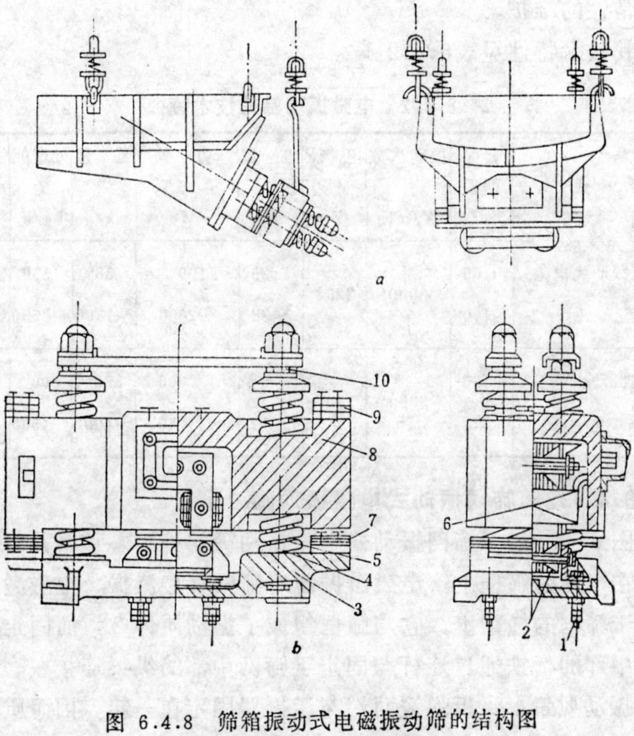

图 6.4.8 筛箱振动式电磁振动筛的结构图

a—筛机结构图；b—激振器结构

这类筛机有以下特点：

（1）筛分效率高：采用高频率、小振幅的振动，使物料在筛面上作高频的跳动，这对提高细物料筛分与脱水的效率都是很有实际意义的。

（2）调整给料量极为方便：利用控制箱，可以任意调节振幅，因而可以根据物料性质及工艺要求来调节给料量。

（3）防尘好：这种筛机便于密封。因此，可用来处理含有粉尘的物料和有害或有毒的物料，可为现场创造较为良好的工作环境。

（4）维护检修简单：可动部件只有板弹簧。因为没有齿轮、偏心轴、皮带轮、电动机等摩擦部件，所以根本不需要加油和经常性的维护。

其技术特性见表6.4.2。

表 6.4.2 电磁振动筛的技术特征

型 式	筛面面积 m^2	振动次数 次/min	电 压 V	电 流 A	功 率 W	重 量 kg	处理能力 kg/h	激振器个数
筛箱振动式电磁振动筛	0.09～1.00	3000	220	1.25～36	100～2000	35～1800	150～3500	1
筛网振动式电磁振动筛	0.83～3.7	3000	220	1×5～4×10	1×300～4×600	350～4000	800～4500	4

6.4.4.2 筛网振动式电磁振动筛

图 6.4.9 表示筛网振动式电磁振动筛的外形。该筛是将筛网张紧在牢固的筛框上，电磁激振器对筛网直接激振。电磁激振器固定于筛框的横梁上，它与筛框组成了振动质体 2，而固定在板弹簧中部的衔铁通过连杆与固定于筛网中部的纵梁连接在一起，组成振动质量 1，板弹簧两端与激振器固定在一起。因而质量 1 和质量 2 及板弹簧组成了在近共振状态下工作的主振动系统。筛

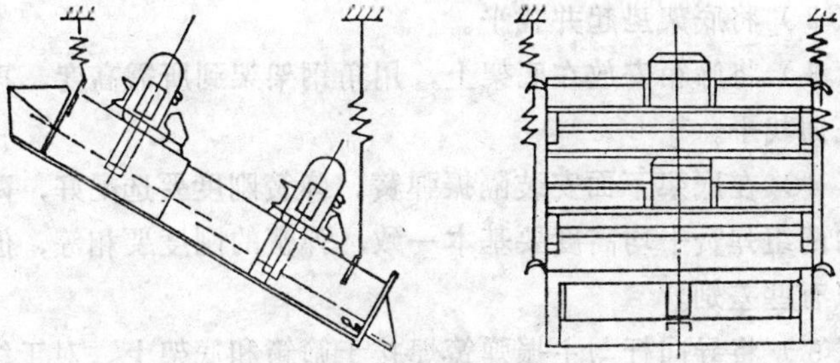

图 6.4.9 筛网振动式电磁振动筛

框通常悬吊在隔振弹簧上。由于振动质量2较大，而质量1较小，所以采用较小的激振器可使筛网产生较大振幅的振动。这种筛机常用于由0.05～5毫米的细物料的筛分，它是一种很好的筛分设备。

该筛具有以下一些特点：

（1）筛网不易发生堵塞。

（2）对地基的振动影响小。

（3）由于仅对筛网激振，电能消耗极小。

（4）筛分效率较高。

（5）振幅易于调整，在生产流程中便于实现集中控制与自动控制，适于自动化生产。

该筛的电磁激振器经可控硅半波整流后供电，振动频率为3000次/分。

电磁振动筛的技术特征列于表6.4.2中。

6.4.5 共振筛的安装与调试

共振筛的种类繁多，形式各异，本节仅以双质体弹性连杆式振动筛为例，简要介绍共振筛的安装和调整顺序。

6.4.5.1 双质体弹性连杆式振动筛的安装

双质体弹性连杆式振动筛的安装可依下列顺序进行：

（1）测定各隔振弹簧支承点的标高，或在附近墙壁画上水平线。

（2）将底架垫起并找平。

（3）将筛箱安放在底架上，用角钢架架到所需高度，再按筛箱底面找平。

（4）在底架下面安装隔振弹簧，弹簧刚度要选配好，两侧对应的两组弹簧平均高度要基本一致，弹簧的刚度要相等，但前后可以有些差别。

（5）将导向杆与主振弹簧焊接于筛箱和底架上。对于线性振动筛，剪切橡胶应用适当工具将它压入弹簧座中，每块弹簧的压缩刚为4毫米。这样可使剪切橡胶弹簧在工作时始终处于压缩状态，以保证剪切弹簧与硫化侧板之间的硫化层不致因受拉伸应力而损坏。

（6）安装传动轴组件和电动机，焊接激振板。将已装配好的传动轴部件搬到箱体或底架相应的安装位置上，找正后，把紧轴承座的连接螺栓。当用力搬动皮带轮时，偏心轴应能自由转动。试装连杆，将轴的偏心转至下死点，使连杆通过激振板孔的中心，观察连杆是否与激振板垂直，如误差很小，即可将激振板焊死。

（7）将筛箱和底架落下。对于非线性振动筛应将非线性弹簧的间隙调整到要求的数值。如果发现各个弹簧间隙不一样，可在间隙弹簧底下加垫板，以便使它们的间隙相等。

6.4.5.2　**双质体弹性连杆式振动筛的调试**

双质体弹性连杆式振动筛安装好之后即可试车。在试车过程中，要检查筛箱振幅的大小，要求筛箱两侧振幅接近相同，而前后可以有些差别。在调整振幅时，必须经过一段时间的运转，待橡胶弹簧的温度上升到某一稳定值之后，再测定其振幅。

如果所测振幅与设计值不符，可能是共振筛的工作频率ω与振动系统主自振频率ω_0的比值不正确，必须进行适当的调整，这是一项十分重要的工作，它关系到机器能否进行可靠而稳定的运行。

工作频率ω与自振频率ω_0之比Z_0，即频率比，通常在0.75～0.95的范围内选取。对于线性共振筛，其频率比一般在0.75～0.85的范围内选取，对于某些非线性共振筛，其频率比z_0可选为0.85～0.95。

当实际的频率比与设计的频率比有差别时，筛机振幅就会发生变化，这时就需要调整它的动力学因素，使筛机恢复到所要求的动力学状态，并获得所需的振幅。

对于线性共振筛，在试车过程中如果发现频率比不正确，可能是由于设计计算上的错误或制造上的误差所造成的，可以通过增减剪切弹簧的数目来调整，但必须成对地增减，也就是说，如果某一侧减少一个，对应的另一侧也应减少一个。如果实际频率比与设计值相差较小，也可以通过改变三角皮带轮的直径来改变工作转数，从而改变频率比。

对非线性共振筛，在试车过程中如果发现频率比不正确，可以通过改变间隙非线性弹簧的间隙来调整。非线性共振筛的频率比z_0可以通过如下公式来计算

$$z_0=\omega\left\{\frac{1}{m}\left\{k+k_0+\Delta k\left\{1-\frac{4}{\pi}\cdot\frac{e}{\lambda}\left[1-\frac{1}{6}\left(\frac{e}{\lambda}\right)^2-\frac{1}{40}\left(\frac{e}{\lambda}\right)^4\right]\right\}\right\}\right\}^{-\frac{1}{2}}$$

式中 ω——工作频率；

m——诱导质量；

k——主振弹簧线性部分的刚度；

k_0——连杆弹簧的刚度；

Δk——主振弹簧非线性部分的刚度；

λ——相对振幅；

e——间隙非线性弹簧的间隙。

从上式可以看出，增大间隙，频率比增大。因为筛机工作在低临界近共振状态下，所以振幅跟着增大。反之间隙减小，频率比减小，振幅跟着减小。

虽然影响非线性共振筛的动力学因素很多，但在生产中，非线性共振筛的调整，主要是调节主振弹簧的间隙。如果共振筛的实际振幅小于设计值，则应将主振弹簧的间隙增大。反之，如果实际振幅大于设计值，则应减小间隙 e。当然，在调节间隙时，应使筛机所有弹簧的间隙相等。

共振筛在使用过程中，动力学状态也可能遭到破坏，通常有以下几个原因：

（1）由于更换了某些零件或部件，使振动质体的质量发生变化；

（2）由于个别弹簧损坏或采用了刚度不同的弹簧，使弹性元件的刚度与要求的刚度不符；

（3）由于三角皮带伸长或更换了电动机，而使主轴的转速改变；

（4）筛机给料量的变化。

上述各种原因，不仅会使共振筛的固有频率改变，而且也会使工作频率发生变化，因而使实际的频率比与所要求的频率比不一致。遇到这种情况，应根据具体原因采取相应措施。

6.5 概率筛与等厚筛

6.5.1 概率筛

6.5.1.1 概述

概率筛又称摩根森筛，它是由瑞典人摩根森首先研制成功的一种新型筛机。该筛从50年代起开始研究，目前已引起许多国家的重视，瑞典、西德、日本等许多国家都已开始成批生产这种新型筛机。我国从1977年开始研究成功，目前已应用于许多工业部门。

目前我国不仅成功地应用了两台激振电机激振的自同步概率筛，而且还研制成功了具有独特型式的惯性共振式概率筛。

概率筛具有以下许多优点：

（1）处理量大。单位面积处理量相当于一般振动筛的5～10倍。

（2）物料不容易堵塞筛孔。由于采用了筛孔尺寸大和倾角大的筛面，物料透筛能力强，筛孔不容易被堵塞。

（3）筛面拆卸容易。一个筛面往往只有两个螺栓固定，拆卸与换筛面的时间很短。

（4）容易安装。仅用四个弹簧吊挂或支承。

（5）生产费用低。电机功率小，筛面寿命较长，结构简单，而且紧凑，重量轻，故障很少。

6.5.1.2 自同步式概率筛

自同步式概率筛的工作原理如图 6.5.1 所示，其结构图如图6.5.2所示。它由一个箱形框架和五层(一般为3～6层）坡度自上而下递增，筛孔尺寸自上而下递减的筛面所组成。筛箱上的带偏心块的激振器使悬挂在弹簧上的筛箱作高频直线振动。物料从筛箱上部给入后，迅速松散，并按不同粒度均匀地分布在各层筛面

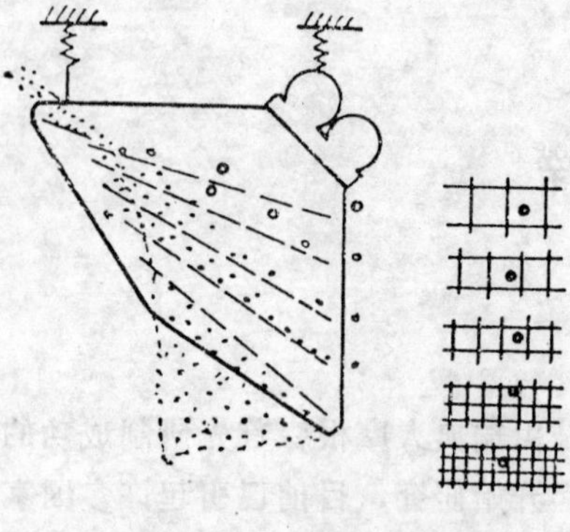

图 6.5.1 自同步概率筛的工作原理图

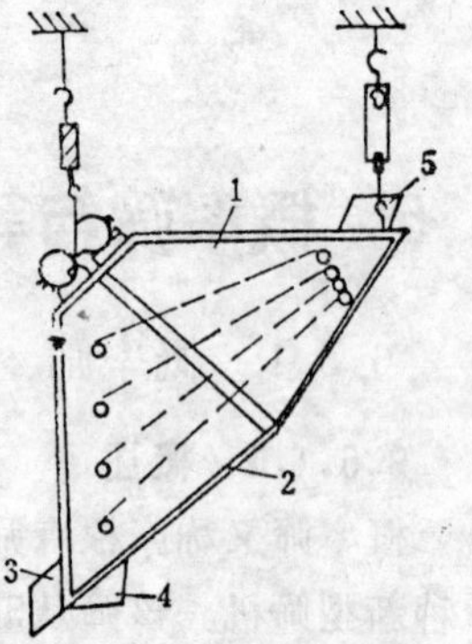

图 6.5.2 自同步概率筛的结构图

上，然后各种粒级的物料分成六路从筛面下端及下方排出。这种筛机具有处理量大和能耗小的优点。

图6.5.2所示的概率筛长1.5米，宽0.5米，高约1.5米，重量约0.5吨。方形筛孔的尺寸为50,40,30,25和15毫米。筛分0～100毫米的矿石时，筛下物为0～15毫米，其处理量为330吨/小时。

该筛是一个菱形的箱式框架，它由两台激振电动机激振。其各部分的结构如下：

A 筛箱

由5～6毫米厚的Q235(原A3)钢板制成，为增强刚度，减少壁板工作时可能出现的弹性振动和噪音，在其侧面焊接辐射状的槽钢，在框架四周焊有加强角钢。筛箱下方有盖板2，它由5～6毫米的Q235(原A3)钢板制成。在筛箱的左下方有筛上物排出口3和筛下物出口4，右上方有加料口5。

B 筛网及其固定

对于块状物料筛分用的概率筛，其筛网两端先用夹板夹紧，一端安装有挂钩，将挂钩钩于圆管上，另一端固定有两个或三个拉紧螺栓，螺栓穿过筛机端部的方梁，用螺母拧紧螺栓，使筛网实现纵向拉紧。

对于细粒物料或粉状物料筛分用的概率筛，其筛网是依靠卷动筛网两端的小轴张紧的。在筛网下方按一定距离固定有支承筛网的轴，在筛网起止两端的小轴上有若干个螺孔，铺设筛网后利用弧形压条将筛网压紧在压条和轴之间，然后加上螺丝固定筛网，接着转动一筛网轴便可以使筛网张紧。这样就避免了筛网出现过大的二次振动或由于松弛而产生物料的堆积，使筛网各部分都能获得为筛分所必须的适当大小的振幅。

概率筛筛网的筛孔尺寸由第一层往最下一层递减，而筛面倾角从上而下逐增。最后一层筛网的筛孔往往是分离粒度的2倍左右。这样便消除了由于临界颗粒而引起的筛孔堵塞现象，提高了单位面积的处理能力。

C 激振电机

该筛利用自同步式激振器激振，即利用两台端部装有偏心块的激振电机反向回转而使筛箱产生直线振动。有关自同步原理的理论请参阅参考文献[15]。

D 悬吊装置

为了使整个筛机实现正常的振动，并减小传递给结构架的载荷，筛箱由四个拉伸弹簧(最好采用压缩弹簧)悬吊起来。悬吊装置由钢绳，隔振弹簧，可调双头螺栓等组成。它与筛箱组成的系统的固有频率选为200～300次/分。在这一条件下，筛机传给结构架的载荷不会引起有害的振动。同时悬吊的双头螺栓可用来调节筛面的倾角，进而改变筛机的工作性能。

由沈阳电力机械厂和东北工学院共同研制的概率筛(图6.5.3)用于发电厂原煤筛分，也可用于金属矿石的筛分，其特点是：

（1）筛面分三层，采用由圆钢排列成的条缝筛面，这样筛面可以防止混杂在原煤中的炮线钩挂在筛孔上，以保证筛分工作正常地进行。

（2）筛机用带有压缩螺旋弹簧的四个悬吊装置吊挂在楼板上。

（3）用两台激振电机驱动。激振电机安装于筛箱的上方。

该筛的宽度为1.3米，最下层筛面的筛孔为30毫米，产量可达

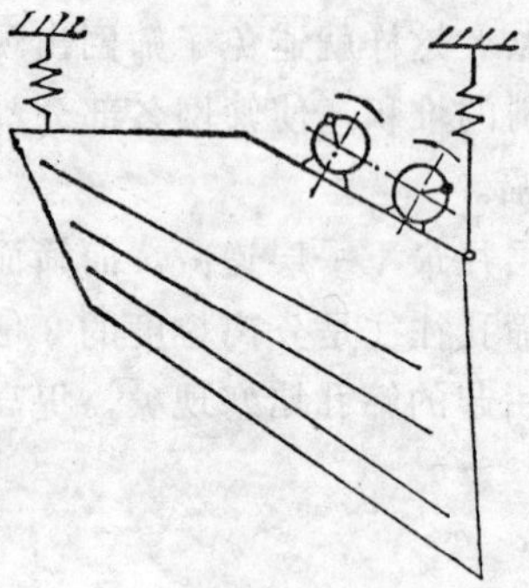

图 6.5.3 发电厂原煤筛分用概率筛

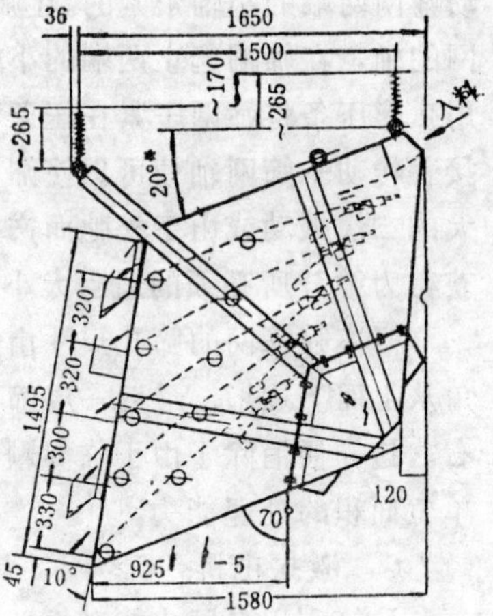

图 6.5.4 特斯脱型概率筛

700吨/小时。

特斯脱型概率筛如图6.5.4所示。它与前述两种概率筛的主要区别是两台激振电机安装在筛箱的下方。该筛重700千克，两台激振电机的功率为1.1千瓦，转速为1450次/分，振幅2～7毫米，筛面宽1米，长1.1米。继之，西德又制造了1054型概率筛，其宽度系列为500，1000，1500和2000毫米。筛面有三层和五层两种，它与特斯脱型概率筛相比有以下优点：增设了防尘罩，设有垂直的给料管和排料管；采用通用部件，用螺栓组装；规格尺寸增大，处理量有所提高。

宽2米的1054型概率筛总重量约为2吨，电机功率小于6千瓦。

此外，我国还制造了用齿轮同步器实现强制同步式概率筛。

6.5.1.3 惯性共振式概率筛

图6.5.5表示惯性共振式概率筛的构造。该筛目前用于炼铁厂焦炭和烧结矿的筛分。它与自同步概率筛的主要区别是激振器的型式及主振动系统的动力学状态不同。前者采用自同步式激

振器，振动系统在远超共振的非共振状态下工作，而后者则采用单轴惯性激振器，由筛箱，平衡质体与剪切橡胶弹簧所组成的主振动系统处在近共振状态下工作。

该筛在完成筛分工作的同时，还兼作给料机使用。由图看出，该筛为双质体的振动系统，在两个振动质体之间装有剪切橡胶弹簧。两个质体与剪切橡胶弹簧组成了主振系统，该筛机在近共振情况下工作。它的工作频率略低于主振系统的固有频率。筛箱用四个隔振弹簧悬吊在结构架上，而平衡质体通过剪切橡胶弹簧与筛箱相连，两个振动质体与隔振弹簧组成了防止把振动传给结构架的隔振系统。筛机的工作频率通常为隔振系统固有频率的三倍以上，这样就可以获得良好的隔振效果。

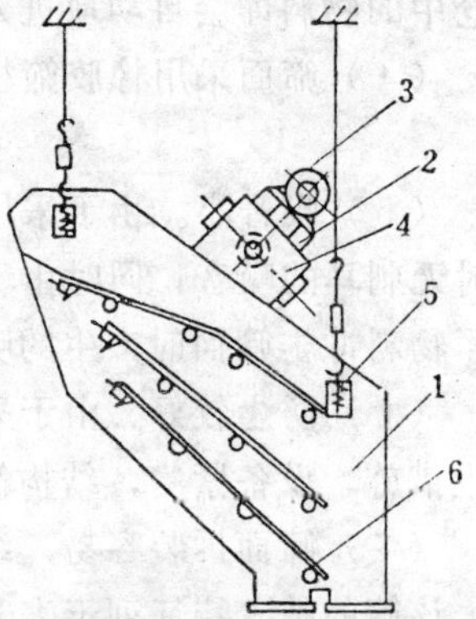

图 6.5.5 惯性共振式概率筛

1—筛箱；2—平衡质体；3—传动部分；4—剪切橡胶弹簧；5—隔振弹簧

筛机的振动是由装于平衡质体中间的单轴惯性激振器激励的。装于平衡质体上方的普通鼠笼型电动机通过三角皮带带动装有偏心块的主轴回转。由于在y方向的固有频率接近于工作频率，所以筛箱在橡胶弹簧剪切方向有较大的振幅，而在x方向振幅很小，筛箱的运动轨迹是接近于直线的椭圆，其长轴近似于与剪切橡胶弹簧剪切变形的方向相平行。

该筛有以下一些特点：

（1）产量大。其单位面积产量约是普通振动筛的五倍以上，该筛用于焦炭筛分，产量为80～120吨/小时，用于烧结矿筛分，产量为220～260吨/小时。

（2）起动停车迅速。起动时间只需0.4秒左右，而停车后送料滞后时间一般不超过三秒。对于一般振动筛与自同步概率筛起动、停车时间长3～5倍，甚至还需要更长的时间。

（3）该筛除了筛分之外，还兼作给料机用，当筛机开动后，料仓中的物料即会自动地进入筛机中。

（4）筛面采用橡胶筛板，耐磨性高，而且筛孔不易发生堵塞。

（5）噪音小。由于采用了剪切橡胶弹簧作为主振弹簧，工作时无刺耳的噪音，同时由于采用了耐磨橡胶筛板，这就相应减小了物料冲击筛面时产生的噪音。

（6）防尘较好。由于采用全部封闭的筛箱结构，无须另设防尘措施。设备紧凑，结构简单。

（7）筛面拆装容易，维修工作量很少。

该筛的技术特征列于表6.5.1中。

6.5.2 等厚筛

等厚筛是一种采用大厚度筛分法的筛机，采用的料层厚度一般为筛孔尺寸的6～10倍。

图6.5.6为等厚筛的外形图。该筛具有三段倾角不同的筛面，给料端一般长3米，倾角为34°，中段长0.75米，倾角12°，排料端长4.5米，倾角为零度。筛板采用冲孔金属板，筛机宽为2.2米，长10.45米。

等厚筛也可以用几台倾角不同的筛机串联起来使用。这些串联起来的每一台筛机的结构也和普通振动筛相同，但是要根据等厚筛实际工作的需要来选取它们的运动学参数与动力学参数。

等厚筛虽然具有产量大，筛分效率高的优点，但其缺点是机器庞大，笨重。为了克服和减轻上述缺点，东北工学院与有关单位协作研制一种采用概率分层的等厚筛，目前已在现场使用。

6.5.3 概率分层等厚筛

概率等厚筛的结构特点是，第一段基本上采用概率筛的原理。而第二段采用等厚筛的筛分原理。其结构图如图6.5.7。这

图 6.5.6 座式双轴等厚筛

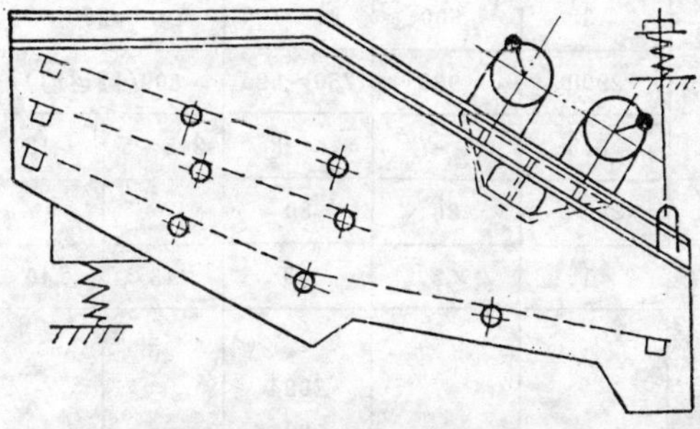

图 6.5.7 概率分层等厚筛

种筛机既具有概率筛的优良性能，又具有等厚筛的优点，而且缩短了机器的长度。

由图 6.5.7可见，它是由筛框，两台激振电动机和带有隔振弹簧的隔振器三个部分组成的。筛框由钢板与型钢焊成为箱体结构，筛框内装有筛面。第一段筛面倾角较大，层数由两层到四层；第二段筛面倾角较小，层数一般为1～2层。

筛面采用纵向拉紧。两段筛面分别用弯钩钩于中间的圆梁上，它们分别用螺栓拉紧在筛箱前后端的方梁上。

该种筛机的第一段筛面长度一般为1.5米左右，第二段筛 面的长度为两米到五米，因而，筛机的总长较等厚筛缩短两米到四米左右。

概率筛与等厚筛的技术特征列于表6.5.1中。

表 6.5.1 概率筛与等厚筛的技术特征

技术特征	0.5m宽 概率筛	1.3m宽 概率筛	惯性共振式 概率筛	自然分层 等 厚 筛		概率分层 等厚筛
工作面积，m²	0.57～0.82	2.08	1.25～1.40	第一段6	第二段9	3.85
筛面长度，mm	1630～1145	1600		4000	2000	3500
筛面宽度，mm	500	1300		1500		1100
筛孔尺寸，mm	4、8、16、 20、24(目)	100、75、 50	一层50， 二层35， 三层25	13		45、20
生产能力，t/h	3	600	80～120	≈250		650
振动次数，次/min	2900	930	750～825	800(圆运动)		930
筛箱双振幅，mm	0.8	6～7	6～8	2.5～5	12	8.5～9
振动方向角，(°)	≈90	80	80		45	80
电动机，kW	2×1.1	2×2.2	3	13	10	2×2.2
筛机外形尺寸，mm 长 宽 高			 2094 1296 2110			 3500 1200 1600
设备总重，kg/台	600	1500	1790	4000	4600	1600

6.6 细筛

6.6.1 概述

螺旋分级机、水力旋流器均属重力分级设备，它们都是按沉降规律进行物料分级，分级效率低，一般为30～40%，尤其是密度（比重）大的有用矿物常常在返砂中积累（如在螺旋分级机与一次球磨机组成的闭路磨矿流程中，反砂中有30%左右的合格产品在一次磨矿回路中循环），造成有用矿物过粉碎，降低磨机处理量，增加了电能和金属消耗。为了提高磨矿分级效率，国内外正在研究用细筛代替传统的螺旋分级机和水力旋流器进行湿式分级。目前研制的细筛有双轴直线振动细筛，单轴圆振动细筛，电磁振动细筛，以及立式圆筒细筛等。

振动在湿式分级中所起的作用比较复杂。首先振动可以破坏矿浆表面张力，减小矿浆中悬浮颗粒由于分子引力和静电引力所引起的贴附力，利于物料颗粒的松散分离，由于筛面与悬浮颗粒的连续碰撞，使它们按大小和密度（比重）迅速分层，增加了密度（比重）大的物料、小颗粒物料与筛孔接触的机会，使它们易于透过筛孔成为筛下产物。

按频率划分，细筛可分为中频振动细筛和高频振动细筛。中频细筛的频率一般为800～1200次/分；高频细筛一般为1400～3000次/分。国内中频细筛已经大型化，高频细筛的大型化正在研制过程中。由于高频细筛频率较高，为了降低噪声和保证足够的使用寿命，筛体必须有足够的刚度和强度。因此大型化意味着筛体必然很重，这就需要增大激振力和增加能量的消耗。同时轴承也必须使用稀油润滑。所以大型高频细筛的频率有从3000次/分降至1500次/分的趋势。

振动细筛和螺旋分级机相比，不但具有占地面积小，设备重量轻，装机功率小，设备结构简单，维护检修方便等优点，更主要的是直线振动筛的分级效率可比双螺旋分级机提高一倍以上，从而使磨矿效率也得到不同程度的提高。同时，磨矿产品粒度的均匀化和矿石泥化现象减少，使选别指标变好。

和普通振动筛相比，振动细筛所处理的物料粒度小而振动频率较高，同时又采用湿式筛分，所以往往采取多路给矿的方式（如图6.1.1所示），每路能独立地完成给矿、筛分和排矿的筛分程序。这样就相当于增加了筛面宽度，或者说每一路就相当于一台筛机。充分地利用了筛面，减少了粗粒不必要的运输路程，从而提高了单位面积的处理能力。

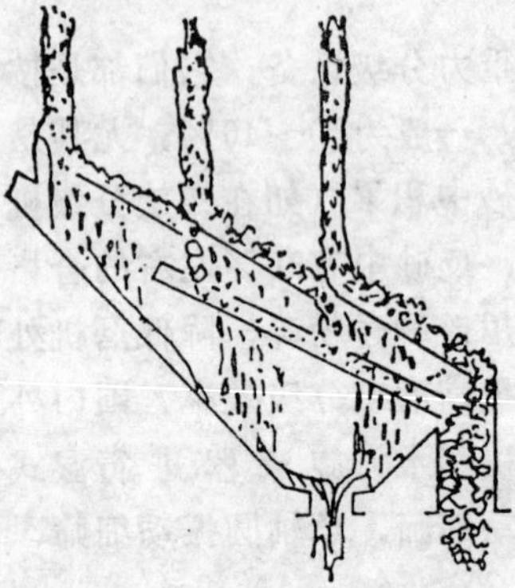

图 6.1.1　三路给矿示意图

金属矿粒硬度高、磨琢性强，矿浆还具有腐蚀性。细筛所用的筛网，除受到矿石颗粒的磨损外，一般还要承受拉伸、疲劳和腐蚀，工作条件恶劣。因此筛网质量直接影响筛分效果。

目前国内细筛所用的筛面主要有：不锈钢焊接筛板、尼龙筛板、不锈钢筛网以及最新研制的高强度耐磨无磁不锈钢筛网。

不锈钢筛板：用1Cr18Ni9Ti不锈钢在专用设备上焊接而成，为一种条缝筛板，条缝宽度为0.2、0.3、0.4毫米等，筛板重量较大，适合于中频细筛，代替螺旋分级机与一次球磨机组成闭路循环。

尼龙筛板：用尼龙材料压铸而成，也是一种条缝筛板，条缝宽度为0.12、0.15、0.2、0.3毫米等，筛板重量轻而耐腐蚀性强，使用寿命长，可达半年以上，能随机体产生二次轻微振动，使筛孔不易堵塞，适合用于高频细筛，与二次球磨机组成闭路循环。

不锈钢筛网：用1Cr18Ni9Ti不锈钢丝编织而成，为一种正方形孔的筛网，有100目、80目、60目等。可用于高频细筛，但由于寿命不够长久，使应用受到一定限制。

高强度耐磨无磁不锈钢筛网：是用一种含氮的不锈钢丝编织而成，耐磨、耐腐蚀、抗拉强度高，使用寿命可达半年以上，适用于高频细筛。

6.6.2 固定细筛

该种筛子通常用来对细物料进行湿式分级。例如对磨机溢流进行分级。最常见的固定细筛有平面细筛与弧形细筛两种。

6.6.2.1 平面固定细筛

平面固定细筛（图6.6.2）通常在较大倾角情况下安装，筛面倾角为45°～50°。筛面是由尼龙制成的条缝筛板。缝宽根据物料性质通常由0.1～0.5毫米内变动。该种筛子的分级效率不高，但其构造十分简单。

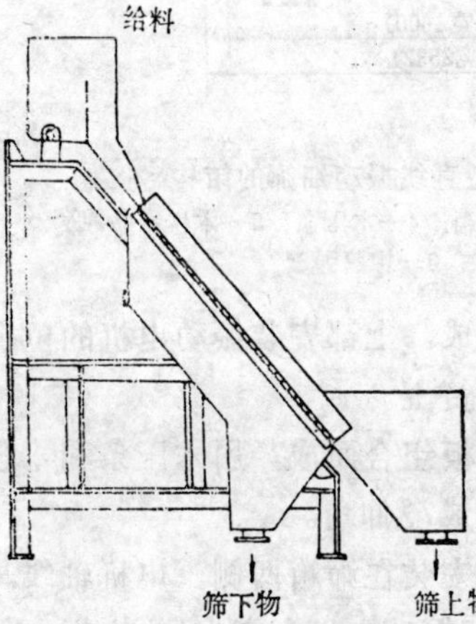

图 6.6.2 平面固定细筛

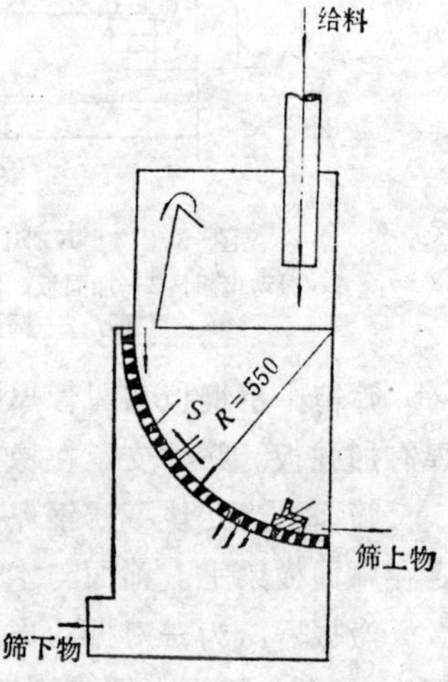

图 6.6.3 弧形细筛

6.6.2.2 弧形固定细筛

弧形固定细筛是利用物料沿曲线运动而产生的离心力来提高

物料的分级效率。曲线的形状通常为圆弧形，图6.6.3示之弧形筛半径为550毫米。这种细筛构造较简单，分级效率较平面细筛为高。

6.6.3 双轴直线振动中频细筛

6.6.3.1 KZS1632型直线振动细筛

该振动细筛由筛箱、筛面、激振器、减振器、喷水装置等部分组成，其结构如图6.6.4所示。

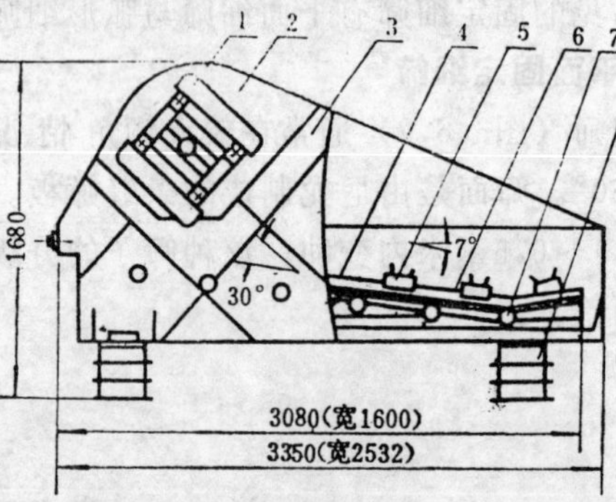

图 6.6.4 KZS1632型直线振动细筛的结构

1—振动电机；2—加固板；3—筛箱；4—木压条；5—木楔；6—筛面；7—筛面横梁；8—橡胶弹簧

筛箱：用钢板和圆管焊接而成。上部安装振动电机的位置上焊有加强板。筛体支承在橡胶弹簧上。

筛面：为几块不锈钢焊接筛板组合而成，用木压条和木楔固定在筛面横梁上。筛面与水平面成7°仰角。

激振器：为一对振动电机，安装在筛箱两侧，电机轴线与筛面成60°角，根据自同步原理，两振动电机所产生的激振力使筛箱沿与筛面成30°角的方向作直线振动。

在筛面上方适当的位置上还安装有喷水装置，筛面冲洗水起到了冲洗筛上产品、减少返砂中细粒级别含量及提高筛下产品细度的作用，使分级效率明显提高。

该机用丁与一次球磨机组成闭路磨矿流程、与双螺旋分级机相比具有以下优点：

（1）分级效率高。分级效率（$E_{质}$）达到84.7%。

（2）当分级效率提高30%时，可使球磨机的处理量增加25%，能耗减少20%（循环负荷必须保持200%）。

（3）筛下产品粒度稳定。不随操作条件、台时产量而变化、它仅是筛孔尺寸的函数。

（4）有利于旋流器分级和二段磨矿效率的提高。

KZS1632型直线振动筛的技术性能列于表6.6.1中。

6.6.3.2 ZKBX1856型直线振动细筛

该直线振动细筛由双电机驱动，利用自同步原理使筛箱获得直线振动。其外形如图6.6.5所示。

图 6.6.5 ZKBX1856型直线振动细筛外形

筛机由筛箱、筛面、两组激振器和减振支承装置等部分组成（图6.6.6）。

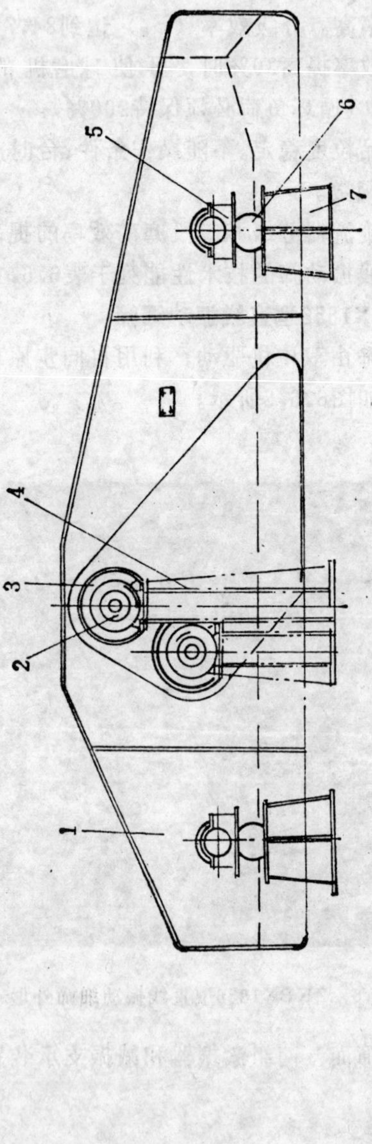

图 6.6.6　ZKBX1856型直线振动筛结构

1—筛箱；2—电动机；3—激振器；4—电动机支架；5—上弹簧座；6—橡胶弹簧；7—下弹簧座

筛箱：由侧板和横梁通过环槽铆钉连接而成，侧板上焊接有筋板以增强侧板的刚度。

激振器：激振器装配如图6.6.7所示。激振器主轴承安装在侧板上的轴承室内，主轴上安装有两组偏心块，每一组对称地安装在侧板的两侧。每组偏心块通过万向连轴节与中间轴相连。激振器主轴与电动机之间也用万向连轴节连接。

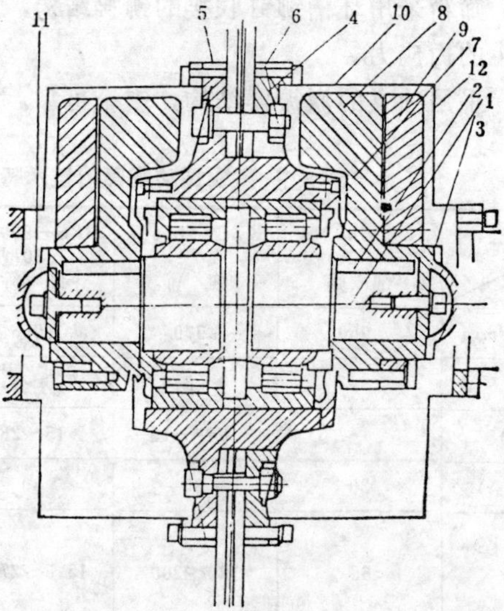

图 6.6.7 激振器结构

1—轴；2—键；3—端盖；4—（轴承座的）锁紧环；5—轴承座；6—螺栓；7—滚柱轴承；8—主偏心块；9—可调偏心块；10—保护罩；11—万向连轴节法兰；12—迷宫

筛面：由用不锈钢焊接的筛板组成，具有条缝形筛孔。通过压紧装置固定在筛箱下部的横梁上。筛面与水平面成0～15°的仰角。筛板平均寿命2～3个月。

减振支承装置：减振弹簧为橡胶弹簧。上弹簧座可调，使筛面与水平面所成的角度可连续改变。

为了提高分级效率，筛面上方还设有喷水装置。

KZBX1856型直线振动细筛具有如下特点：

（1）处理能力大。最高生产能力为120～200吨/时，适合与一次球磨机配套。

（2）激振器所产生的激振力位于侧板中心面内，侧板受力较合理。

（3）筛面由6块不锈钢条缝筛板组成，强度高、耐磨、耐酸。安装更换筛板方便。

（4）筛箱采用环槽铆钉联接的铆接结构，避免了由于焊接结构所产生的内应力。

（5）采用独立的激振器结构，安全可靠。

表 6.6.1　中、高频振动细筛的技术特征

机型 性能	ZKS1632型 细　筛	KZBX1856型 细　筛	GPS—800×1680型 细　筛	GPS—900—3型
工作频率，次/min	960	970	2955	2850
振幅，mm	4.3	4～5.5	0.3～1.1	0.138～0.403
筛面倾角，(°)	−7	0～−15	15～25	26
振动方向角，(°)	30	30	30	
处理能力 t/(台·h)	65	120～200	15.6～27.6	分离粒度0.15～0.3mm时，4～12 分离粒度0.1mm时，4～6
筛孔尺寸，mm	0.4	0.5～1.5	0.15	0.1～0.3
给矿路数	1	1	2	3
有效筛分面积，m²	5	10.08	2×0.6=1.2	1.64
筛面材质	不锈钢	不锈钢	尼　龙	不锈钢
外形尺寸（长×宽×高），mm	3350×2532×1680	6200×3400×1800	2165×2150×1820	2400×1300×3000
激振器功率，kW	4	10	2×2.2	1.1
筛分效率，%	76～84.7	96.9	68～96	60～70

该机的技术性能列于表6.6.1中。

6.6.4 双轴直线振动高频细筛

GPS—800×1680型高频振动细筛的构造如图6.6.8所示，主要由筛箱、筛面、惯性激振器、橡胶弹簧、可调机架、电机等组成。该机分为两路给矿，筛机排料端设有第一、第二路筛上物排出口和筛下物排出口。

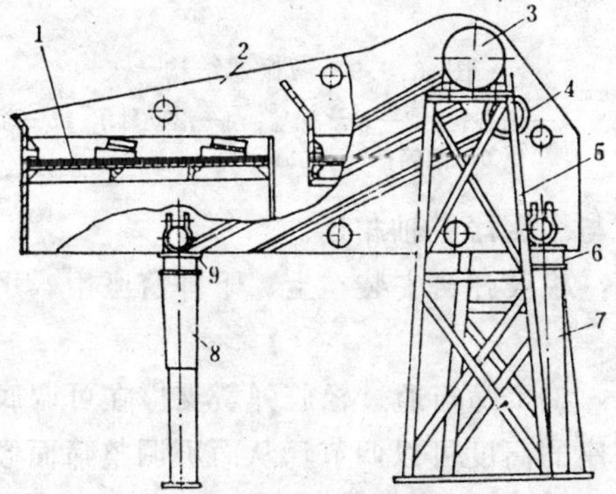

图 6.6.8 GPS—800×1680型高频细筛结构

1—筛板；2—筛箱；3—电动机；4—激振器；5—电机架；6—橡胶弹簧；7—固定底座；8—可调底座；9—弹簧上支承座

筛箱：由钢板、角钢、钢管焊接而成。为了提高箱体的刚度，在筛箱侧板上焊有加强筋。

筛面：该筛机采用尼龙筛面，为了便于注塑成型，由小块筛板组合而成。筛孔尺寸为 0.15、0.2mm。筛板用木块和木楔固定在筛框上，更换方便。

激振器：如图6.6.9所示，激振器主轴承安装在筛箱侧板的轴承室内，为了保证同步性能，采用迷宫式密封。主轴两端装有配重轮，用以产生激振力通过调整配重块数目来调节激振力和振幅的大小。

电动机：两台异步电机分别安装在筛箱两侧的电机架上，通

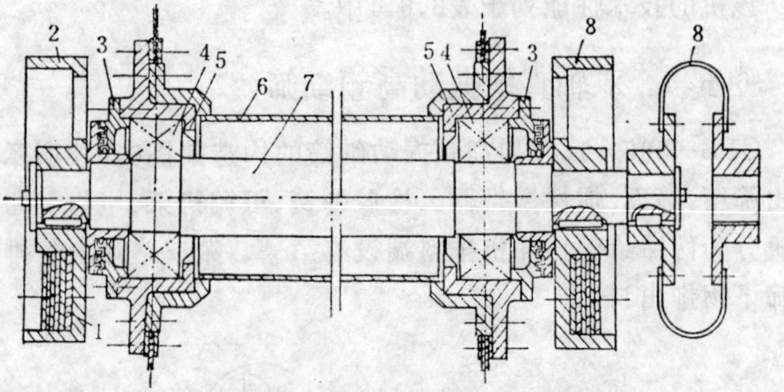

图 6.6.9　激振器结构

1—偏心块；2—偏心轮；3—轴承端盖；4—滚动轴承；5—轴承座；6—圆筒；7—主轴；8—偏心轮

过挠性连轴节与激振器主轴相连。

橡胶弹簧：橡胶弹簧安装在上、下弹簧座中，用以减小传给基础的动载荷。

可调机架：整个筛箱通过橡胶弹簧支撑在可调底座和固定底座上，可调底座的高度可以调节，从而可调整筛面倾角。

GPS—800×1680型直线振动高频细筛可用来代替平面固定细筛对球磨机溢流进行分级。该机具有如下特点：

（1）分级效率高。该机采用了高频小振幅，其生产率高，物料透筛能力强。平均处理量为20吨/时·米²，筛分效率达80%以上，高于平面固定细筛和螺旋分级机。

（2）设备工作稳定。该机是远离共振状态工作的。正常运转时，物料量变化对振幅影响很小，起动后3～4.5秒就进入正常运转，并无摇摆振动。

（3）传动机构简单。该机由异步电动机通过轮胎联轴器直接带动两激振器主轴反向回转，以实现自同步运转，其机构简单，成本低，工作可靠，更换方便。

（4）采用二路给矿。

（5）使用尼龙筛面。这种筛面重量轻，耐磨性能好，且稍有弹性，使筛孔不易堵塞，有助于减小噪音。

（6）采用双机自同步结构，可以获得直线运动轨迹，更适合于湿式筛分。

该种筛机的缺点是：第一路筛上物至排料口的金属结构通道，与筛箱焊接成一体，参与振动，增大了参振质量，从而增大了能耗和噪音。

该机的技术性能列于表6.6.1中。

6.6.5 单轴圆振动高频细筛

图6.6.10是GPS—900-3型单轴圆振动高频细筛的外形图。

图 6.6.10 圆振动高频细筛外形图

该机由激振器、矿浆分配器、给矿器、筛框、机架、筛下产品收集斗、筛上产品收集斗、悬浮橡胶弹簧和叠层筛网等部件构成（如图6.6.11所示）。

筛框：由槽钢围成，重量轻、刚性好。两侧有筛网张紧装置，中间焊有第一路和第二路的筛上物排出口。

筛面：由三层不同孔径的筛网重叠在一起组成。最上层筛网筛孔尺寸最小称主筛网；第二层筛网的筛孔比第一层筛网大一个筛序，此筛网称防堵筛网；第三层筛网的筛孔孔径应尽可能大，以增加筛孔面积，但要保持有足够的刚度、强度，以及不能因丝

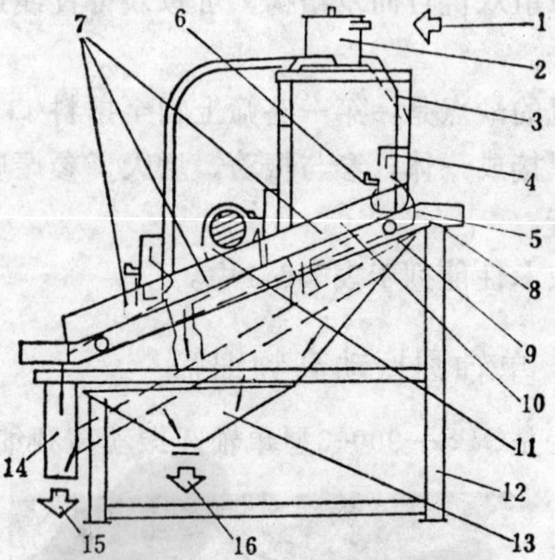

图 6.6.11 圆振动高频细筛结构图

1—给矿；2—分配器；3—给矿胶管；4—给矿器；5—多孔橡皮；6—喷水管；7—筛面；8—筛架；9—悬浮橡胶弹簧；10—筛框；11—激振器；12—机架；13—筛下产品收集斗；14—筛上产品收集斗；15—筛上产品；16—筛下产品

径过粗而使一、二层筛网凸凹不平，降低使用寿命。这三层筛网可以一起张紧，也可以分别张紧，或者上、中两层一起张紧，下层单独张紧。为了使筛网易于张紧，采用拱形托架来支持筛网（如图6.6.12所示）。由于工作频率高，拱形托架应有足够的刚

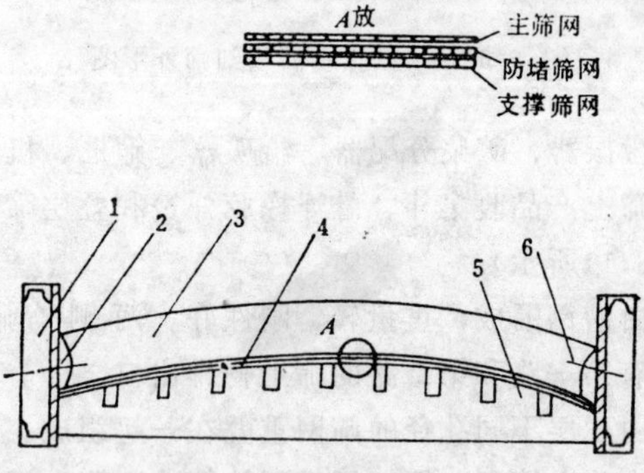

图 6.6.12 筛网装配示意图

1—筛框；2—张紧装置；3—支撑条；4—叠层筛网；5—支撑板；6—张紧螺栓

度和强度。但也不宜过密，以免降低筛面的有效面积和增加参振质量。

激振器：是一台轻型振动电机，其外型呈圆筒形(见图6.6.13)，其长度等于筛框的宽度，用螺栓直接固定在筛框上。振动电机的外壳是用比重轻、散热好的铝合金铸成的，外表面有许多散热片。电机轴的两外伸端各装有一对偏心块，改变两个偏心块之间的夹角，就可以改变激振力的大小，从而改变振幅的大小。

图 6.6.13 激振器外形

分配器：单轴圆振动细筛采取三路给矿，给到每一路的矿浆量是否均匀，对筛分效果将产生较大影响，因而要求矿浆的分配比较均匀，使给到每路筛面上的矿浆量、矿浆浓度、粒度组成基本相近。矿浆分配器是类似于平底无溢流管的旋流器，切线方向给矿和分成三股的切线方向排矿。只需要0.25千克/厘米^{2}以上的给矿压力，就能比较均匀地分配矿浆。

给矿器：其作用是使给到筛面上的矿浆在筛面上均匀分布，以充分利用筛面，提高筛子的处理能力和筛分效果。其结构是一个比筛面稍窄的长方形的矿浆槽（见图6.6.14），内装匀分板。为了降低矿浆对筛面的冲击力，减少筛网的磨损，提高筛网的使用寿命，在矿浆槽的下端装有离筛面约6毫米（可调）的多孔橡胶板。从矿浆分配器流下的矿浆经匀分板、匀分槽、多孔橡胶板，比较均匀而又缓慢地给到筛面上。

圆振动高频细筛作为筛分分级设备，既可在一次分级流程中作为二段磨矿回路中的分级设备，也可作为二次分级流程中与螺旋分级机、旋流器、浓泥斗等组成二次分级流程，以进一步提高分级作业的效率，同时也可作为进一步提高磁选精矿品位筛分分选设备。该筛机具有如下特点：

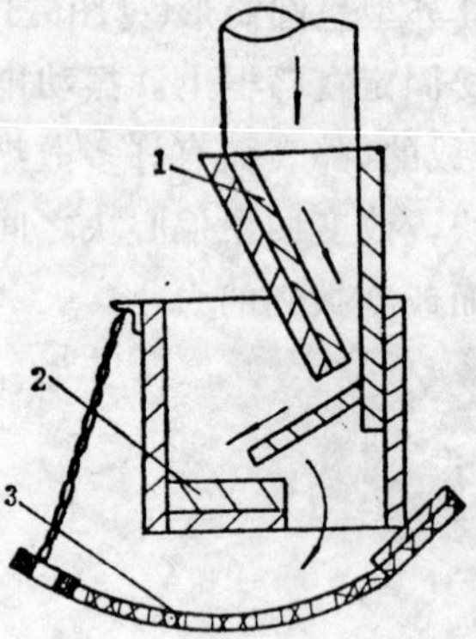

图 6.6.14 给矿器示意图
1—匀分板；2—匀分槽；3—橡胶板

（1）频率高、振幅小。GPS—900—3型圆振动高频细筛的工作频率为2850次/分，振幅为0.13～0.4毫米，因此振动强度为1.18～3.55。

（2）筛分效率高。由于该机采用了高频率、小振幅及叠层筛网等结构，筛孔不易堵塞，总筛分效率在60～70%之间。

（3）激振器结构简单、耗电少。每台筛子只需1.1千瓦的动力，同时由于激振器采取振动电机的形式，因而装拆及更换方便。

（4）隔振性能好，筛框经四个橡胶弹簧悬浮固定在支架上，因而橡胶弹簧承受剪切和弯曲变形，刚度较小，传给基础的动载荷也较小。安装时不需要专用基础。

（5）采用叠层筛网，因而筛网孔径大于分离粒度，加上筛网的二次振动和各层筛网间相互敲打，筛孔不易阻塞。

（6）三路给矿。充分利用空间，提高了单位面积的处理能力。

（7）噪音小。GPS—900—3型高频细筛的噪声为82～84分贝，在国家规定允许的噪声范围以内。

（8）由于用悬浮橡胶弹簧隔振，吸振隔振性能好，频率比和物料量的改变对振幅影响均很小。所以该机工作比较稳定。

GPS—900-3型圆振动高频细筛的技术性能列于表6.6.1中。

6.6.6 其他细筛

6.6.6.1 φ2米立式圆筒筛

φ2米立式圆筒筛的结构如图6.6.15所示。该机主要由电机、减速机、槽体、水套、叶轮、筛框、筛面、给矿筒和胶管阀门等组成。筛框是由扁钢和圆钢焊接而成；筛面由53块尼龙筛板组成6大块筛板，筛孔根据分级产品的要求，可更换为0.15、0.20、0.30毫米的筛板。

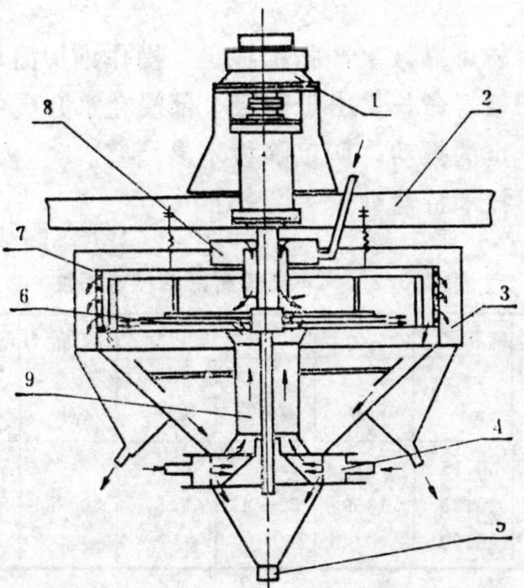

图 6.6.15 φ2m立式圆筒筛结构

1—减速机；2—机架横梁；3—槽体；4—水套；5—沉砂口；6—叶轮；7—尼龙筛板；8—给矿筒；9—导流管

电机通过减速机减速后带动叶轮转动。当矿浆以切线方向给入给矿筒后，矿浆沿给矿筒周边均匀地落到旋转的叶轮上。由于离心力、重力、上升水力及机械搅拌力的联合作用，使矿浆以一定的角速度绕圆筒筛内侧旋转，矿浆中的细粒部分透过筛孔成为筛下产品排出，粗粒及夹杂在其中的细粒部分则由圆筒筛内侧下落到圆锥体内，在物料下落过程中，受到导入锥体内的上升水作用，使其中的细粒部分经导流管上升到叶轮夹层中进入圆筒筛内侧并与新给入的矿浆再次进行筛分。粗粒部分穿过上升水流后，继续下落到排砂口成为筛上产品排出。

根据给矿性质和对分级产品要求的不同，选择该机最适宜的叶轮转数及上升水用量，均须经试验确定。

ϕ2米立式圆筒筛可用于处理一次螺旋分级机溢流产品或取代原生产流程中的平面细筛。该筛机具有下列特点：

（1）使用立式圆筒筛后，简化了现场生产流程，节省了投资。

（2）运转可靠，生产指标稳定，操作维护简单。

（3）筛板寿命长。由于筛板全部浸在水介质中，受到矿浆搅动，产生一定的振动，所以筛板不易堵塞。

该筛机的技术特性列于表6.6.2中。

表 6.6.2　ϕ2m立式筒筛的技术特性

筛子直径 mm	有效筛分面积 m^2	筛孔尺寸 mm	叶轮直径 mm	叶轮转数 r/min	电机功率 kW	生产能力 t/h	筛分效率 %	外形尺寸 mm
2000	2.0	0.15 0.20 0.30	1850	22～41	7.5	30～50	81.4～85.61	3000×3000×3500

6.6.6.2　ϕ150毫米旋流细筛

该筛机由给矿体、圆柱体、圆筒筛网、圆锥体、溢流管和筛下管等组成。其结构如图6.6.16所示。

矿浆以压力19.8～78.4千帕（0.2～0.8千克力/厘米^2）自给矿口切向式螺旋线给入，悬浮颗粒就受到切向、径向、轴向三个分力的作用。从径向速度分量来看，矿粒若受到大于向心力的离心力作用，就趋向圆柱筒筛表面，在楔形筒筛上的矿粒又受到切向力和轴向力的作用。因此，在旋流细筛内，除了由上往下的第

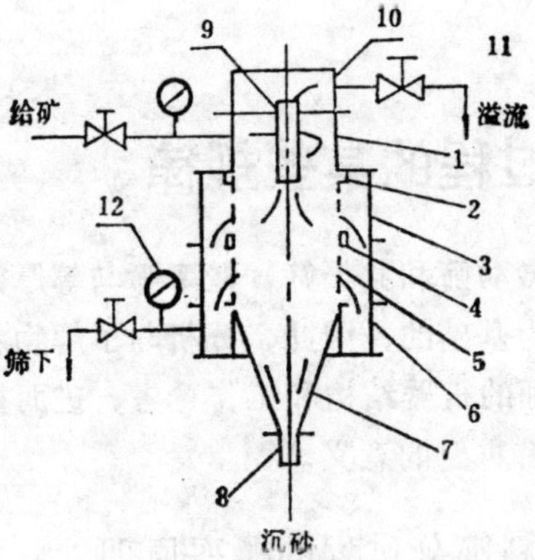

图 6.6.16 ϕ150mm旋流细筛结构示意图

1—给矿体；2—固定法兰；3—圆柱体；4—中法兰；5—圆筒筛网；6—筛下管体；7—圆锥体；8—沉砂口；9—溢流管；10—溢流排出管体；11—阀门；12—压力表

一旋转流和由下往上的第二旋转流之外，还有在第一旋转流的途径中被每一条小筛孔的边棱“切割”的作用，正是由于这种筛下物料的排出，可以调节由第一旋转流转至第二旋转流之间形成一圈零位包迹线的位置。因此，由于在第一旋转流中筛下一些细粒物料，这样就改善了沉砂（即筛上）的质量；又因为控制筛下量的多少，可以改变零位包迹线的位置，因此对溢流产品质量也有所改善。

ϕ150毫米旋流细筛的特点是：

（1）处理量大，400～550米^3/台·日；

（2）占地面积小，0.25米^2/台；

（3）给矿压力低，49千帕（0.5千克力/厘米^2）；

（4）结构简单；

（5）分级筛分效益高；

（6）能分出粗、中、细三个产品。

该机具有隔粗、除细的作用，适用于在磨矿前作分级脱泥设备。

6.7 筛分过程的某些规律

物料在普通振动筛和共振筛，概率筛与等厚筛中的筛分过程都是以概率原理为基础的，因此，分析与了解物料透筛的概率原理，对于选取合理的机器结构和工作参考，进而提高筛分过程的质量和产量都具有重要的意义。

6.7.1 物料筛分过程的概率原理

物料在各类筛机中通常是作周期性的运动。如在振动筛中，物料每跳动一次可以认为是一个运动周期。物料在筛面上运动的每一个周期内，小于筛孔尺寸的各种颗粒将以一定的概率通过筛孔，如有100颗粒度相同的物料在第j个运动周期内有65颗透过筛孔，则每一颗粒在第j个运动周期内通过筛孔的概率即为0.65。而留在筛面上的概率为0.35。显然，物料透筛概率的大小与颗粒尺寸有关，颗粒尺寸愈小透筛的概率就愈高。若以x表示颗粒对筛孔的相对尺寸，则物料通过筛孔和留在筛面上的概率c_x和f_x分别为相对尺寸x的函数。

物料颗粒的透筛概率与留在筛面上的概率的关系是：

$$c_{xj}=1-f_{xj} \tag{6.7.1}$$

式中　j——第j个周期。

如果已知相对尺寸为x的物料在第j个周期通过筛孔的概率为c_{xj}，则该粒级物料在第一个周期，第二个周期和第j个周期后留在筛面上的和通过筛孔的相对物料量如表6.7.1所列。

当每一周期的透筛概率相等时，$k_j=1$。当$c_{xj}<c_{xj-1}$时，$k_j<1$；当$c_{xj}>c_{xj}-1$时，$k_j>1$。

当物料在筛面上等速运动时，若颗粒在单位筛面长度上的运动周期数为i_0，筛长为L，则颗粒在筛面上运动的总周期数为

表 6.7.1 1～j周期留筛面上和通过筛孔的相对物料量

周期数	留在筛面上的相对物料量	通过筛孔的相对物料量
1	$1-c_{x1}$	c_{x1}
2	$(1-c_{x1})(1-c_{x2})=(1-c_{x1})^{2k_2}$	$1-(1-c_{x1})^{2k_2}$
j	$(1-c_{x1})^{jk_j}$	$1-(1-c_{x1})^{jk_j}$

$$i=i_0L$$

即

$$i=i_0L=\frac{1}{Tv}L \tag{6.7.2}$$

式中 T——每一周期的时间；

v——物料运动的平均速度。

因而相对尺寸为x的物料颗粒经过筛长为L的筛机筛分以后，留在筛面上的相对物料量Q_{x_i}和绝对物料量p_{x_i}分别为

$$\left.\begin{aligned}Q_{x_i}&=\frac{q_{x0}-q_{xi}}{q_{x_0}}=f_{x_i}=(1-c_{x1})^{ik_i}\\p_{x_i}&=q_{x_0}-q_{x_i}=q_{x_0}(1-c_{x_1})^{ik_i}\end{aligned}\right\} \tag{6.7.3}$$

而通过筛孔的相对物料量τ_{xi}和绝对物料量q_{xi}为

$$\left.\begin{aligned}\tau_{x_i}&=1-f_{x_i}=1-(1-c_{x_1})^{ik_i}\\q_{x_i}&=q_{x_0}(1-f_{x_i})=q_{x_0}[1-(1-c_{x_1})^{ik_i}]\end{aligned}\right\} \tag{6.7.4}$$

式中 q_{x_0}——相对尺寸为x的物料总量；

k_i——每周期透筛概率有关的指数。

由于被筛物料通常是由各种粒度不同的颗粒所组成，因此，被筛物料经过筛长为L的筛机筛分之后，在理论上应该筛下的物料中，还有一部分留在筛面上，留在筛面上的相对物料总量θ_i和绝对物料总量p_i分别为

$$Q_i=\sum_1^{n_1}\frac{q_{x0}}{q_0}(1-c_{x_1})^{ik_i}$$

$$p_i=\sum_1^{n_1}q_{x_0}(1-c_{x_1})^{ik_i} \tag{6.7.5}$$

而通过筛孔的相对物料总量τ_i和绝对物料总量q_i为

$$\tau_i=\sum_1^{n_1}\frac{q_{x0}}{q_0}[1-(1-c_{x1})^{ik_i}]=1-\sum_1^{n_1}\frac{q_{x0}}{q_0}(1-c_{x_1})^{ik_i}$$

$$q_i=\sum_1^{n_1}q_{x_0}[1-(1-c_{x1})^{ik_i}]=q_0-\sum_1^{n_1}q_{x0}(1-c_{x_1})^{ik_i} \tag{6.7.6}$$

式中 q_0——理论上应该通过筛孔的筛下物总重量；

n_1——筛下物料被划分的级别的数目。

如果尺寸由x到$x+\Delta x$的物料量为Δq_{x_0}，则留在筛面上的相对物料量和通过筛孔的相对物料量为

$$\Delta Q_{x_i}=\frac{1}{q_0}(1-c_{x_1})^{ik_i}\Delta q_{x_0}$$

$$\Delta\tau_{x_i}=\frac{1}{q_0}[1-(1-c_{x_1})^{ik_i}]\Delta q_{x_0} \tag{6.7.7}$$

由此，留在筛面上的相对物料总量和通过筛孔的相对物料总量分别可用积分式表示：

$$Q_i=\lim_{\Delta q_{x0}\to 0}\sum_1^{n_1\to\infty}\frac{1}{q_0}(1-c_{x_1})^{ik_i}\Delta q_{x_0}=\frac{1}{q_0}\int_0^{q_{x0}}(1-c_{x_1})^{ik_i}\mathrm{d}q_{x_0}$$

$$\tau_i=\lim_{\Delta q_{x0}\to 0}\sum_1^{n_1\to\infty}\frac{1}{q_0}[1-(1-c_{x_1})^{ik_i}]\Delta q_{x_0}$$

$$=\frac{1}{q_0}\int_1^{q_{x0}}[1-(1-c_{x_1})^{ik_i}]\mathrm{d}q_{x_0} \tag{6.7.8}$$

通过筛孔的相对物料总量即为筛机的筛分效率，即

$$\eta=1-\frac{1}{q_0}\sum_{1}^{n_1}q_{x0}(1-c_{x1})^{k_i i}=1-\frac{1}{q_0}\int_{0}^{q_{x0}}(1-c_{x1})^{k_i i}\mathrm{d}q_{x0}$$

$$=1-\frac{1}{q_0}\sum_{1}^{n_1}q_{x0}(1-c_{x_1})^{k_i\frac{1}{Tv}L}=1-\frac{1}{q_0}\int_{0}^{q_{x0}}(1-c_{x_1})^{k_i\frac{1}{Tv}L}\mathrm{d}q_{x0}$$

(6.7.9)

由上式看出，筛分效率与透筛概率有密切关系，透筛概率愈高，筛分效率也愈高，若筛长增长，平均速度减少或周期缩短，也就是使物料在筛面上的同期数增多，筛分效率将随着增高。

若取$\mathrm{d}q_{x_0}=q(x)\mathrm{d}x$，则上式可写为：

$$\eta=1-\frac{1}{q_0}\int_{0}^{1}q(x)(1-c_{x_1})^{k_i i_0 L}dx \qquad (6.7.10)$$

下面我们将进一步讨论多层筛面的情况。

6.7.1.1 各层筛面每个周期透筛概率相同

概率筛与普通筛机在结构上的区别是，采用了多层、大倾角与大筛孔的筛面，现在首先分析各层筛面筛孔及倾角均相同的薄层筛分的情况，在这种情况下，可以认为每个周期各种颗粒有相同的透筛概率。相对粒度为 $x=\frac{d}{a}$ 的物料在筛面上作第1、第2、第3和第j个周期运动后，留在筛面上的物料量和透过筛孔的物料量分别示于图6.7.1中。由图看出，从第一层、第二层、第三层直至第g层筛面上方排出的物料量分别为：

$$Q_{x1}=(1-c_x)^i$$

$$Q_{x2}=ic_x(1-c_x)^i$$

$$Q_{x3}=\frac{i(i+1)}{2}c_x^2(1-c_x)^i \qquad (6.7.11)$$

…………

$$Q_{xg}=\frac{(i+g-2)!}{(i-1)!(g-1)!}c_x^{g-1}(1-c_x)^i$$

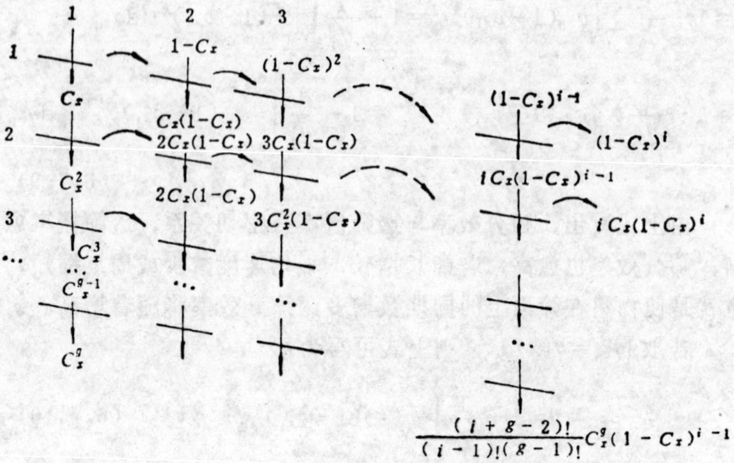

图 6.7.1　相对粒度为x的物料在等透筛概率的筛面上筛分

而从第g层筛面下方排出物料量为

$$\eta_x=\sum_{i=1}^{i}\frac{(i+g-2)!}{(i-1)!(g-1)!}c_x^g(1-c_x)^{i-1}\times100\% \quad (6.7.12)$$

式中　η_x——相对粒度为$x=\dfrac{d}{a}$的物料颗粒的筛分效率。

当相对粒度为x的物料占物料总量的百分率为q_{x0}时，则该种物料的总筛分效率为

$$\eta=\frac{\sum_{x=0}^{1}q_{x0}\sum_{i=1}^{i}\frac{(i+g-2)!}{(i-1)!(g-1)!}c_x^g(1-c_x)^{i-1}}{\sum_{x=0}^{1}q_{x0}}\times100\% \quad (6.7.13)$$

6.7.1.2　各层筛面每个周期透筛概率不同

设第g层筛面第j个周期的透筛概率为c_{xgj}，而在该处，筛上物料量和筛下物料量分别是Q_{xgj}和η_{xgj}，显然，Q_{xgj}和η_{xgj}有以下

关系：

$$Q_{xgj}=Q_{xg(j-1)}(1-c_{xg(j-1)})+\eta_{x(g-1)j}$$

(6.7.14)

$$\eta_{xgj}=Q_{xgj}c_{xgj}$$

因此相对粒度为x的物料在各层筛面上作第j个周期运动后，筛面上的物料量和筛下的物料量分别为

$$p_{xgj}=(1-c_{xgj})Q_{xgj}$$

$$\eta_{xg}=\sum_{j=1}^{i}\eta_{xgj}=\sum_{j=1}^{i}Q_{xgj}c_{xgj} \tag{6.7.15}$$

当各粒级物料的含量为q_{x0}时，则混合物料的筛分效率为

$$\eta=\frac{\sum\limits_{x=0}^{1}q_{x0}\sum\limits_{j=1}^{i}\eta_{xgi}}{\sum\limits_{x=0}^{1}q_{x0}}\times 100\% \tag{6.7.16}$$

可以连续地从第1层第一个周期一直计算到第g层第i个周期，便可计算出筛分效率。但是必须事先知道各级别物料的含量及物料每个运动周期的透筛概率。

每个颗粒每个运动周期的透筛概率如图 6.7.2 所示，若以物料每次跳动作为一个运动周期，则当物料颗粒从垂直方向落到筛孔为a，筛丝直径为δ的筛面上时，通常是当颗粒不与筛丝相碰才能透过筛孔，还可能有一小部分物料与筛丝内侧相碰后折射入筛孔中。因此，颗粒尺寸为 d 的物料每次跳动的透筛概率为

$$c_{xg}=\frac{(a-d+\psi\delta)^2}{(a+\delta)^2} \tag{6.7.17}$$

式中 ψ——考虑与筛丝内侧碰撞后仍能落入筛孔的系数。

系数ψ小于1，当 $x=\dfrac{d}{a}=0.3$，0.4，0.6 和0.8时，ψ 值分别为0.2，0.15，0.10和0.05。

但在普通振动筛和概率筛中，物料往往沿某一倾斜方向落到

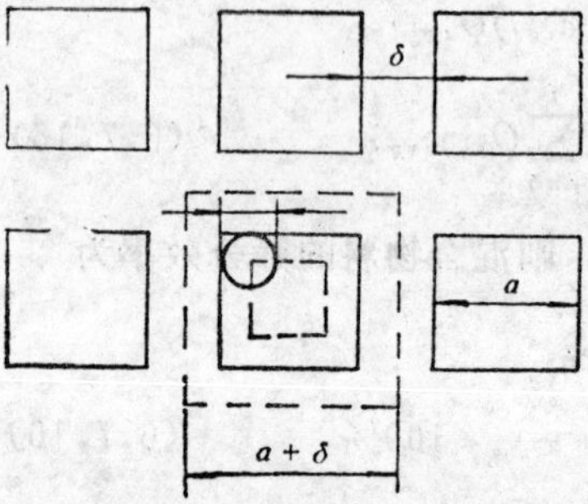

图 6.7.2 物料从垂直方向落到筛面上的透筛概率

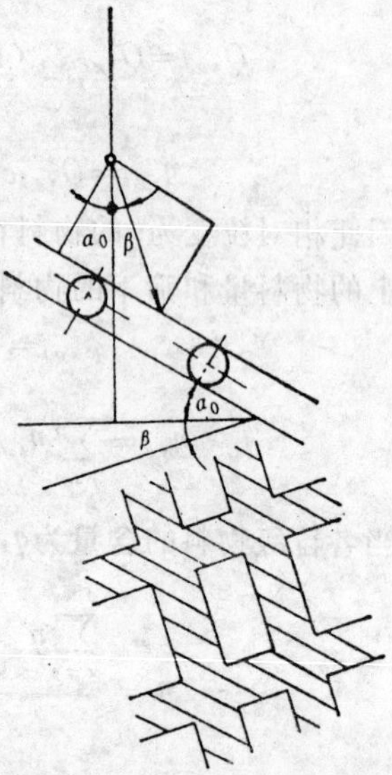

图 6.7.3 物料从倾斜方向落到倾斜筛面上的透筛概率

倾斜的筛面上，设物料下落时对筛面的相对运动方向线与垂直线的夹角为β，筛面倾角为α_0（见图6.7.3）则相对粒度为x的物料颗粒的理论透筛概率为

$$c_{x0}=\frac{(a-d+\psi\delta)[(a+d)\cos(\alpha_0+\beta)-\delta-d+\psi\delta]}{(a+\delta)^2\cos(\alpha_0+\beta)} \tag{6.7.18}$$

当上式的分子等于零时，可算出各种相对粒度的物料不能透过筛孔的临界倾角：

$$\alpha_{0c}=\arccos\left[\frac{d+(1-\psi)\delta}{a+\delta}\right]-\beta \tag{6.7.19}$$

由上式可见，颗粒落下的方向角β直接影响临界倾角，β增大，α_{0c}减小。所以在倾斜筛面的筛机中，可以采用筛孔尺寸较大的筛面，概率筛利用了这一原理，它所采用的筛孔尺寸较物料分离粒度d_g大2～10倍。概率筛的筛分过程是在实际难筛颗粒较少的条件下进行的。这样不仅可以提高筛分速度，而且减轻了筛孔的堵塞现象。而普通筛机的筛分过程通常是在水平筛面或倾角较小的筛面上完成的，实际难筛颗粒较多，筛分速度缓慢，筛孔容易发生堵塞。

实际透筛概率c_x还要考虑许多因素的影响，即

$$c_x=\gamma_p\gamma_h\gamma_m c_{x0} \tag{6.7.20}$$

式中 γ_p——物料颗粒形状对透筛概率的影响系数；

γ_h——料层厚度影响系数；

γ_m——物料水分与含泥量的影响系数。

上述三个系数均小于1，应由试验加以确定。

6.7.2 物料在筛面上运动周期数及下落斜角β的计算

6.7.2.1 运动周期数

对绝大多数筛机，运动周期数即为跳动次数，通常取抛掷指数D稍小于3.3，少数筛机取$D=3.3\sim5$。当$D<3.3$时，筛面每振动一次，物料将出现一次跳动。因此，物料在筛面上的总跳动次数i等于物料在筛面上进行的总时间T除以振动周期$T_0=\dfrac{2\pi}{\omega}$

即

$$i=\frac{T}{T_0}=\frac{T\omega}{2\pi}，次 \tag{6.7.21}$$

而运行总时间T即为筛机长度除以物料实际平均速度v_m，所以

$$i=\frac{L\omega}{2\pi v_m}，次 \tag{6.7.22}$$

6.7.2.2 下落斜角β

根据第一章的方法，可以计算出在物料落向筛面的瞬时，它对筛面在y方向和在x方向的相对速度Δv_y和Δv_x，对直线振动机，其值为：

$$\Delta v_y = \omega\lambda_y(\cos\varphi_z - \cos\varphi_d) + g\cos\alpha_0 \frac{\varphi_z - \varphi_d}{\omega}$$

$$= \omega\lambda_y(\cos\varphi_z - \cos\varphi_d + \theta\sin\varphi_d)$$

$$\Delta v_x = -\omega\lambda_x(\cos\varphi_z - \cos\varphi_d) + g\sin\alpha_0 \frac{\varphi_z - \varphi_d}{\omega}$$

$$= -\omega\lambda_x\left(\cos\varphi_z - \cos\varphi_d - \theta\sin\varphi_d + \mathrm{tg}\alpha_0\frac{\lambda_y}{\lambda_x}\right) \tag{6.7.23}$$

其中 $\theta = \varphi_z - \varphi_d$

因此，下落斜角β可由下式算出：

$$\beta = \mathrm{arctg}\frac{\Delta v_x}{\Delta v_y} - \alpha_0 \tag{6.7.24}$$

6.7.3 概率原理的某些应用

6.7.3.1 分析筛分过程的最佳条件

根据前面分析，影响筛分效率的因素，除了物料的性质（粒度、形状、水分等）以外，还有筛面的结构参数（筛面宽度、长度和筛孔尺寸、形状及开孔率），筛机的运动学参数（振幅、振动次数n、筛面倾角等）及工艺参数（如生产率及料层厚度等）。当被筛物料及筛机的结构确定之后，影响筛机筛分效率的因素有振幅λ，振动次数n，筛面倾角α_0及生产率Q。因此对于圆运动振动筛的筛分效率可表示为以下函数式：

$$\eta = f_1(\lambda \cdot n \cdot \alpha_0 \cdot Q) \tag{6.7.25}$$

同理，筛机的生产率也可以用以下函数式表示

$$Q = f_2(\lambda \cdot n \cdot \alpha_0 \cdot \eta) \tag{6.7.26}$$

若生产率一定，我们可以利用式（6.7.26）求得筛分效率最高的条件。根据上述理由，我们改变圆运动振动筛诸运动学参数进行实验，证明了前述最有利的条件是存在的。图6.7.4至图6.7.6表示了实验得到的结果。

图6.7.4是当筛机的生产率为5.1吨/小时，筛面倾角12.5°时

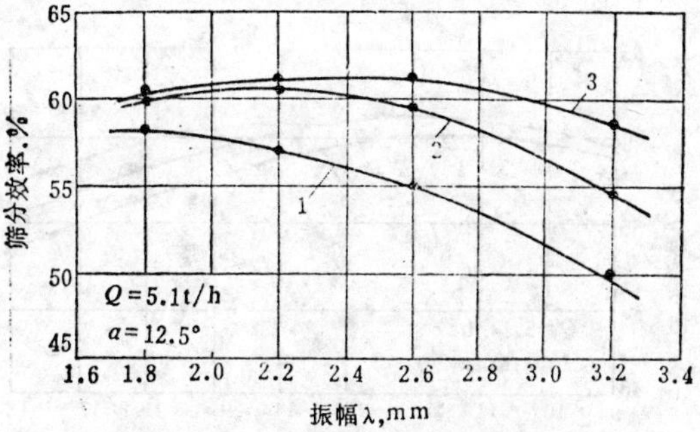

图 6.7.4 振幅与筛分效率的关系

1—n=1200r/min；2—n=1090r/min；3—n=1020r/min

实验得到的筛分效率的变化曲线。曲线1、2和3分别是当转数为1200、1090和1020转/分时作出的。由曲线看出，当转数为1090转/分，振幅λ接近2.2毫米时所得到的筛分效率最高。而当转数为1020转/分，振幅接近2.6毫米时，筛分效率最高。

图6.7.5是当生产率Q，筛面倾角α_0及振幅λ不变时，筛分效率η与转数n的关系曲线。当振幅为2.6毫米时，转数接近1020转/分，筛分效率最高，当振幅为1.8毫米时，转数接近1050～1100转/分，筛分效率最高。

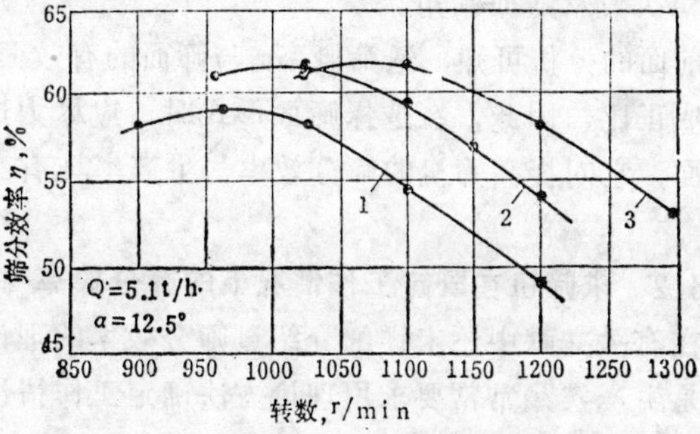

图 6.7.5 筛分效率与转数的关系

1—λ=3.1mm；2—λ=2.6mm；3—λ=1.8mm

图6.7.6是筛分效率η与转数及倾角α_0的关系曲线。当转数为1020转/分时，筛面倾角α_0为12.5°，筛分效率最高；当转数为

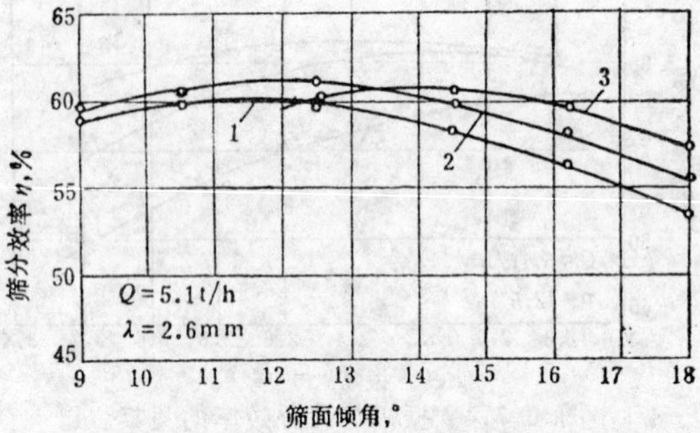

图 6.7.6 筛面倾角与筛分效率的关系

1—n=1090r/min；2—n=1020r/min；3—n=900r/min

900转/分时，筛面倾角α_0为14.5°，筛分效率最高。

还必须指出，上述试验结果是在筛长较短的情况下得到的，如筛长改变，最佳参数值也会发生改变。

当我们已知某种物料在某筛机中的透筛概率c_{xt}和单位筛长的周期数之后，可应用实验结果作出曲线的方法求出筛机最适宜的振幅、振动次数和筛面倾角等。

同理，当要求筛分效率一定时，可求出筛机生产率最高时的振幅、振动次数及筛面倾角。

根据前面的分析可知，透筛概率c_x与筛面的有效面积系数（即开孔率）成正比，因此，在选择筛面形式时，应尽力选取有效面积大的筛面，它对提高筛机的筛分效率与生产率具有重要的意义。

6.7.3.2 求筛机在既定工作情况下的筛分效率

目前在有关文献中还未详细介绍过筛分效率的理论（性）计算方法。但是生产实践常常要求用理论方法确定工作情况下的筛分效率。为了求出筛分效率，我们进行了如下的尝试。前面已经指出，决定筛机筛分效率的颗粒主要是(0.7～1)a的物料颗粒。因此，只要计算出(0.7～1)a的物料颗粒的筛分效率，便可求出筛机的筛分效率。

已知某圆运动振动筛，其倾角$\alpha_0=12.5°$，振幅为2.6毫米，转数$n=1000$转/分，方孔边长为29毫米，金属丝直径为0.7毫米，被筛物料为干物料，料层厚与筛孔之比$n/a<1$，试验得出，物料平均速度为0.32米/分，每米长度上的跳动次数为25次。概率c_x，概率指数k_i及计算得到的筛分效率列于表6.7.2中。表中的概率指数k_i是通过试验计算得出的。

表 6.7.2 筛分效率计算表

	d/a	0.5～0.67	0.67～0.83	0.83～1	Q计算	η计算	η实际
	q_x	0.23	0.32	0.28			
	c	0.15	0.045	0.008			
	$1-c$	0.85	0.955	0.992			
	k_i	1～0.6	1～0.35	1～0			
$i=ioL$ $=32\times0.7$ $=22.5$	$Q_x=(1-c_x)ik_i$	22.5×0.98 0.85	22.5×0.93 0.955	22.5×0.93 0.992			
	$q_x(1-L_x)ik_i$	0.23×0.028 =0.0065	0.32×0.42 =0.135	0.28×0.85 =0.238	0.3795	0.6205	0.63
$v=ioL$ $=32\times2.1$ $=67.5$	$Q_x=(1-c_x)ik_i$	67.5×0.9 0.85	67.5×0.6 0.955	67.5×0.6 0.992			
	$q_x(1-c_x)ik_i$	0.23×0=0	0.32×0.155 =0.05	0.28×0.73 =0.205	0.255	0.745	0.744
$i=ioL$ $=32\times4.2$ $=135$	$Q_x=(1-c_x)ik_i$	135×0.9 0.85	135×0.35 0.955	135×0.37 0.992			
	$q_x(1-c_x)ik_i$	0.23×0=0	0.32×0=0	0.28×0.675 =0.19	0.19	0.81	0.80

6.7.3.3 确定较适宜的筛面工作长度

理论研究和实验都证明，筛长与物料在筛面上运动的周期数有关，而筛长与筛机的筛分效率的关系可用以前导出的指数式表示。筛长愈长，筛分效率愈高，但是当筛长增加到某一定数值之后，筛分效率增加得很慢。图6.7.7由曲线表示了实验得到的结果。由

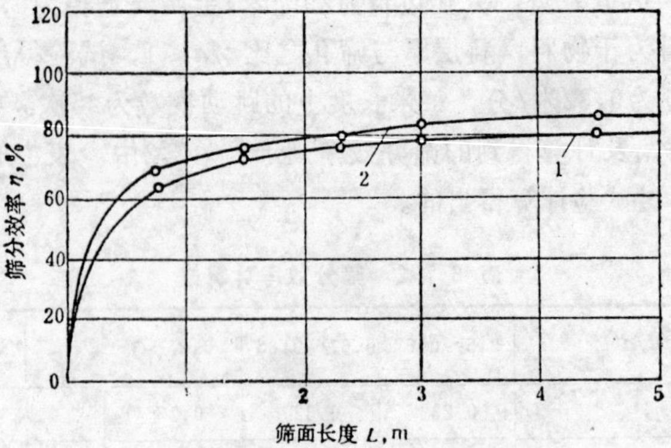

图 6.7.7 筛长与筛分效率的关系

曲线看出，当筛长由0～3米时，筛分效率增加较快，而当筛长由3～5米时，筛分效率增加得很慢，当超过3.5米以后，曲线十分平缓。根据这种情况，显著增长筛面的长度，并不能取得较高的效率。因此，在设计与使用筛机时，应该选取适宜的筛面长度，以使筛机的筛面面积得到有效的利用。

6.7.3.4 研究筛分过程的合理方法

概率筛分法就是在研究概率理论的基础上提出的。图6.7.8

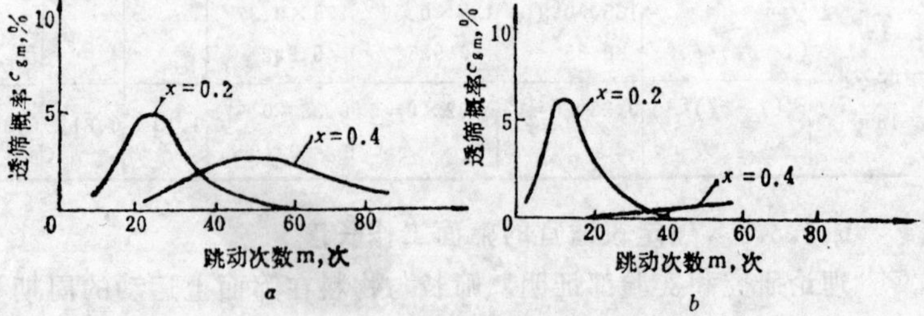

图 6.7.8 十层平行筛面和五层倾角不同的筛面对$x=0.2$及0.4两种物料的筛分情况曲线

a—十层平行筛面；*b*—五层不同倾角的筛面

是根据前面得到的理论公式计算得到的结果。图6.7.8*a*表示了十层筛孔尺寸相同的平行筛面，对$x=0.2$和$x=0.4$两种物料的筛分情况，由曲线看出，当经过37次跳动后，就有90％左右的$x=0.2$的物料透过筛孔，而$x=0.4$的物料绝大多数还没有透过筛孔。图6.7.8*b*在五层不同倾角的筛面上进行筛分，其筛分效果优于前一种情况所得筛分结果。关键的问题是除了合理的筛面布置方式之外，适当的筛分时间也是一个很重要的因素。

6.8 振动筛与共振筛运动学参数与工艺参数

6.8.1 振动筛与共振筛运动学参数的选择

振动筛和共振筛的运动学参数包括：筛面倾角、振动方向角（对直线振动筛和椭圆振动筛）、振幅、振动次数及筛面上物料的平均速度等。为了选择这些运动学参数，必须先确定物料的运动状态。

为了防止筛孔堵塞，并能获得较高的筛分效率和生产率，目前在绝大多数振动筛和共振筛中选用物料抛掷运动的状态。

对于直线振动筛，抛掷指数D可用下式计算

$$D=\frac{\omega^2\lambda\sin\delta}{g\cos\alpha_0}$$

而对于圆运动振动筛，D可用下式计算

$$D=\frac{\omega^2\lambda}{g\cos\alpha_0}$$

式中 ω——工作圆频率；

λ——直线振动筛或圆振动筛的工作振幅；

δ——振动方向角；

α_0——筛面倾角。

当抛掷指数$D>1$时，物料可以出现抛掷运动；当$D<1$时，物料不能出现抛掷运动。

图6.8.1表示了筛面的运动与物料抛掷运动之间的关系。从图中可以看出，当抛掷指数$D=3.3$时，筛面的一个振动周期正好等于物料的一个跳动周期，这时物料与筛面接触的时间最短，所以对减轻筛面的磨损是有利的。

为了获得较好的筛分效率，最好使物料颗粒在筛机的每一个振动周期都能和筛面接触，所以在一般情况下，选取抛掷指数

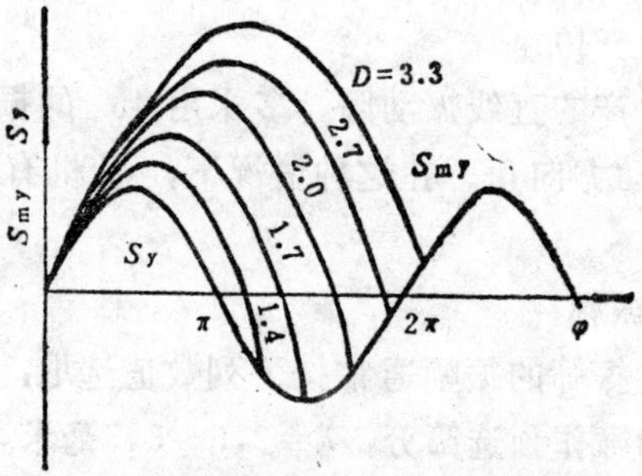

图 6.8.1 筛上物料跳动运动与抛掷指数的关系

（图中S_y与S_{my}分别为工作面与物料在垂直方向之位移）

$D<3.3$。共振筛的抛掷指数通常取为2～3.3，单轴惯性振动筛取$D=3$～3.5，双轴惯性振动筛通常取2.2～3。

抛掷指数的选取，还与被筛物料的性质有关，对于易筛物料，可取$D=2$～2.5；对于中等程度的物料，D可取为2.5～3；对于难筛物料，则可取$D=3$～5。

6.8.1.1 **筛面倾角α_0**

筛面倾角的大小决定于所要求的生产率和筛分效率。当筛机的其它参数确定之后，筛面倾角大，则生产率可以增高，而筛分效率下降；筛面倾角小，则生产率低而筛分效率高，所以当产品质量要求一定时，就应有一个合理的倾角。根据实际经验，筛面的倾角推荐如下：

圆运动单轴惯性振动筛用于预先分级：$\alpha_0=15°\sim30°$。

圆运动单轴惯性振动筛用于最终分级：$\alpha_0=12.5°\sim20°$。

直线运动双轴惯性振动筛和共振筛用于分级：$\alpha_0=0°\sim10°$。

直线运动双轴惯性振动筛和共振筛用于脱水、脱介：$\alpha_0=-7°\sim3°$。

6.8.1.2 **振动方向角δ**

双轴惯性振动筛和共振筛一般接近水平安装，为了使物料沿筛面移动，必须要有振动方向角。振动方向角一般在30°～60°范围内选取，δ值愈大，物料抛掷高，不容易堵塞筛孔，适用于难筛物料；δ值小，适用于易筛物料。难筛物料可取$\delta=60°$，易筛物料可取$\delta=30°\sim40°$。

目前我国生产的直线振动筛，多采用45°的振动方向角，有的选用40°的振动方向角。在这种情况下，筛机有较高的筛分效率与生产率。

6.8.1.3 **振幅**

振动筛与共振筛的振幅通常按下列数值选取：

圆运动振动筛作预选筛分：$\lambda=2.5\sim3.5$毫米。

圆运动振动筛作最终筛分：$\lambda=3\sim4$毫米。

直线运动惯性振动筛：$\lambda=3.5\sim5.5$毫米。

共振筛：$\lambda=6\sim15$毫米。

高频细筛：$\lambda=0.5\sim1.2$毫米。

振幅的选择还要根据被筛物料的粒度大小而定，对于粗筛（处理大块物料），宜采用大振幅，对于细筛（处理粉状物料），则宜采用小振幅。代替螺旋分级机用的细筛，宜采用很小的振幅，较高的频率。

6.8.1.4 **振动次数**

振动筛与共振筛的振动次数可根据事先选定的抛掷指数D和振幅λ按下式计算。

对于圆运动惯性振动筛，振动次数：

$$n=30\sqrt{\frac{gD\cos\alpha_0}{\pi^2\lambda}}\text{，次/min} \tag{6.8.1}$$

对于直线运动的振动筛与共振筛，振动次数：

$$n=30\sqrt{\frac{gD\cos\alpha_0}{\pi^2\lambda\sin\delta}}\text{，次/min} \tag{6.8.2}$$

目前，单轴惯性振动筛的振动次数一般为800～1200次/分；双轴惯性振动筛一般为700～1000次/分；共振筛的振动次数400～800次/分；高频细筛为3000次/分或1500次/分。

6.8.1.5 **物料的运动速度**

单轴惯性振动筛物料的运动速度可按下列经验公式计算：

$$v=\frac{K_QN}{1000}\frac{n^2\lambda}{g}\left[1+22\sqrt{\text{tg}^3\alpha_0}\left(\frac{\alpha_0}{18}\right)\right],\ \text{m/s} \quad (\text{C.8.3})$$

式中 K_Q——修正系数，其值见表6.8.1；

N——常数，$N=0.18\text{mm/s}$；

n——振动次数，次/min；

λ——振幅，m；

g——重力加速度，$g=9.8\text{m/s}^2$；

α_0——筛面倾角，度。

表 6.8.1 修正系数K_Q

每小时单位筛宽的容积生产率 Q_1 $\text{m}^3/\text{m·h}$	25	30	35	40	45	50	55	60	70	80	100	120	180
修正系数 K_Q	1.7	1.4	1.25	1.15	1.05	1.0	0.95	0.92	0.89	0.85	0.8	0.78	0.75

当直线振动筛近似水平安装时，即$\alpha_0\approx0$，其 物 料运 动速度可按下式计算。

$$v=K\frac{30gi_D^2}{n}\text{ctg}\delta,\ \text{m/s} \quad (6.8.4)$$

式中 K——考虑物料性质及其他因素影响的速度修正系数，一般$K=0.6\sim0.8$；

i_D——物料跳动一次的时间与振动周期之比，其值可根据抛掷指数D的大小按图6.8.2选取；

δ——振动方向角。

其它符号的意义同前。

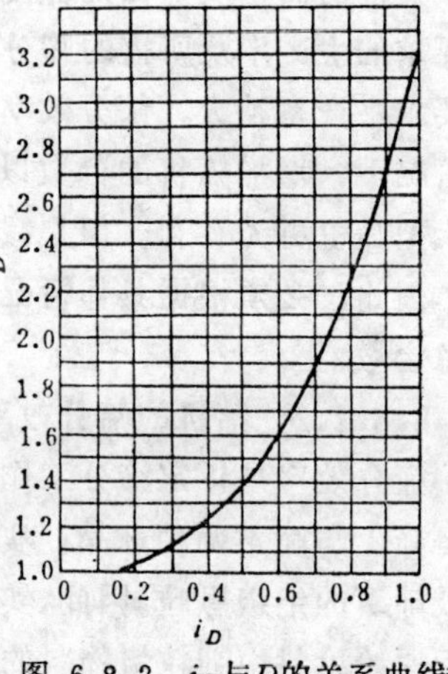

图 6.8.2 i_D与D的关系曲线

6.8.2 振动筛与共振筛的工艺参数的计算

振动筛与共振筛的工艺参数包括筛面的宽度和长度，筛机的生产率与筛分效率。

6.8.2.1 筛面的长度和宽度

一般来说，当给料端物料层的厚度给定之后，筛面的宽度直接影响筛机的生产率，而筛面的有效长度直接影响筛分效率；但是在它们之间也有相互影响。

对于筛分金属矿用的筛机，其长度一般小于4米，长宽比近似等于2。

对筛分煤炭用的筛机，其长度根据用途而定。对于粗粒级的筛分，长度L=3.5～4.0米；对于中细粒级的筛分，L=5.5～7.2米；用于脱水或脱介的筛机，L可取为6～7.2米。煤用振动筛的长宽比一般为1.5～2.5，宽度系列一般为1.25，1.50，1.75，2.00，2.25，2.5米等。

筛机的面积及筛面的宽度与长度的数值，常常是根据使用现场要求的生产率及所需的筛分效率计算得出（参看式6.8.12），若要求生产率越大，筛分效率越高，筛机的面积也就越大。在某些情况下，增加筛机的台数以满足实际生产率与筛分效率，较一台大型筛机更为有利。但是减少筛机台数，无疑也会带来某些益处。因此，必须根据具体情况，确定筛机的筛面面积及所需筛机的总台数。

6.8.2.2 筛机的筛分效率及其验求法

筛分效率是评定筛分工作的主要指标之一。筛分物料时，可获得筛上与筛下两种产品。实际上，在筛上产品中常常还含有可以被筛下的细级颗粒。因此，实际筛下的细级物料的重量应该永远小于原始给料中细粒级物料的重量。这个小于1的比值就称为筛分效率：

$$\eta=\frac{B}{A}100,\% \tag{6.8.5}$$

式中 B——实际透过筛孔的筛下物重量；

A——原始给料中细粒级物料（即指小于筛孔尺寸的物料）的重量。

用理论方法计算筛分效率有很大困难，目前，实验室和工厂通常用试验方法首先测定原始给料中细粒级重量的百分比（$a\%$）及筛上产品中的细粒级物料占筛上产品的重量百分比（$c\%$）。然后用公式计算出筛机的实际筛分效率。

设筛下产品占原始给料的重量百分比为$x\%$，则x与a及c有以下关系：

$$x=a-\frac{100-x}{100}c$$

即

$$x=\frac{100(a-c)}{100-c} \tag{6.8.6}$$

由此可导出筛分效率的计算公式：

$$\eta=\frac{x}{a}100\%=\frac{100(a-c)}{a(100-c)}100,\% \tag{6.8.7}$$

因此，只要测知原始给料中细粒级的实际含量的百分比$a\%$及筛上物中细粒级含量的百分比$c\%$，即可按上式计算出筛分效率。

例如用实验方法测得原始给料中细粒级含量为65%，而筛上产品中细粒级含量为筛上产品的10%，则筛分效率为

$$\eta=\frac{100(65-10)}{65(100-10)}100\%=85.5\%$$

在某些情况下，筛下产品中往往含有粗颗粒（即大于筛孔尺寸的物料颗粒），若细粒物料占筛下产品的重量百分比为$b\%$，则筛下产品中的细粒物料占原始给料的重量百分数x与实测数值a、b、c的关系式为

$$x=a-\frac{b-x}{b}c$$

即

$$x=\frac{b(a-c)}{b-c} \tag{6.8.8}$$

由此可导出筛分效率的计算式为

$$\eta=\frac{b(a-c)}{a(b-c)}\times100,\% \tag{6.8.9}$$

对于概率筛来说，筛孔尺寸远大于分离粒度，因此，计算筛分效率往往从分离粒度作为划分粗粒级和细粒级的界限，而在普通筛机中划分粗粒级和细粒级的界限是筛孔尺寸。

筛分效率是衡量筛分质量的一个指标，它决定于下列许多因素：物料的水分含量，“难筛颗粒”的多少，物料颗粒的形状，筛孔形状与筛面的有效面积，筛机的运动参数，料层的厚度和筛面的长度等。

物料中的水分，对筛分效率有重要影响，当筛分细物料时影响更大。筛分干物料时通常能获得较高的筛分效率，随着水分的增高，筛面上的物料就会粘结在一起，而使颗粒分层困难，因而筛分效率下降。如水分超过某一定数值，例如，用水清洗物料，相反会提高筛分效率。因此，某些物料须在喷水情况下筛分，以便获得较高的筛分效率。

含有污泥的物料，往往会堵塞筛孔，减小筛面有效面积，使筛分工作难以进行，筛分效率就会显著下降。

物料中“难筛颗粒”（即指等于和稍小于筛孔尺寸的颗粒）的含量愈高，筛分效率愈低。

颗粒的形状对筛分效率也有一定影响，当筛分扁平的和长条形的颗粒所组成的物料时，其筛分效率始终不如当筛分含有大量卵形或方形颗粒的物料时来得良好。

筛面的有效面积（即开孔率）的大小直接影响筛分效率，因此，提高筛面有效面积（增大开孔率）对提高筛分效率具有十分重要的意义。

6.8.2.3 筛机的生产率

评定筛机的另一个指标是筛机单位面积的生产率（或称比生产率）。单位面积的生产率，即是指每小时加到筛机中的物料重量（或体积）除筛面的工作面积。它和筛分效率有密切联系，一般来说，要提高筛机的单位面积生产率，筛分效率下降。因此，讨论筛机单位面积的生产率只有在一定筛分效率的条件下才有实际意义。但是，改变筛分过程的某些因素，如采用新的筛分方法（概率筛分法与等厚筛分法等）、增加筛面的开孔率、适当选择筛机的工作参数，可以在筛分效率一定条件下提高单位面积生产率；也可以在单位面积生产率不变的条件下，提高筛分效率；或者使两个指标都获得某些程度的提高。下面介绍计算筛机生产率的两种方法。

（1）流量法

$$Q=3600Bhv\gamma,\ \mathrm{t/h} \tag{6.8.10}$$

式中 B——筛面的宽度，m；

h——筛面上物料层的厚度，m；

v——物料运动的平均速度，m/s；

γ——物料的松散密度（容重），$\mathrm{t/m^3}$。

（2）平均法

煤用振动筛与共振筛的生产率公式

$$Q=Fq,\ \mathrm{t/h} \tag{6.8.11}$$

式中 F——筛面工作面积，$\mathrm{m^2}$；

q——筛面单位面积生产率，$\mathrm{t/m^2\cdot h}$。

其值见表6.8.2。

表 6.8.2 筛面的单位面积生产率

作业名称	分		级			脱	水	脱	介
筛孔尺寸，mm	100	80	50	25	13	末煤	煤泥	块煤	末 煤
q，$\mathrm{t/m^2\cdot h}$	110	90	60	30	12～17	7	2	7～9	3.5～1.5

矿用振动筛与共振筛的生产率计算公式：

$$Q=Fq\gamma KLMNOP,\ \mathrm{t/h} \tag{6.8.12}$$

式中 F——筛机的工作面积，$\mathrm{m^2}$；

q——筛面的单位面积生产率，$m^3/m^2 \cdot h$；其值见表6.8.3；

γ——物料的松散密度，t/m^3；

K、L、M、N、O、P——校正系数，见表6.8.4。

计算概率筛的生产率时，表6.8.3中的q值可增大5倍。计算等厚筛的生产率时，q值可增大2～2.5倍。

表 6.8.3　单位筛面面积生产率

筛孔尺寸 mm	生产率q $t/m^2 \cdot h$	筛孔尺寸 mm	生产率q $t/m^2 \cdot h$	筛孔尺寸 mm	生产率q $t/m^2 \cdot h$
0.15	1.9	2	5.5	25	31
0.21	2.2	3	7	30	34
0.3	2.5	5	11	40	38
0.42	2.8	7.5	16	50	42
0.59	3.2	10	19	80	56
0.87	3.7	15	24	100	63
1.17	4.4	20	28	—	—

表 6.8.4　校正系数K、L、M、N、O、P的值

系数	在确定系数时所考虑的因素	物料的性质和分级	在给矿中细粒和粗粒的含量，筛分的精确度，百分率和系数值									
K	矿粉的影响	给矿中粒度小于筛孔大小的一半的含量	0	10	20	30	40	50	60	70	80	90
		K 值	0.2	0.4	0.6	0.8	1.0	1.2	1.4	1.6	1.8	2.0
L	粗粒的影响	给矿中过大颗粒的含量	10	20	25	30	40	50	60	70	80	90
		L 值	0.94	0.97	1.00	1.03	1.09	1.18	1.32	1.55	2.00	3.36
M	筛分精度（效率）	对筛分要求的精确度	40	50	60	70	80	90	92	94	96	98
		M 值	2.3	2.1	1.9	1.6	1.3	1.9	0.9	0.8	0.6	0.4

续表6.8.4

<table>
<tr><th>系数</th><th>在确定系数时所考虑的因素</th><th>物料的性质和分级</th><th colspan="4">在给矿中细粒和粗粒的含量，筛分的精确度，百分率和系数值</th></tr>
<tr><td rowspan="2">N</td><td rowspan="2">矿粒和物料的形状</td><td>颗粒的形状</td><td>被破碎后的各种矿石（煤炭例外）</td><td colspan="2">圆形颗粒（例如海砾石）</td><td>煤</td></tr>
<tr><td>N 值</td><td>1.0</td><td colspan="2">1.25</td><td>1.5</td></tr>
<tr><td rowspan="3">O</td><td rowspan="3">湿度的影响</td><td rowspan="2">物料的湿度</td><td colspan="3">筛孔小于25毫米</td><td>筛孔大于25毫米</td></tr>
<tr><td>干的</td><td>湿的</td><td>成团的</td><td>视湿度而定</td></tr>
<tr><td>O 值</td><td>0.1</td><td>0.75～0.85</td><td>0.2～0.6</td><td>0.9～1.0</td></tr>
<tr><td rowspan="3">P</td><td rowspan="3">筛分方法</td><td rowspan="2">筛分</td><td>筛孔小于25毫米者</td><td colspan="2"></td><td>筛孔大于25毫米者</td></tr>
<tr><td>干的</td><td colspan="2">湿的（附有喷水）</td><td>任何的</td></tr>
<tr><td>P 值</td><td>1.0</td><td colspan="2">1.25～1.40</td><td>1.0</td></tr>
</table>

6.9　振动筛与共振筛的动力学参数

6.9.1　惯性式振动筛的动力学特性

惯性式振动筛是借惯性激振器来激振的。惯性激振器是借偏心转子回转运动而产生激振力。最常见的惯性式振动筛有以下几种：（1）线性非共振类惯性振动筛；（2）线性近共振类惯性振动筛；（3）非线性近共振类惯性振动筛。

6.9.1.1　线性非共振类惯性振动筛

这类振动机的弹簧为线性，系统的固有频率远小于工作频率。平面运动的非共振类单轴惯性振动筛，见图6.9.1*a*，而其力学模型见图6.9.1*b*。这类振动筛由单轴惯性激振器激振。单轴惯性激振器是由主轴、偏心块、轴承等组成。设偏心块回转速度为ω_j，当不考虑激振器本身振动的影响时，回转激振力水平和垂直

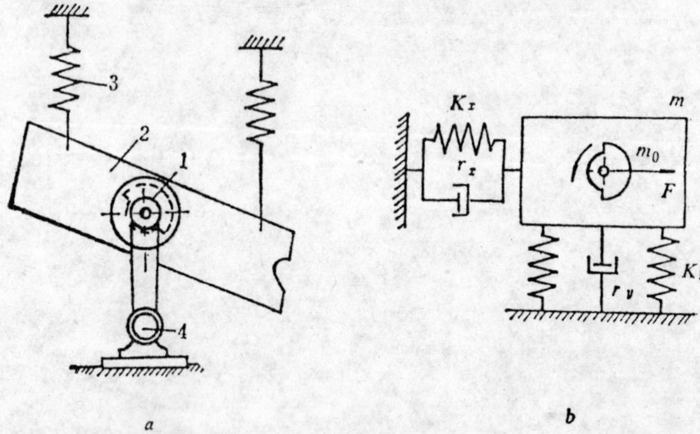

图 6.9.1　单轴惯性振动筛及其力学模型

a—单轴惯性振动筛：1—单轴惯性激振器；2—筛箱；3—弹簧；4—电动机；*b*—力学模型

分力为：

$$F_n = m_0 R\omega_j^2 \cos\omega_j t$$
$$F_y = m_0 R\omega_j^2 \sin\omega_j t \qquad (6.9.1)$$

激振频率ω_j由工艺要求决定，ω_j确定后，如果要改变激振力的幅值，可调节偏心质量和偏心距。

激振力通过工作机体的重心时，整个系统可简化成二自由度系统（见图6.9.1b），其运动微分方程为：

$$(m+m_0)x'' + \gamma_x x' + k_x x = m_0 R\omega_j^2 \cos\omega_j t$$
$$(6.9.2)$$
$$(m+m_0)y'' + \gamma_y y' + k_y y = m_0 R\omega_j^2 \sin\omega_j t$$

当系统中隔振弹簧的刚度$k_x=k_y$时，重心轨迹为圆，若$k_x \neq k_y$时，则重心轨迹为椭圆。单轴惯性振动筛是属于非共振类振动机，工作频率与固有频率之比（称为频率比）一般在2.5～8范围内选取，即机器在远超共振状态下工作。由于采用刚度较小的弹簧，机器传给地基或构架的动载荷也较小。

平面运动的非共振类双轴惯性振动筛：

双轴惯性振动筛的两偏心块同步反向回转如相位角$\omega_j t$对称于y轴，则激振力$F_x=0$，$F_y=m_0 R\omega_j^2 \sin\omega_j t$。使两偏心块同步反向回转的方法有：（1）用速比为1的一对外啮合齿轮实现强迫同步；（2）激振器两轴分别由两台型号相同的异步电动机带动，根据动力学原理可以使两轴自动保持反向同步回转，这种同步原理称为自同步。

单向激振力双轴惯性振动筛均作直线振动，其力学模型见图6.8.2b。工作机体的运动方程为：

$$(m+m_0)x'' + \gamma x' + kx = m_0 R\omega_j^2 \sin\omega_j t \qquad (6.9.3)$$

其振幅为：

$$A = \frac{m_0 R\omega_j^2}{\sqrt{\gamma^2\omega_j^2 + [K-(m+m_0)\omega_j^2]^2}} \qquad (6.9.4)$$

通常$m_0 \ll m$，若不计阻尼，振幅近似为

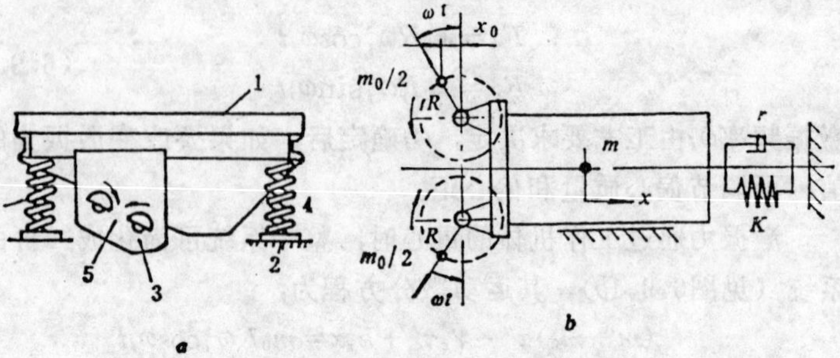

图 6.9.2　双轴式惯性振动筛

a—机构简图；b—力学模型图

1—台面；2—底座；3—偏心块；4—隔振弹簧；5—齿轮同步器

$$A=\frac{m_0R\omega_j^2}{K(\lambda^2-1)} \tag{6.9.5}$$

式中　λ——频率比。

振幅和频率由工艺要求来决定。工作机体沿某一倾斜方向振动。工作面有时安装成一定的倾角。

借助于自同步原理双轴惯性激振器两轴上的偏心块的相位与激振器对振动机体相对位置有关，而两偏心块的相位影响振动机体的振动方向与运动轨迹。当两轴的电动机的特性相差过分悬殊时，不能实现同步运转。因此，自同步双轴惯性振动机的设计计算必须满足所需工作状态的同步性条件与稳定性条件。

参看图6.9.3，若系统的固有频率远小于工作频率，且阻尼可以忽略不计，则可导出两轴作反向回转的双轴自同步振动机的同步性条件：

$$|D|\geqslant 0 \tag{6.9.6}$$

其中

$$D=\frac{m_0^2\omega^2R^2W}{\Delta M_g-\Delta M_f}$$

$$W=\frac{1}{J}\sqrt{(l^2+l_0^2\cos^2 2\gamma)^2+l_0^2\sin^2 2\gamma} \tag{6.9.7}$$

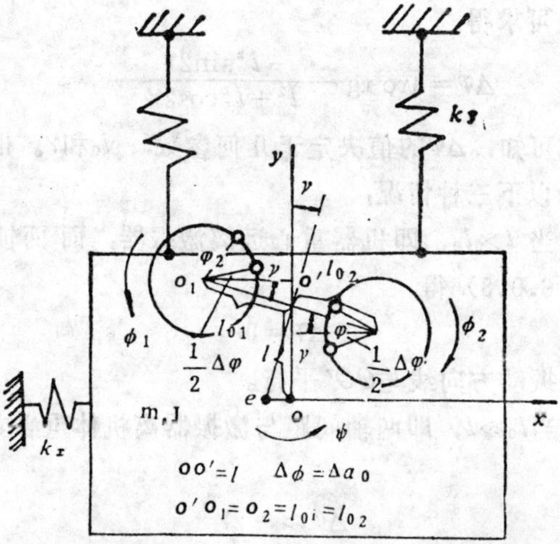

图 6.9.3 反向回转双轴自同步振动机的力学模型

式中 D——同步性指数；

ΔM_g——两电动机的输出转矩之差；

ΔM_f——两轴的摩擦力矩之差；

W——稳定性指数；

J——振动机体对其质心的转动惯量；

l_0——两轴间距之半；

l——两轴合成质心与振动机体质心之距离；

γ——O_1O_2同两轴合成质心与机体质心联线$O'O$之夹角。

为了提高自同步振动机的同步性，可采取下列措施：（1）增大$m_0^2\omega^2R^2$的值；（2）增大稳定性指数W的值；（3）减小两电动机输出转矩之差，即尽量选用型号相同和特性相同的电动机；（4）尽量减小两轴之摩擦力矩之差，即两轴之摩擦力矩应接近相等。对绝大多数的双轴自同步式惯性振动机，同步性条件通常都能满足。

图6.9.3所示的相位角$\Delta\varphi$由稳定性条件 $W>0$ 来决定。通过数学推导，可求得：

$$\Delta\varphi=\mathrm{arc\ tg}\frac{-l_0^2\sin2\gamma}{l^2+l_0^2\cos2\gamma} \tag{6.9.8}$$

由上式可知，$\Delta\varphi$的值决定于几何参数l、l_0和γ。根据l与l_0的大小可分为以下三种情况：

（1）当 $l\gg l_0$，即机器重心远离激振器，而两轴间距较小时。由式（6.9.8）得

$$\Delta\varphi=0 \tag{6.9.9}$$

机体重心的振动方向线与OO'平行。

（2）当$l_0\gg l$，即两轴间距与激振器离机体重心之距相比很大时，得

$$\Delta\varphi\approx-2\gamma \tag{6.9.10}$$

机体重心的振动方向线垂直于两轴心联线，即平行于$O'l$。

（3）当$l_0\approx l$时，则$\Delta\varphi$可按式（6.9.8）计算，机体重心的振动方向线处在OO'线与lO'线的中间。

该种振动机机体质心的位移y、x及机体绕着重心之角位移，

$$\begin{aligned} y&=A_y\sin\varphi \\ x&=A_x\sin\varphi \\ \psi&=A_\psi\sin(\varphi-\theta) \end{aligned} \tag{6.9.11}$$

其中

$$A_y=\frac{2m_0R}{m}\cos\frac{1}{2}\Delta\varphi$$

$$A_x=\frac{2m_0R}{m}\sin\frac{1}{2}\Delta\varphi$$

$$A_\psi=-\frac{-2m_0R}{J}\sqrt{l^2\sin^2\frac{1}{2}\Delta\varphi+l_0^2\sin^2\left(\gamma+\frac{1}{2}\Delta\varphi\right)}$$

$$\theta=\mathrm{arc\ tg}\frac{-l_0\sin\left(\gamma+\frac{1}{2}\Delta\varphi\right)}{l\sin\frac{1}{2}\Delta\varphi} \tag{6.9.12}$$

机体上任意一点的运动轨迹可由以下方程求出：

$$\begin{aligned} y_s &= y + l_{sx}\psi \\ x_s &= x - l_{sy}\psi \end{aligned} \tag{6.9.13}$$

对于自同步式双轴惯性振动筛，还有可能在机器启动若干秒并实现同步运转后，将其中一台电动机的电源切断，实现单电机供电运转，但必须满足单电机供电情况下的同步性条件：

$$|D_1| \geqslant 1 \tag{6.9.14}$$

其中

$$D_1 = \frac{m_0^2 R^2 \omega^2 W}{M_{g1} - \Delta M_f} \tag{6.9.15}$$

在单台电动机供电的同步运转状态下，停止供电的电动机能够继续同步回转，是由于激振器的中心的牵连运动而使该激振器获得能量，以克服该轴回转时的摩擦阻尼来实现的。这种传动原理称为“振动同步传动”。在振动同步传动情况下，相位角 $\Delta\varphi$ 会发生某些变化，因而机体重心的振动方向角也会略微改变，对振动角变化无明显要求的振动机械，可以应用振动同步传动。根据试验结果，在“振动同步传动”情况下所需的电能较双电机供电情况下所需电能小10～30%。这是因为停止供电的电动机的内电耗等于零，而机械部分的能量损耗应该不发生改变。

图6.9.4示出当某一电动机停止供电时机体振动角的变化情况图。

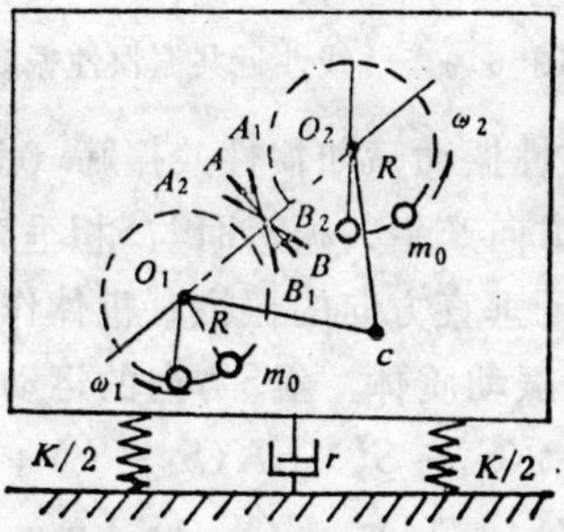

图 6.9.4 某一电动机停止供电时振动角变化图

当弹簧刚度很小时，稳定性指数W如下式：

$$W=\frac{2\sin^2\alpha}{m}+\frac{1}{J_x}[c^2(1+\sin^2\alpha)+a^2\cos^2\alpha]-\frac{a\sin^2\alpha}{J_z} \tag{6.9.16}$$

式中　a——激振器两轴距离之半；

c——激振器合成重心至机器重心之距；

J_x——机器振动部分对Ox轴的转动惯量；

J_z——机器振动部分对Oz轴的转动惯量。

6.9.1.2　线性近共振类惯性振动筛

近共振类惯性振动筛根据振动质体的数目分为单质体与双质体两种。由于双质体式惯性振动机的惯性力能实现相互平衡，目前得到广泛采用。根据主弹簧的线性与非线性的特点可分为线性近共振惯性振动筛，硬式非线性近共振惯性振动机和软式非线性近共振惯性振动机等三类。

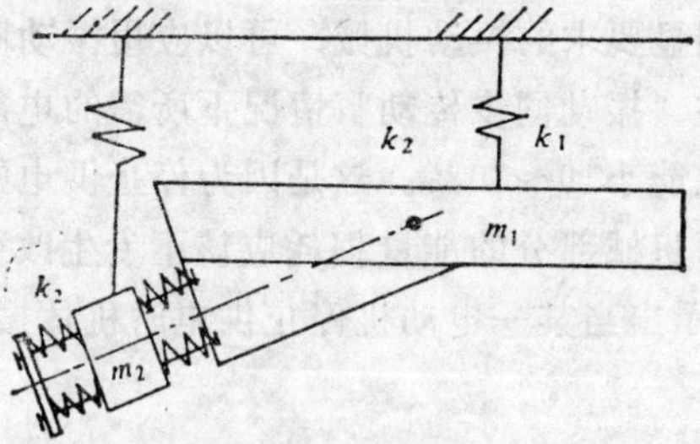

图 6.9.5　线性近共振惯性振动筛

线性近共振惯性振动筛如惯性共振筛（图6.9.5）。该种振动机仅仅在主振动S方向产生共振，而与S相垂直的方向远离共振，S方向的振幅远大于垂直方向的振幅，机体作近似于直线的椭圆运动。该机有两个振动质体，沿S方向的运动微分方程式可写为：

$$\begin{aligned}&m_1S_1''+\gamma(S_1'-S_2')+K(S_1-S_2)+K_1S_1=0\\&m_2S_2''-\gamma(S_1'-S_2')-K(S_1-S_2)=m_0R\omega_j^2\sin\omega_jt\end{aligned} \tag{6.9.17}$$

式中 m_1与m_2——质体1和2之质量；

S_1与S_2——质体1和2之位移；

γ与K——质体1和2相对运动阻力系数及主弹簧刚度；

K_1——隔振弹簧诱导至S方向上的刚度。

根据以上方程，可求出质体1和质体2之振幅A_1和A_2及相对振幅A：

$$A_1=-\frac{mm_0\gamma}{m_1m_2}\sqrt{\frac{K^2+\gamma^2\omega_j^2}{K-m\omega_j^2+\gamma^2\omega_j^2}}$$

$$A_2=\frac{mm_0\gamma}{m_1'm_2}\sqrt{\frac{(K-m_1'\omega_j^2)^2+\gamma^2\omega_j^2}{(K-m\omega_j^2)^2+\gamma^2\omega_j^2}}$$

$$A=-\frac{m_1'm_0R\omega_j^2}{m_2}\frac{1}{\sqrt{(K-m\omega_j^2)^2+\gamma^2\omega_j^2}} \tag{6.9.18}$$

其中
$$m_1'=m_1-\frac{K_1}{\omega_j^2},\quad m=\frac{m_1'm_2}{m_1'+m_2} \tag{6.9.19}$$

该振动机主振系统的固有频率为：

$$\omega_0=\sqrt{\frac{K(m_1'+m_2')}{m_1'm_2}} \tag{6.9.20}$$

频率比 $\lambda=\frac{\omega}{\omega_0}$ 通常在0.85～0.92范围内选取。

隔振系统的固有频率为：

$$\omega_{0g}=\sqrt{\frac{K_{1y}}{m_1+m_2}} \tag{6.9.21}$$

频率比$\lambda_g=\frac{\omega}{\omega_{0g}}$ 通常在2.5～10范围内选取。

主弹簧的刚度可按下式计算：

$$K=\frac{m_1'm_2}{m_1'+m_2}\omega_0^2=\frac{1}{\lambda^2}\frac{m_1'm_2}{m_1'+m_2}\omega_j^2 \tag{6.9.22}$$

隔振弹簧的刚度K_{1y}可按下式计算：

$$K_{1y}=(m_1+m_2)\omega_{0g}^2=\frac{1}{\lambda_g^2}(m_1+m_2)\omega_j^2 \tag{6.9.23}$$

质体2的质量可取为质体1质量的0.7～1。

6.9.1.3　非线性近共振类惯性振动筛

非线性近共振惯性振动机主要有硬式非线性惯性共振筛（图6.9.6）。硬式非线性共振筛的主弹簧通常由对称安装的分段线性的弹簧组成，软式非线性弹簧摇床是不对称安装并事先进行预压软硬线性弹簧所组成。

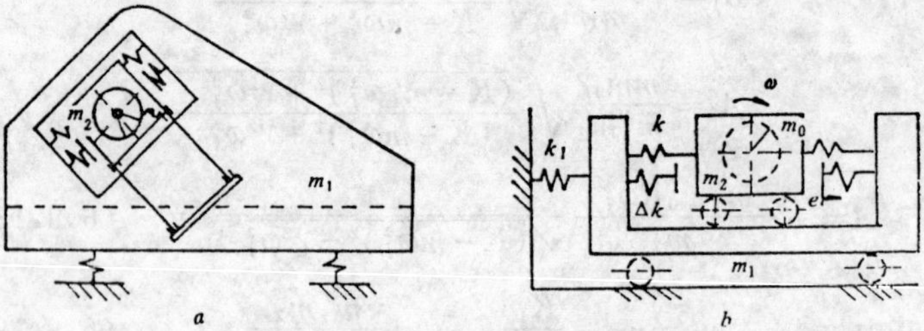

图 6.9.6　硬式分段线性非线性惯性共振筛及其力学模型

a—共振筛示意图；*b*—力学模型图

硬式分段线性非线性惯性共振筛振动机体沿主振动方向 S 的运动微分方程式为：

$$m_1 S''_1 + F(S,\ S') + \psi(S) + k_1 S_1 = 0$$

$$m_2 S''_2 - F(S,\ S') - \psi(S) = m_0 R\omega_j^2 \sin\omega_j t$$

(6.9.24)

$$S = S_1 - S_2,\quad S' = S'_1 - S'_2$$

式中　$F(S,\ S')$和$\psi(S)$——非线性阻尼力与非线性弹性力。

$$F(S,S') = \begin{cases} \gamma S', & 当 -e \leqslant s \leqslant e \\ (\gamma + \Delta\gamma) S', & 当 S \geqslant e 或 S \leqslant -e \end{cases}$$

$$\psi(s) = \begin{cases} KS, & 当 -e \leqslant s \leqslant e \\ KS + \Delta K(s - e), & 当 s \geqslant e \\ KS + \Delta K(s + e), & 当 s \leqslant -e \end{cases} \quad (6.9.25)$$

式中　γ与ΔK——线性区段相对运动阻力系数及弹簧刚度；

$\Delta\gamma$与ΔK——间隙弹簧工作区段之附加阻力系数与附加弹

簧刚度；

e——附加弹簧之安装间隙。

按照非线性振动理论中的方法可求出弹簧等效刚度：

$$K_e = K + \Delta K\left[1 - \frac{2}{\pi}\left(\psi_e + \frac{1}{2}\sin 2\psi_e\right)\right]$$

$$\psi_e = \arcsin\frac{e}{A} \tag{6.9.26}$$

式中 A——相对振幅。

将等效弹簧刚度表示为级数形式：

$$K_e = K + \Delta K\left\{1 - \frac{4}{\pi}\frac{e}{A}\left[1 - \frac{1}{6}\left(\frac{e}{A}\right)^2 - \frac{1}{40}\left(\frac{e}{A}\right)^4\right]\right\} \tag{6.9.27}$$

或按最小平方矩方法，可写得：

$$K_e = K + \Delta K\left[1 - \frac{5}{4}\frac{e}{A} + \frac{1}{4}\left(\frac{e}{A}\right)^5\right] \tag{6.9.28}$$

以上三种方法计算所得结果基本一致。

非线性共振筛等效阻力系数的理论计算方法较繁琐，以实验所得的结果计算较简便，对大多数非线性振动机，正常工作时之相对阻力系数$\gamma_e = 0.1 \sim 0.14 m\omega_j$（式中$m$为诱导质量）。

质体1和质体2一次近似的振幅及其相对振幅分别为：

$$A_1 = -\frac{m m_0 R}{m_1' m_2}\sqrt{\frac{K_e^2 + \gamma_e^2\omega_j^2}{(K_e - m\omega_j^2)^2 + \gamma_e^2\omega_j^2}}$$

$$A_2 = \frac{m m_0 R}{m_1' m_2}\sqrt{\frac{(K_e - m_1'\omega_j^2)^2 + \gamma_e\omega_j^2}{(K_e - m\omega_j^2)^2 + \gamma_e^2\omega_j^2}}$$

$$A = -\frac{m m_0 R\omega_j^2}{m_2}\sqrt{\frac{1}{(K_e - m\omega_j^2)^2 + \gamma_e^2\omega_j^2}} \tag{6.9.29}$$

其中

$$m_1' = m_1 - \frac{K_1}{\omega_j^2},\quad m = \frac{m_1' m_2}{m_1' + m_2} \tag{6.9.30}$$

等效固有频率：

$$\omega_0=\sqrt{\frac{K_e(m_1'+m_2)}{m_1'm_2}} \tag{6.9.31}$$

6.9.2　弹性连杆式共振筛的动力学特性

弹性连杆式振动机应用于物料的输送、筛分、选别、冷却等工作。它的构造简单，制造方便，工作时传动机构受力较小，机器平衡性好（对双质体式而言），目前，它们在水泥厂、铸造厂、耐火材料厂、化工厂中得到较广泛的应用。

弹性连杆式共振筛按照振动质体的数目，可分为单质体式、双质体式等二类。

6.9.2.1　单质体弹性连杆式共振筛

图6.9.7为其工作机构与力学模型。它只有一个振动质体，在质体与基础之间用主振弹簧连接，传动偏心轴使连杆作往复运动，连杆通过其端部的传动弹簧使质体产生振动。

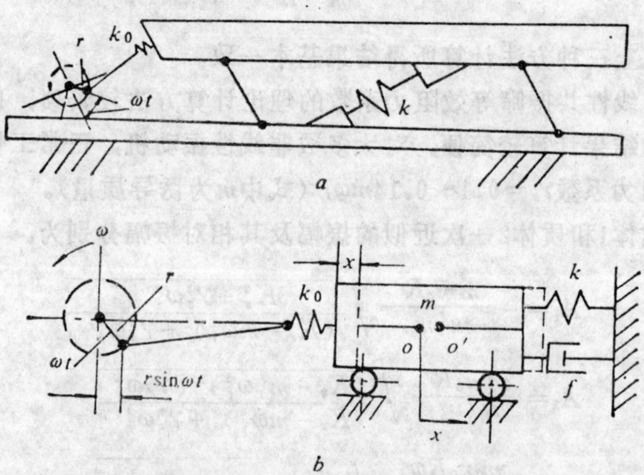

图 6.9.7　弹性连杆式共振筛

a—工作机构；*b*—力学模型

参照力学模型图6.9.7*b*可建立以下运动微分方程式：

$$mx''+\gamma x'+(K+K_0)x=K_0R\sin\omega_j t \tag{6.9.32}$$

式中　K——主振弹簧；

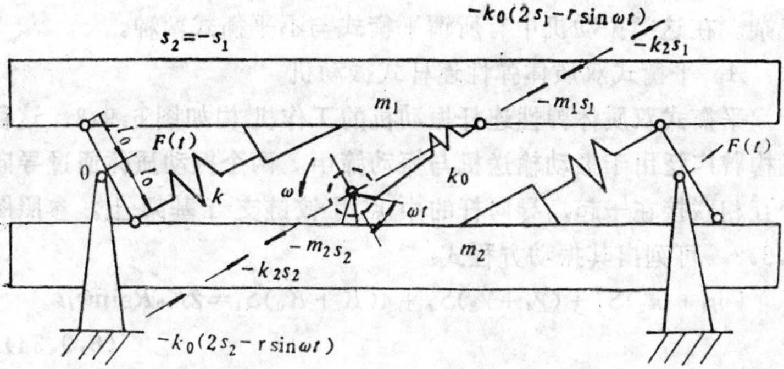

图 6.9.8 平衡式双质体弹性连杆式振动机机构简图

K_0——连杆弹簧；

m——振动质量；

γ——阻力系数；

R——偏心轴之偏心距。

振动机体之振幅A及名义激振力超前于位移的相位差角α分别为：

$$A=\frac{K_0R\cos\alpha}{(K+K_0)(1-\lambda^2)}$$

$$\alpha=\arc\sin\frac{\gamma\omega_j}{K+K_0-m\omega_j^2} \tag{6.9.33}$$

式中 λ——频率比，即工作频率ω与固有频率ω_0之比，$\lambda=\frac{\omega}{\omega_0}$；

ω_0——系统固有频率，$\omega_0=\sqrt{\frac{K+K_0}{m}}$。

该种振动机之频率比通常取0.75～0.95阻力系数取为0.1～0.14$m\omega_0$。

6.9.2.2 双质体弹性连杆式振动筛

双质体弹性连杆式共振筛由于两个振动质体的惯性力得到相

互平衡，因此，传给地基的动载荷明显减小，但其构造较单质体复杂。在这类振动机中有所谓平衡式与不平衡式两种。

A　平衡式双质体弹性连杆式振动机

平衡式双质体弹性连杆振动机的工作机构如图6.9.8。这种机构曾广泛用于振动输送机与振动筛中。两个振动质体通过导向杆互相联接在一起，导向杆的中点用铰链支于基架上。参照图6.9.8，可列出其振动方程式：

$$(m_1+m_2)S_1''+(\gamma_1+\gamma_2)S_1'+4(K+K_0)S_1=2K_0R\sin\omega_j t \tag{6.9.34}$$

式中　m_1和m_2——质体1和2之质量；

γ_1和γ_2——质体1和2运动之阻力系数。

质体1和2之振幅相等，运动方向相反，其振幅为：

$$A_1=-A_2=\frac{1}{2}\frac{K_0R\cos\alpha_1}{K+K_0-\dfrac{m_1+m_2}{4}\omega_j^2} \tag{6.9.35}$$

相位差角：

$$\alpha=\mathrm{arc\,tg}\frac{(\gamma_1+\gamma_2)\omega_j}{4\left(K+K_0-\dfrac{m_1+m_2}{4}\omega_j^2\right)} \tag{6.9.36}$$

系统的固有频率为：

$$\omega_0=\sqrt{\frac{4(K+K_0)}{m_1+m_2}} \tag{6.9.37}$$

相对振幅：

$$A=A_1-A_2=A_1+|A_2|=2A_1=\frac{K_0R\cos\alpha_1}{K+K_0-\dfrac{m_1+m_2}{4}\omega_j^2} \tag{6.9.38}$$

该种振动机在近共振状态下工作，频率比 $\lambda=\dfrac{\omega}{\omega_0}$ 通常在0.85～0.9的范围内。其传给地基的动载荷通常是由于两个振动质体的质量不等而引起的。减小两个振动质体质量之差可以相应减小其动载荷。

B 不平衡式双质体弹性连杆式振动机

不平衡式双质体弹性连杆式振动机的工作机构如图 6.9.9 所示。这种振动机的上质体直接通过导向杆和主弹簧支于下质体上。其驱动装置为偏心轴与弹性连杆。在正常工作时，两质体作相反方向运动。该机两个质体的运动微分方程式为：

$$m_1x_1''+\gamma_1x_1'+\gamma x'+(K+K_0)x=K_0R\sin\omega_jt$$
$$m_2x_2''+\gamma_2x_2'-\gamma x'-(K+K_0)x=-K_0R\sin\omega_jt \tag{6.9.39}$$

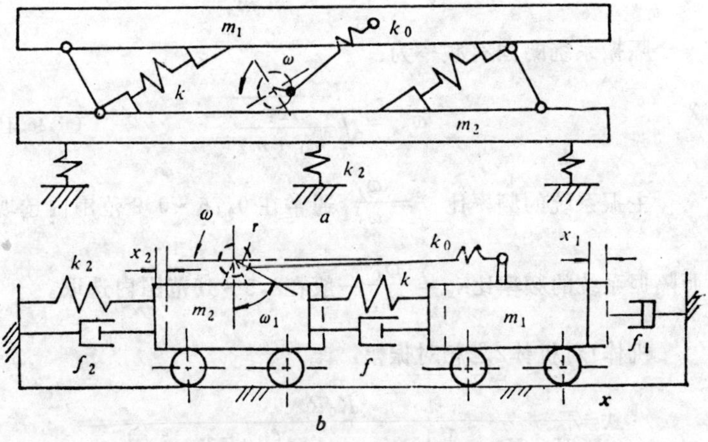

图 6.9.9 不平衡式弹性连杆式共振筛

a—工作机构；*b*—力学模型

其中 $x=x_1-x_2,\ x'=x_1'-x_2'$

在近似计算的情况下，振动质体1和2之振幅分别为：

$$A_1=\frac{m}{m_1}\frac{K_0R\cos\alpha}{K+K_0-m\omega_j^2}$$

$$A_2=-\frac{m}{m_2}\frac{K_0R\cos\alpha}{K+K_0-m\omega_j^2} \tag{6.9.40}$$

相位差角α：

$$\alpha = \mathrm{arc\ tg}\frac{\gamma\omega_j}{K + K_0 - m\omega_j^2} \tag{6.9.41}$$

两质体的相对振幅：

$$A = A_1 - A_2 = \frac{K_0 R\cos\alpha}{K + K_0 - m\omega_j^2} \tag{6.9.42}$$

其中m为诱导质量：

$$m = \frac{m_1 + m_2'}{m_1 + m_2'}, \quad m_2' = m_2 - \frac{K_2}{\omega_j^2} \tag{6.9.43}$$

主振动系统的固有频率：

$$\omega_0 = \sqrt{(K + K_0)\frac{m_1 + m_2'}{m_1 m_2'}} \tag{6.9.44}$$

隔振系统的固有频率为：

$$\omega_{og} = \sqrt{\frac{K_2}{m_1 + m_2}} \tag{6.9.45}$$

主振系统的频率比 $\lambda = \frac{\omega_j}{\omega_0}$ 通常在 0.75～0.9 范围内选取，而隔振系统的频率比$\lambda_g = \frac{\omega_j}{\omega_{og}}$一般在2.5～10范围内选取。

机体1对机体2之相对振幅：

$$\lambda = \frac{K_0 R}{K + K_0 - \frac{1}{4}\left[m_1 + m_2 - \frac{(m_1 - m_2)^2}{m_1 + m_2 + m_3'}\right]\omega_j^2} \tag{6.9.46}$$

系统的固有频率：

$$\omega_0 = \sqrt{\frac{4(K + K_0)}{m_1 + m_2 - \frac{(m_1 - m_2)^2}{m_1 + m_2 + m_3'}}} \tag{6.9.47}$$

其中

$$m_3' = \frac{-K_3}{\omega_j^2} + m_3 \tag{6.9.48}$$

6.9.2.3 非线性弹性连杆式共振筛

图6.9.10表示非线性弹性连杆式共振筛的工作机构及力学模型。

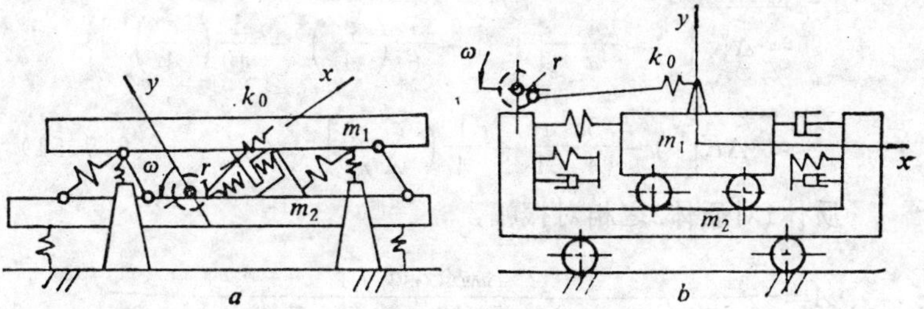

图 6.9.10 非线性共振筛

a—工作机构；b—力学模型

质体1和质体2之运动微分方程式为：

$$m'_1x''_1+\gamma x'+F(x,\ x')+(K+K_0)x+\psi(x)=K_0R\sin\omega_jt$$

$$m'_2x''_2-\gamma x'-F(x,\ x')-(K+K_0)x-\psi(x)=-K_0R\sin\omega_jt$$

(6.9.49)

其中

$$m'_1=m_1-\frac{K_1}{\omega_j^2},\ m'_2=m_2-\frac{K_2}{\omega_j^2},\ x=x_1-x_2$$

$$F(x,x')=\begin{cases}0,\ 当-e\leqslant x\leqslant e\\ \Delta\gamma,\ 当x\geqslant e或x\leqslant -e\end{cases}$$

$$\psi(x)\begin{cases}0,\ 当-e\leqslant x\leqslant e\\ \Delta K(x-e),\ 当e\leqslant x\leqslant\infty\\ \Delta K(x+e),\ 当-\infty\leqslant x\leqslant -e\end{cases}\qquad(6.9.50)$$

$$\psi_e=\text{arc}\sin\frac{e}{A}$$

式中 $\psi(x)$——非线性弹性力；

$F(x,\ x')$——非线性阻尼力；

e——间隙；

A——相对振幅。

非线性弹簧的等效刚度：

$$K_e=\Delta K\left[1-\frac{2}{\pi}\left(\psi_e-\frac{1}{2}\sin\psi_e\right)\right]$$

$$=\Delta K\left\{1-\frac{4}{\pi}\frac{e}{A}\left[1-\frac{1}{6}\left(\frac{e}{A}\right)^2-\frac{1}{40}\left(\frac{e}{A}\right)^4\right]\right\}$$

$$\approx\Delta K\left[1-\frac{5}{4}\frac{e}{A}+\frac{1}{4}\left(\frac{e}{A}\right)^5\right] \quad (6.9.51)$$

质体1对质体2之相对振幅：

$$A=\frac{K_0R\cos\alpha}{K_0+K+\Delta K\left\{1-\frac{4}{\pi}\frac{e}{A}\left[1-\frac{1}{6}\left(\frac{e}{A}\right)^2-\frac{1}{40}\left(\frac{e}{A}\right)^4\right]\right\}-m\omega_j^2}$$

$$\alpha=\mathrm{arctg}\frac{(\gamma+\gamma_e)\omega_j}{K_0+K-m\omega_j^2},\quad m=\frac{m_1'm_2'}{m_1'+m_2'} \quad (6.9.52)$$

式中 γ_e——等效阻力系数。

质体1和质体2之振幅：

$$A_1=\frac{m}{m_1'}A,\quad A_2=-\frac{m}{m_2'}A \quad (6.9.53)$$

参 考 文 献

〔1〕 电磁振动给料机编写组，电磁振动给料机，机械工业出版社，1973年。
〔2〕 东北工学院矿山机械教研室，选矿机械，冶金工业出版社，1959年。
〔3〕 闻邦椿，选矿文集，冶金工业出版社，1960年第6集。
〔4〕 闻邦椿，起重运输机械，1974，第4期。
〔5〕 闻邦椿，起重运输机械，1975年，第1、2、3期。
〔6〕 中国矿业学院选煤教研组编，选煤机械，煤炭工业出版社，1979年。
〔7〕 闻邦椿，矿山机械，1974年，第5期。
〔8〕 刘杰、闻邦椿，化工起重运输设计，1984.4。
〔9〕 闻邦椿、关立章，矿山机械，1979年，第5期。
〔10〕 闻邦椿，机械振动专辑，1978年。
〔11〕 王峰，矿山机械，1976年，第4期。
〔12〕 陈予恕，矿山机械，1980年，第1期。

〔13〕 H.H.包戈留包夫等，非线性振动理论中的渐近方法，上海科学技术出版社，1963年。

〔14〕 井上顺吉、荒木嘉昭、林舒子，日本机械学会论文集，昭和41年，32卷p.184。

〔15〕 闻邦椿、刘凤翘著，振动机械的理论及应用，机械工业出版社。

〔16〕 刘杰，矿山机械，1990.4。

〔17〕 刘杰，矿山机械；1990.8。

〔18〕 F.Mogensen，《A NewMethod of Screening Granular Materials》，"The Quarry Manger's Journal"，1965，Oct.

〔19〕 И.Ф.Гончаревич и др.《Вибрационные маишныв смроймельсмве》，Машчиз，1963。

〔20〕 B.Д.奥列夫斯基著，筛子的构造与计算，冶金工业出版社，1959年9月。

〔21〕 刘树英、刘杰、闻邦椿，金属矿山，1986.6。

〔22〕 谭传榕，选矿机械，1987.4。

7 破 碎

7.0 绪论

在选矿工艺过程中所加工的物料及其产品，都是尺寸和形状不同的各种颗粒所组成的碎散状混合物。所谓颗粒就是物料细分状态的个别物理单元。粒度就是描述颗粒所占空间范围的代表性尺寸，简言之，即是颗粒的大小。

破碎的实质是碎散物料粒度减小及其形状变化的过程。其任务是研究破碎过程中物理及化学现象的规律，并使之用于生产的优化实践。其目的主要是：

（1）为下一步加工准备原料；

（2）便于运输或贮存；

（3）提供产品。

破碎在工农业生产和人类生活中占有极为重要的地位。破碎往往是固体岩矿物料（以下简称物料）加工的第一道工序，其产品上限粒度（最大颗粒粒度）在工业生产中一般说来大于3～5毫米，试验室加工试料时可达到1毫米。

7.1 粒度、粒度特性和粒度分析

7.1.1 粒度

粒度是碎散物料的一个很重要的物理量。在选矿工业中采用的选矿方法、工艺流程及设备选择以及生产技术经济指标的优劣，在很大程度上与所处理的物料粒度有关。实际上，矿石从地壳中采出直到选矿加工所有过程中，这些碎散物料的尺寸及形状都是千差万别的。在生产实践中，特别是对于破碎作业的原料及其产品，期望用一个尺寸值来表示其粒度的大小，是很困难的。

当然，对于几何形状比较规则的颗粒，如似球状颗粒的大小可用其直径表示；似立方体形颗粒可用其一个边的长度表示。而对于不规则颗粒则不能用上述简单方式表示其粒度。粒度特性的研究目的之一就是把这种表面看来无规则的、杂乱无章的随机体测量出它们的形状和粒度特性，找出其内在规律，并以一定型式把它描述出来。

被测颗粒大小通常还取决于所采用的测量方法。由于碎散物料粒度测量和表示方法很多，因此选用时应根据具体情况，尽可能的反映希望控制的工艺过程要求。

7.1.1.1 单颗粒尺寸

单颗粒尺寸的测量及表示的对象，通常是较粗大的颗粒，例如采矿供给的原矿，破碎的产品等。这些颗粒大小及形状对于选择破碎机、运输机、漏斗、给矿机、筛分机等有直接影响。

对于形状不规则颗粒通常采用三维测量法，特别是中碎以前的产品。

把颗粒放稳（重心最低状态），作一个外切于颗粒的长方体（图7.1.1），长方体的长度以l表示，宽度以W表示，高度以h表示，通常$l>W>h$。用三维线性尺寸表示单颗粒的各种方法列于表7.1.1。

此外，还经常使用筛分径平均值表示单颗粒尺寸，取相邻二个方形筛孔筛子，使颗粒能通过其中较大筛孔a，而不能通过其

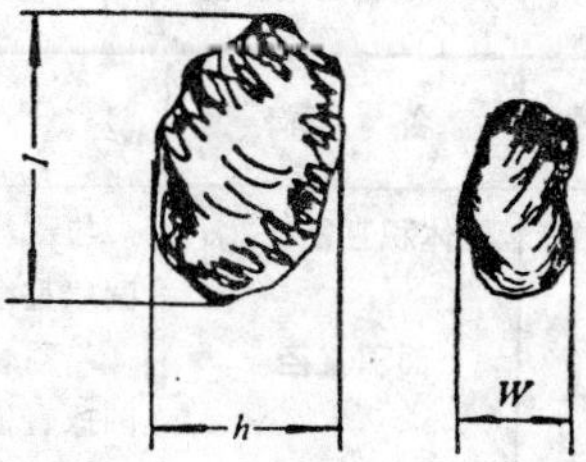

图 7.1.1 颗粒的三维尺寸

表 7.1.1 单颗粒尺寸表示法

类型	名称	定义	公式
指定的特性线段表示的直径	长轴径	颗粒的最大尺寸	$d=l$
	短轴径	颗粒的最小尺寸	$d=W$
	定向直径	Feret径	d介于$l\sim W$间
	定方向面积等分径	Marti径	d介于$l\sim W$间
算术平均值表示直径	二轴平均值	颗粒最大和最小尺寸平均值	$d=\frac{l+W}{2}$
	三轴平均值	颗粒长、宽和高三度尺寸平均值	$d=\frac{l+w+h}{3}$
几何特性表示直径	调和平均值		$d=3\Big/\left(\frac{1}{l}+\frac{1}{W}+\frac{1}{h}\right)$
	表面积平均值	颗粒外接长方体表面积平均值	$d=\sqrt{2lW+2Wh+2lh/6}$
	体积平均值		$d=\frac{3lWh}{lW+Wh+lh}$
	几何平均值	颗粒外接长方体体积平均等值边长	$d=\sqrt[3]{lWh}$
等值直径	外接矩形等值径		$d=\sqrt{lW}$
	正方形等值径		$d=\sqrt{A}$ ①
	圆形等值径		$d=\sqrt[2]{A/\pi}$
	直立体等值径		$d=\sqrt[3]{lWh}$
	圆柱体等值径		$d=\sqrt[3]{Ah}$
	立方体等值径		$d=\sqrt[3]{V}$ ②
	球体等值径		$d=\sqrt[3]{6V/\pi}$

①颗粒的投影面积， ②颗粒的体积．

表 7.1.2　当量直径及其定义

符号	名　称	定　义	公　式
d_V	体积直径	与颗粒具有相同体积的圆球直径	$V=\frac{x}{6}d_V^3$
d_S	面积直径	与颗粒具有相同面积的圆球直径	$S=xd_S^2$
d_{SV}	面积体积直径	与颗粒具有相同的外表面和体积比的圆球直径	$d_{SV}=\frac{d_V^3}{d_S^2}$
d_d	阻力直径	在粘度相同的流体中，在相同的速度时与颗粒具有相同的运动阻力的圆球直径(当Re很小时，d_d近似等于d_S)	$\left.F_D=C_DA\rho_f\frac{V^2}{2}\right\}$ 式中 $C_DA=f(d_d)$
d_f	自由降落直径	与颗粒密度相同的球体，在密度和粘度相同的流体中，与颗粒具有相同的沉降速度时，此球体的直径即为d_f	$\left.\begin{array}{l}F_D=3xd_d\eta\cdot V\\ Re<0.2\end{array}\right\}$
d_{stk}	斯托克(stoke)直径	层流区($Re<0.2$)颗粒的自由降落直径	$d^2=\frac{d_v^3}{d_d}$
d_a	投影面直径	与置于稳定位置的颗粒的投影面积相同的圆的直径	$A=\frac{x}{4}d_a^2$
d_p	投影面直径	与任意放置的颗粒的投影面积相同的圆的直径	颗粒在各种位置的d_p＝凸圆与颗粒的d_S
d_C	周长直径	与颗粒的投影外形周长相等的圆的直径	
d_A	筛分直径	颗粒可以通过的最小筛孔的宽度	
d_F	弗雷特(Feret)直径	与颗粒投影外形相切的一对平行线之间的距离的平均值	
d_M	马丁(Martin)直径	颗粒投影外形的平均弦长	
d_R	展开直径	通过颗粒重心的平均弦长	$E(d_R)=\frac{1}{x}\int_0^{2\pi}d_Rd\theta_R$

较小筛孔b，则颗粒粒度以$d=\frac{a+b}{2}$表示。筛分径对于各粒级均适用，尤其是较小粒级范围，用的最为广泛。

如果碎散物料被加工得很细，则颗粒的线性特性尺寸l、W、h的数值很相近，其数值也较小，从而难以测出其精确数值。这时，可以把物料颗粒看作是一个似球形或似立方体形，用“当量直径”表示这种颗粒的几何属性。表7.1.2给出了常用的几种“当量直径”表示法。

7.1.1.2 单颗粒的形状

破碎工艺过程中的原料及产品，大多数是完全没有确定几何形状的颗粒群。颗粒的形状影响着物料的流动性、包装性、运输性以及其它工艺性能；也影响磨蚀性和可碎性。表7.1.3为颗粒形状的分类。物料的颗粒形状与其成分、解理、结构等因素有关。图7.1.2为物料颗粒的大致形状示意。

表 7.1.3 颗粒形状的分类

序号	颗粒形状	几何特点
1	针状	针形体
2	多角状	具有清晰的边缘或具有粗糙的多面形体
3	枝状	树枝状结晶
4	纤维状	规则的或不规则的线状体
5	片状	板状体
6	粒状(块状)	具有大致相同量纲的不规则形体
7	不规则状	无任何对称性的形体
8	模状	具有完整的、不规则形体（无尖、锐边）
9	球状	圆球形体

颗粒的形状很难以确切的“术语”或“数值”来表示，通常采用海伍德（Heywood）比值或形状系数表示法。

海伍德比值　海伍德用已测得的颗粒三维尺寸来表示颗粒的形状比，称为海伍德比值。

长宽比　$n=l/W$；

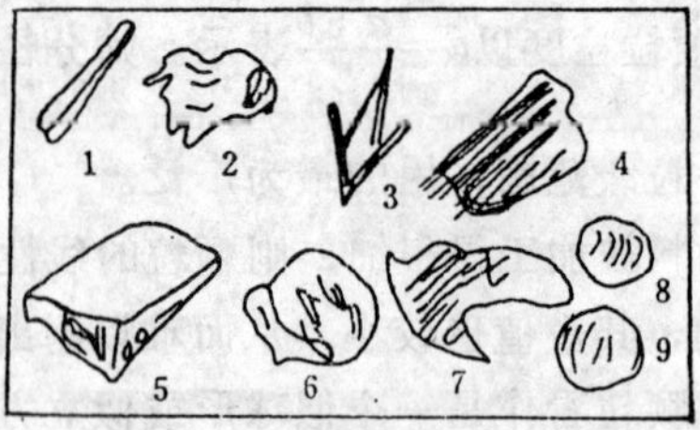

图 7.1.2　物料颗粒形状示意

扁平比　$m=W/h$。

当n，m值近于1时，称为块状物料；

当$n>1.5$时，称为针状物料；

当$m>2$时，称为楔形物料。

J.A.赫布斯特(Herbst) 把似球体、似立方体、似圆锥体、似四面体，似八面体等认为是有确定的几何形状，提出：“规则几何体形状与其线性尺寸相关”。其表面积与线性尺寸平方成正比，而体积与线性尺寸的立方成正比，关系如下：

表面积　$A=c_2d^2$

体　积　$V=c_3d^2$

式中　A——颗粒表面积；

d——颗粒线性尺寸（粒度）；

c_2——表面积形状系数；

V——颗粒的体积；

c_3——体积形状系数。

c_2/c_3——形状系数。见表7.1.4。

苏联乌兹德尔（уздель）测定了不规则颗粒的球形系数ψ，它等于球体面积$A_{球}$与等体积的粒子的实际面积之比。

$$\psi=\frac{A_{球}}{A_{实}}$$

几种典型几何体的球形系数列于表7.1.5。

沃德尔（Wadell）给形状因素的定义称为圆球度ψ_w。

表 7.1.4 形状系数

几何体形状	表面积	体积	c_2	c_3	c_2/c_3
球体或似球体（直径d）	πd^2	$\frac{1}{6}\pi d^3$	π	$\frac{1}{6}\pi$	6
(似)立方体（边长a）	$6a^2$	a^3	6	1	6
正圆柱体 (似)正圆柱体	$\frac{3}{2}\pi d^2$	$\frac{1}{4}\pi d^3$	$\frac{3}{2}\pi$	$\frac{1}{4}\pi$	6
正圆锥体 似正圆锥体	$\frac{1}{4}\pi(1+\sqrt{5})d^2$	$\frac{1}{12}\pi d^3$	$\frac{1}{4}\pi(1+\sqrt{5})$	$\frac{1}{12}$	≈9.71
四面体（边长a）	$1.173a^2$	$0.118a^3$	1.173	0.118	≈9.94
正八面体	$2.828a^2$	$0.333a^3$	2.828	0.333	8.49

表 7.1.5 几种几何体的球形系数

几何体	球形系数，ψ
球体，似球体	1.0000
立方体，似立方体	0.8060
长方体，似长方体	
a，a，$2a$	0.7670
a，$2a$，$2a$	0.7610
a，$2a$，$3a$	0.7250
片状体，似片状体	
$h=r$	0.8270
$h=r/3$	0.5940
$h=r/10$	0.3230
$h=r/15$	0.220
长棱体，似长棱体	
$h=3r$	0.8600
$h=10r$	0.6910
$h=20r$	0.5800

$$\psi_u = \frac{\text{与颗粒等体积的圆球的表面积}}{\text{颗粒的实际表面积}}$$

7.1.1.3　颗粒群尺寸

在实验与生产实践中，往往与群体颗粒相遇。这些粒群是由不同尺寸的许多粒子所组成。通常采用数学统计方法来计算粒群的平均直径。

将粒群物料用某种方法按尺寸大小分成为若干个窄级别子粒群。由于划分级别较窄，故每一级别中颗粒尺寸比较接近，可以考虑用窄级别上限尺寸a_i和下限尺寸b_i的平均值表示窄级别中粒群的平均粒度

$$d_i = \frac{a_i + b_i}{2}$$

如已知某颗粒群各窄级别的粒子平均直径为d_1，d_2，d_3，……；粒子的颗粒数或颗粒产率为n_1，n_2，n_3……；粒子的重量或重量产率为W_1，W_2，W_3……；总颗粒群平均直径计算方法列于表7.1.6。

表7.1.6中第（6）～（11）式是具有物理意义的平均直径。

尽管表示粒子和粒子群的平均直径的方法很多，但是在一定的情况下，只能应用某一种计算方法来确定它们的平均直径。像任何平均值一样，平均直径只代表统计数值特性的一个方面，它不可能彻底地、全面地表征全部数量的性质。计算方法的选择取决于它的数量性质和工艺要求。如果不根据研究对象的性质，任意地选用计算平均直径的公式是危险的。

7.1.1.4　粉碎工程用物料尺寸习惯表示法

对于破碎与磨碎作业通常采用下述习惯表示法。

A　最大颗粒尺寸表示法

这种方法最为常用，特别是粗碎和中碎作业，因为颗粒最大尺寸对于破碎机至关重要，是能否给进破碎机给料口的标志。用D_{max}或d_{max}表示，有时也可以用P_{100}，F_{100}或D_{100}，d_{100}表示。

表 7.1.6 颗粒群平均直径表示法

名　称	计　算　公　式
1. 算术平均径	$D=\Sigma nd/\Sigma n=\Sigma\left(\frac{W}{d^2}\right)/\Sigma\left(\frac{W}{d^3}\right)$
2. 几何平均径	$D=(d_1^{n_1}d_2^{n_2}\cdots\cdots d_n^{n_n})^{1/n}=(d_1^{W_1},d_2^{W_2}\cdots\cdots d_n^{W_n})^{1/W}$
3. 调和平均径	$D=\Sigma n/\Sigma(n/d)=\Sigma\left(\frac{W}{d^3}\right)/\Sigma\left(\frac{W}{d^4}\right)$
4. 波型径、峰值径	分布曲线的最高频度点
5. 中值径、中位径	累积曲线的中央值
6. 长度平均径	$D=\Sigma nd^2/\Sigma nd=\Sigma\left(\frac{W}{d}\right)/\Sigma\left(\frac{W}{d^2}\right)$
7. 体面积平均径	$D=\Sigma nd^3/\Sigma nd^2=\Sigma W/\Sigma\left(\frac{W}{d}\right)$
8. 重量平均径	$D=\Sigma nd^4/\Sigma nd^3=\Sigma Wd/\Sigma W$
9. 平均面积径	$D=(\Sigma nd^2/\Sigma n)^{1/2}=\left(\Sigma\left(\frac{W}{d}\right)/\Sigma\left(\frac{W}{d^3}\right)\right)^{1/2}$
10. 平均体积径	$D=(\Sigma nd^3/\Sigma n)^{1/3}=\left(\Sigma W/\Sigma\left(\frac{W}{d^3}\right)\right)^{1/3}$
11. 比表面积径	$D=k/\rho S_W$（S_W—比表面积；ρ—粒子的密度；k—形状系数）

B　95%重量通过尺寸表示法

对物料进行筛析称重，求出95%通过量的粒度尺寸，以P_{95}、F_{95}或D_{95}，d_{95}表示，多用于细碎和磨碎作业。

C　80%重量通过尺寸表示法

欧美国家，广泛应用邦德（Bond）计算系统，故广泛采用80%重量通过尺寸来表示粒度。本方法适用于破碎和磨碎作业。大量研究表明，用80%粒度表示法，较精确地表示了粒度组成代表性。如图7.1.3所示，具有相同的上限粒度尺寸的几种物料群，其D_{100}是相同的，而其D_{80}却相差甚大。由此可见，D_{100}表示法不能很好反映物料尺寸特性，对于计算功耗等，则显得十分粗糙。而80%粒度表示法则可表示出部分粒度特性，表示物料的部分物理性质（软或硬），这无疑对于计算功耗等数值就更能接近实际情

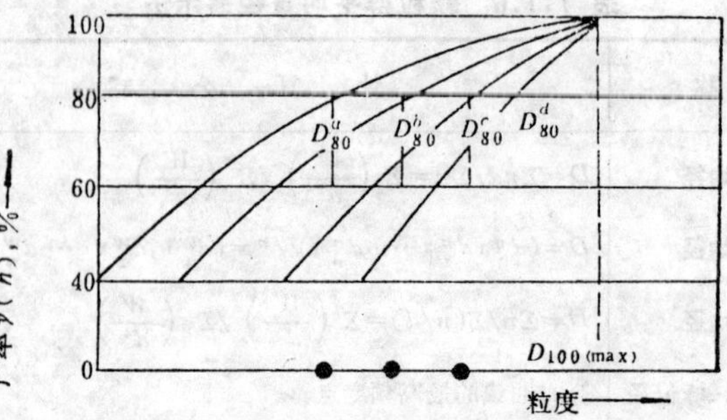

图 7.1.3　80%与100%粒度表示法比较

况。我国学者陈炳辰教授用此法研究磨碎工艺，认为误差不超过5%，具有良好的代表性。

D　-200目（-75微米）筛孔%表示法

磨碎作业通常采用磨至-200目（-75微米）所占百分含量表示磨碎产品粒度。与其相应的d_{95}如下：

-75微米　占45～50%，相当于磨至0.3毫米；

-75微米　占55～60%，相当于磨至0.2毫米；

-75微米　占70～75%，相当于磨至0.15毫米；

-75微米　占85～90%，相当于磨至0.10毫米；

-75微米　占95%以上，相当于磨至0.075毫米。

当然，物料可磨度不同，存在一定差异。

7.1.2　粒度分析

将粒群物料按粒度大小分成若干个级别，这些级别称为粒级。物料中各粒级的含量称为粒度组成。测定物料粒度组成或粒度分布以及比表面积等了解物料粒度特性的工作叫做粒度分析。

粒度分析是选矿工艺中一项非常重要的工作，尤其是对于破碎与磨碎工艺更为重要。

表7.1.7列出了各种测定方法及适用范围。

粉碎工程（主要为破碎与磨碎）中粒度分析，常采用筛析法、沉降分析（重力沉降和离心沉降）和显微镜法。

表 7.1.7 颗粒尺寸及测量方法

粒子尺寸，mm								
10^{-7}	10^{-6}	10^{-5}	10^{-4}	10^{-3}	10^{-2}	10^{-1}	10^{0}	10^{1}
粒子尺寸，μm								
10^{-4}	10^{-3}	10^{-2}	10^{-1}	10^{0}	10^{1}	10^{2}	10^{3}	10^{4}
在1cm³中立方体形粒子的颗粒数								
10^{24}	10^{21}	10^{18}	10^{15}	10^{12}	10^{9}	10^{6}	10^{3}	10^{0}
表面积								
$6\times10^{4}m^2$	$6000m^2$	$600m^2$	$60m^2$	$6m^2$	$6000cm^2$	$600cm^2$	$60cm^2$	$6cm^2$
溶液	胶体		悬浮体		−75μm的粒子		+75μm的粒子	
	超微粒体		微粉体				粗粉体	粒体
γ线	X线	紫外线	可见光线		红外线			
矿物晶体			有用矿物					
筛分法							金属丝编织筛	
						电成型筛		
统计法					显微镜法			
				扫描电子显微镜法				
		透射电子显微镜法						
				库尔特计数器				
			光散射粒子计数器					
有效法				重力沉降法				
			离心沉降法					
				风力法				
		扩散法						
比表面积法			吸附法					
		透过法						
	反应速度法							

7.1.2.1　**筛分分析**

筛分分析是利用筛孔大小不同的一套筛子进行粒度分级。对于粒度小于100毫米而大于0.043毫米的物料，一般采用筛析法测定粒度组成。

对于破碎作业物料，其粒度范围较宽，由露天开采之原矿最大块粒度可达到1300毫米，最细粒级可达微米级。一般，大于100毫米粒级物料可用套圈法或直接用尺测量其粒度。100～4.7毫米粒度可采用粗粒震筛器与粗粒套筛进行筛析。图7.1.4为美国吉尔森（GILSON）TS—1型振动套筛。

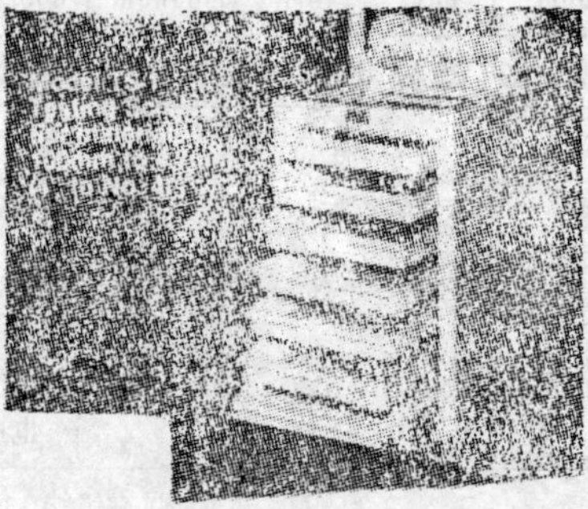

图 7.1.4　粗粒筛析用吉尔森TS—1型振筛器

筛析法的优点是设备简单，造价便宜，易于操作。一般干筛可筛至200目（75微米）。但湿筛可采用光电微孔分析筛，可筛至5微米。筛析法的缺点是受颗粒形状的影响很大。

7.1.2.2　**重力沉降分析**

重力沉降分析由于通常采用水做介质又称为水力沉降分析。是利用不同尺寸粒子在水介质中沉降速度的不同而分成为若干级别。它不同于筛析法，因为筛析法测得的是几何尺寸，水力沉降分析测得是具有相同沉降速度的当量球径。

7.1.2.3　**离心沉降分析**

离心沉降分析是使粒子在离心力场作用下快速分级。

7.1.2.4　**显微镜分析**

显微镜分析主要用来分析细物料，可以直观测出颗粒尺寸和形状，常用于检查磨碎作业产品、选矿产品或校正水力沉降分析结果，以及研究矿石的结构和构造，其最佳测量范围为0.5～20微米。

7.1.2.5 比表面积法

比表面积法适用于微细粒级物料的粒度测定。

在选择粒度测定方法时，应考虑如下情况，例如：测量的准确度和精确度、设备成本、分析时间的长短、频繁程度、操作的难易程度以及样品的物理状态和化学反应能力。

由于不同的测定方法使用的粒度表示法不同，因此在选择测定方法时，应从研究问题的需要出发。

7.1.3 粒度特性和粒度特性方程式

表示碎散物料粒度分析结果的数学表格、图形等称为粒度特性和粒度特性曲线；用数学解析式方法表示粒度特性的数学式称为粒度特性方程式。

7.1.3.1 列表表示法

为了便于分析和研究问题，将粒度分析结果，按一定要求填入规定的表格以表示粒度组成特性，称为列表法。

根据测定结果，分别计算筛分或分析的级别总出量，总出量用大于某一筛孔各级别出量之和（正累积重量百分比）或小于某一筛孔的各级别出量之和（负累积重量百分比）表示，将计算后结果填入规定的表格。

表7.1.8为常用的粒度分析记录表格形式之一。

列表法是记录和分析试验测定结果最常用的方法之一，是测量结果的直接反映，尽管给出的数据是有级而间断的，但其数值是在实验中直接测得的，故其准确度较高。有时，尽管绘制出粒度特性曲线，但同时也绘出列表数值。

7.1.3.2 图示法（粒度特性曲线）

用图示法表示碎散物料粒度测定数据更易于了解颗粒分布情

表 7.1.8　粒度分析测定结果及计算

序号	粒　级 mm Δx_i	平均粒径 mm $\overline{\Delta x}_i$	产　率 （频率） Δy_i	负累积 （由细至粗） $\sum_{i=1}^{i}\Delta y_i$	正累积 （由粗到细） $\sum_{i=1}^{i}\Delta y_i$
1	−0.1	0.05	0.316	0.316	1.000
2	0.1～0.2	0.15	0.131	0.447	0.684
3	0.2～0.3	0.25	0.101	0.548	0.553
4	0.3～0.4	0.35	0.084	0.632	0.452
5	0.4～0.5	0.45	0.075	0.707	0.368
6	0.5～0.6	0.55	0.067	0.774	0.293
7	0.6～0.7	0.65	0.063	0.837	0.226
8	0.7～0.8	0.75	0.057	0.894	0.163
9	0.8～0.9	0.85	0.054	0.948	0.106
10	0.9～1.0	0.95	0.052	1.000	0.052

况及其规律，是更为形象的表示法。

作图所得曲线称为粒度特性曲线。

通常把粒度特性曲线绘制在直角坐标系统上，横坐标表示物料颗粒的大小（x或d），纵坐标表示粒级出量或颗粒个数。

A　矩形图示法

矩形图是最简单的粒度特性图形表示法。如表7.1.8 中将物料分为10个粒度级别。然后绘制矩形图。方法是对每一个分级间隔作一矩形方块，其高度与各间隔中的产率（Δy_i）成正比（图7.1.5*a*）。

B　曲线图示法

把矩形图顶边中点联结起来可得一条曲线，称为部分粒度特性曲线（图7.1.5*b*），当然，也可以把该粒级的纵坐标点，定在最大粒度和最小粒度上。

如根据各粒级累积出量绘制的粒度特性曲线，称为累积粒度特性曲线（图7.1.5*c*）。

图7.1.5*b*又称为密度函数曲线，图7.1.5*c*又称为分布函数曲线。

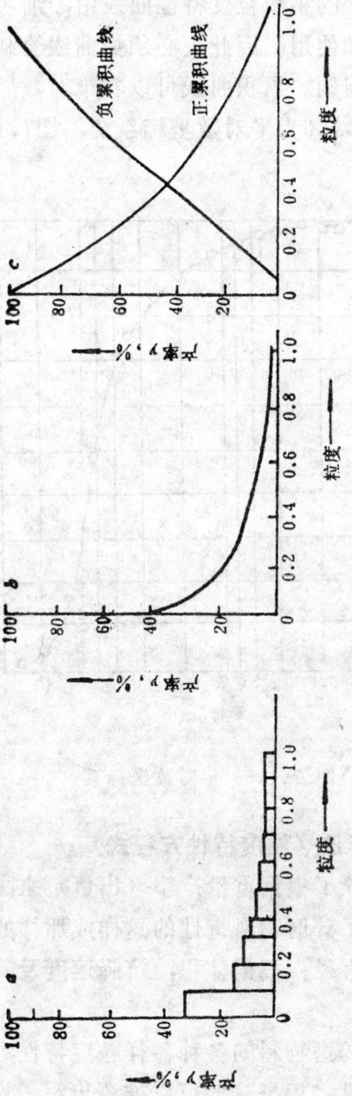

图 7.1.5 粒度特性曲线

a—矩形图；b—部分粒度特性曲线；
c—累积粒度特性曲线

累积粒度特性曲线的纵坐标表示大于某一直径的物料出量，称为正累积曲线，反之称为负累积曲线。

在粒度范围很广的累积粒度特性曲线中，细粒级的纵坐标很短，曲线难于绘制和使用。因此，必须把曲线绘制在很大的图纸上。为了解决这个问题。累积曲线可以在半对数坐标或双对数坐标系统上绘制。图7.1.6为半对数坐标系统，图7.1.7为双对数坐标系统。

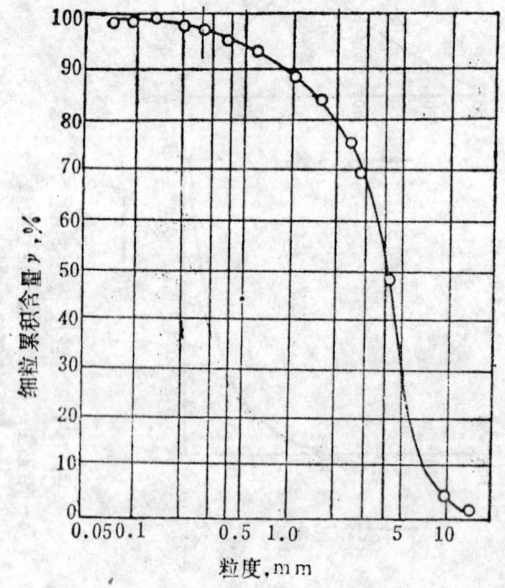

图 7.1.6　半对数坐标系

7.1.3.3　解析法（粒度特性方程式）

对于解析法，除了根据重量产率（出量）来决定粒子的精度和数量外，还提出了碎磨物料特性的这样或那样的指标。如根据表面积决定粒子的直径；根据体积，沉降速度及其他方法来决定粒子的直径。

从实践得知，碎磨物料的各种各样粒度特性，它们在一般情况下具有某种稳定性，根据这些可以推测出粒子按粒度尺寸分布的规律。

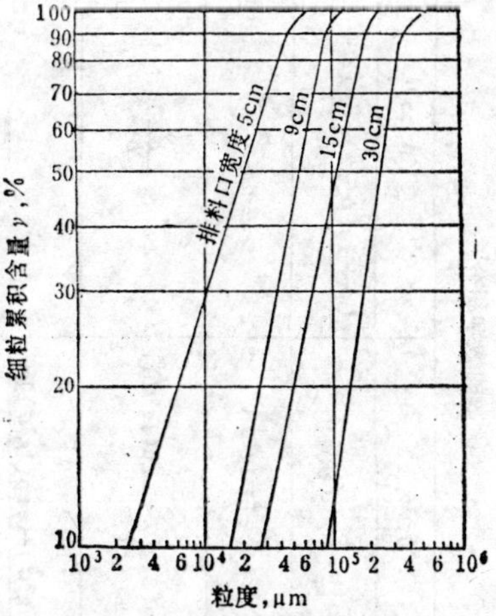

图 7.1.7 双对数坐标系

粒度分布的解析法意义在于：

（1）证明了在整个粒度范围内粒度组成的外推法，它可简便，迅速地对粒度分析进行计算。

（2）用于计算粒子的表面积、颗粒数、体积和其他指标。

（3）对粒度分析，碎磨机械工作及其产品进行评价。

可见，用粒度特性方程式来代表粒度分布常常是很方便的，因为它为粒度分布数据提供了简单的数学表达式，便于进行数学分析和统计分析；便于使用电子计算机进行演算。

粒度特性方程式目前均为经验关系式，自19世纪20年代以来，已提出的经验粒度特性方程式不下十余种。选矿中应用最普遍的有四种，即A.M.高登—安德列耶夫—R.舒曼(Gaudin—Андлеев—Schumann)方程式；罗辛—拉姆勒—本尼特(Rosin-Rammler-Bennet)方程式；对数正态分布方程式和伽玛(Gamma)分布方程式。表7.1.9列出了这些分布方程式及其可调参数，以及确定每一种分布的主要特征。

表 7.1.9 四种常用经验粒度特性方程式

名 称	高登-安德列耶夫-舒曼	罗辛-拉姆勒-本尼特	对数正态分布	伽玛分布①
可调整参数	m, d_{max}	m, l	$\lg\sigma,\ l'$	b, p
密度函数（重量百分率）$f(d)$	$m\frac{d^{m-1}}{d_{max}^{m}}$	$\frac{m}{l^m}d^{m-1}\exp[-d(d/l)^m]$	$\frac{d^{-1}}{\sqrt{2\pi}\lg\sigma}\exp\left[\frac{-\lg(d/l')}{2\lg^2\sigma}\right]$	$\frac{b^p d^{p-1}e^{-bd}}{\Gamma(\ )}$
分布函数（累积重量百分率）$F(d)$	$\left(\frac{d}{d_{max}}\right)^m$	$1-\exp[-(d/l)^m]$	密度函数的数字积分	
范 围 (d_{min}, d_{max})	$[0, d_{max}]$	$[0, \infty]$	$[0, \infty]$	$[0, \infty]$
矩，m_j	$\frac{m}{m+j}d_{max}^{j}$	$l^j\Gamma\left(\frac{j}{m}+1\right)$	$d_{60k}^{j}\exp\left[\frac{1}{2}(j\ln\sigma)^2\right]$	$\frac{p(p+1)(p+2)\cdots\cdots(p+j-1)}{b^j}$
平均数 μ	$\frac{m}{m+1}d_{max}$	$l\Gamma\left(\frac{m+1}{m}\right)$	$l'\exp\left(\frac{1}{2}\lg^2\sigma\right)$	$\frac{p}{b}$
方差 σ^2	$\left[\frac{m}{m+2}-\frac{m^2}{(m+1)^2}\right]\times d_{max}^2$	$l^2\left[\Gamma\left(\frac{m+2}{m}\right)-\Gamma^2\left(\frac{m+1}{m}\right)\right]$	$l'^2[\exp(2\lg^2\sigma-\exp(\lg^2\sigma))]$	$\frac{p}{b^2}$
标准离差系数 CV	$\frac{\frac{m}{m+2}-\frac{m^2}{(m+1)^2}}{\frac{m}{(m+1)}}$	$\frac{\left[\Gamma\left(\frac{m+1}{m}\right)-\Gamma^2\left(\frac{m+1}{m}\right)\right]^{1/2}}{\Gamma\left(\frac{m+1}{m}\right)}$	$\frac{[\exp(2\lg^2\sigma)-\exp(\lg^2\sigma)]^{1/2}}{\exp(1/2\lg^2\sigma)}$	$\frac{1}{\sqrt{p}}$

①按定义 $\Gamma(p)=\int_0^\infty Z^{p-1}e^{-z}dZ$，$\Gamma(p+1)=p\Gamma(p)$，$p$为整数值，

$$F(d)=1-\left[b^p e^{-bd}\sum_{\gamma=0}^{p-1}\frac{d^{p-1-\gamma}}{(p-1-\gamma)!\ b^{\gamma+1}}\right].$$

表中符号为：

$F(d)$ 分布函数（即筛下产品的负累积产率）；

$f(d)$ 密度函数（即粒级的重量百分率）；

m 系数

b 系数

d、l 粒度

n 系数

l' 参数

σ 标准差

k 粒度变量

$k=1$为线性尺寸d

$k=2$为面积a

$k=3$为体积V

p 参数

7.2 破碎理论

在选矿厂中，电能的绝大部分用于破碎与磨碎作业。为了深入理解破碎和磨碎的过程，评价破碎与磨碎工艺和机械的效率以及寻求有效的破碎与磨碎方法。近百年来，人们做了大量探索和试验研究。出现了许多有关破碎与磨碎功耗方面的“理论”和各种假说。

7.2.1 破碎的主要方法

现代科学发达的今天，物料的破碎方法也同样取得了很大进展。巨大的颗粒状物料采用各种不同的破碎方法可以获得几个微米，甚至小于1微米的产品，以适应各种工艺的需要。

在矿山工业生产中，目前广泛应用的破碎方法，仍然是机械力破碎，主要有挤压、冲击、研磨和劈裂；非机械力破碎至今尚没有在大工业生产中使用。

7.2.1.1 机械力破碎

A 挤压破碎

被破碎物料被夹在两个工作表面之间，在比较缓慢增加的压力下，逐渐被挤压而破碎。是破碎的最常见的方法，其示意如图7.2.1。

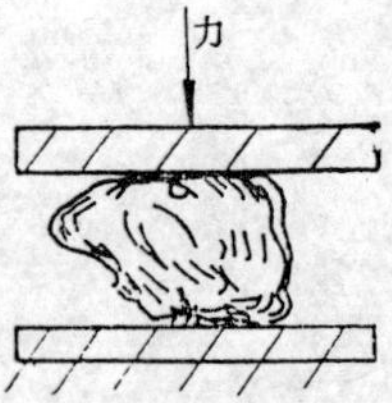

图 7.2.1 挤压破碎

B 冲击破碎

冲击破碎在破碎机工作中占有很重要的地位。因为破碎机械工作部件都是以一定速度运动的。破碎是在运动中进行的，就其实质不可能产生纯挤压破碎作用，而主要是冲击破碎作用的结果。在粉碎工程机械中，冲击破碎作用有下述四种方式。

（1）迅速运转的零件（如锤式破碎机之板锤和反击式破碎机的打击板）冲击给入的物料块使其破碎，如图7.2.2a所示。

（2）研磨介质冲击处于某一表面上的物料，如棒磨机、球磨机、自磨机等磨矿机械中的研磨介质，在磨机中从某一高度落下冲击筒体下部的物料，而使其被破碎。如图7.2.2b所示。

（3）迅速飞起的物料块冲击到固定钢板上，如反击式破碎机和锤式破碎机中物料块被打击板和板锤打击而迅速飞起与反击板发生激烈冲击而破碎；气流高速冲击粉碎机也是使粒子与破碎壁冲击而破碎，图7.2.2c为其示意图。

（4）飞溅中的物料块之间撞击，使其受冲击作用而破碎，如图7.2.2d所示。

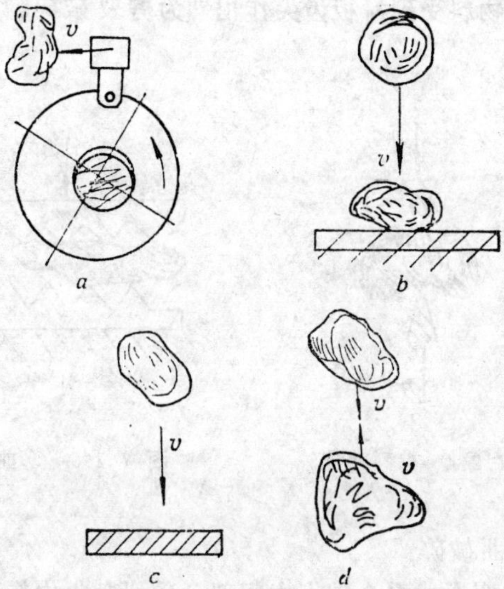

图 7.2.2　冲击破碎

C　研磨破碎

物料在移动着的金属表面之间或在不同型式研磨体之间，物料与物料之间借摩擦作用，以及相互间的研磨（摩擦）作用下而被破碎。如图7.2.3所示。图中a为两金属平移式研磨破碎；图7.2.3b为磨机工作时研磨破碎；图7.2.3c为两个相反运动的回转盘式研磨破碎（盘碎机）。

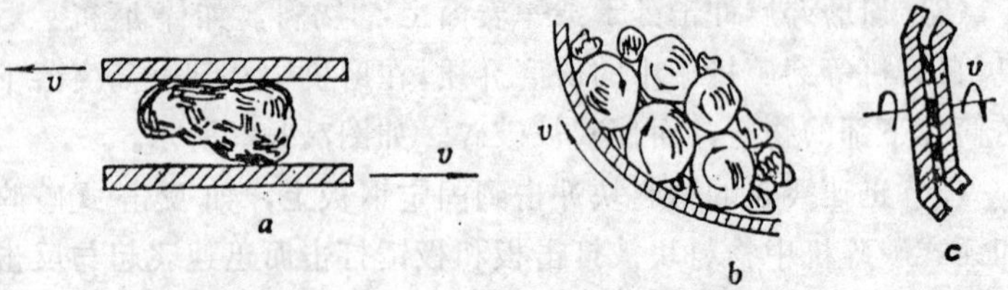

图 7.2.3 研磨破碎

D 劈裂破碎

由于楔状物料作用于物料块的结果而使其破碎，颚式破碎机中的待破碎物料受到衬板齿尖作用即为劈裂破碎。如图7.2.4所示。

图 7.2.4 劈裂破碎

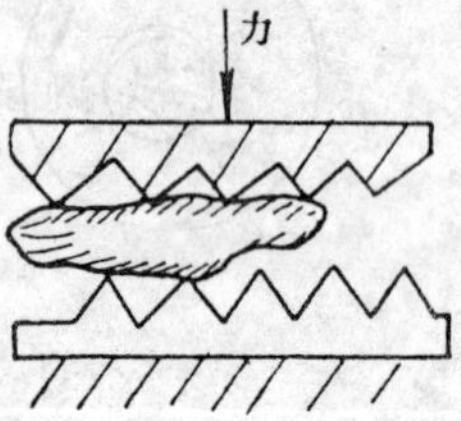

图 7.2.5 弯曲破碎

E 弯曲破碎

物料在两个或多个支点中间部分受到弯曲力作用而被破碎，如图7.2.5所示。严格地讲，弯曲破碎应属于劈裂破碎范畴。

7.2.1.2 **非机械力破碎**

A 爆破破碎

采用炸药对物料块破碎。这种破碎主要用于从采场运来的过大的物料块，不能直接给入粗碎机，必须经过加工处理后才能给入粗碎机。现场人员通常称为二次爆破。

B 超声破碎

超声破碎是利用超声高频振荡而破碎物料。通过理论计算和实验均证明，破碎物料的效果是随振荡频率的提高而增加。一定频率和强度的声波振荡将在水中引起空穴现象。这种效应甚至于能使最坚硬的物料遭到破碎。因此，如果超声波在水中和固体的支界面上集中地形成空穴（足够强烈的），可使物料快速破碎。用超声波破碎，也可以和振动空穴共同完成。

C 热裂破碎

物料受热后，体积和形状都有所改变（膨胀和伸长），而后使其再受再发性突然作用，即迅速改变其周围的压力作用而破碎。又称为减压破碎。

美国斯奈德采用这种原理进行了半工业试验，并取得了斯奈德破碎法专利。

D 高频电磁波破碎

利用高频电磁波来破碎物料是近20年来正在引人注意的一项新技术。这种方法的特点是对物料具有较高的破碎效率。其原理为由大功率的磁控管来发生高频或超高频电磁波，其频率一般高达3000兆赫/秒以上，使其作用于物料而破碎。根据实验，电磁波作用于物料，表面产生高热，在加热深度达到数十毫米时，物料膨胀产生巨大张力而破裂。但是，大规模采用，尚存在一些技术问题有待解决。

E 水电效应破碎

当脉冲电压通过离子性液体时，由于离子性液体对作用时间短暂的脉冲高压所呈现的介质作用特性，在液体中就引起非常特殊的放电现象，即电水锤效应（水电效应）。因为这种能量的转换是由脉冲电能不经中间过程能转换，而直接转变为冲击的机械能，因此就非常强烈，使物料在液体（水）中被破碎。

F 水力破碎

把水经过增压之后，使其成为高压或超高压状态，经喷嘴以极高的速度喷射而出，作用于物料块之上使之破碎。这种方法被广泛应用于开采煤和砂矿等软脆性物料。

G 助剂破碎

利用助剂使物料破碎，如无声破碎剂，助磨剂，使物料改性易于破碎。

上述之各种破碎方法是单纯化而言的，实际上在生产中使用的各种破碎机往往是数种破碎方法的综合作用结果，很难以制成单一作用（单一破碎方法）的破碎机。如简摆式（双肘板式）颚式破碎机是利用挤压、冲击和劈裂作用而破碎物料；复摆式（单肘板式）颚式破碎机是利用挤压、冲击、劈裂和研磨作用来破碎物料；旋回式破碎机利用挤压、冲击和弯曲作用破碎物料；圆锥破碎机利用冲击、挤压、弯曲和研磨作用破碎物料；辊式破碎机利用挤压和研磨作用破碎物料；锤式破碎机利用冲击、挤压和研磨作用破碎物料；反击式破碎机利用冲击和研磨作用破碎物料；笼式破碎机利用冲击、挤压、研磨和劈裂作用破碎物料。球磨机、棒磨机和自磨、半自磨磨机主要是利用冲击和研磨作用破碎物料；振动磨机利用高频冲击振动和研磨作用破碎物料。气流式磨机利用冲击、研磨作用破碎物料。

7.2.2 破碎过程及其机理

7.2.2.1 破碎过程

破碎就是把大块物料变小的工艺过程，通常是处理矿石物料的第一个阶段。

破碎的目的是获得最终产品或为下一工序提供原料。

破碎过程是一个非常复杂的物料块尺寸变化过程，与许多无法估计的因素有关。主要影响因素有：物料抗力强度、硬度、韧性、形状、尺寸、湿度、密度和均质性等；外部条件如物料块群在破碎瞬时相互作用及分布情况等。所有上述因素都使破碎过程的尺寸变化复杂化了，以致于到今天还不能得出统一而严密完整的数理理论来阐述这一过程。

破碎过程不会自行发生，也是不可逆的，因此必须存在外力对物料的作用，克服它的内部质点间的内聚力。内聚力的大小，甚至对同一种物料块而言，差异也是十分悬殊的。

内聚力，分为两种：第一种内聚力作用于晶体内部，晶体各质点之间；另一种作用于晶体与晶体之间。两种内聚力物理性质相同，区别在于数值大小，前者比后者大很多倍。

内聚力大小，取决于物料块中晶体本身的性质和结构，也与晶体结构中所具有的各种缺陷有关。这些缺陷可能是宏观和微观的裂缝。由于裂缝的存在，晶体群之间的联系变弱了。根据晶体的构造和质点间作用力性质，能从理论上计算晶体内的内聚力（第一种内聚力），至于晶体之间内聚力的大小，以及所有降低物料块坚固性的因素所引起的影响，目前暂时还不能精确地加以计算。

由材料力学可知，物料受外力作用，在出现破坏之前，首先产生弹性变形，这时物料并未破坏。当变形达到一定值后，材料硬化，应力增大，因而变形继续进行。当应力达到弹性极限时，开始出现永久变形，材料进入塑性变形状态。当塑性变形达到极限时，物料才产生破坏。当然，对于岩矿物料其屈服点是不明显的。

观察破坏断面可知，物料或是在相互垂直应力的作用下被压裂（或拉裂）；或是在剪应力作用下产生滑移；或是在两者共同作用下断裂。例如，由上部对脆性物料的自然颗粒状或立方体试件施加压力，当其达到压缩强度极限时，试件将沿着纵向破坏；如果在该瞬时卸去压缩力，则只产生压缩破坏。如果继续施加压力，则已破坏了的物料将进一步碎裂，即所谓破碎。照片图7.2.6是北京矿冶研究总院王宏勋、丁培洪所进行试验研究资料，可充分说明上述破碎过程。试验是在英斯特朗（INSTRON）压力机进行的。由于采用自然颗粒状态块状物料，此结果更具有真实性。在整个破碎过程中，由于物料的各种缺陷存在，其实际抗力

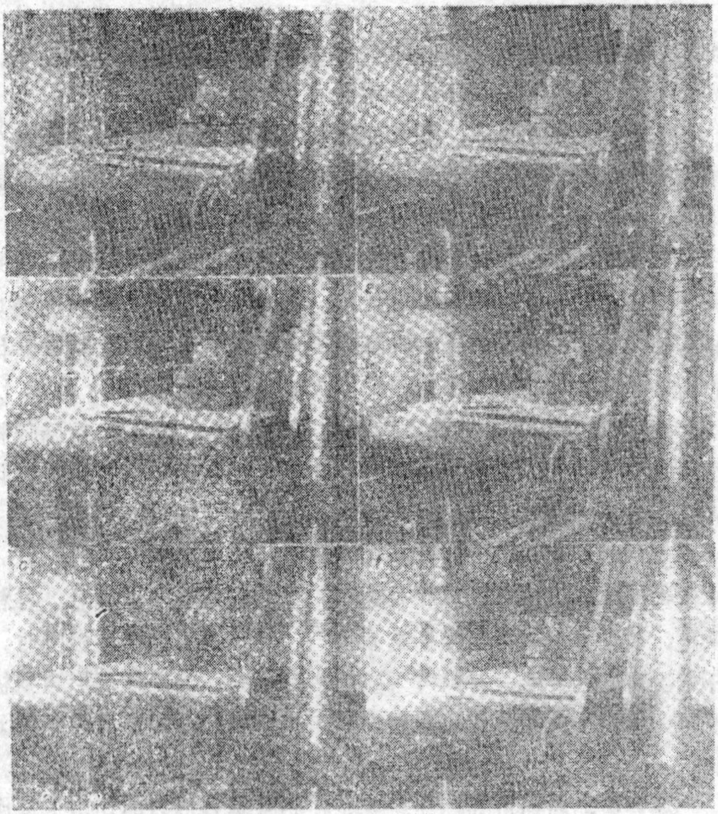

图 7.2.6 破碎过程（照片图）

强度远低于理论抗力强度。曲线图7.2.7，是力与变形的过程曲线，从曲线图可见，岩矿物料的破碎大致可分为三个阶段。

（1）碎裂阶段，吸收能量，只碎至几个大片。

（2）压碎阶段，几个大块继续被压折。

（3）压实区，片状物料被折断，生成小块。

实际上，由于很难确定破碎时作用于物料各部分的力，因此计算其应力分布也很困难。进一步而言，对粒群的压缩应力更难

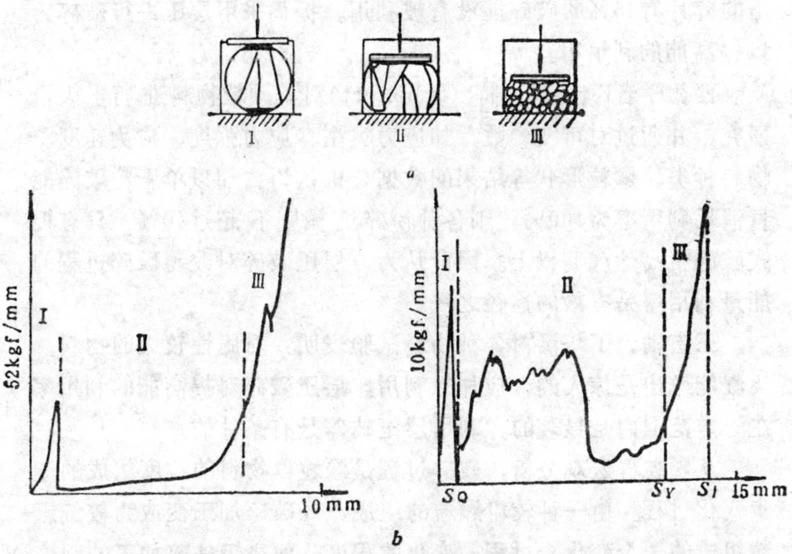

图 7.2.7 单颗粒破碎

确定。显然，为了能够使物料破坏、碎裂，不仅作用于断裂面的应力必须达到特定值，而且它还同断裂面被拉裂的距离有关。因此，破碎量还取决于破碎功（耗能）的大小。

物料群在破碎机中破碎则与单颗粒子的破碎不同，它是反映力对集团破碎的总量，即被破碎物料是粒度和形状不同的复杂多颗粒的集团。集团的破碎总量与加于它的能量大小有关，是以单颗粒子破碎为基础的。在破碎过程中，由于各个颗粒体在破碎时所处的状态不同，要一一追求各自状态的破碎几乎是不可能的，只能近似确定其状态，这也是破碎理论发展极为缓慢的原因。

近10多年来，国内外学者鉴于上述困难，曾进行了大量单颗粒和多层粒子方面的研究，并取得了一定的进展。

美国学者伯格特龙（Bergstrom）曾进行了单颗粒破碎实验。试验装置是专门设计的。在压碎单颗粒物料时，破碎后的碎片飞溅出去，用特殊胶体物承接碎片，经计算得到碎片残余的破碎能，从而得出一个结论：矿石物料在破碎机中进行破碎时，飞出的碎片有45%的破碎能没有被利用。提倡采用层压进行破碎，以提高能的利用率。

西德学者K、斯科内特（Schonert）对单颗粒物料进行了大量研究。并通过对可变参数，如应力类型、应力强度、应力速度、物料种类、颗粒形状等结果的数据分析认为：如以单颗粒破碎能量消耗利用率为100%，则各种粉碎机械则不超过40%，只有辊式破碎机高达70%以上。因此认为，层压破碎对改善破碎过程的能量利用率是有效的途径之一。

王宏勋、丁培洪对各种物料试验表明：对脆性较大的物料，飞溅能逸出是惊人的，应加以利用。层压破碎对提高能的利用率在一定范围内是显著的。利用层压破碎是有条件的。

从颗粒群宏观分析，破碎过程是颗粒群物料的粒度组成的逐步变化过程。由一种较粗颗粒的组成，经破碎加工变成为较细颗粒组成的一个变化全过程。变化的程度，取决于破碎加工的强度和频率。图7.2.8表示了这个过程。

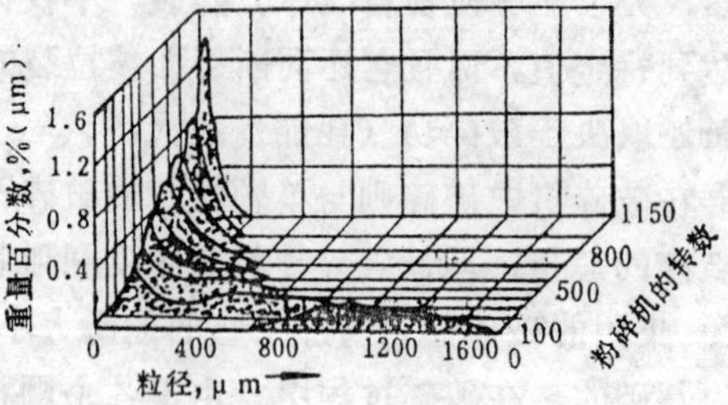

图 7.2.8　破碎过程中粒度分布曲线的变化

破碎过程的粒度变化还可以用图7.2.9来说明。物料在破碎过程中，每一物料块可能碎成直至产品的每一个粒级物料，并不是逐次地被破碎。但是，也有可能未被破碎而进入产品中。

由此可见，单纯从破碎过程耗功研究破碎过程有很多局限性，并不能全部概括破碎的理论。所以近期破碎理论研究方向是：充分考虑设备和工艺条件下，研究颗粒物料群在破碎过程中

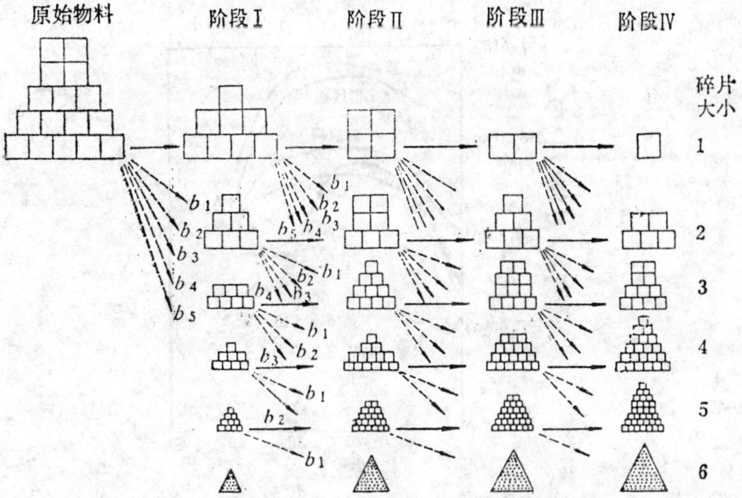

图 7.2.9 颗粒物料碎裂过程（粒度变化过程）

颗粒尺寸及其组成动态立体变化和能耗的关系。把破碎过程看成是多次事件的累加。

7.2.2.2 **破碎机理**

目前工业上广泛使用的各种破碎机大多是利用动态冲击—压缩（挤压）作用破碎物料，剪切作用（研磨、弯曲和劈裂）次之。为了深入了解破碎机理，许多学者对冲击压缩进行了大量研究工作。

A 冲击压缩

许多学者所进行的冲击压缩试验表明，由于应力传递的不同，使得应力分布不同。因此，物料各部分变形功的分布亦不同。物料拉伸或压缩时的应力应变曲线形状，将随应变速度的大小而变化。应变速度大者，屈服点和破碎应力皆高。图7.2.10为M.J.曼乔伊纳（Manjoine）的实验结果。

由图7.2.10可知，该实验是在应变速度变化相应广的范围内进行的，随着应变速度的增大，应变曲线有相当大的变化，尤其

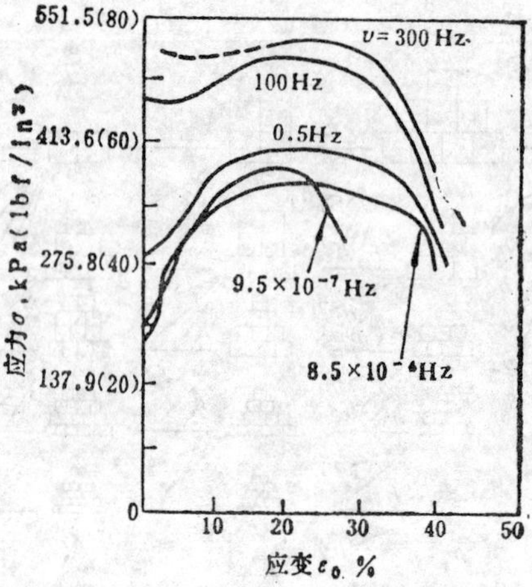

图 7.2.10　曼乔伊纳实验结果

是屈服点显著提高。这说明在静变形和动变形状态下，它们引起材料破坏的弹性能量不相等，变形功的值不是常数，而是受变形速度影响，尽管如此，但在通常进行破碎的速度范围内，单位体积物料破碎所需的能量可以认为是常数。

以岩石为例，试验研究表明，岩石在承受冲击载荷作用时，其破坏强度比承受静载荷时大得多。这种现象通常称为变形速度（或应变速度）对破坏状态的影响。对于破碎来说，除与应变速度有关外，还与载荷施加能量的大小、岩石的种类、组织结构等有关。

当外加能量比压缩试验所确定的破坏变形功，即极限变形能小，而且，能量分布又均匀时，则物料不产生破坏。换言之，单个物料块存在着产生破碎的最小功。若在即将破坏之前卸除外力，则物料不产生破坏面，并可将弹性能回收。对于延展性大的物料，其所能回收的功将大大地小于上述最小功，大部分的功将被转化为热量。

图7.2.11为煤的压缩和冲击试验结果之一例子。由图可知，

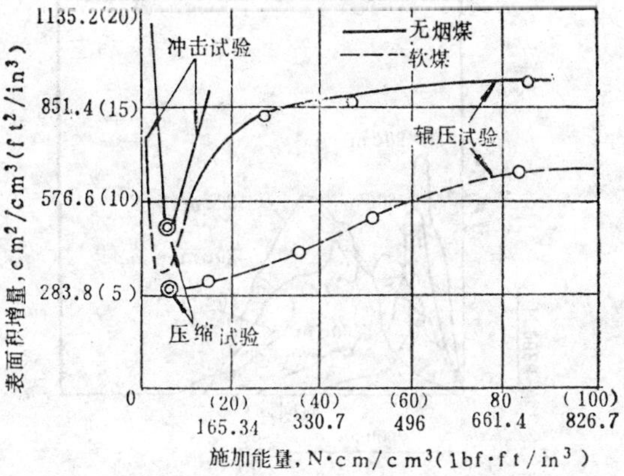

图 7.2.11 压缩、冲击、辊压试验

当冲击试验时的能量等于压缩试验极限能量时，两者所得的表面积值非常接近。

B 脆性固体物料的冲击压缩破碎阻力

被破碎物料大多数为脆性物质，因此，脆性物料的破碎机理是破碎乃至磨碎技术的基础，同时也是研究破碎理论的必要基础。在施加的各种外力中，尤以冲击压缩产生的破碎在实际破碎作业中所起的作用为最大，因此，对冲击破碎现象的观察是研究破碎机理的基础。有人对白云陶器和硬质白垩两种试料作了如下实验。

实验装置为落锤型冲击试验机，将试料置于装有电阻应变仪的钢棒上，对试料施加冲击。用光电管检测瞬时变形，测力器测定冲击力，示波器记录测定结果。

图7.2.12为白云陶器15毫米立方试体受冲击的破碎阻力与时间的变化关系。图中落高$H=20$厘米时，产生局部破坏，冲击破碎阻力近似于正弦曲线；$H=30$厘米以上时，产生完全破坏，破坏曲线呈现不规则的波形。落高小者波形较平坦，破坏缓缓进行，波峰的最大值也不太大。过了最大值之后，不规则波形的延续表示随着锤头压下，将碎片进一步细碎时的阻力。最后，锤头

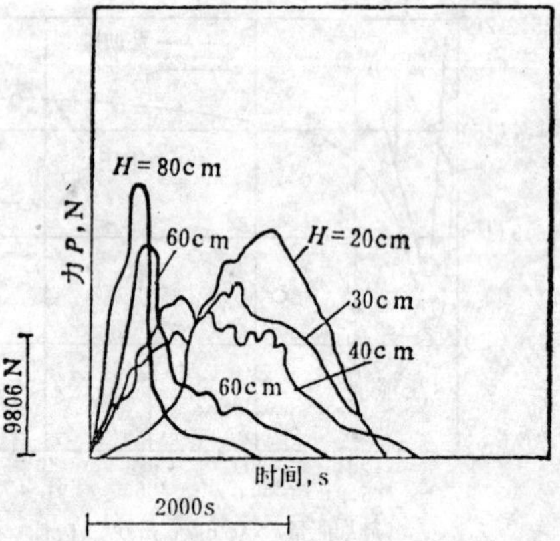

图 7.2.12　白云陶器单体试料的冲击破碎阻力波形
（试料：白云陶器15mm立方体；落重：2.761kg）

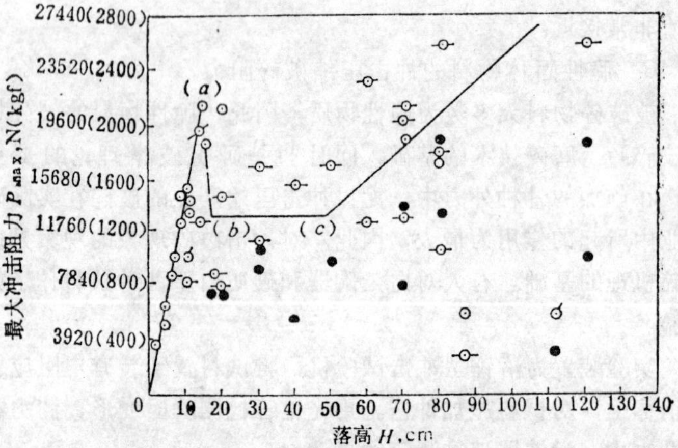

图 7.2.13　冲击压缩破碎时最大阻力和落高的关系
（试料为白云陶瓷15mm立方体，落重为2.774kg）
⊙一不破坏；⊙一局部破坏；-⊙-一完全破坏；●一最初峰值

能量消失，阻力降到零。落高大者，最大值向左偏移，波形仍与原来的相同，但最初的峰值呈现随击速的增加而增大的倾向。而且，近于高速冲击时，一个峰值就可使试料大部分破坏。图7.2.13表示最大阻力值与落高的关系。由图可知，在落高小的范围内，试料完全被破碎的几率较小，即图中（0～a）间，受冲击时试料尚处不破坏状态；至（0～u）部分的最后阶段，试料中的一部分出现破坏。破坏越显著者，阻力下降越大。随着落高的增加，将试料完全破碎的锤子能量也越大，阻力则相应大大下降。（b～c）部分为完全破碎时的阻力值，大致是常数，并与静压缩破碎时的最大载荷（9806～11767.2牛）几乎相同，故可将其看作为该物料的固有破碎阻力。进一步增加落差高度至c点附近时，将出现最初峰值与最大值趋于一致的倾向，同时，阻力再次开始增大，破碎阻力与落高呈现直线关系。c点之后的阻力是破碎结束后，剩余能量使破碎生成物压碎、粘结产生的。

在对硬质白垩15毫米立方试体试验时，让锤子冲击后在一定位置持住，限制锤子压下以改变压下量，并求相应破碎物筛分后的破碎量，可得图7.2.14所示的关系。由图可知：在锤子压下量d值较大的区域，破碎量增加缓慢，这是由于进入了压密，粘结

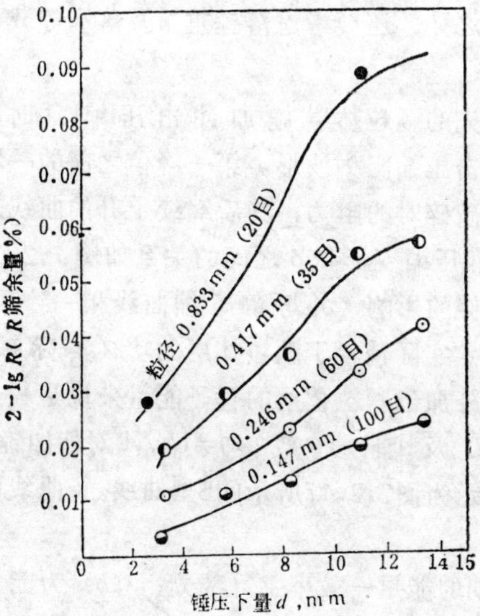

图 7.2.14 锤子压下量与粉碎量的关系

（试料：硬质白垩直径10mm高15mm；落重：0.795kg落高10cm）

状态的缘故；在压下量较小的范围内，锤子的压下可有效地进行破碎，且对大粒径的颗粒更为有效。

综上可知，脆性固体物料的破碎过程包含：纯粹冲击破碎的第一过程；一旦破碎了的物料由锤子压下进一步压缩及颗粒相互摩擦等产生细碎的第二过程；在能量富裕的场合，将破碎粉粒体进一步压密。粘结的第三过程。即

固体$\xrightarrow{\text{(冲击)}}$1次破碎⟶粉粒体的2次破碎⟶粉粒体的压密、粘结

这三个过程究竟进行到哪一过程为止呢？它将取决于锤子能量的大小和物料的力学性质。像玻璃类物料在1次破坏时要消耗较多能量者，当锤子能量小时，只能在第1阶段终结。

C　颗粒体层在冲击压缩下的动态行为

影响颗粒体层冲击压缩破碎的因素极为复杂，除了颗粒体的种类、组织结构、粒度、空隙率、填充量（填充高度和填充面积）等试料条件之外，还要考虑落锤重量及落高等载荷条件的影响。

如对臼中填充的颗粒体层施加冲击压缩力时，可得到图7.2.15所示的冲击压缩阻力波形。第一峰值之前的一段曲线表示颗粒体层压缩和破碎时的阻力，其后继续上升的曲线表示压密阻力。冲击阻力P和压缩变形量δ之间的关系如图7.2.16所示，该曲线不受载荷条件的影响，并与静压缩曲线相一致。根据$P—\delta$曲线图求积来确定实际消耗于颗粒体层的功（实际破碎功），比以往采用的测定外加于颗粒体层的锤子能量来说是一进步。

实际破碎功U_r及其能量一效率$\eta=U_r/A$对外加锤子能量A的关系可定性地表示为图7.2.17所示的S型曲线。S曲线可分为三部分：

(*a*) 为初期的能量一效率上升部分；(*b*) 为能量一效率最大部分；(*c*) 为能量一效率下降部分。一般地说，试料材质脆弱、颗粒小、空隙率小、填充高度小（即填充量少）时，即使施

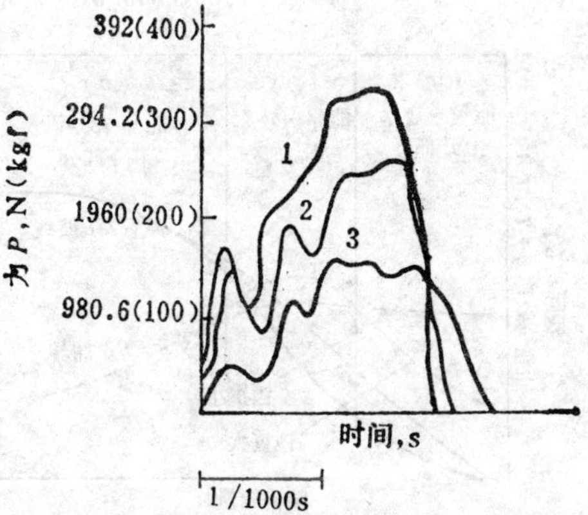

图 7.2.15 对填充颗粒体冲击压缩时的阻力波形

(试料为白云陶器粉体20～35目；填充层高3.1cm；空隙率0.7；填充面积12.6cm²；锤子能量784.5J(80kgf·m)；锤重1. 1.403kg；2. 1.80kg；3. 3.075kg；柱塞重0.6441kg)

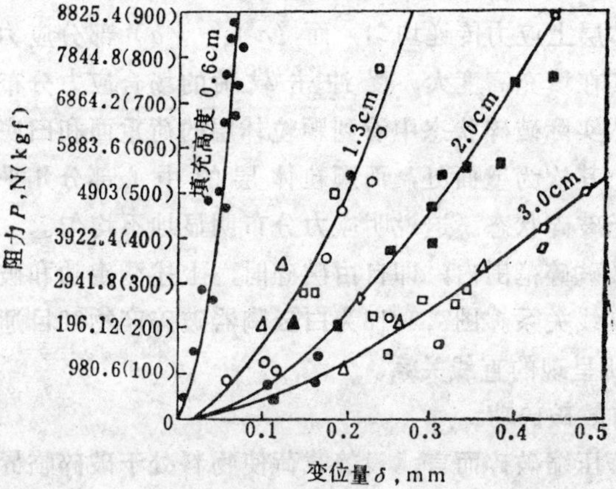

图 7.2.16 白云陶器颗粒体填充层的冲击抵抗阻力P与变位量δ的关系曲线

(试料为20～35目；锤重1～3kg；落高10～200cm；填充面积12.6cm²)

加较小的能量也容易使颗粒体层达到极限压密状态，即“粘结状态”。由图可知，曲线（c）部分的实际破碎功U_r与载荷条件无关，而只同外加能量A有关。反之，（a）、（b）部分的功，阻力、

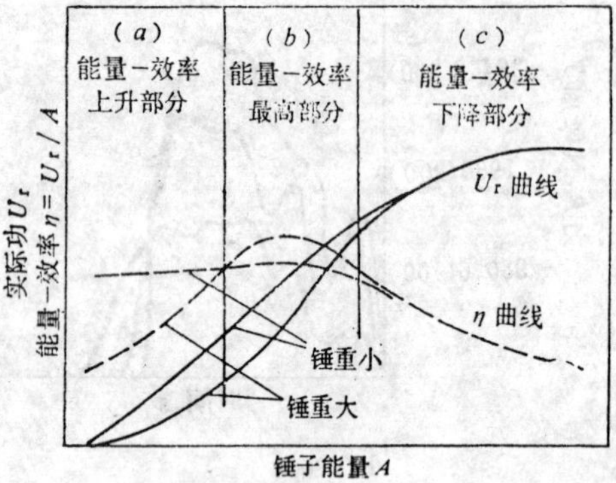

图 7.2.17　锤子能量A和实际粉碎功U_r及能量—效率η的关系

破碎量等不仅同外加能量A有关，而且，还受载荷条件(如锤重、击速）支配。这一现象如从应力分布上分析其原因,可认为（c）部分颗粒体层上应力传递均匀，而（a）、（b）部分应力分布不均匀，尤其在填充高度大，受冲击载荷的场合应力分布更为不均。这可从实际破碎状态中看到颗粒体层的荷重面和臼底的破碎最为显著，其次为壁面处，而颗粒体层的中心部分几乎不受负荷，近于无破碎状态。这说明应力分布明显地不均匀。

在有效破碎范围内，即自由破碎时，上述测定功和破碎量之间几乎呈直线关系。图7.2.18为白云陶器破碎产物60目通过量对U_r作图时所呈现的直线关系。

D　有效破碎功

对于静压缩破碎而言，设静载荷使物料处于破碎临界状态时的应力为$\bar{\sigma}$，则此时物料所具有的弹性能可用下式表示：

$$W_s=\left(\frac{\bar{\sigma}^2}{2E}\right)\cdot V \qquad (7.2.1)$$

式中V为物料体积，如被压缩试件为柱体，则V为截面积与高度之乘积。对于岩石之类的脆性材料，将W_s看作为处于破坏状态时的需用功，误差不大；但对于延展性的塑性物料，由于增加了

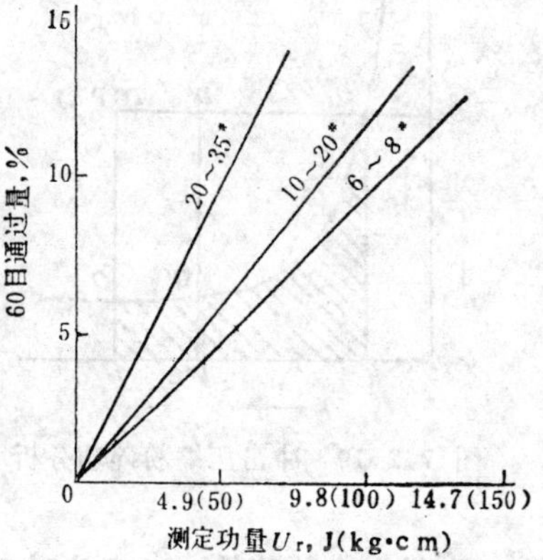

图 7.2.18 白云陶器通过量与U_r的关系

塑性变形功，故需以应力应变曲线所围成的面积代替上式中的$\overline{\sigma^2}/2E$。

对于冲击压缩破碎而言，设P为落锤重量，h为锤的下落高度，则冲击破碎功为$W=Ph$。冲击压缩时，不论落高大小，产生破碎状态的需用功为常数。即

$$W_d=P_1h=C \tag{7.2.2}$$

式中 P_1——产生功W_d所需的力，相当于落锤重量，且$P_1<P$。

下面试就破碎需用有效功作一分析。图7.2.19中，D点表示落锤具有的能量状态Ph。而双曲线$Q_1Q'Q$表示破碎条件式(7.2.2)，即$P_1h=C$。若锤由D点下落，则其冲击速度为$v=\sqrt{2gh}$，这一速度相当于Q点的破碎力。破碎开始于速度减小，假定变成$v'=\sqrt{2gh'}$，式中h'相当于图中锤由D'点下落的高度，这时可看作在相当于Q'的力作用下进行破碎。因此，破碎沿着表示破碎条件式(7.2.2)的曲线QQ'方向进行，而所加的能量沿水平线DD'方向进行，到达Q_1点时破碎停止。亦即在相当于高度h_1的速度$v_1=\sqrt{2gh_1}$处，停止破碎，破碎所消耗的有效功相当于图中面积h_1Q_1Qh。

因此，产生破碎状态的指定能量式和破碎需用有效公式是不

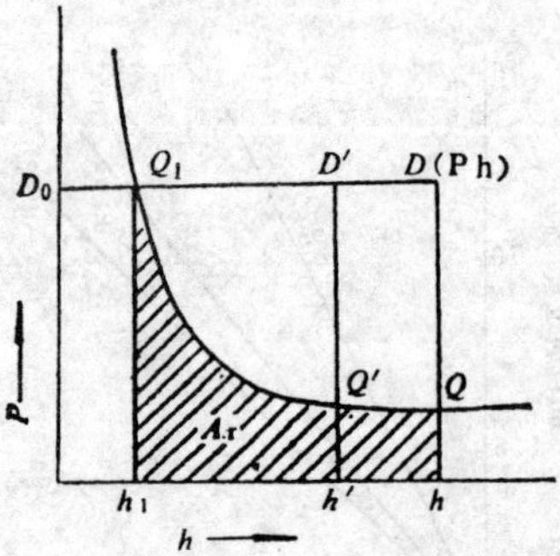

图 7.2.19 冲击压缩粉碎功分析

同的。前者取决于物料本身的特性，后者为破碎量的函数。现以$A=Ph$表示外加能量式，A_r表示破碎需用有效功，则

$$A_r=\int_{h_1}^{h} P_1 \mathrm{d}h=C\lg\frac{h}{h_1}=C\lg=\frac{A}{C} \qquad (7.2.3)$$

$$\frac{A_r}{A}=\frac{C}{A}\lg\frac{A}{C} \qquad (7.2.4)$$

式 (7.2.3)、式 (7.2.4)可分别用图7.2.20，7.2.21表示。能量小于曲线和水平轴交点者，不产生破碎，亦即破碎必须在一定的应力下才能产生。图7.2.20表示外加功增加时，破碎量逐渐增大，图7.2.21表示破碎效率在某点达到极大值之后逐渐减小。

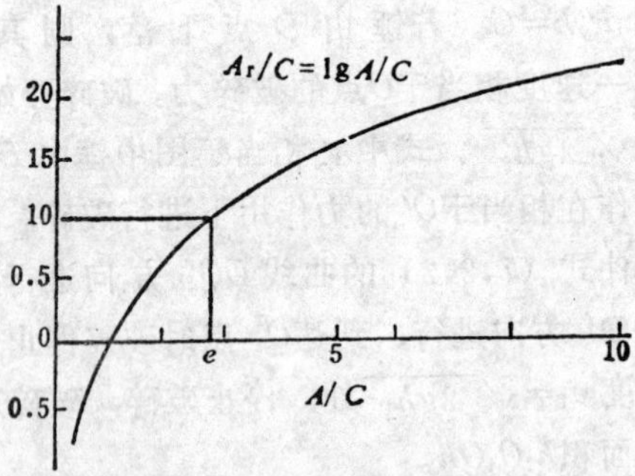

图 7.2.20 A/C与A_r/C关系

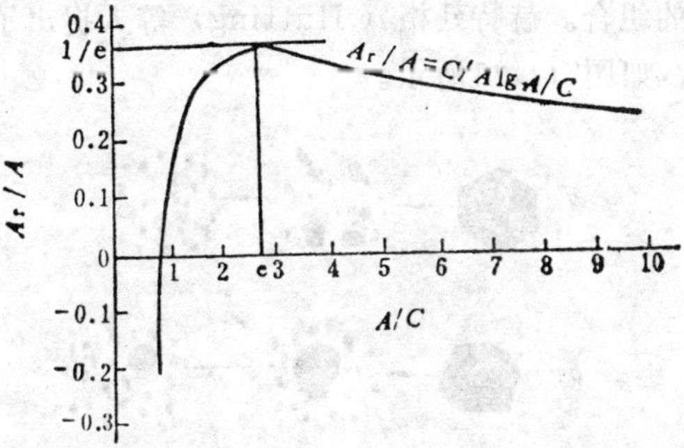

图 7.2.21 A/C与A_r/A关系

E 破碎模型

罗辛-拉姆勒（Rosin-Rammler）等学者认为，破碎产物的粒度分布具有2成分性（严格地说是多成分性）。所谓2成分性乃指整个粒度分布包含粗粒和微粉两部分的分布。以海伍德（Heywood）提供的颚式破碎机破碎产物的粒度分布为例，如图7.2.22所示，其中粗粒部分分布取决于颚板出口间隙的大小，称为过渡成分，而微粉部分与破碎机的结构无关，它取决于固体原料性质，这部分分布称为稳定成分。

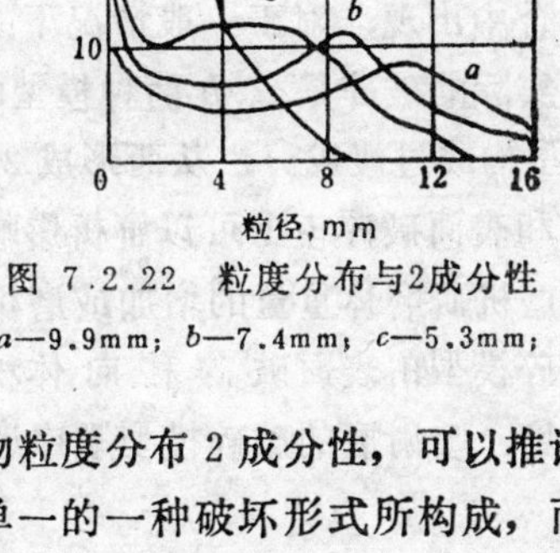

图 7.2.22 粒度分布与2成分性

出口间隙：a—9.9mm；b—7.4mm；c—5.3mm；d—2.8mm

根据破碎产物粒度分布2成分性，可以推论固体颗粒的破坏过程不是由连续单一的一种破坏形式所构成，而是两种以上不同破坏形式的组合。赫特廷格（Hutting）等人提出了破碎时三种破坏模型，如图7.2.23所示。

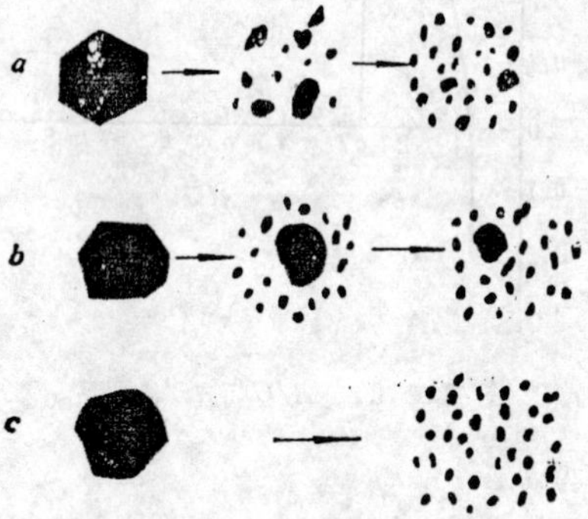

图 7.2.23 破碎模型

*a*为体积破碎模型。整个颗粒都受到破坏（破碎），破碎生成物大多为粒度大的中间颗粒，随着破碎的进行，这些中间粒径的颗粒依次被破碎成具有一定粒度分布的中间粒径颗粒，最后逐渐积蓄成微粉成分（即稳定成分）。

*b*为表面破碎模型。仅在颗粒的表面产生破坏，从颗粒表面不断剥下微粉成分，破坏不涉及颗粒的内部。

*c*为均一破碎模型。加于颗粒的力，使颗粒产生分散性地破坏，直接碎成微粉成分。

以上三种模型中*c*模型仅在结合极不紧密的颗粒集合体如药片之类极特殊的场合中出现，对于一般情况下的破碎可以不考虑这一模型。因此，实际的破碎是*a*、*b*两种模型的叠加。*b*模型构成稳定成分，*a*模型构成过渡成分，从而形成2成分分布。

应用体积破碎和表面破碎模型可以解析影响粒度分布的诸因素。例如，随着球磨机研磨体重量的增加或磨机转速的提高，将呈现固体颗粒的破碎模型由表面破碎移向体积破碎的倾向。又如，球磨机、振动磨、喷射磨的破碎模型顺序近乎由体积破碎至表面破碎。

通常又将体积破碎看作冲击破碎，表面破碎看作摩擦破碎。但须指出，体积破碎未必就是冲击破碎，因为冲击力小时冲击破碎主要表现为表面破碎，而摩擦破碎中往往还伴随压缩作用，压缩作用的粒度分布为体积破碎，一般粗碎采用冲击力和压缩力，微粉碎采用剪切力和摩擦力。

F 格里菲思（Griffith）强度理论

对于破碎过程的解析，除上述之外还有裂纹理论。在理想情况下，如果施加的外力未超过物料的应变极限，则物料被压缩而作弹性变形，当除去载荷时，物体又会恢复原状而未被破碎。实际上，在上述过程中物料虽未破坏，没有增加新表面，却生成若干裂纹，特别是扩展了物料原有的微裂纹。另外，由于局部薄弱面的存在（如不均质性的解理面，原有的大裂纹），或因颗粒形状的不规则，致使施加之力首先作用在颗粒表面的突出点上，形成所谓的应力集中。这一现象可用格里菲思强度理论加以说明。

格里菲思认为，物料内部存在着许多细微的裂缝，由于这些裂缝的作用使得裂缝周围产生应力集中。假若岩石内的主应力为拉应力且垂直于裂缝，如图7.2.24中σ_t，那么在裂缝的端部将产生大于主应力几倍的应力。假如主应力为压应力σ_c，则在裂缝边界上的A点也可引起拉伸。

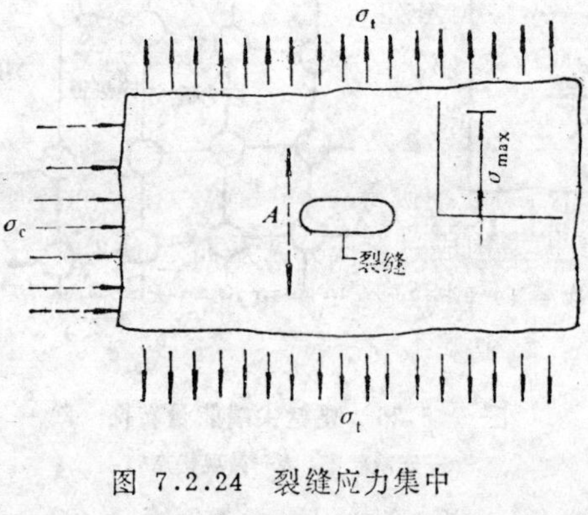

图 7.2.24 裂缝应力集中

当上述应力达到物料的抗拉强度时，裂缝将扩展。当与原拉应力垂直的裂缝长度增加时，应力集中将更大。可以设想，裂缝的扩展一旦开始，它就必然导致物料的破坏，这一理论已被玻璃的试验所证实。

由物理学测试可知，扩展裂纹尖端吸收的能量大大超过界面表面能的数量级。其大小与物料种类及断裂速度有关，见表7.2.1和图7.2.25。

表 7.2.1 断裂与能量间关系

物料名称	断裂表面能 E		转化为热的能量 E'_{max} $J\cdot m^{-2}$	单位表面的表面能 E_1 $J\cdot m^{-2}$	$\frac{E(v\to 0)}{E_1}$	$\frac{E_{max}}{E_1}$
	$E(v\to 0)$ $J\cdot m^{-2}$	E_{max} $J\cdot m^{-2}$				
玻璃	4	44	22	0.4	10	110
塑料	300	7000	4000	<1	>300	>7000
钢	5000	140000	130000	1.5	3300	93000
石灰石	2.5			~0.1	~25	

注：v为断裂速度。

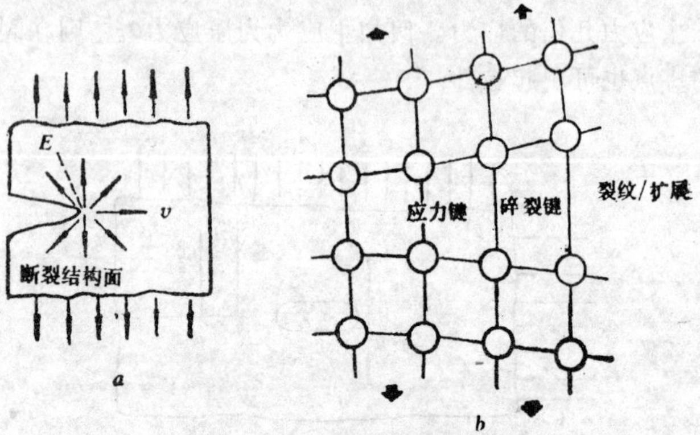

图 7.2.25 裂缝尖端能量转换

a—宏观状态；b—微观状态

能量的吸收与裂纹尖端微塑性变形有关。其中约占全部断裂表面能E的 50～90%的能量转化成热量。测温证明，在高断裂速度下，最高温度出现在裂纹尖端处，即能量转化区的末端处。当断裂速度较低时，温度梯度较小。经计算求得，断裂时的最高温度值：玻璃为3200K,石英为4700K，糖为2500K。从温度值可估算出能量转化断裂区的范围，玻璃约为20Å。出现最高温度仅历时10^{-12}～10^{-17}秒。

此外，高登（Gaudin）还提出矿物是电价键或共价键结合的原子集合体。破碎使电价键或共价键结合的原子分离，形成带有不饱和静电力的新表面。这种新表面将寻求新的附着物，如果加入助剂，就能防止新表面弥合，从而促进破碎进程。因此，研究助剂是提高破碎效率和节能的一个途径。

7.2.3 破碎理论

长期以来，许多学者在材料力学的基础上，运用格里菲思强度理论分析结果，以能量平衡观点研究破碎过程。提出各种破碎过程的输入能与矿石潜能变化，粒度变化之间关系的假说，即破碎理论。

7.2.3.1 雷廷格面积说

1867年德国学者P. 雷廷格（Rittinger）教授提出了著名的“面积说”。他认为：在物料破碎过程中，能量主要消耗在剪切变形，剪切力作用的结果形成了新的表面。因此，破碎时所消耗的能量与破碎过程中物料新生成的表面积成正比，即：

$$\Delta E=K_R\cdot\Delta S \tag{7.2.5}$$

或

$$\Delta E=C_R\left(\frac{1}{x_2}-\frac{1}{x_1}\right)$$

式中 ΔE——破碎过程所消耗的能量，9.806J(kgf·m)；

ΔS——新生成表面积，m^2；

K_R, C_R——雷廷格系数，是新生成单位表面积所需能量，9.806J(kgf·m)；

x_2, x_1——破碎产品及给料粒度，cm。

7.2.3.2　B.Л.吉尔皮切夫和F.基克体积说

1874年俄国学者B.Л.吉尔皮切夫（Кирпичев），1885年F.基克分别提出了"体积说"。他们认为：物料破碎时首先发生压缩变形而后破裂，垂直压力起主导作用。也就是说，在一定的破碎比的情况下，破碎物料所消耗的能量和颗粒体积或重量成正比，即：

$$\Delta E = K_k \cdot \Delta V \text{或} \tag{7.2.6}$$

$$\Delta E = C_k \lg \frac{x_1}{x_2}$$

式中　ΔV——破碎物料变形体积cm^3；

K_k——基克系数，即破碎单位变形体积的能量，9.806J/cm^3($kgf \cdot m/cm^3$)；

C_k——基克系数。

7.2.3.3　邦德—王仁东裂缝说

1950年F.C.邦德和王仁东提出了破碎裂缝说。后被誉为第三破碎理论。

邦德—王仁东认为：力作用于待破碎物料，必须克服作用于固体质点的内聚力才能发生破碎。物料块在破碎时，最初系沿着薄弱面碎裂，随着破碎过程的进行，物料的粒度不断地减小，脆弱处也不断减少，愈难以破碎。裂缝的存在对破碎时耗能有很重要的影响。物料破碎时，首先使其产生变形，贮留了部分变形能，一旦局部应力超过临界点时，促使裂纹扩展而生成新的表面。因此，破碎物料所需能量应当考虑变形能和新生表面能两项。变形能与物料体积成正比，表面能与物料新生表面积成正比。如果等量考虑这两项影响，则破碎所需能量ΔE应当与他们的几何平均值成正比，即与$\sqrt{V \cdot S}$成正比。又$\sqrt{V \cdot S} = \sqrt{x^3 \cdot x^2} = x^{2.5}$。对于单位体积而言与$1/\sqrt{x}$成比例。输入功既然是用于形成新的裂缝和裂缝有关，故$1/\sqrt{x}$与裂缝长度成正比，则$1/\sqrt{x}$就含有裂缝长度的意义。

所以邦德—王仁东假说可以叙述为：破碎一定重量的物料，

所需的能量正比于所生成的裂缝长度，即：

$$\Delta E = K_B \cdot \sqrt{V \cdot S} = C_B \frac{1}{\sqrt{x}} \text{或} \qquad (7.2.7)$$

$$W = W_i \left(\frac{10}{\sqrt{P_{80}}} - \frac{10}{\sqrt{F_{80}}} \right)$$

式中 K_B——邦德系数；

x——颗粒直径，cm；

W——破碎单位重量物料所需能量；

W_i——邦德功指数，kW·h/t；

P_{80}，F_{80}——产品、给料中80%通过的粒级尺寸，μm。

7.2.3.4 破碎理论的综合与进展

1941年苏联Л.А.列温德尔（Ребиндер）等人提出，变形功在物料破碎之前（生成新表面之前），以势能形式储存于物料块中。在破碎时，这种势能可全部或部分地用来作功；当破碎物料中储存的能量超过物料的应力能时，物料块就突然变形，发生了破裂，之后，所有剩余的变形能以热能形式消失。所以，物料块破碎所消耗的能量等于变形体的变形功（包括弹性和塑性变形）和生成新表面所作的功的总和。

1957年J.斯文森（Svensson）等研究结果认为：在新表面积超过10000厘米^2/厘米^{3}之后，雷廷格学说不符合实际情况；细磨时（10000厘米^2/厘米^3）雷廷格学说较为准确，邦德学说也有较大误差，而基克学说偏差最大。

前述之三种破碎理论是基于对下述物理量的函数而加以研究的。

（1）所生成颗粒的新表面积（雷廷格）。

（2）碎裂物料的体积（基克）。

（3）产品颗粒尺寸（邦德—王仁东）。

实际观察表明：在破碎过程中，产生的微小粒度变化与颗粒单位重量的能耗成比例。导致同一相对粒度变化所需的能量与初始颗粒粒度的某些函数成反比。能量与破裂之间关系可用D.R.

沃克（Walker）提出的下式表示：

$$dE=-C\frac{dx}{x^{n}} \tag{7.2.8}$$

式中　x——破碎物料粒度。

1961年胡基（Hukki）R.T. 用精密方法在很宽的破碎范围内进行了试验，用颚式破碎机（给料为100～1毫米）及特殊专用对辊式破碎机（给料为10～1毫米）分段破碎（每段破碎比为10）石英、长石及其它三种物料。结果表明，第2～5段（相当于工业生产中的中碎、细碎、粗磨和中磨段）的功耗符合于邦德—王仁东学说；由100微米破碎至10微米以下时，邦德—王仁东学说的数据过小，而雷廷格学说较为合理；粗碎段基克学说较为准确，而邦德—王仁东数据不可靠，雷廷格学说相差太远。这说明，各学说只在窄的粒级范围内与实际情况近似，误差不大。但在很细的（超细微米级破碎）领域，即使雷廷格学说也与实际情况不相符合。胡基将其试验结果用lg粒度—lgkWh/t 坐标绘制图7.2.26所示之曲线（不是直线）。此曲线方程式为：

$$dE=-C\frac{dx}{x^{f(x)}} \tag{7.2.9}$$

式中　dE——将单位重量物料的粒度减小dx所需能量；

$f(x)$——与粒度x有关的特定函数；

C——与设备有关的系数。

设$f(x)$分别为2，1.5，1，积分上式：

$\int dE=-C\int\frac{dx}{x^{f(x)}}$　可得：

当$f(x)=2$，

$E=C_R\left(\frac{1}{x_2}-\frac{1}{x_1}\right)$，此式为雷廷格公式；

当$f(x)=1.5$，

$E=C_B\left(\frac{1}{\sqrt{x_2}}-\frac{1}{\sqrt{x_1}}\right)$，此式为邦德-王仁东公式；

当$f(x)=1$，

$E=C_R\lg\frac{x_1}{x_2}$，此式为基克公式。

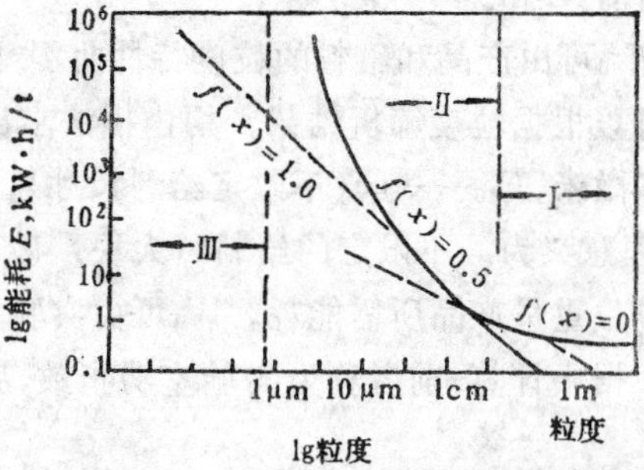

图 7.2.26 破碎产品粒度与能耗关系

Ⅰ—普通破碎范围；Ⅱ—普通磨碎范围；Ⅲ—超细磨碎范围

由此可见，在胡基曲线中，上述三个学说只是三个特定的点，而大量存在的都是它们为数众多的点群，而大量的破碎现象是位于一个学说向另一个学说的过渡区里，显然功耗学说仍有深入研究的必要。

上述三个传统破碎理论（学说）的另一个不完善之处，在于只采用了给料和产品两个粒度数值，故不能精确代表物料的粒度组成。

7.2.3.5 邦德破碎功指数及其测定

A 功指数概念

由前述知邦德—王仁东第三破碎理论基本公式为：

$$E=C_B\left(\frac{1}{\sqrt{x_2}}-\frac{1}{\sqrt{x_1}}\right) \text{ 或}$$

$$W=W_i\left(\frac{10}{\sqrt{P_{80}}}-\frac{10}{\sqrt{F_{80}}}\right) \tag{7.2.10}$$

而在实际计算多采用第二种表达式，即

$$W=W_i\left(\frac{10}{\sqrt{P_{80}}}-\frac{10}{\sqrt{F_{80}}}\right) \tag{7.2.11}$$

式中 W——破碎单位重量物料所需能量，kWh/st或kW·h/t；

W_i——功指数，kW·h/st或kWh/t；

P_{80}——同前，μm；

F_{80}——同前，μm。

式中P_{80}，F_{80}可由产品和给料的粒度特性曲线的$\gamma=80\%$线相交求得；也可以根据粒度筛析结果，用内插法求出。

令$P_{80}=100$微米，$F_{80}\longrightarrow\infty$（不限定给料尺寸），则：$W=W_i$，所以说$W_i$的物理意义为：不限定的给料（大块）破碎至－100微米占80%时的单位重量产品所需能耗。W_i可由实验室测得，也可以从生产实践数据中计算，前者称为实验室功指数，后者称为操作功指数。

如果被破碎的物料是均质的，W_i值在全部粉碎阶段将保持恒定值。但是通常矿石结构是非均质的，例如，一定的物料具有天然的颗粒粒度和各种缺陷，它们的W_i值大大低于均质颗粒W_i值。实际上W_i值不是一个不变的数，它是一个从$\infty\longrightarrow100$微米大的粉碎范围内的参数，使用极不方便。另外在某些情况下所需产品粒度远小于100微米占80%。因此将一个与粒度特性有关系的W_i值作为一个粉碎参数，人为地划分为冲击破碎功指数、各粒级产品棒磨功指数、各粒级产品球磨功指数几个阶段。

所以，功指数W_i的试验室测定结果显示了试验粒度范围内的抗碎性和抗磨性。试验时，应选取与工业生产要求的产品粒度接近或一致。

B 冲击破碎功指数及其测定

矿石和物料在破碎机中大部分不是承受静压力作用而破碎的。主要是承受冲击作用而破碎的。因此，采用冲击法对矿石、物料破碎力能进行测定是有现实意义的。由于矿石不同于金属材料，不能采用加工成类似于金属材料的标准试件，在标准的金属材料冲击试验机上进行测定，必须采用专用的冲击测定机。

1945年邦德设计了双摆锤低能型冲击试验机（图7.2.27）（图7.2.28为北京矿冶研究总院试验机）。

图 7.2.27 邦德双摆锤低能型冲击试验机

图 7.2.28 双摆锤低能型冲击试验机（北京矿冶研究总院）

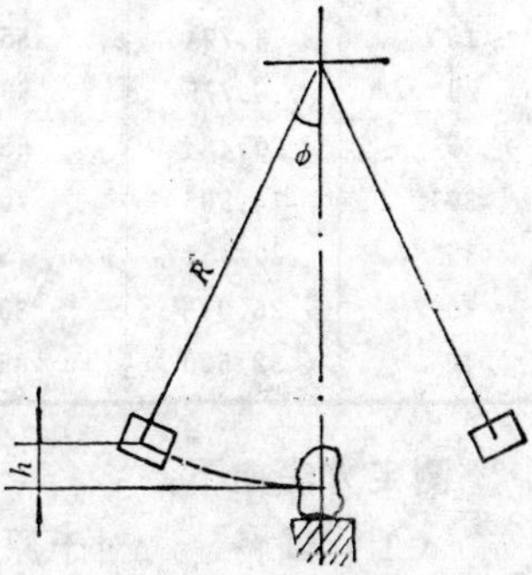

图 7.2.29 冲击试验机工作原理

该试验机由两个相对称的摆锤组成，每个摆锤重量为13.61公斤（30磅）。摆锤用木板联结在26幅条式自行车轮子上。在正常位置时，两个锤面的距离为50毫米（2英寸），从轮轴（相当于摆锤的悬挂点）到摆锤中心线的距离为412.75毫米(16.25英寸)。摆锤长约为711.2毫米（28英寸），宽为50毫米（2英寸），高也为50毫米（2英寸）。其工作原理如图7.2.29所示。

由图可知，当摆锤转动某一角度ϕ后，摆锤被提升h，就蓄积了能量（势能），其大小可用下式计算：

$$E=2mgh=2mgR\ (1-\cos\phi) \qquad (7.2.12)$$

式中 E——两摆锤转至ϕ角处所具有势能；

mg——为摆锤的重量13.61kg（30lb）；

R——摆长；

ϕ——提升角。

将数据代入，化简得：

$$E=82\ (1-\cos\phi) \qquad (7.2.13)$$

表 7.2.2 ϕ与E关系

ϕ	E	ϕ	E	ϕ	E
10°	1.762	50°	39.70	90°	111.11
15°	3.794	55°	47.43	95°	121.27
20°	6.775	60°	56.50	100°	130.76
25°	10.434	65°	64.23	105°	137.70
30°	14.905	70°	73.17	110°	149.05
35°	20.054	75°	82.38	115°	158.26
40°	26.016	80°	91.73	120°	166.67
45°	32.520	85°	101.49	125°	174.80

测定方法如下：

（1）试料　对于原料（指经过破碎后的矿石与物料）随机抽取20块，其尺寸为-75～+50毫米（-3英寸～+2英寸）。选取时使原料全部通过75毫米方形筛孔，而又在50毫米方形筛孔之上。注意，选取试料时应尽量选具有两个近似于平行的表面，以使其承受摆锤的冲击。

（2）试验步骤：

1）试件编号。

2）试件称重，以克计，要精确到0.1克。

3）测量试件被冲击面的厚度，以英寸计。

4）将试件放置于两个摆锤之间，注意应尽量使摆锤的打击点在试件受冲击面的中心部位附近。

5）提升摆锤5°，放松摆锤使其落下，同时打击在试件测量厚度尺寸的相对面上。

6）将摆锤的提升角度以5°梯度逐渐增加，放松摆锤打击试件，反复进行，直至试件破碎。注意在试验过程中经常产生掉角和掉片，不应当认为是破碎，只有大部分从试件上分出才能认为已被破碎。此外，还要注意检查每次冲击后试件是否已碎而没有分离，因为破裂面不会是圆滑曲线，已碎的试件可能由于碎口交错而没有被分离，易于被误认为试件尚未破碎。

7）记录试件最终破碎时摆锤提升角度ϕ和试件破碎后的块数。

8）测定被测物料的密度（真比重）。

邦德冲击破碎功指数（可碎性指数）可用下式计算：

$$W_{ic}=2.59Kc/\delta \tag{7.2.14}$$

式中 W_{ic}——邦德冲击破碎功指数，kW·h/t；

c——试件厚度抗冲击强度，m·kg/cm（ft·lb/in），

$c=E$/试件厚度，cm；

δ——试件密度（真比重）；

表 7.2.3 北京矿冶研究总院测定破碎功指数值

矿山名称	功指数，kW·h/t	矿山名称	功指数，kW·h/t
河北雷庄砂岩	11.0937	辽宁海城镁矿	5.7379
河南方山砂岩	10.8981	海南铁矿	7.8800
辽宁小平顶山砂岩	9.1037	海南铁矿自磨介质	9.9010
江苏清明山砂岩	8.5940	乌拉嘎金矿花岗岩	9.8182
陕西汉中砂岩	7.4252	乌拉嘎金矿片岩	11.6521
山东荣城砂岩	6.5470	凌源砂岩	8.5688
鞍山黑石拉子铁矿	8.4430	北京水泥厂砂岩	9.3114
司家营铁矿氧化矿	10.5031	尖山铁矿	17.4014
司家营铁矿原生矿	9.8409	凡口铅锌矿	7.3815
东乡铜矿	5.1300	大峪磷矿	10.1963
沈冶铜渣	5.7880	怀柔铝土矿	5.0286

K——换算系数，$K=0.587$。

表7.2.3为北京矿冶研究总院测定的部分矿山矿岩冲击破碎功指数值。

表7.2.4为美国艾利斯·查默斯（以下称A.C公司）（Allis-Chalmers）公司测定的部分冲击破碎功指数值。

表 7.2.4 A.C公司测定冲击破碎功指数值

物料	试验次数	W_{1c}平均	W_{1c}范围	物料	试验次数	W_{1c}平均	W_{1c}范围
玄武岩	15	20.2	9.9～34.8	钼矿	24	12.5	5.8～18.6
铝土矿	8	5.3	2.5～12.2	镍矿	8	10.1	2.1～19.0
方解石	4	8.2	5.8～12.2	油母页岩	7	15.8	11.5～20.2
铜矿	3	14.1	10.7～17.4	磷矿	7	3.3	0.5～11.7
? 矿	227	12.4	1.8～40.1	石英岩	11	12.8	6.8～22.1
铜银矿	4	16.0	13.0～18.8	石英砂岩	17	12.7	5.2～19.1
闪长岩	11	20.1	13.3～27.3	砂岩	7	13.1	6.5～28.6
白云石	24	12.8	0.4～31.4	片岩	6	12.5	4.1～23.5
铁锰矿	6	4.8	3.2～9.0	页岩	7	10.6	5.8～19.0
硅铁矿	6	7.1	3.3～11.4	硅岩	6	9.4	4.2～15.9
辉光岩	7	18.6	16.7～21.2	锡矿	3	18.0	16.6～19.5
片麻岩	7	15.9	8.0～23.7	暗色岩	95	19.0	4.9～55.5
金矿	15	17.5	3.7～34.2	锌铅矿	4	10.5	4.5～16.3
花岗岩	63	15.7	6.7～38.0	铁矿			
砾岩	11	16.7	6.9～26.8	齐大山矿		9.48	
钛铁矿	3	12.7	10.7～16.4	马鞍山		5.25	
赤铁矿	64	9.6	2.0～29.4	大山		945	
磁铁矿	44	10.1	2.4～19.2	胡家庙		12.45	
铁火遂岩	30	14.9	9.5～27.5	关门山		9.19	
铅矿	4	15.5	11.0～21.8	包头(磁)		11.81	
				(萤)		7.38	
铅锌砂	11	9.3	5.5～14.3	( )		13.95	
石灰石	176	11.1	3.3～27.6	水厂(1)		8.0	
锰砂	3	5.3	0.4～8.9	(2)		11.0	

美国A.C公司于1980年介绍了一种新型冲击破碎试验机，称为高能式双摆锤冲击试验机（图7.2.30）。该机发明者为：A.C公司。北京矿冶研究总院也已于1988年研制调试成功。

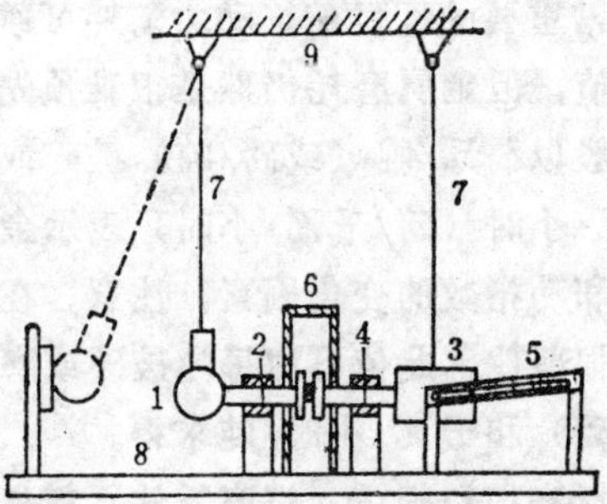

图 7.2.30 高能式双摆锤冲击试验机

1—主冲击锤；2—主滑杆；3—回摆锤；4—从动滑杆；5—刻度器；6—密封箱；7—吊索；8—底架；9—上架

主摆锤提升后，释放，使物料在双盘中被破碎，副摆锤吸收残余能被提升。然后用下式计算物料高能冲击破碎功指数。

$$W_{ic}=\frac{E_c/(\text{颗粒重量})\text{平均}}{\frac{10}{\sqrt{P_{80}}}-\frac{10}{\sqrt{F_{80}}}} \tag{7.2.15}$$

式中 E_c——破碎能；

其余符号意义同前。

$$E_c=E_1-KE-E_2-E_L$$

式中 E_1——冲击摆锤潜能（释放前）；

KE——双摆锤盘的动能；

E_2——摆锤在破碎后的潜能；

E_L——系统损失能量。

7.2.3.6 金属磨损指数及其测定

A 概述

破碎和磨碎作业，有两项主要消耗：动力消耗和金属磨耗。

金属磨耗（包括破碎机衬板、磨矿机衬板和金属制磨矿介质）在通常破碎和磨碎作业中，往往是第二项最大的费用。是选矿厂重要的消耗指标，它直接影响选矿厂的生产费用和精矿成本。在用湿式磨矿装置时，有时金属磨耗的费用可以接近甚至超过动力费用。所以准确的测定和估计金属磨耗指标，对选矿厂设计和生产管理来说是非常重要的。目前，动力消耗可通过分析和推算获得较为精确的数值，但金属磨耗仍然是很难预先精确估计的。

金属磨耗一般以公斤/吨（或磅/吨）破碎或磨碎物料表示。但是以公斤/千瓦·小时（磅/千瓦·小时）表示金属磨耗可以排出给料及产品粒度和功指数的变化因素。注意，在计算金属磨耗时应包括废弃的磨损部件。此值可由每吨破碎或磨碎物料耗费的金属重量（公斤或磅）和千瓦·小时/吨求得。

金属磨耗包括磨损和损坏（被磨零件）都是随着矿石的磨蚀性和金属的耐磨性而变化的。摩擦损失，腐蚀和产生的碎片以及残留件损失，在不同条件下，所占的比例也不同。

美国A.C公司认为，在通常的情况下，处理相同物料，干磨时的金属磨耗平均约为湿磨的1/7。这是由于干磨时许多物料要比湿磨时软而易碎。另外在干磨时，由于矿料在球的表面上包裹也能进一步降低金属磨耗。在湿磨时，金属磨耗多半是由腐蚀，或由于在磨机中不断生成活泼的新生金属表面溶解而造成的。特别是在酸性矿浆中，当pH值小于5.5的时候，金属磨耗将进一步增加。

金属磨耗与很多因素有关，比如：磨矿机或破碎机的规格，机器的转速，矿石充填情况，磨损件的材质和形状，以及操作条件等等。特别是金属磨损件的材质与金属磨耗有直接关系。下边介绍的美国A.C公司采用的宾夕法尼亚（Pennsylvania）磨损试验法，所谈及的金属磨耗数据代表一般的耐磨材料，不包括最近新兴起的耐磨材料如硬镍合金铸铁、高铬钢等。适用于该公司在设计中通常选用的一般磨损件：

破碎机衬板：高锰钢

磨矿机衬板：铬钼钢、高锰钢

棒磨机钢棒：1090碳钢

球磨机钢球：锻钢，布氏硬度400

B 磨损指数试验器

A.C公司工艺试验研究中心，于1956年开始使用宾夕法尼亚磨损指数试验器（Abration Tester）进行磨损指数试验。该试验器最初是由宾夕法尼亚州巴什（Bush）铁工厂破碎机部设计制造的（1955）。

磨损指数试验器由传动装置，水平轴，转鼓和转子以及试验叶片组成。

图7.2.31为试验器内部构造。

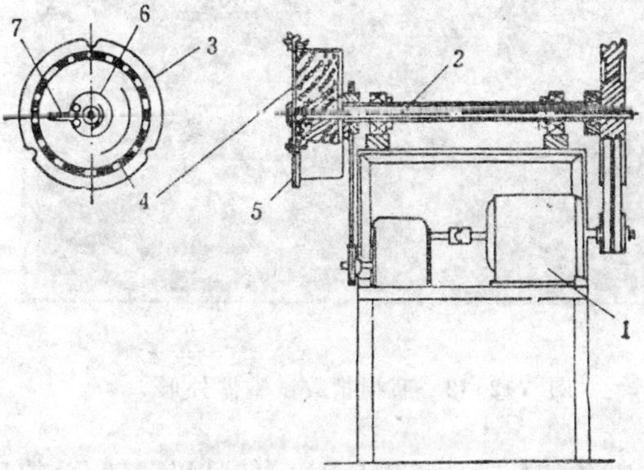

图 7.2.31 磨损指数试验器内部构造

1—电动机；2—主轴；3—转鼓；4—格网；5—端盖板；6—转子；7—叶片

图7.2.32为试验器外形。

转子和试验叶片封闭于转鼓内，转鼓与转子同心。转鼓直径为φ304.8毫米（12英寸），宽度为114.3毫米（$4\frac{1}{2}$英寸）。转子的直径为114.3毫米（$4\frac{1}{2}$英寸）。叶片插入转子的特制槽中，插入深度为25.4毫米（1英寸），叶片露出转子外边为50毫米（2英寸）。叶片约有 12.9×10^{-4}米^2（2英寸^2）面积受磨。叶片顶端半径（叶片顶端至轴中心的距离）为107.95毫米（$4\frac{1}{4}$英寸），叶片顶部的线速度为430米/分。

图 7.2.32 磨损指数试验器外形

运转时，转子的转速为632转/分。转鼓以70转/分的速度(为临界转速的91.3%)旋转，其方向与转子回转方向相同。

为了连续有效地提升被测物料，在转鼓内部圆柱体部分衬有提升筋或网格，以防止物料的滑动。转鼓的外端为一个可拆卸的端盖板，用螺栓固定在转鼓上。

叶片的尺寸为76.2×25.4×6.35毫米(3×1×0.25英寸)。A.C公司采用SAE4325低合金钢叶片。叶片经热处理，热处理后表面硬度为布氏硬度500。叶片的表面要经过磨光。

北京矿冶研究总院在进行磨损指数测定时，采用了和SAE 4325SAE 4310 化学成分相近的特制钢叶片。叶片的化学成分如下：

叶片化学成份

C% 0.20～0.40

Si% 0.10～0.50

Mn% 0.20～0.6)

Ti% <0.05

Mo% 0.10～0.40

Cu% 0.5～0.8

V% <0.05

N% 0.1～0.5

Al% <0.1

北京矿冶研究总院设计制造的金属磨损指数测定机（图7.2.33）已于1982年6月通过了部级技术鉴定。

图 7.2.33 北京矿冶研究总院金属磨损指数测定机

C 磨损指数测定方法

试样：磨损指数试验用试验样品为13～20毫米（1/2～3/4英寸）颗粒状物料，也就是取20毫米方形筛孔的筛下，13毫米方形筛孔的筛上产品。共计取4份，每份重400克，总重为1600克。

在试验之前，先要将试验叶片称重，并要求精确到0.1毫克。将叶片插入转子槽中并固定之。

试验时，首先将400克试样倒入转鼓内，装好端盖，要注意密封，不允许有灰尘自间隙处逸出。使试验器运转15分钟。然后卸出被磨物料，注意清除转鼓内所有物料，不应残留在机器内，以免影响试验结果。

按照上述操作过程，重复之，处理另三批试料。这样累计运转试验时间为60分钟，也就是说试验叶片被磨损一个小时。

把四次研磨的物料，收集在一起，经混匀缩分取样，进行筛析，并确定其产品80％通过的粒度（微米）P_{80}，注意只有当$P_{80}<$13250微米时，才能认为试验是合格的。

产品筛析的粒度级别所用筛孔尺寸为0.53英寸、0.375英寸、3目、4目、6目、8目、10目、14目、20目、28目、35目、48目、65目、100目、150目和200目。

被磨叶片拆下后，需用超声波振荡洗涤器浸泡冲洗20分钟左右，取出用软纸擦干，涂以防锈水，送至120℃烘箱烘干称重。叶片称重测量精度要求达到0.1毫克。试验叶片磨损前后的重量差，也就是试验片的重量损失A_i（以克表示）就是该试料的磨损指数。

由上述原理和试验操作可见，试验叶片是磨损指数测定的关键零件，因此对叶片的要求和试验使用必须加以注意。

试验叶片的表面加工要求达到$\overset{1.6/}{\bigtriangledown}$的光洁度， 如可能最好经磨削加工。

新试验叶片不能放在空气中贮存，须浸泡在机器油中防锈，防止各种腐蚀。随用随取。

每支叶片只能做两次试验，每次使用一个被磨面。

用前用软纸擦掉机油，然后用加肥皂粉或碱的温水洗去机油，洗后涂以防锈水，而后放在120℃烘箱内烘干。待冷却后再行称重。

试验完毕后，也要用超声波洗涤器按前述方法洗净叶片表面，涂防锈水，烘干，冷却后再行称重。

磨损指数试验，除了用来测定各种物料的磨损指数外，也可以用来评价各种金属材料的耐磨性能。如采用标准的被磨蚀试料进行不同牌号的特殊合金钢和铸铁叶片的试验，可以确定金属材料的相对抗磨性。

D 经验公式

A.C公司在收集了大量现场实际金属磨耗指数的基础上，经综合分析比较得到了表7.2.5中的经验公式。这些经验公式表示了单位功耗的金属磨耗（磅/千瓦·小时）与磨损指数A_i之间的关系。

表 7.2.5 计算金属磨耗×0.435kg/kW·h (lb/kW·h) 经验公式

设备	磨损件	经验公式
湿式棒磨机	钢棒	$0.35(A_i-0.020)^{0.20}$
	衬板	$0.035(A_i-0.015)^{0.30}$
湿式球磨机（溢流型或格子型）	钢球	$0.35(A_i-0.015)^{1/3}$
	衬板	$0.026(A_i-0.015)^{0.30}$
干式格子型球磨机	钢球	$0.05\sqrt{A_i}$
	衬板	$0.005\sqrt{A_i}$
旋回、颚式及圆锥破碎机	衬板	$\frac{A_i+0.22}{11}$
辊式破碎机	辊筒壳	$(A_i/10)^{2/3}$
自磨机	格子板	$0.03(A_i-0.02)^{0.30}$

注：对于干式格子型球磨机，公式只适用于$A_i<0.22$的情况。

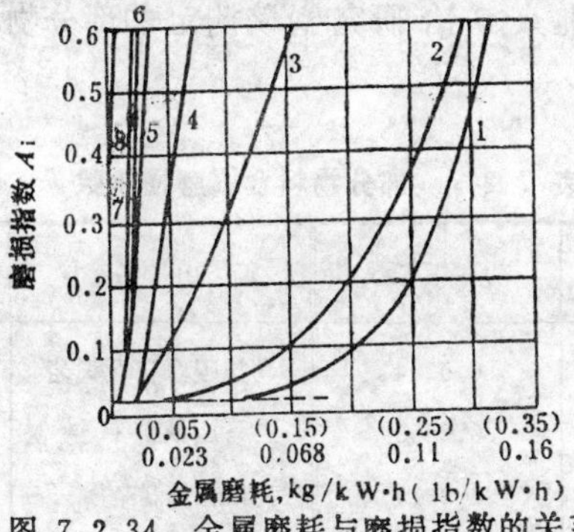

图 7.2.34 金属磨耗与磨损指数的关系

1—湿式棒磨机钢棒磨耗；2—湿式球磨机钢球磨耗；3—辊式破碎机筒壳磨耗；4—破碎机衬板磨耗；5—干式球磨机钢球磨耗；6—湿式棒磨机衬板磨耗；7—湿式球磨机衬板磨耗；8—干式球磨机衬板磨耗

金属磨耗与磨损指数关系见图7.2.34。

表7.2.6为美国A.C公司测定的物料平均金属磨损指数。

表 7.2.6　物料平均磨损指数

序　号	物料名称	试验次数	平均磨损指数
1	白云石	5	0.0160
2	页岩	5	0.0290
3	水泥皿石灰石	14	0.0238
4	石灰石	9	0.0320
5	水泥熔渣	8	0.0713
6	菱镁矿	3	0.0783
7	重硫化物	10	0.1284
8	铜矿石	24	0.1472
9	赤铁矿	7	0.1647
10	磁铁矿	2	0.2217
11	砾岩	4	0.2879
12	暗色岩	20	0.3640
13	花岗岩	11	0.3880
14	铁燧岩	7	0.6237
15	石英岩	3	0.7751
16	矾土	7	0.8911

表 7.2.7 为 北京 矿冶 研究 总院测定的部分物料金属磨损指数。

表 7.2.7　部分物料金属磨损指数

矿山名称	功指数	矿山名称	功指数
河北雷庄砂岩	0.6204	乌拉嘎金矿花岗岩	0.1201
河南方山砂岩	0.8853	白马山铁矿	0.1534
司家营铁矿氧化矿	0.2514	凡口铅锌矿	0.1153
司家营铁矿原生矿	0.1564	大峪磷矿	0.1881
海城镁矿	0.0361	怀柔铝土矿	0.0046

7.2.4 破碎对象的基本性质

7.2.4.1 物料的物理性质

岩矿物料（以下简称岩矿）的物理性质对其被破碎的难易程度有着密切的关系，其主要物理性质有：岩矿物料的结构和构造、孔隙度、含水率、密度、容重及碎胀性等。

A 岩矿物料的结构和构造

分析岩矿物料的组织时，我们必须注意两个主要的特征——结构和构造。

岩矿是一种或多种矿物组合而成的矿物集合体，所以岩矿的性质在很大程度上与组成的矿物有关。

岩矿的结构是说明小块物料组织的特征，而这些特征与矿物颗粒的外部特征有关。即与矿物颗粒大小、形状和表面特征（颗粒间的连结方式）等有关。

岩矿的结构不同，它的坚固程度也就不一样。组成矿物颗粒愈致密，或者粗中有细、粗细相间，这样物料就愈坚固，也就越难于破碎。例如，细粒花岗岩的抗压强度为260MPa，而粗粒花岗岩仅为120MPa。

对于沉积岩，其坚固性除与组成矿物的成份、粒度和形状有关外，还与胶结物的成分和颗粒间胶结的强弱有关。从胶结物成分看，以硅质成分为最坚固，铁质成分次之，钙质和泥质成分最差，从颗粒间胶结强弱来看，致密、胶结牢固和孔隙少的物料，坚固性最好；而胶结不牢固、存在许多胶结脆弱面和孔隙多的物料，坚固性最差。对于变质岩，变质程度越高，坚固性越强。

物料的构造是指岩石在生成时和生成后受动力地质作用所形成的一种状态，这里主要指的是物料的层理、节理和裂隙等。

沉积岩和变质岩，在进行破碎加工时，构造有着重要的意义。

无论是层理、节理还是裂隙，都是物料中连结的脆弱面。它们的存在大大地削弱了物料的坚固性，在外力作用下岩石首先会沿着这些脆弱面碎裂。这对于破碎加工是十分有利的。

B　岩矿物料的孔隙度

物料的孔隙度是指物料中孔隙所占有的体积与物料体积之比，一般用百分率表示。通常用实测密度（比重）δ_s和松散密度（容重）γ计算，即：

$$n=\left(1-\frac{\gamma}{\delta_s}\right)\times 100,\% \qquad (7.2.16)$$

式中　n——孔隙率，%；

γ/δ_s——物料的密实度。

孔隙度是影响物料力学性质的一个重要的物理特性，它的大小在很大程度上取决于岩石生成时的条件。对岩浆岩而言，缓慢冷却的岩浆岩所含的孔隙度就较小，对沉积岩而言，孔隙度主要取决于胶结材料的多少，颗粒组分的粒度和胶结物填实的程度。

表7.2.8列举了一些有代表性的岩矿物料的孔隙度。

表 7.2.8　物料的孔隙度和密度

物料种类	密度，g/cm³	孔隙度，%
花岗岩	2.6～2.7	0.5～1.5
粗玄武岩	3.0	0.1～0.5
流纹岩	2.4～2.6	4.0～6.0
安山岩	2.2～2.3	10～15
辉长岩	3.0～3.1	0.1～0.2
玄武岩	2.8～2.9	0.1
砂岩	2.0～2.6	5～25
页岩	2.0～2.4	10～30
石灰岩	2.2～2.6	5～20
白云岩	2.5～2.6	1～5
片麻岩	2.9～3.0	0.5～1.5
大理岩	2.6～2.7	0.5～2.0
石英岩	2.65	0.1～0.5
板岩	2.6～2.7	0.1～0.5

孔隙的存在，削弱了岩石颗粒之间的连结力，进而影响岩矿

物料的强度和弹性。随着孔隙度的减小，即密度增大，物料强度将相应地增大。例如，当石灰岩的密度由1.5g/cm^{3}增至2.7g/cm^{3}时，其抗压强度由5MPa增至180MPa；当砂岩的密度由1.87g/cm^{3}增至2.57g/cm^{3}时，其强度由15MPa增至90MPa。

C 岩矿物料的含水率

岩矿物料的含水量是指其空隙中所含的水量，用试样干燥后重量与原试样重量之比的百分率表示（公式7.2.17）。物料中的含水状况对其某些物理、化学性质的影响是比较显著的。

当试样在绝对干燥和完全饱和状态之间时，含水量的影响不但随岩矿物料类型而变，而且各向异性的表现也不同。

$$m=\left(1-\frac{G_d}{G_w}\right)\times 100\% \qquad (7.2.17)$$

式中 m——物料含水率，%；

G_d——试样干燥后重量，g或kg；

G_w——试样干燥前重量，g或kg。

在工程实践中，通常测定物料的自然含水率。自然含水率与饱和含水率的差别在于前者是试样在大气压力和室温条件下测得的；而后者在煮沸或真空状态下测得的，饱和含水率又称为最大含水率。工程应用中，多用饱和系数（自然含水量与最大含水量之比）表示物料含水程度。

对于含粘土质的物料，由于粘土矿物的亲水性，引起颗粒间水膜加厚或渗入矿物晶体内，出现膨胀现象。吸水膨胀的结果，物料内产生不均匀应力和胶结物溶解，结构遭到破坏，这类物料，极易破碎，但易成饼和易于堵塞破碎机和运输、给料装置。

D 岩矿物料的密度、松散密度、容重和膨胀性

岩矿物料的密度是指不包括孔隙体积在内的单位体积物料的重量。松散密度（容重）是指包括孔隙体积在内的单位体积物料的重量。实际上，物料中都包含有一定的孔隙体积，故密度的概念只在计算时使用。

表7.2.9 列举了几种岩矿物料的密度和松散密度（容重）。

表 7.2.9 几种岩矿物料的密度和容量

物料类型	花岗岩	砂岩	石灰岩
密度，g/cm^3	2.58～2.69	2.59～2.72	2.71～2.85
松散密度(容重)，g/cm^3	2.56～2.67	2.11～2.14	2.46～2.68

岩矿物料的膨胀性是指物料破碎后所占容积增大的性能。碎胀系数是指破碎后物料所占空间体积与破碎前所占空间体积之比。碎胀系数与物料的物理力学性质及破碎的程度有关。表7.2.10列举了四类物料的碎胀系数。

表 7.2.10 物料的碎胀系数

纯砂与砾岩	砂质粘土	中硬岩石	坚硬岩石
1.05～1.20	1.20～1.25	1.30～1.50	1.50～2.50

7.2.4.2 物料的机械性质

A 硬度

岩石物料的硬度是指其抵抗被另一物体在外力作用下划伤（或侵入）的能力，通常采用莫氏硬度分类法。

莫氏硬度是矿物学所普通采用的硬度表示法，取十种矿物作标准来比较测定岩矿物料的相对硬度。其硬度级别顺序如下：

Ⅰ. 滑石；

Ⅱ. 石膏；

Ⅲ. 方解石；

Ⅳ. 萤石；

Ⅴ. 磷灰石；

Ⅵ. 正长石；

Ⅶ. 石英；

Ⅷ. 黄玉；

Ⅸ．刚玉；

Ⅹ．金刚石。

莫氏硬度只表示岩矿物料相对硬度，而没有表示出其绝对硬度，不便于直接用于计算。

L.E.丁休赞（Dingheuzian）根据测定的岩矿物料磨矿功指数对岩矿硬度进行分类：

硬岩矿物料，$W_i>17$	难磨
中硬岩矿物料，$W_i=11\sim17$	中等可磨性
次中硬岩矿物料，$W_i=7\sim11$	易于磨碎
软岩矿物料，$W_i<7$	更易磨

B 岩矿物料的抗压强度

岩矿物料的抗压强度是其抵抗压力作用所产生应力而引起破坏的特性。

抗压硬度试件有两种形式：

（1）立方体形：采用边长 25毫米的立方体。

（2）圆柱形：采用直径25毫米、高为25毫米、或采用直径为50毫米、高为50毫米的圆柱体。

试样可用岩心样、岩心加工样或开采加工样。

苏联采用抗压强度限（kgf/cm^2）的1%作为硬度系数称为普氏（Протодяковский）硬度。

美国称抗压强度限（kgf/cm^2）1%为抗压指数。

表7.2.11为普氏硬度系数分类表。

表7.2.12为部分岩矿物料抗压强度值。

C 自然颗粒破断力

进入破碎机或自磨机的物料块的形状是极其不规则的。这些不规则的矿石块在破碎机和磨矿机中，以不同的方式与破碎机或磨矿机的工作部件发生作用。也就是说矿石以自然颗粒状态在机械中被粉碎，而不是经加工的立方体或圆柱形的颗粒。所以自然颗粒的岩矿块的抗压强度更能反映破碎与磨碎的实际。

自然颗粒物料在压力机上测得的抗压强度必然低于经过加工

表 7.2.11　普氏硬度系数f分类（普氏岩石分级表）

等级	坚固性	岩石类别	f	我国一些选厂处理的矿石的 f 值
1	最坚固的岩石	最坚固、致密的且韧性高的石英岩、玄武岩和其它	20	大孤山赤铁矿（12～18），大孤山磁铁矿（12～16），东鞍山铁矿（12～18），南芬铁矿（12～16），海南铁矿（12～15），大冶铁矿（10～16）
2	很坚固的岩石	很坚固的花岗质岩石，石英斑岩，花岗岩，矽质片岩，比上一级坚固性差的石英岩，最坚固的砂岩和石灰岩	15	
3	坚固的岩石	致密花岗岩和花岗质岩石，很坚固的砂岩和石灰岩，石英质矿脉，坚固的砾岩，极坚固的铁矿	10	
3a	坚固的岩石	不坚固的花岗岩，坚固的石灰岩、砂岩、大理石、白云岩、黄铁矿	8	大吉山钨矿（10～14），通化铜矿（8～12），铜官山（9～17），寿王坟（8～12），桓仁铅锌矿（8～12），新冶铜矿（8～10），双塔山铁矿（9～13），因民铜矿（8～10），凹山铁矿（8～12），水口山铅锌矿（3～10），青城子铅锌矿（8）
4	颇坚固的岩石	一般的砂岩、铁矿石	6	
4a	颇坚固的岩石	矽质页岩、页岩质砂岩	5	
5	坚固性中等的岩石	坚固的粘土质岩石，不坚固的砂岩和石灰岩	4	
5a	坚固性中等的岩石	不坚固的各种页岩，致密的泥灰岩	3	
6	颇软弱的岩石	软弱的页岩，很软弱的石灰岩，白垩，岩盐，石膏，冻结的土壤，无烟煤，普通泥灰岩，破碎的砂岩，胶结砾石，石质土壤	2	
6a	颇软弱的岩石	碎石质土壤，硬化粘土等	1.5	
7	软弱的岩石	致密的粘土，软弱的烟煤，坚固的冲积层土壤	1.0	
7a	软弱的岩石	轻砂质粘土，黄土	0.8	

续表 7.2.11

等级	坚固性	岩石类别	f	我国一些选厂处理的矿石的 f 值
8	土质岩石	腐殖土，泥煤，轻砂质土壤，湿砂	0.6	
9	松散性岩石	砂，细砾石，松土	0.5	
10	流砂性岩石	流砂，沼泽土壤，含水黄土及其它土壤	0.3	

注：1. 风化的、破碎的、经断层挤压过的、接近于地表的岩石，一般应划分处于完整状态的同种岩石稍低的等级中；

2. 在分级表中的数值是对某一类岩石中所有岩石而言的（例如，页岩类、石英岩类、石灰岩类等），而不是对其中某个别岩石而言的。因而，在不同的情况下 f 值是不一样的。

表 7.2.12 抗压强度限

矿石性质	矿石种类	抗压强度限，MPa
软矿石	煤	2～4
	方铅矿	4.5
	菱铁矿	7
	无烟煤	～9
	闪锌矿	～10
	疏松石灰石	40
次中硬矿石	致密石灰石	50～100，甚至达180
	褐铁矿	～82
	磁铁矿	106.5
中硬矿石	花岗岩	120～150
	纯褐铁矿	125
	正长岩	125～156
	大理石	50～150
	致密砂岩	～160
高于中硬矿石	半假象赤铁矿	158～195.5
	辉绿岩	180～200
		200
	片磨岩	172～220

续表 7.2.12

矿石性质	矿石种类	抗压强度限，MPa
极硬矿石	石英岩	198～218
		180～240
	斑 岩	153～280
	铜矿岩	150～280
	钛磁铁矿	234
	玄武岩	200～300
	花岗长英岩	～350

的试件，在试验过程中可以明显发现其应力集中的影响。

表7.2.13～表7.2.15为北京矿冶研究总院测得的部分物料自然颗粒破断力结果。

表 7.2.13 武山铜矿自然颗粒破断力测定结果

试件名称	试件编号	试件重量 kg	试件尺寸 mm	平均粒度 mm	破断力 kN
北 矿	1	2.00	70×90×130	96.7	0.1～90
	2	2.56	90×100×120	103.3	1175
	3	2.20	80×90×130	100.0	40
南 矿	4	1.30	70×90×140	100.0	280
	5	1.94	70×90×160	106.7	690
	6	1.74	100×100×140	113.3	450
北带围岩	7	2.08	70×90×160	106.7	985
	8	1.48	80×90×120	96.7	990
	9	0.80	55×70×90	71.7	270

D 岩矿物料的形变及破碎物理学

岩矿物料在外力作用下，因其性质和载荷大小的不同，具有弹性变形和塑性变形。弹性变形具有可塑性，即当外力解除后能完全恢复原来的形状和体积，塑性变形是不可逆的，外力解除后部分变形被保留下来。

在虎克定律范围内，岩矿和其他弹性物体一样，其变形特征

表 7.2.14 石英砂岩自然颗粒破断力测定结果

试件名称	试件编号	试件重量 kg	试件尺寸 mm	平均粒度 mm	破断力 kN
150	1	1.27	65×75×110	83.6	400
	2	1.02	55×90×110	85.0	1100
	3	1.49	70×90×160	106.7	700
	4	1.29	57×115×130	100.6	350
	5	1.15	67×70×120	85.6	
162	1	1.18	61×96×115	90.6	900
	2	1.39	75×85×105	87.3	950
	3	1.19	68×90×102	86.6	500
	4	1.25	60×90×125	91.6	1100
	5	1.32	60×90×115	88.3	900
455	1	0.42	45×60×89	64.7	260
	2	0.60	48×60×100	69.3	550
	3	0.70	57×65×94	72.0	540
	4	0.65	62×72×80	71.3	520
	5	0.69	48×74×96	72.6	600
500	1	0.54	66×66×70	67.3	700
	2	0.58	46×75×110	77.0	680
	3	0.75	66×75×83	74.7	1120
	4	0.86	65×70×80	71.7	1000
	5	0.74	76×43×110	76.3	510

表 7.2.15 司家营铁矿假象赤铁矿自然破断力测定结果

试件编号	试 件 尺 寸 mm	平均粒度 mm	破断力 kN
1	160×120×90	123.3	400
2	180×100×100	123.3	290
3	140×150×70	126.7	340
4	170×150×80	120.0	1080
5	200×100×70	133.3	1360
6	180×120×100	133.3	130
7	150×80×80	103.3	180
8	150×100×80	110.0	590
9	180×80×60	106.7	830

可用杨氏弹性模量E，体积压缩模量K，剪切模量G和波桑比μ来表示。

从力学观点分析，岩矿强度是指岩矿抵抗外力破坏的综合能力。不管岩矿应力状态多么复杂，任一点的应力状态都可以分解为三个基本的应力成分，即压缩应力，拉伸应力和剪切应力。岩矿物料的破坏就是由于这些基本应力所引起的。

岩矿物料的实际强度大多数小于它的理论强度。物料的理论强度可由它的弹性模量E来计算：

$$\sigma_{\text{理论}} \simeq (0.05 \sim 0.10)E \qquad (7.2.18)$$

一些物料的实际强度和理论强度的比较列于表7.2.16。

表 7.2.16　实际强度与理论强度的比较

物料种类	$\sigma_{\text{理论}}$，MPa	$\sigma_{\text{实际}}$，MPa
NaCl	$2\times10^3 \sim 4\times10^3$	5～20
玻璃	$3.5\times10^3 \sim 7\times10^3$	50～200
钢	$10^4 \sim 2\times10^4$	300～800

理论强度是基于假设物料是均质的。然而块状岩矿物料中始终存在着裂纹，如品格缺陷，表面裂纹和显微裂纹。在这些裂纹处比物体其他部位应力集中得很大，由于局部很高的应力，破裂从这些薄弱处开始发生。由于这些裂纹的存在，所以实际强度是很低的。

随着物料开始产生裂缝和引起破裂，能量消耗在物料的裂缝和破碎上，导致这些裂缝扩展。裂缝消耗一些能量而产生新的表面。γ（比表面自由能）是物料破裂点附近的塑性变形所容能量。比破裂表面能β是单位破裂表面所需要的能量。表7.2.17 列出了比破裂能β和比表面自由能γ。

标准的β值在γ值的1000倍以上。这个结果表明，使整个固体达到破裂点，很大部分能量用于物料的塑性变形。

表 7.2.17 比破裂表面能β和比表面自由能γ

物料种类	β, $J/cm^2(erg/cm^2)$	γ, $J/cm^2(erg/cm^2)$
食盐(氯化钠)	$\sim10^{-3}$ (10^4)	$\sim3\times10^{-5}$ (300)
玻　璃	$\sim10^{-3}$ (10^4)	$\sim10^{-4}$ (1000)
塑　料	$\sim10^{-2}$ (10^5)	$\sim2\times10^{-6}\sim2\times10^{-5}$(20～200)
金　属	$10^{-1}\sim10$ ($10^6\sim10^8$)	$\sim5\times10^{-5}\sim3\times10^{-4}$(500～3000)

在正常的情况下，裂缝的扩展必须达到两个条件。即，力的条件和能的条件。力的条件是要求抗拉强度超过破裂点处的内聚力应力。能的条件是要求能量的状态使破裂达到应力所作用的范围。

在破碎物理学中认为破裂的分子间产生位错，位错刚一发生时即是破裂过程的开始。

鲁普夫（Rumpf）提出了更完整的破裂的能平衡，

能量的来源：

（1）外力；

（2）由外力产生的应力场；

（3）组织缺陷，加工处理过程的残余内能释放；

（4）成分中潜在热能；

（5）在破碎点或裂缝上的化学反应或吸附。

能量消耗：

（1）产生新的表面；

（2）在破裂点附近处发生塑性变化；

（3）在破裂处的附近改变物料体的结构；

（4）充电或放电（发射）现象；

（5）在破碎点或裂缝面上的吸热化学反应和吸附；

（6）弹性波的动能。

单粒子试验结果还表明，粒子的破坏强度是变化的。其主要变化与加载方法、粒子的大小、物料性质和周围环境的性质有关。

加载：当粒子受到两个或多个力作用时，粒子的破坏力比受到单个力要小、破碎概率随着接触能力的增加而增加。

粒子尺寸与形状：粒子的粒度对冲击破碎概率的影响比较敏感。随着外力的增加则粒子的粒度尺寸减小，其原因是粒子的粒度减小则破裂的粒度亦减小，同样由于破裂引起压力值增加，类似于破碎应力增加。粒子的形状对决定其破碎强度是很重要的。特别是对于形状不规则的粒子而言，其破碎强度不可能有明确的定义，只是与破碎比有关，通过不规则粒子的石英和石灰石的反作用力与立方体石英和石灰石破碎强度的比较说明这两种物料特性完全不同。不规则粒子的石英和石灰石的标准反作用力和各自破碎比列于表7.2.18。

表 7.2.18 关于不规则粒子单位面积的反作用力，kPa

物料类型	粒度 mm	破碎比 1.5	2.0	3.0	4.0
石灰石	5.0	40	80	230	900
	1.0	50	100	400	1100
	0.5	70	120	600	2000
	0.1	200	500	200	8000
石英	5.0	50	70	170	2000
	1.0	70	110	210	3300
	0.5	90	200	320	5000
	0.1	340	800	2300	31000

规则的立方体石灰石破碎强度为1MPa，石英为25MPa。

由表可知，在高破碎比时对于石灰石单位面积反作用力超过破碎强度，石英没有超过。可见石英和石灰石的弹性变形不同。

E 温度

岩矿物料在高温作用下，降低了破裂强度，可减小外力载荷值。

7.2.5 物料的可碎性表示法

可碎性反映岩矿物料被破碎的难易。同一破碎机械，在同一条件下，处理坚硬岩矿物料与处理软岩矿物料相比较，前一情况的处理能力较低，功率消耗较大。结合破碎工艺提出的岩矿物料的可碎性系数，即反映物料的坚固程度，也要能用来定量地衡量破碎机工作指标。因此在破碎有关计算中，经常用到。

适宜的可碎性表示法必须反映它与物料性质，破碎的条件和产品的细度之间关系。通常采用下述两种方法表示其可碎性。

7.2.5.1 邦德功指数法

用岩矿物料的邦德冲击破碎功指数衡量被碎物料的可碎性。实质是按功耗表示可碎性。

功指数值W_{ic}反映了物料的可碎性。

功指数公式中反映出每单位厚度物料冲击破碎功的大小具有评价岩矿物料可碎性的效果。

W_{ic}值可由试验室试验测定。

7.2.5.2 相对比较法

相对比较法确定岩矿物料的可碎性是基于实践基础而确定的。

$$\text{可碎性系数}=\frac{\text{该破碎机在同样条件破碎指定矿石的处理能力}}{\text{某破碎机破碎中硬矿石的处理能力}}$$

通常采用石灰石($\gamma=1.6$) 作为中硬矿石的代表，其可碎性系数为1。

目前，我国尚未编制出岩矿物料可碎性和可磨性或强度分级表，通常采用普氏硬度系数来表示岩矿物料的可碎性，可磨性，强度和硬度。

7.2.6 破碎比与破碎的分段

7.2.6.1 破碎比

送到选矿厂的原矿，井下开采时一般在300～600毫米，露天开采时可达1000～1300毫米。要破碎到适合于下一工序的要求，如破碎到产品最大粒度为15毫米，岩矿物料尺寸就要减小到原来尺寸的1/40～1/87；如需破碎到8毫米时，就要减小到1/75～1/162.5。这个数值表示岩矿物料破碎尺寸变化效果的指标通常称为破碎比。一般说来，破碎比是给料尺寸与破碎产品尺寸之比。

破碎比可以表明破碎机在缩小原料粒度尺寸方面的性能。可以作为评价破碎机工作时机械负荷和破碎效果的重要指标。

其表示方法如下：

A 极限破碎比R_L

极限破碎比R_L是破碎机的给料能够通过的筛孔尺寸与其破碎产品能够完全通过的筛孔尺寸之比（筛孔形状相同，筛分方法与筛分条件相同）。然而必须指出，粗碎机的给料常常或根本不作筛分，所以在确定粗碎机的破碎比时，是用采场供料最大块来决定的。而测定其产品尺寸，则通常采用方形孔筛或圆孔筛。

B 名义破碎比R_A

名义破碎比R_A是破碎机给料口工作宽度B和排料口工作宽度S_e之比。

排料口工作宽度，在速度小的粗碎机中，采用开边尺寸。在速度较大的二次（中、细）破碎中，采用闭边尺寸。

由产品筛析结果可知，这一方法不能反映出真正的料块缩减程度，但可以作为说明破碎机在一个工作循环中，可能给出的最大破碎比。

C 实际破碎比R_W

实际破碎比R_W又可称为工作破碎比，是给料中最大块尺寸与破碎机排料口的工作宽度S_e的比值。

D 平均破碎比R

平均破碎比是给料平均尺寸与产品平均尺寸之比值。

平均值可按前述之任一方法计算。

前苏联学者C.E.安德列耶夫教授采用下式计算平均粒度：

$$d_{o}=\frac{\sum \gamma_{i}}{\sum \frac{\gamma_{i}}{d_{i}}} \tag{7.2.19}$$

式中 d_o——物料的平均粒度；

γ_i——任意粒级物料的重量百分比；

γ_i/d_i——任意粒级物料的重量百分比与该粒级尺寸之比值。

平均破碎比能比较准确的代表破碎机和磨矿机工作的技术性能，因此多为现场采用。

E 80%破碎比R_{80}

80%破碎比R_{80}就是可以通过80%原物料的方形筛孔尺寸和可以通过80%产品的方形筛孔尺寸在理论上的比值。这种方法是用在有若干板、片状结构的大块物料的情况下，于计算极限破碎比时，作为消除误差之用。此外，还广泛地用于邦德功耗法计算上。

如多段破碎或磨碎时其总破碎比为各分段破碎比的连乘积。

$$R_T=R_1\cdot R_2\cdot R_3\cdot\cdots\cdots R_n \tag{7.2.20}$$

式中 R_T——总破碎比；

R_1，R_2，R_3……R_n——各阶段破碎比。

7.2.6.2 破碎的分段

考虑到实际工艺的可能性和合理性，必须合理的选择破碎机的型式和规格，合理地分配各段破碎机之破碎比。由于破碎筛分厂的破碎比通常都大于50，甚至有时高达150以上，因此不能在某种单段破碎机完成。破碎作业通常分段进行。

A 粗碎（第一段破碎）

露天矿，给料粒度1500～1000毫米，大约破碎到250～125毫米（个别情况有400～600毫米）。

井下开采，给料粒度600～350毫米，大约破碎到250～125毫米。

B 中碎（第二段破碎）

给料粒度400～125毫米，大约破碎到100～25毫米，

C　细碎（第三段破碎）

给料粒度100～25毫米，大约破碎到25～5毫米，

D　超细碎（第四段破碎）

给料粒度为50～25毫米，大约破碎到－6毫米占60％左右。

破碎阶段的划分，在一定程度上是有条件的和相对的。如小型破碎厂，第一段破碎也称为粗碎，但此段的给料粒度为200～350毫米。然而在大型破碎厂，这种物料粒度的破碎属于中碎段。

7.3 破碎机

把来自井下矿山或露天矿山的大块矿石破碎到适合于下一工序要求的粒度，其破碎比是很大的。有时需要依次使用合适的各种破碎机械来完成。

破碎机械是工业生产中广泛使用的通用机械设备。是利用一定的机构实现一种或几种破碎方法，完成对矿石或其他物料破碎的机械装置。因此，必须根据矿石或物料的性质，矿石或物料的粒度特性，以及所需要的产品粒度来选择合适的破碎机械。

7.3.1 破碎机的分类

根据破碎机械的工作原理、工艺特性和机器的结构特征，目前在工业上广泛使用的破碎机械可以分为如表7.3.1所列的几种类型。

7.3.2 颚式破碎机

7.3.2.1 概述

第一台颚式破碎机是美国人E. W. 布莱克（Black）于1858年设计制造的。其结构形式为双肘板式（简单摆动式）颚式破碎机。

颚式破碎机具有结构简单、制造容易、工作可靠、维护方便，体积和高度较小等优点。至今仍然被广泛地用于破碎坚硬、中硬、软质矿石和各种物料，如：各种矿石、熔剂、炉渣、建筑石料、大理石等。

颚式破碎机既可用于粗碎作业，也可以用于中、细作业。特别是被用于井下破碎作业和中、小型移动式破碎装置。

工作原理　借助于动颚板周期性地靠近或离开固定颚板的摆

表 7.3.1 破碎机械分类

类别	结构示意	规格 mm	功率 kW	速度 r/min	破碎比	特点
电能破碎机			到250	2～3 min 破碎 5～10t (巨砾岩)		通常用于破碎粗碎前的大块物料
颚式破碎机 BLACK型(双肘板式)		60×150～2100×3000	2.26～300	300～100	平均7:1 范围4:1～9:1	适用于粗碎、中碎，硬、韧性，磨蚀性岩石物料
颚式破碎机 超前悬挂式	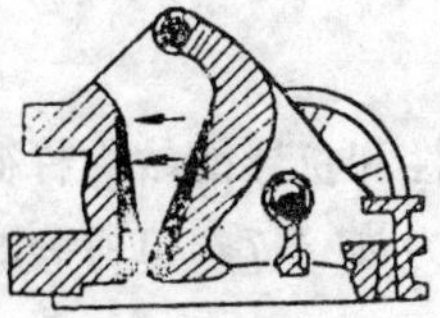	180×305～1220×1525	11～150	390～250	平均7:1 范围4:1～9:1	用途与BLACK型相似，速度较高，处理能力大，能利用率高，磨损小
颚式破碎机 DYNAJAW式		给料 1000mm 产品 60～80mm			12:1	破碎比大，一般粗碎可代替两段破碎
颚式破碎机 正悬挂式		125×150～1500×2100	2.25～400	300～120	平均7:1 范围4:1～9:1	处理能力比简摆（双肘板）高，磨损较高，不适于非常坚硬物料破碎

续表 7.3.1

类别		结构示意	规格 mm	功率 kW	速度 r/min	破碎比	特点
颚式破碎机	负支撑式	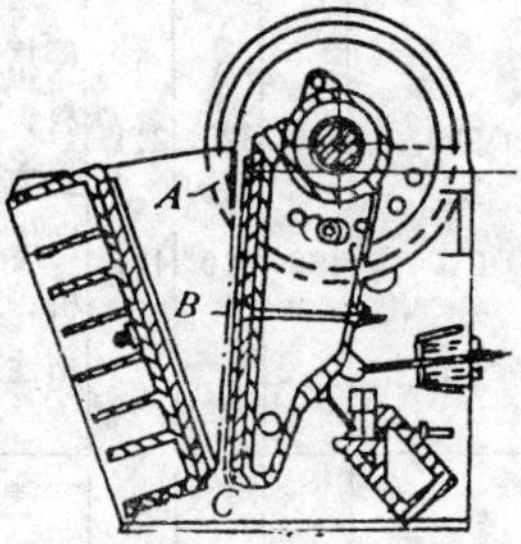	380×610 ～ 1520×1780	30 ～ 250	275 ～ 180	至 7:1	能耗低，破碎比大，产量高，齿板寿命长，是普通单肘板破碎机的5倍
旋摆破碎机	旋回破碎机	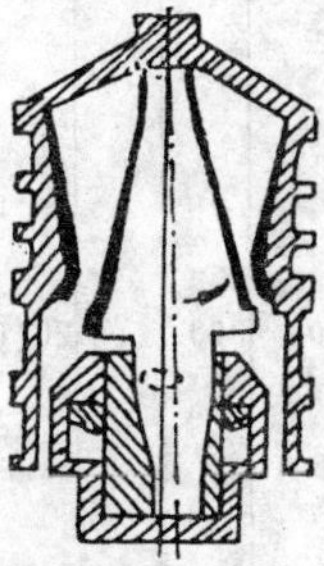	750×1400 ～ 2130×3300	5 ～ 750	450 ～ 110	平均8:1 范围3:1 ～10:1	用于第一段，第二段粗破碎，处理能力大，更适宜破碎粘物料和片状物料
	圆锥破碎机	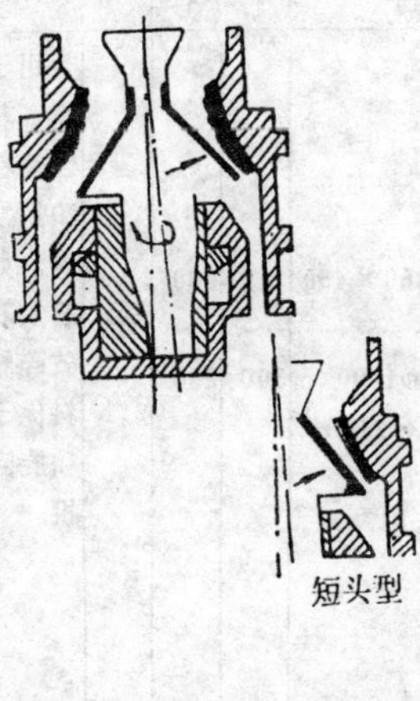 短头型	ϕ600 ～ ϕ3050	22 ～ 600	290 ～ 220	第二段破碎 6:1～8:1 第三段破碎 4:1～6:1	第二、三段破碎经常采用堵塞式给料

续表 7.3.1

类别		结构示意	规格 mm	功率 kW	速度 r/min	破碎比	特点
旋	旋盘式破碎机	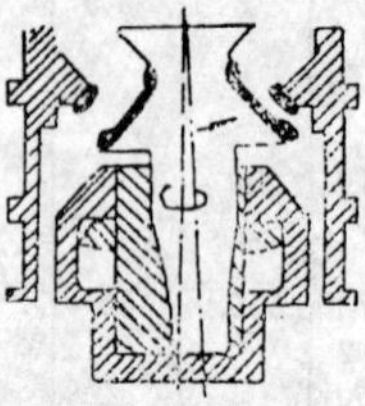	φ900～φ2100	100～400	325～260	2:1～4:1	用于超细碎堵塞式给料，产品呈立方体形可代替棒磨机，不适于粘性物料
摆破碎机	离心惯性破碎机	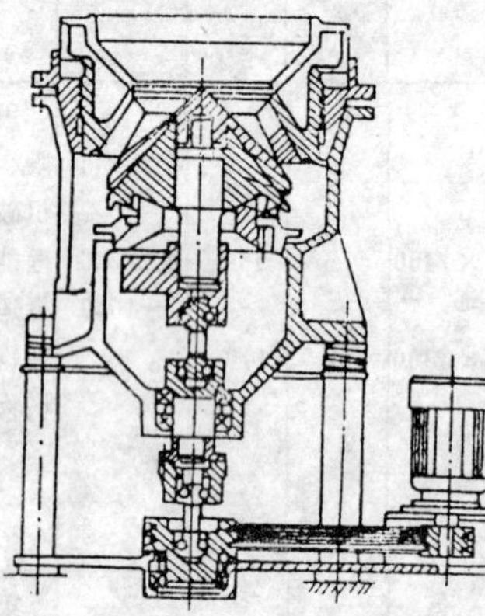	φ300～φ2200	10～800	～	15:1～20:1	适用于超细碎，破碎力大，破碎比大，产品细
辊式破碎机	单齿辊破碎机	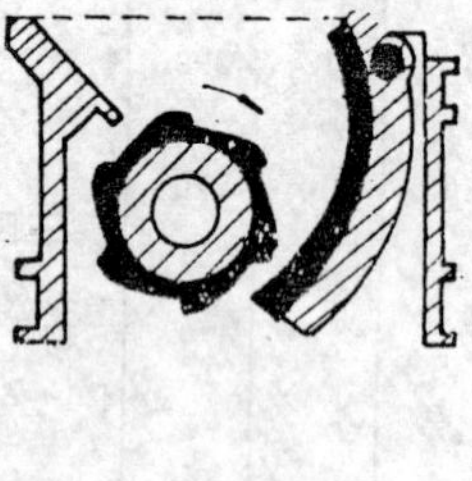	φ500×450～φ1500×2100	15～300	600～230	至7:1	用于软、脆、非磨蚀性物料粗磨和第二段破碎、如煤、石灰石等，破碎粘性物料优于颚式和旋回破碎机

续表 7.3.1

类别		结构示意	规格 mm	功率 kW	速度 r/min	破碎比	特点
辊式破碎机	对辊式破碎机		φ400×250 φ1800×900 或 φ860×2100	27～112	150～500	3:1	破碎比小，产品细，用于第三段破碎，齿辊常用于碎煤，高压辊式机用于超细碎
	四辊式破碎机	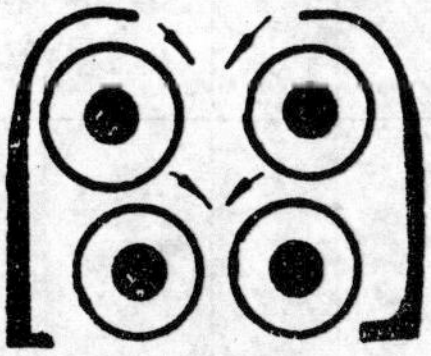	φ900×700	28和20	980和980	9:1	多用于破碎焦炭
转筒式破碎机	滚筒式破碎机	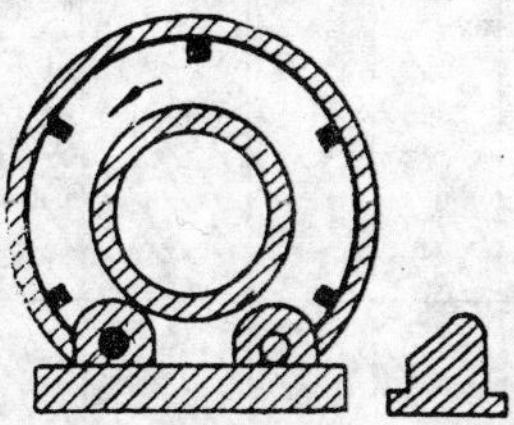	φ2100×3650～φ4300×9750	7～112	18～12	产品粒度40～150 mm	用于粗破碎煤
冲击作用破碎机	立式冲击破碎机	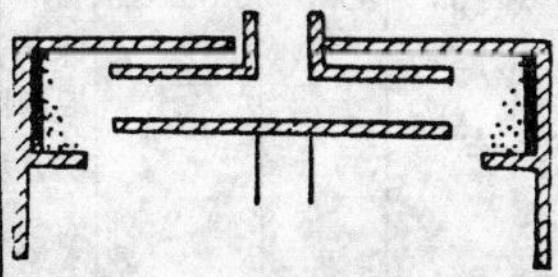	φ685～φ990	55～150	2300～1400	2:1	产品呈立方体形用于脆和硬物料第三段破碎
	不可逆式单转子锤式破碎机	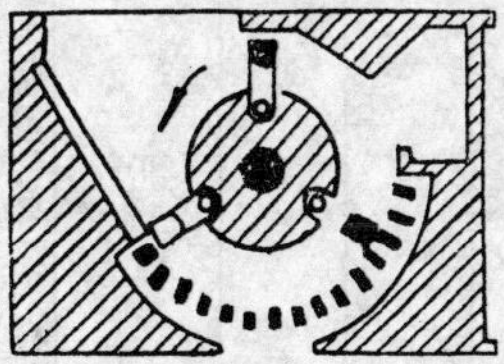	给料口 160×230 640×1470	11 375	180 600	开路20:1 闭路40:1	用于非磨蚀性不坚硬物料，粗碎，第二段和第三段破碎，破碎比大，产品细，呈立方体形

续表 7.3.1

类别		结构示意	规格 mm	功率 kW	速度 r/min	破碎比	特点
冲击作用破碎机	可逆式单转子锤式破碎机	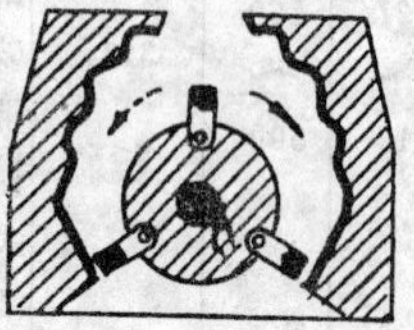	～ 1400×2300	～ 450	～ 900	闭路 40:1	适用于软、脆物料，破碎比大，产品呈立方体形，处理能力大，产品细、可用于第一段、第二段、第三段破碎
	双转子锤式破碎机	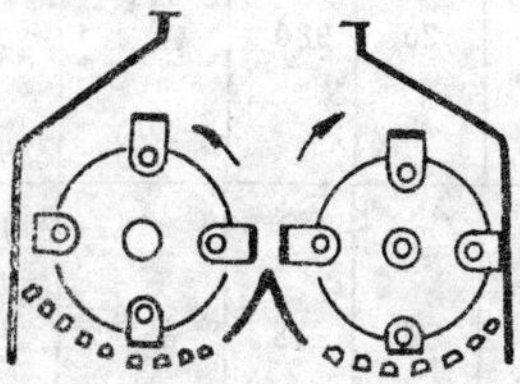				闭路 ～ 40:1	破碎比大，一次破碎可将1000mm，大块碎至25mm以下，适用于石灰石等软、脆性物料
	单转子反击式破碎机	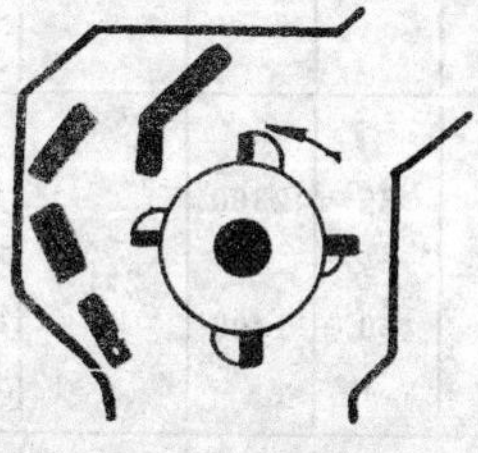	400×400 ～ 1500×2300 （给料口）	500 ～ 1500		20～ 40:1	破碎比大，适用于脆性、非粘性、软物料，板锤磨损较快，粒度不均匀，细粒含量较高
	双转子反击式破碎机		ϕ2000 （转子辊）			20～ 40:1	处理量高，破碎比大，适用一次破碎后向水泥磨机供料

续表 7.3.1

类别		结构示意	规格 mm	功率 kW	速度 r/min	破碎比	特点
冲击作用破碎机	笼式破碎机	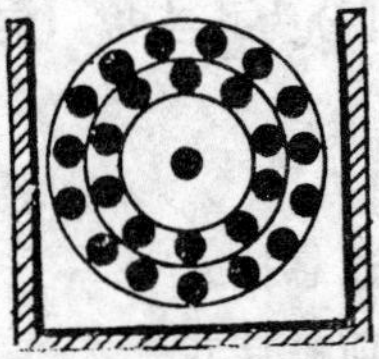	ϕ750 ～ ϕ1300	22 ～ 260	1500 ～ 480	10:1 ～ 100:1	有1、2、4或6笼式用于脆性物料细破碎

动运动，使进入破碎腔的物料受到挤压、劈裂、弯曲和冲击作用而破碎。破碎后的物料靠自重或颚板摆动时的下向推力从排料口排出。

分类　颚式破碎机按照其颚板的运动轨迹和结构形式之不同，可分为如图7.3.1所示四种类型。

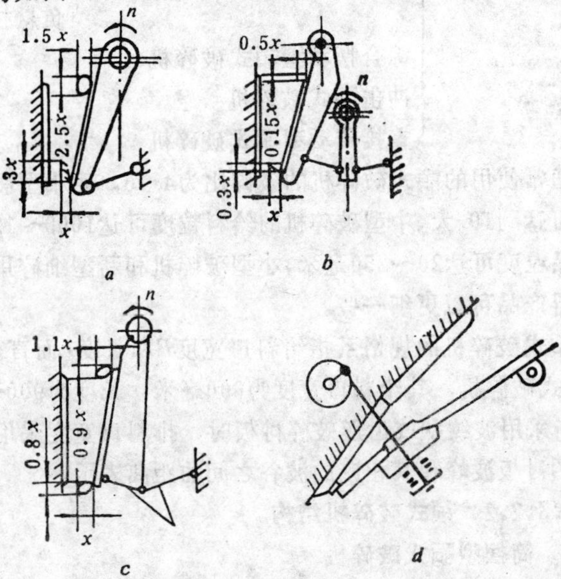

图 7.3.1　颚式破碎机类型

a—复摆型颚式破碎机；*b*—简摆型颚式破碎机；*c*—综合摆动型颚式破碎机；*d*—冲击颚式破碎机

简摆型颚式破碎机按动颚悬挂方式分为普通悬挂式和超前悬挂式两种类型。

复摆型颚式破碎机按动颚悬挂方式可分为正悬挂、零悬挂和负悬挂三种类型。按动颚肘板支撑方式可分为正支撑（向上推压式）和负支撑（向下推压式）两种类型。

分类归纳如下：

- 颚式破碎机
  - 简摆型颚式破碎机
    - 普通悬挂式
    - 超前悬挂式
  - 复摆型颚式破碎机
    - 正支撑式
      - 正悬挂式
      - 零悬挂式
      - 负悬挂式
    - 负支撑式
      - 正悬挂式
      - 零悬挂式
      - 负悬挂式
  - 综合摆动型颚式破碎机
  - 冲击颚式破碎机
  - 直接传动型颚式破碎机

通常使用的颚式破碎机的破碎比为4～6，而小型颚式破碎机有时可达到10。大、中型破碎机的给料粒度可达1000～1200毫米，其产品粒度可达20～250毫米，小型破碎机和新型细碎用颚式破碎机所得产品可以更细一些。

颚式破碎机的规格系指给料口宽度B和长度L而言。如600×900颚式破碎机，其给料口宽度为600毫米，长度为900毫米。

当采用波纹状或齿形破碎衬板时，排料口宽度采用动颚衬板和定颚衬板波峰和其相应的波谷之间的距离表示。

7.3.2.2 颚式破碎机结构

A 简摆型颚式破碎机

这种类型破碎机的动颚上每点的运动轨迹都是圆弧，而且上端的圆弧小，下端的圆弧大，故在给料区破碎效果欠佳。但是，由于它采用曲柄双连杆机构，虽然动颚上受有很大的破碎力，而连杆和偏心轴上却受力较小。因此，它可以制成大、中型破碎机，破碎坚硬的矿石或物料。其破碎比是3～6。

以沈阳重型机器厂制造的900×1200简摆型颚式破碎机为例（图7.3.2）说明其结构。

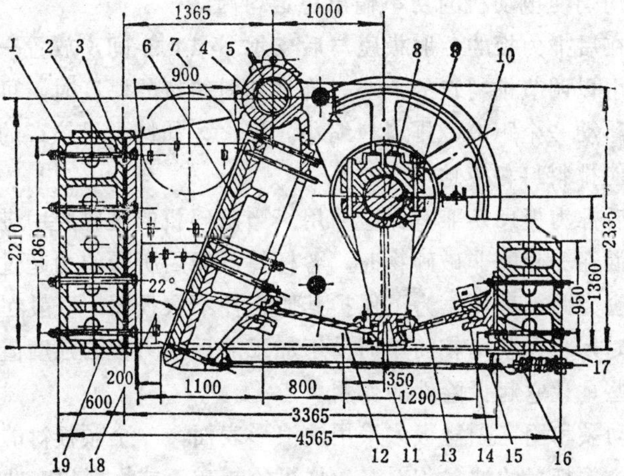

图 7.3.2 900×1200简单摆动颚式破碎机

破碎机机架1的前壁即是固定颚，为了防止它磨损，在其上面安装有定颚衬板2。中心轴4的两端支承在轴承上，轴上则悬挂着动颚5及动颚衬板6。偏心轴8支承在主轴承上，而偏心轴上安装有连杆头9。连杆头和杆身分开制造，然后用螺栓把紧成一体。连杆头里面通入循环冷却水，用以冷却连杆头的轴瓦。电动机三角皮带轮，通过皮带带动固定在偏心轴上的皮带轮10，使偏心轴转动。在杆身下方两侧的凹槽中，装有肘板头11，前、后推力板12和13的一端支承在肘板头上。

拉杆15拉着动颚下端的耳环，其另一端通过弹簧16支持在机架的后壁上。当动颚向前摆动完后，转向后退时，动颚和推力板所产生的惯性力，通过拉杆由弹簧来平衡，所以能使动颚、推力板、连杆保持紧密接触而不产生冲击。另外，拉杆15还由滚轮从下方托着，避免了拉杆被弹簧托盘磨坏。

偏心轴除在一端固定有皮带轮10外，在另一端还固定着飞轮，皮带轮同时也起飞轮的作用。在破碎机的空行程中，飞轮贮存能量，而在工作行程中释放出来，从而可减轻偏心轴旋转速度的不均匀使电动机的功率输出稳定均衡。

在后推力板的后肘板座与后支承座14之间，放置一组衬垫17，用以调节排料口的大小，当增加衬垫17的厚度时，可使动颚向前移动一个距离，排料口缩小。反之，如减少衬垫17的厚度，则可使排料口相应地增大。

后推力板13还兼有保险作用。当破碎机的破碎腔中进入了与矿石混在一起的非破碎物时，各杆件可能因所受的力超过材料的断裂应力而被破坏。为了保护其他构件不致损坏，一般在设计破碎机时，将形状比较简单而易于加工的后推力板的强度值设计得弱一些，让它起保险件的作用。

动颚和固定颚衬板多采用波浪形表面，一个颚板衬的波峰与另一个颚板衬的波谷相对，这样可给予矿石或物料以弯曲破坏的作用，而提高破碎机的破碎效率。

破碎腔的两侧壁上镶有平衬板18，采用螺栓或楔铁将它固定在侧壁上。为了防止由于矿石和衬板之间的摩擦力，而使衬板上、下窜动、剪坏螺栓，对固定颚的衬板除用螺栓固定外，还使其下端架支在钢板19上，上端用压板3压住。钢板19是焊在机架上的。动颚衬板下端架支在动颚下方的凸台上，上端用楔铁7压住。

破碎机颚板衬板和侧壁衬板采用高锰钢（ZGMn13）或改良高锰钢（T57，T59，ZGMn13Cr2，ZGMn13Cr2Mo等）铸成。

破碎机的轴承有两种：铸有巴氏合金衬或铜瓦衬的滑动轴承和滚动轴承。动颚轴承和推力板12、13的支承座处采用干油润滑、偏心轴和连杆头轴承处，采用稀油强制润滑。

B 复杂摆动型颚式破碎机

复杂摆动型（又称复摆式、单肘板式）颚式破碎机的动颚是曲柄连杆机构的连杆。因此，动颚上每点的运动轨迹都是椭圆，而且从上往下椭圆度越来越大。由于偏心轴逆时针方向运转，动颚的各点运动方向有促进排矿的作用。又由于动颚的水平行程上端大下端小，故破碎效率较高。因此，它的处理能力比同规格的简摆式颚式破碎机要高20～30%。但是动颚和固定颚衬板的磨损较快，且易于产生粉尘，能量消耗也较多。另外，由于动颚直接装在偏心轴上，使偏心轴受力大。因此，复摆式颚式破碎机适于制成中、小型破碎机。破碎中硬矿石或物料，其破碎比有时可达到10。

以上海建设机器厂制造的250×400复摆型颚式破碎机为例（图7.3.3）说明其结构。

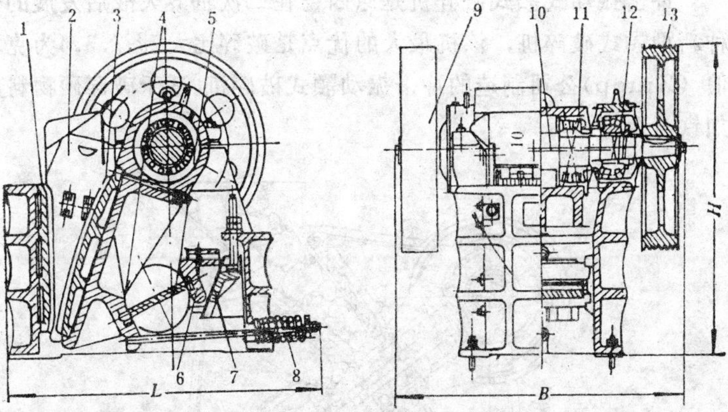

图 7.3.3　250×400复杂摆动式颚式破碎机

1—定颚板；2—侧板；3—动颚板；4—前肘板座；5—肘板；6—后肘板；7—调节斜铁；8—弹簧；9—飞轮；10—偏心轴；11—动颚；12—轴承；13—皮带轮

破碎机的动颚11是用滚柱轴承直接悬挂在偏心轴10上，而偏心轴则支承在安装于机架12的滚柱轴承中。当电动机通过三角皮带，使固定于偏心轴上的皮带轮13转动时，偏心轴便带动动颚作复杂摆动。动颚下端凹槽内镶有肘板座 4 。推力板 5 的两端支承在肘板座上，后肘板座安装在前斜铁 6 中，前斜铁架支在机架两侧的滑槽内，并与后斜铁 7 紧贴。当排料口需要调节时，用搬手将悬挂后斜铁 7 的螺母松开（右旋），后斜铁便上升，推动前斜铁沿滑槽向前移动，排料口即减小。反方向旋转螺母，排料口则增大。

复摆型颚式破碎机的特点是：动颚与偏心轴的轴承都采用滚动轴承，所以传动效率高，而且润滑简单，推力板头与肘板座是滚动接触，可以减轻磨损。

C　综合摆动型颚式破碎机

综合摆动式颚式破碎机由于结构复杂，操作维护不便，故没有得到发展与运用。

D　冲击颚式破碎机

冲击振动式颚式破碎机是原西德在二次世界大战后发展的一种新型颚式破碎机，该机最大的优点是破碎比大。图7.3.4为克鲁伯（Krupp）公司制造的冲击振动颚式破碎机。适于破碎硬物料，如铁合金等。

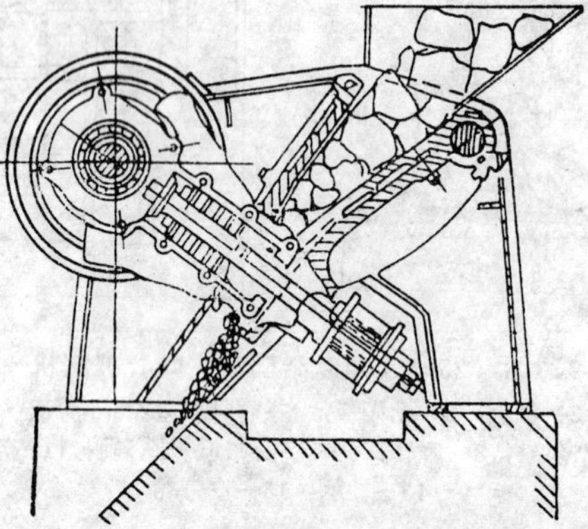

图 7.3.4　冲击振动颚式破碎机

这种类型破碎机由于机械结构复杂，零件受强力冲击易于损坏，所以一直没有得到广泛应用。

7.3.2.3　颚式破碎机性能

国产颚式破碎机规格及技术性能列于表7.3.2中。复摆型颚

表 7.3.2 常用颚式破碎机的规格和性能（JB1388—83，JB3264—83）

类型	规格名称	给矿口尺寸 宽 mm	给矿口尺寸 长 mm	推荐最大给矿尺寸 mm	排矿口调整范围 mm	产量 t/h	偏心轴转速 r/min	主电机 型号	主电机 功率 kW	主电机 转速 r/min	主电机 电压 V	润滑装置规格 L³	机器重量 t	外型尺寸（长×宽×高） mm
复摆	PE—150 颚式破碎机	150	250	125	10～40	1～3	300	JO3—112M—4	5.5	1500	380	手动干油泵	1.2	950×850×950
复摆	PE—250 颚式破碎机	250	400	210	20～80	4～14	300	JO3—160M—6	15	1000	380	手动干油泵	3.0	1450×1350×1400
复摆	PE—250 颚式破碎机	250	400	220	20～80	5～20	280～300	NJ—50A型汽油机	20马力	1500		手动干油泵	3.80	4.10×2.06×2.20
复摆	PE—400 颚式破碎机	400	600	350	40～100	8～25	250	JO3—225M—8	30	750	380	手动干油泵	7.0	1700×1800×1650
复摆	PE—600 颚式破碎机	600	900	480	65～160	40～100	250	JR117—8	80	730	220/380	手动干油泵	20.0	2700×2500×2600
复摆	PE—900 颚式破碎机	900	1200	750	100～200	100～200	225	JR126—8	110	730		手动干油泵	55	3800×3500×3500
简摆	PJ—900 井下颚式破碎机	900	1200	750	100～180	150～270	180	JR126—8	110	730	3000	35	62	7.4×7.1×2.7
简摆	PJ—1200 颚式破碎机	1200	1500	1000	130～200	260～360	135	JR136—8 JR137—8	180/170	730	380/3000	50	128	8.1×8.1×3.5
简摆	PJ—1500 颚式破碎机	1500	2100	1250	170～220	460～600	100	JRQ158—12 JRQ1510—12	260/280	490	3000/6000	50	220	9.1×9.2×4.5

式破碎机以上海建设机器厂，上海多灵机械分公司，北京人民矿山机械厂质量较佳，简摆型颚式破碎机以沈阳重型机器厂质量较好

7.3.2.4 国内外新型颚式破碎机

A 日本神户大破碎比颚式破碎机

日本神户制钢所高砂重型机械部制造了新型（DYNAJAW型）双肘板颚式破碎机，该厂自1976年开始研究大破碎比颚式破碎机。

该机是根据新的压缩层破碎理论进行研制的。动颚要用双肘板驱动，具有独特的破碎腔形状。据该公司介绍，该机一次破碎可使原矿破碎至60～80毫米。因此经该机一次破碎后，物料即可给入细碎机细碎，可取消第二段破碎。另外由于简化了破碎工艺流程使选矿厂破碎作业的附属设备大为减少；设备费，生产费用大幅度降低（约30％左右），厂房占地面积减小40％左右。至今已销售近百台。

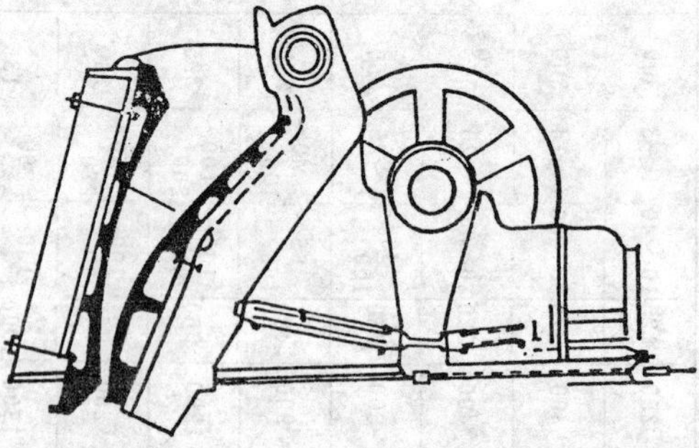

图 7.3.5 DYNAJAW双肘板颚式破碎机（Kobe）

B 美国A.C公司 A—1型双肘板颚式破碎机

A—1型双肘板颚式破碎机（图7.3.6）是美国阿里斯一卡尔默斯公司首先设计和制造的。该机已获取了美国、加拿大和日本等国专利权。日本等国也在A．C公司之后，购买了生产许可证，生产了这种类型颚式破碎机。

该机结构简单坚固，适于对硬质块矿进行粗破碎。

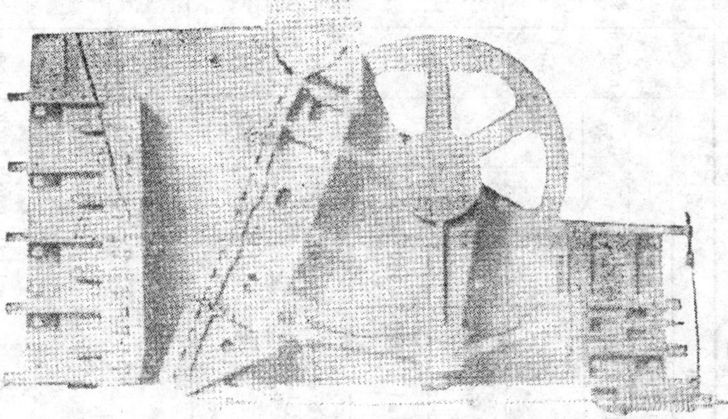

图 7.3.6 A—1型颚式破碎机（Allis-chalmers）

该机的特点是：破碎腔深度大，故破碎比大而适于破碎大块矿石；破碎腔断面形状设计采用非阻塞形，能有效地防止颚板的局部磨损；并改善了破碎效果，强化了破碎作用，使机器得到较大的破碎比。

该机在结构上具有独特之处，动颚板悬吊轴承采用了自润滑性的合成树脂材料制成，能显著地减轻重量和减少了加油的频繁工作。树脂轴承富有埋进夹杂物的能力，因此可以防止轴面的损伤和磨耗；肘板端部采用滚动副线接触（高副接触）。肘板的上、下板和端板为组合形式，如破碎腔中讲入不可碎物时，使肘板翘曲而被切断，以防止机器主要零部件被破坏；偏心轴和连杆头的支承均采用耐强力冲击的滚柱轴承，因此操作和维修方便。

表7.3.3为A—1型颚式破碎机技术特性。

曲线图7.3.7为A—1型颚式破碎机在不同工作条件下的产品粒度特性曲线。

C 奎肯（Kue-Ken）型颚式破碎机

这种类型颚式破碎机最初设计是由奎肯提出的，后来英国布朗-伦诺克斯（Brown-Lenox）公司运用这一基本结构形式设计制造了双肘板颚式破碎机（图7.3.8）。瑞典一个公司也购买了生

表 7.3.3 A—1型颚式破碎机技术特性

规格	进料口尺寸 mm		处理能力，t/h 排矿口尺寸（开口），mm														偏心轴回转数 r/min	电动机功率 kW
	宽	长	65	75	85	100	115	125	140	150	165	180	190	200	230	255		
21—30	540	760	65	80	90	105	120	130									250	45
28—36	710	910			130	160	180	195	205	215	230	235	245				210	75
32—42	810	1070				200	225	240	255	270	285	300	310	320			200	95
42—48	1070	1220					290	310	330	350	370	385	400	415	440	475	190	130
48—60	1220	1520						340	370	390	415	435	450	465	500	540	170	190
54—74	1370	1880									485	530	550	570	620	660	150	220
60—84	1520	2130										620	650	670	730	770	120	260
72—96	1820	2440													900	1050	90	340

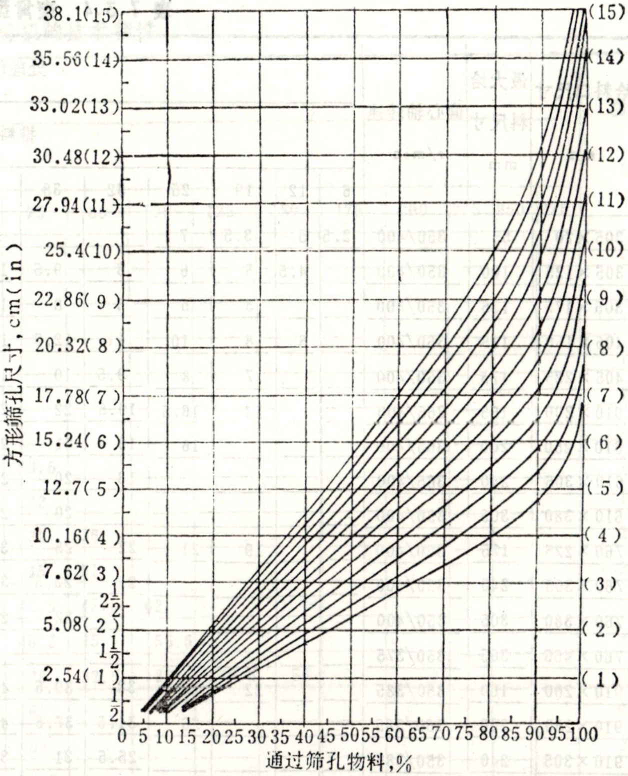

图 7.3.7 A—1型颚式破碎机产品粒度曲线（Alks-Chalmers）

产许可证制造了这种颚式破碎机。

该机的主要特点是采用低机架、高深式破碎腔和独特的悬挂方式。

由于悬挂点超越了破碎腔中心线，因此咬合角可以小一些，动颚板向上运动被减少。使矿石物料在破碎腔中，紧贴动颚板表面，减少了相对运动，故其磨损量大幅度降低。这种动颚板悬挂方式的另一优点，是加大了破碎机给料口处动颚摆动行程，提高了给矿区破碎力改善了破碎效果，减少了大块堵塞现象。悬挂点位于破碎腔中分线上是悬挂的另一特点，这样，进入破碎腔的物

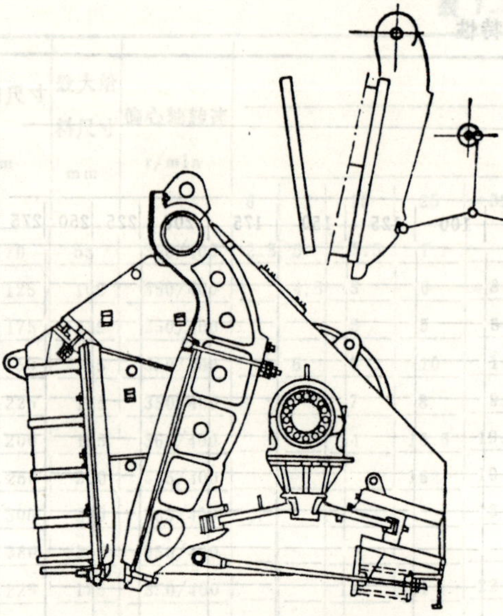

图 7.3.8 奎肯型颚式破碎机

料就会被牢牢的"咬住"，而实现"无摩擦"破碎。

据报导，某选矿厂采用该型颚式破碎机代替旧式破碎机，颚板使用寿命可提高5～10倍，且成本降低，产量增加。

现在许多破碎机械制造厂都根据这一基本概念，生产了高深破碎腔，低架、超越式悬挂颚式破碎机，如瑞典、法国、日本等厂商。

表7.3.4为奎肯型颚式破碎机技术性能。

D 德国克鲁伯等公司冲击颚式破碎机

前图 7.3.4 为西德克鲁伯等公司生产的冲击颚式破碎机剖面图。

该机采用下动式高速摆振而使破碎腔中物料被破碎。据介绍产品粒度很细，而且呈立方体形颗粒状产品。

该机工作时，偏心轴通过机器两侧的连杆带动横梁和动颚往复振摆。预压力由蝶型保险弹簧控制，可以有效地排除进入破碎腔的大块非破碎物料。动颚行程较普通颚式破碎机大若干倍。因而动颚脱开物料后呈悬空状，且动颚冲击时使物料获得一个朝

表 7.3.5 粗碎用冲击型颚式破碎机的技术特征

给料口尺寸	27.94×50.8 (11×20)	35.56×63.5 (14×25)	45.72×63.5 (18×25)	45.72×81.28 (18×32)
最大给料粒度,mm(in)	406.4×254 (16×10)	508×330.2 (20×13)	508×406.4 (20×16)	660.4×406.4 (26×16)
排料口宽度,cm(in)	2.54～8.26 (1～3 1/4)	3.81～10.16 (1 1/2～4)	5.08～11.43 (2～4 1/2)	5.08～12.1 (2～4 3/4)
生产量,m^3/h(yd^3/h)	18.34～27.5 (24～36)	27.5～60.32 (36～80)	33.93～64.09 (45～85)	49～90.5 (65～120)
电动机功率,kW(hp)	29.8 (40)	48.43 (65)	48.43 (65)	67.1 (90)
机　重,t	7.0	13.8	14.8	24.6

给料口尺寸 cm(in)	63.5×81.28 (25×32)	63.5×101.6 (25×40)	81.28×101.6 (32×40)
最大给料粒度,mm(in)	660.4×558.8 (26×22)	914.4×558.8 (36×22)	914.4×711.2 (36×28)
排料口宽度,cm(in)	6.35～19.1 (2 1/2～7 1/2)	6.35～15.24 (2 1/2～6)	8.26～24.13 (3 1/4～9 1/2)
生产量,m^3/h(yd^3/h)	67.9～105.6 (90～140)	79.2～135.7 (105～180)	105.6～165.9 (140～220)
电动机功率,kW(hp)	67.1 (90)	96.9 (130)	96.9 (130)
机　重,t	26.3	41.4	44.4

给料口尺寸 cm(in)	88.9×124.5 (35×49)	119.38×149.86 (47×59)	124.5×170.18 (49×67)
最大给料粒度,mm(in)	1016×812.8 (40×32)	1320.8×1066.8 (52×42)	1524×1117.6 (60×44)
排料口宽度,cm(in)	12.7～24.13 (5～9 1/2)	15.24～27.94 (6～11)	17.78～30.5 (7～12)
生产量,m^3/h(yd^3/h)	181～264 (240～350)	272.2～354.4 (360～470)	392.1～490.1 (520～650)
电动机功率,kW(hp)	149 (200)	1.49×93.13 (2×125)	1.49×100.6 (2×135)
机　重,t	74.8	133.0	172.0

向排料口前进的分速度，加之动颚的斜度越来越大，使物料在排料口附近的排料度增加，物料散开，减少堵塞现象，所以机器的产量高，能耗和衬板磨损较低，破碎比增加。该机适于粗、中碎作业，其技术特性参数分别列于表7.3.5和7.3.6中。

表 7.3.6 中碎用冲击型颚式破碎机的技术特性

给料口尺寸	101.6×304.8 (4×12)	127×406.4 (5×16)	139.7×508 (5-1/2×20)
最大给料粒度，mm(in)	76.2(3)	101.6(4)	114.3($4^1/_2$)
排料口宽度，mm(in)	15.9～41.28 (5/8～1 5/8)	19.05～50.8 (3/4～2)	19.05～50.8 (3/4～2)
生产量，$m^3/h(yd^3/h)$	3.06～7.64 (4～10)	6.9～13.75 (9～18)	9.93～20.63 (13～27)
电动机功率，kW(hp)	14.9(20)	22.35(30)	29.8(40)
机重，t	3.54	4.82	7.1
给料口尺寸 mm(in)	165.1×635 (6 1/2×25)	177.8×812.8 (7×32)	203.2×1016 (8×40)
最大给料粒度，mm(in)	127(5)	152.4(6)	165.1(6 1/2)
排料口宽度，mm(in)	25.4～63.5 (1～2 1/2)	31.75～69.85 (1 1/4～2 3/4)	31.75～69.85 (1 1/4～2 3/4)
生产量，$m^3/h(yd^3/h)$	16.8～32.1 (22～42)	32.1～61.12 (42～80)	45.8～80.22 (60～105)
电动机功率，kW(hp)	48.43(65)	67.1(90)	100.6(135)
机　重，t	13.0	19.8	27.6

图7.3.9为德国BH公司制造直立式腔型冲击颚式破碎机。

E 美国A.C公司S—T型颚式破碎机

该机（图7.3.10）与A—1型颚式破碎机相似，也采用了高深破碎腔，小啮合角。在破碎物料过程中，给矿口处没有物料打滑现象。排料口处衬板剖面为曲线型(非阻塞排矿型)。两颚板排料口处的表面形状，使得破碎物料时破碎力与其垂直，因而减少了物料在排料口处的打滑现象。所以，颚板磨损有很大程度降低。该机采用液压装置调节排料口大小。其性能列于表7.3.7。

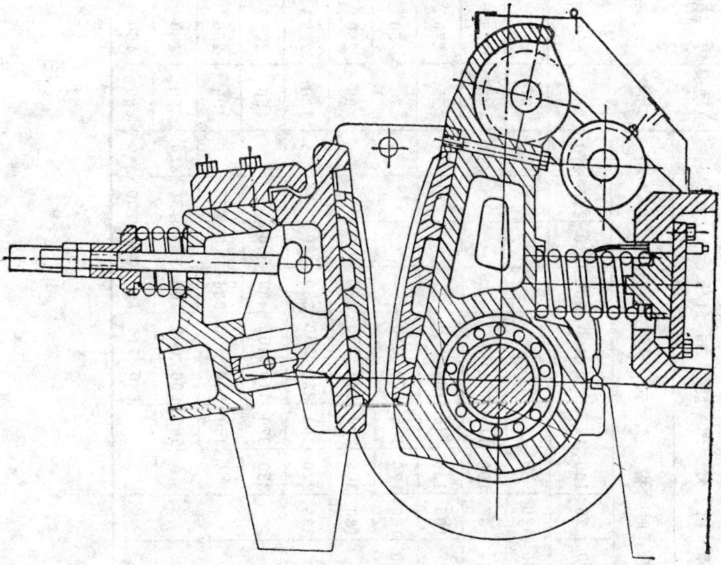

图 7.3.9 德国BH公司生产的冲击颚式破碎机

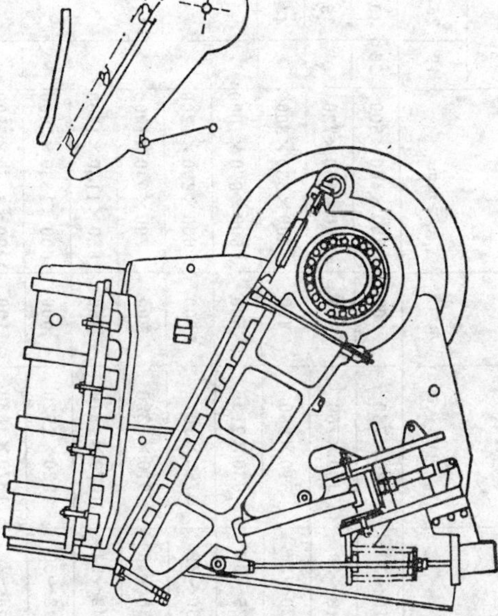

图 7.3.10 "S—T"型颚式破碎机（A.C公司生产）

表 7.3.7 S—T型颚式破碎机技术特性

规格	给矿口尺寸（宽×长）	给矿粒度	最大给矿粒度	破碎机处理能力，①t/h 闭合时排矿口大小，mm													电动机功率	转速
	mm	mm	mm	19	25	38	50	75	100	125	150	180	200	220	250	270	kW	r/min
15～30	380×760	300	300×400×600	23	30	44	56	80	95								37	275
18～30	460×760	360	360×480×720		35	50	64	87	100	115							45	275
20～34	510×860	400	400×530×800		44	62	77	105	130	145	160						55	275
25～36	630×910	500	500×670×1000				100	150	170	185	200	210					75	250
30～42	760×1070	600	600×800×1200					180	205	230	245	255	270				95	250
36～48	910×1220	700	700×940×1400					235	270	300	330	360	380	400			130	225
42～54	1070×1370	850	850×1130×1700						330	370	410	455	480	505			150	225
48～60	1220×1520	1000	1000×1330×2000							450	500	550	580	610	655		190	200
54～74	1370×1880	1100	1100×1450×2200							545	600	660	700	735	735	820	260	180
60～84	1520×2130	1200	1200×1600×2400								640	710	750	790	739	880	300	160

①物料比重为1.6t/m³时的处理能力。

F 芬兰BLM型负支撑颚式破碎机

图7.3.11为芬兰科恩（Kone）公司生产的BLM系列的负支撑颚式破碎机。

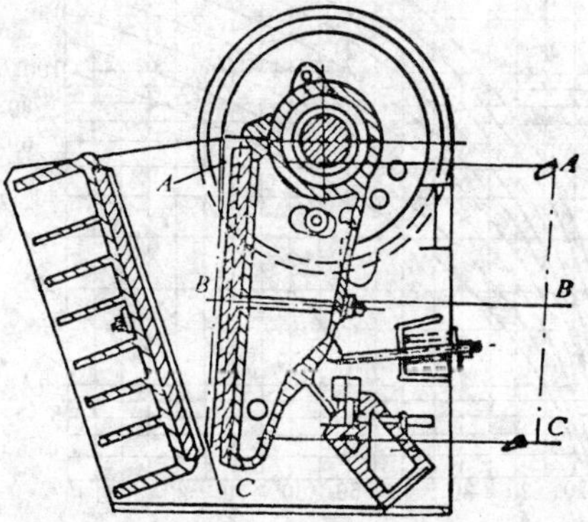

图 7.3.11 BLM型负支撑颚式破碎机结构

由于在结构上采用了负支撑肘板这一新的设计思想，使颚板的运动合理性得到了改善。动颚在压碎行程时，其运动方向上有一向下的运动分量，这有利于破碎物料向下运动，减少堵塞，并降低颚板的磨损。其最大物料破碎尺寸与复摆颚式破碎机相同。且颚板使用寿命与简摆颚式破碎机相近。据报道，该机与一般颚式破碎机比较表明：

（1）BLM颚式破碎机的使用寿命比普通复摆颚式破碎机的寿命至少高4～5倍。

（2）与普通简摆颚式破碎机相比，其有效给料尺寸可增加30%以上。

（3）能耗低，破碎比大。

（4）破碎腔的有效破碎深度达85%，而简摆颚式破碎机的有效破碎深度仅为60%。

（5）与普通简摆式颚式破碎机相比，水平动力较小，重量较轻，利于移动式破碎筛分厂选用。

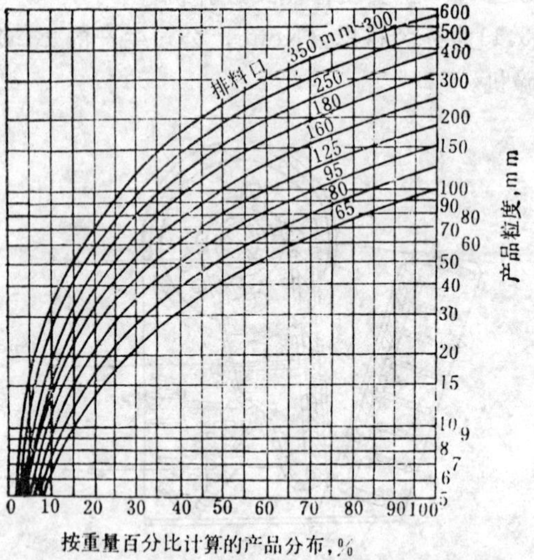

图 7.3.12 BLM型负支承颚式破碎机的技术特性

图7.3.12给出了负支撑式破碎机的主要技术特性。此外英国派克公司生产的君主型单肘板颚式破碎机、西德A.C公司生产的ES型单肘板颚式破碎机及日本的制造厂家，均采用了负支撑结构，并形成了各自的系列。

G 中国细碎用复摆颚式破碎机

目前我国生产细碎用复摆颚式破碎机的厂家不少于50家，其中以上海多灵机械分公司规格较全，设计有独到之处。

所谓细碎用，即在结构上缩小给料口长度，而放宽其宽度，以保持较大的处理能力。表7.3.8为该公司系列及性能。

北京人民矿山机械厂于1988年推出了2种重型强力细碎颚式破碎机，规格为150×750和250×750。该类型破碎机可用破碎300MPa以下物料，经长期工业生产使用，表明其处理能力高，破碎比大，而产品粒度细小而均匀。PEX250×750重型强力细碎颚式破碎机性能如下：

给料口尺寸，毫米	150×750	250×750
最大给料粒度，毫米	120	210
排料口调节范围，毫米	10～40	15～50
处理能力，吨/时	8～35	13～35
电动机 型号	Y180L—6	Y225M—6
功率，千瓦	15	30
重量，千克	3000	6500

表 7.3.8 上海多灵机械分公司细碎颚式破碎机性能

型号	PEX 100×600	PEX 150×750	PEX 200×1000	PEX 250×1200
进料口尺寸，mm	100×600	150×750	200×1000	250×1200
最大进料粒度 mm	80	120	160	210
排料口调节范围 mm	7～20	10～40	10～40	15～50
处理能力，t/h	3～15	8～35	12～50	20～60
电动机型号	Y160M—6	Y180L—6	$Y200L_2$—6	Y280S—8
功率，kW	7.5	15	22	37
重量(不包括电机) kg	1250	3000	6000	9500

图7.3.13为产量与排料口关系。图7.3.14为其外形照片。

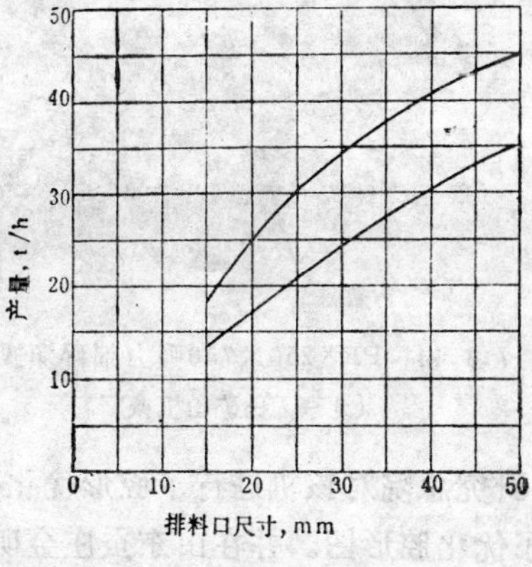

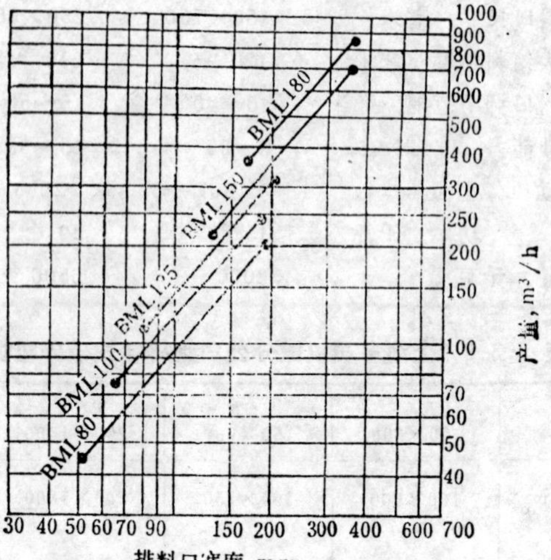

b

图 7.3.13 产量曲线

图 7.3.14 PEX250×750强力细碎颚式破碎机

（北京人民矿山机械厂）

北京矿冶研究总院对该机进行了腔形优化研究，采用CAD辅助设计，绘出了优化腔形图。并在山东蚕庄金矿，北京顺义赵庄碎石厂进行了工业试验和生产运转考查，结果表明：在同样产品粒度时，处理能力可提高15～25%，颚板衬板寿命可延长一倍以上。

最近，北京矿冶研究总院研制成功了GXPE250×400新型颚式破碎机。该机（图7.3.15）采用了独特的结构，使机器得到强

图 7.3.15 250×400新型强力高效颚式破碎机

化，成功地解决了同类型颚式破碎机存在的问题。并采用计算机进行腔形优化设计。其技术性能为：

规格	250×400毫米
最大给料粒度	220毫米
排料口调节范围	10～35毫米
产品粒度（排料口为10毫米时）	P_{80}＝15毫米
处理能力（排料口为20毫米时）	～20吨/时
电动机安装功率	15千瓦
外形尺寸（长×宽×高）	1320×1210×1220毫米

该机与我国某厂国优同规格产品对比生产考查表明，处理能力可提高50%左右，且相应的齿板寿命可提高3～5倍。单产电耗

降低30%。当排料口为20毫米时，其产品粒度P_{80}＝23毫米。当排料口为10毫米时，P_{80}＝15毫米。

7.3.2.5　颚式破碎机的发展方向

颚式破碎机发展方向如下：

（1）在新机型的研究、设计过程中，充分使用CAD系统，使设备的运动轨迹和结构得到优化；

（2）利用对物料破碎力学特性的研究结果，设计出适合破碎物料性质的腔形曲线，并与其所在设备的运动规律相结合进行优化设计，使腔形为最优曲线，以提高破碎效果和降低能耗；

（3）由于复摆颚式破碎机的轴承、颚板寿命问题的解决，其效率高、重量轻、价格便宜等优点将更加突出，将使简摆颚式破碎机让出一定市场的趋势；

（4）高深破碎腔和较小啮角的应用更为普遍（有些厂家的啮角已降到15°～17°）。采用了丁培洪和王宏勋提出的动态啮角进行机构设计，改进机器性能；

（5）推广焊接机架和新技术，降低设备成本；

（6）破碎机的动颚悬挂方式和肘板支承方式的改进，改善了破碎机性能；

（7）新型耐磨材料应用于颚式破碎机，降低颚板消耗；

（8）开发新型、高效率动颚驱动方式，降低驱动能耗，提高能量利用效率；

（9）强化机器构件强度，采用填满状态工作，改善破碎效果；

（10）自动化控制和调节系统的研制，提高装机水平，减轻繁重的体力劳动；

（11）采用液压系统调节排料口、实现过载保护及液压分段启动装置；

（12）破碎机自润滑装置的应用。

7.3.2.6　颚式破碎机的使用及故障排除

表7.3.9给出颚式破碎机主要故障及消除方法。

表 7.3.9 主要故障及其消除方法

故障	原因	消除的方法
1. 轴承的温度超过容许温度，回油的温度超过60℃	轴承轴瓦压得过紧； 润滑油不足、润滑油路堵塞、润滑油脏； 轴瓦刮研得不平	用垫片调节轴瓦的压紧程度； 增大润滑油量，清洗油沟和润滑油路，更换润滑油； 检查轴安得是否正确并刮轴承
2. 从冷却器排出水的温度超过45℃	冷却水不足，冷却系统变脏	向冷却系统中给水，清洗冷却系统
3. 油流指示器断油	油泵有毛病； 油凉； 开关关得过紧	修理油泵或更换油泵； 把油加热； 检查开关是否已打开
4. 给油系统中的油压增高，并且轴承和回油的温度相应的上升	油管或破碎机零件中的油沟阻塞	停止破碎机，清洗油管和破碎机零件中的油沟
5. 水进入给油系统内	过滤冷却器中冷却水的压力高于给油系统中油的压力； 冷却水管漏水	应该使冷却水的压力比给油系统中的油压低49.1kPa (0.5at)； 检查和修复漏水处
6. 破碎板抖动，产生金属撞击声	颚腔衬板松弛	停止破碎机，检查衬板固定情况，用锤子敲侧壁上的固定楔，使其完全挤进，然后拧紧楔和衬板上的固定螺钉或者更换动颚破碎板的支承板条
7. 推力板支承垫中产生撞击声	弹簧拉力不足或弹簧破坏、支承垫产生很大磨损； 支承垫松弛	停止破碎机，调整弹簧的压紧力，更换弹簧或支承垫； 紧固支承垫
8. 连杆头产生撞击声	偏心轴轴衬磨损	重新刮研轴衬或更新新轴衬
9. 破碎产品粒度增大	衬板下部显著磨损	将衬板调转180°或调整排矿口间隙，或交换新衬板

续表 7.3.9

故 障	原 因	消除的方法
10. 强烈的劈裂声后，动颚停止摆动，飞轮继续回转连杆前后摇摆，拉杆弹簧松弛	由于掉入不能破碎的金属等，使推力板破坏；连杆折断	更换推力板；修理连杆
11. 飞轮回转，破碎机停止工作推力板从支承垫中脱出	弹簧破坏，拉杆破坏拉杆螺帽脱扣	停止破碎机、检查破坏的零件并更换之，安装推力板
12. 飞轮显著地摆动、偏心轴回转渐慢	皮带轮和飞轮的键松弛或破坏	停止破碎机，更换键，校正键槽
13. 破碎机下部出现撞击声	拉杆的弹簧性能消失或破坏	更换弹簧
14. 振 动	紧固螺钉松弛，特别是组合机架的螺钉松弛	系统地拧紧全部联接螺钉，当机架拉紧螺钉松弛时应停止破碎机，把螺钉在矿物油中预热到150℃后再安装上

颚式破碎机是在工作条件恶劣情况下运转的。因此，应注意下列事项：

（1）开机前应检查破碎腔中是否有矿石或杂物等。

（2）破碎机达到正常速度后，机器无异常现象时才能给料。

（3）在机器运转中，要经常检查是否有大块物料卡住给料口，润滑是否正常，偏心轴承温度是否正常。

（4）及时调节排料口尺寸，满足粒度要求。

表7.3.10给出了我国现场使用颚式破碎机部分实例。

7.3.3 旋回破碎机

7.3.3.1 概述

旋回破碎机系由旋转立盘式破碎发展而形成的，第一个旋回

表 7.3.10 部分颚式破碎机生产实例

设备规格 mm	厂矿名称	矿石普氏硬度	矿石松散密度 t/m³	给矿粒度 mm	排矿口宽度 mm	排矿粒度 mm	处理能力 t/台·h	q_0值 t/(mm·h)
250×400	湘潭锰矿锰粉车间		(3.14)	200~0		25~0	6	
250×400	下田锰矿选矿厂			200~0			5~6	
250×400	德清铁矿选矿厂			200~0	30		15	
250×400	吴县钢铁厂选矿车间		(4.0)	250~0	30	50~0	20	
400×600	麻峪口铁矿选矿厂	10~12		300~0		85~0	30	
400×600	祥山铁矿选矿厂	9~14	(3.8)	350~0	100	175~0	30~40	
400×600	螺丝山铁矿选矿厂	12	(4.0)	350~0	38~40	75~0	25	
400×600	马兰庄铁矿选矿厂	8~12		350~0	50	80~0	40~50	
400×600	田湖铁矿选矿厂	8~10	(3.15)	350~0		150~0	50	
400×600	高戈庄铁矿选矿厂	8~12	(3.3)	350~0	80	120~0	60	
400×600	龙烟铁矿白庙选矿厂		(3.19)	350~0		50~0	35	
400×600	林海铁矿选矿厂	10~12	(3.6)	350~0	65	75~0	60	
400×600	通化铜矿选矿厂	8~10	1.67	300~0	60		40	0.64
400×600	凹山铁矿	8~12	2.10		55		70	0.97
400×600	水口山铅锌矿选矿厂	8~10	2.27				95	0.515
400×600	青城子铅锌矿选矿厂		2.00		85		60	0.565
600×900	八家子铅锌矿选矿厂	中 硬	2.00	500~0	90		130	1.156
600×900	柴河铅锌矿选矿厂	8~10	1.90	500~0	70~80		100~120	1.20~1.26
600×900	吉林镍业公司镍选矿厂	8~12	1.70	500~0	80		80~90	0.94~1.06

续表7.3.10

设备规格 mm	厂矿名称	矿石普氏硬度	矿石松散密度 t/m³	给矿粒度 mm	排矿口宽度 mm	排矿粒度 mm	处理能力 t/台·h	q_0值 t/(mm·h)
600×900	泗顶铅锌矿选矿厂		1.80	300～0	65		92	1.25
600×900	胡家峪铜矿选矿厂		1.80	400～0	122		179	1.30
600×900	闲林埠铁矿选矿厂	14～16	2.17	500～0	65		70	0.80
600×900	小吴营铁矿选矿厂	10～18	2.00	500～0	110		130	0.95
600×900	北台铁矿选矿厂	15～20	2.27	500～0	80～120		130	0.76～1.15
600×900	向山硫铁矿选矿厂	中硬偏软	1.6～1.7	500～0			130～150	1.18～1.36
900×1200	桃冲铁矿选矿厂	10～12	2.13	600～0	150～170		200	0.88～1.00
900×1200	金岭铁矿选矿厂	8～12	2.37	600～0	150		500	2.25
900×1200	程潮铁矿选矿厂			600～0	200			
900×1200	红透山铜矿选矿厂		1.85		200		400	1.73
900×1200	宜春铌钽矿选矿厂	8～16	1.60	800～0			84	0.57
1200×1500	姑山铁矿	16～18 10～10	2.40 2.02	1000～0	200		600	2.00 2.33
1200×1500	南山铁矿选矿厂	4～6 5～7	2.43 2.00	1000～0	200～250		560～600	1.84～1.58 2.24～1.92
1200×1500	石人沟铁矿选矿厂	10～12		1000～0	170～180		340～360	
1200×1500	海南铁矿	12～15	2.50	1000～0	250		800	2.05
1500×2100	南芬铁矿	12～16	2.00	1000～0	250		1000	3.20
1500×2100	大冶铁矿选矿厂	10～16	2.40	1000～0	200～220		600～790	2.00～2.63

注：括号内数值为矿石密度。

破碎机专利由美国人查尔斯-布朗（Charles Brown）申请于1878年，并由美国芝加哥盖次铁工厂于1881售出第一台旋回破碎机。

旋回式破碎机广泛地被用于大、中型选矿厂和大型采石场中，用以粗碎各种硬度岩矿物料。

工作原理　工作部件是两个相反放置的截头圆锥形环体（内圆锥形体称为动锥体，外圆锥体称为固定锥），两圆锥环间所形成的工作区称为破碎腔。动锥体做旋摆式运动，时而靠近，时而离开固定锥体表面，矿石物料在腔内受动锥摆动所产生的冲击压力、劈裂力而破碎。被破碎后物料，从破碎腔底部排出。

分类　近十多年制造的旋回式破碎机已全部采用底部排矿结构。旋回式破碎机大致可分为普通型旋回式破碎机、液压旋回式破碎机和颚旋式旋回破碎机。

通常使用的旋回式破碎机的破碎比为4～6。

破碎机的规格采用给料口宽度B和排料口宽度e表示。如给料口宽度$B=1200$毫米，排料口宽度e为180毫米的旋回式破碎机，可表示为：PX1200/180旋回破碎机，P代表破碎机，X代表旋回式。

7.3.3.2 旋回破碎机结构

A 普通型旋回破碎机

普通型旋回式破碎机的结构如图7.3.16所示。

从图中看出，破碎机的下部机架4，安装在钢筋混凝土基础上，在基础的中心排料孔中铺设一层钢板39，以防止破碎机中落下的矿石打伤基础。下部机架4、中部机架6、10和横梁11之间，都是用楔铁固紧的销钉联接的。

下部机架的侧壁上，有检查机器工作情况用的人孔，机器正常工作时，用盖子29盖上。联接机架侧壁与中心套筒31的四根筋30和传动轴套筒34的上面，要铺设一层保护板28与35，以免落下的物料损坏筋和套筒。

在中心套筒31的搪孔中，压合有钢衬套32，内表面铸满而外

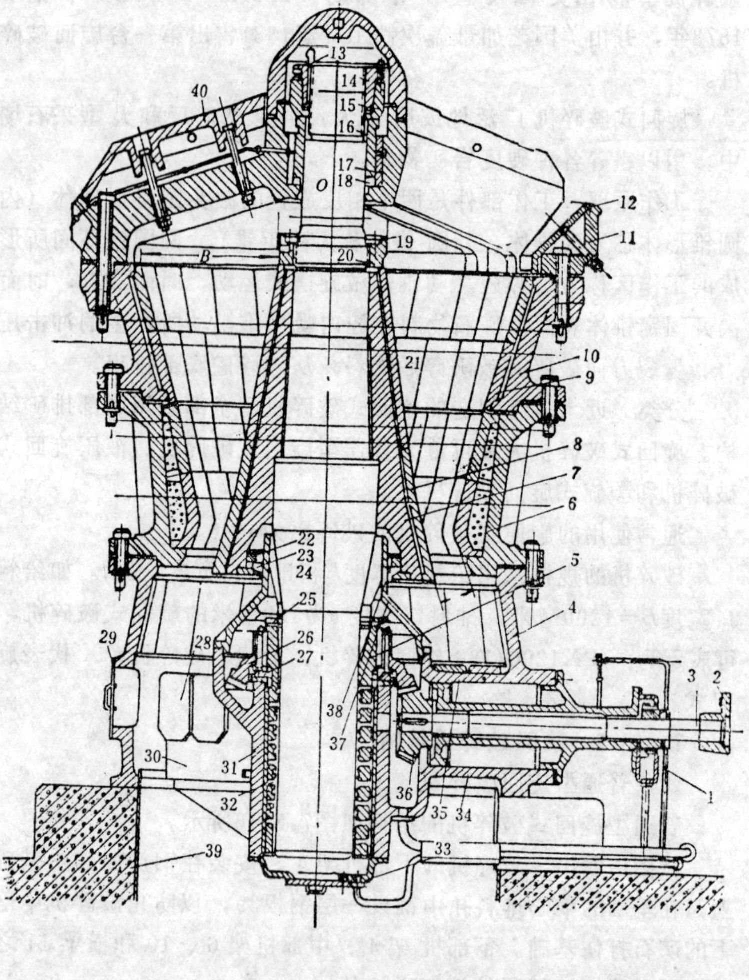

图 7.3.16　旋回破碎机结构

1—传动轴承架；2—联轴节；3—传动轴；4、6、10—机架；5—偏心 轴套；7—动 锥体；8、9—衬 板；11—横 梁；12、28、35—护板；13—键；14、20—螺帽；15—压 套；16—锥形套；17、32—衬套；18—支承环；19—锁紧板；21—主轴；22、23、24—套环；25—挡油环；26、36—齿轮；27—圆盘；29—人孔盖；30—筋；31、34—套筒；32—底盖；33—机架下盖；37—防尘盖；38—防尘圈；39—钢板

表面只铸3/4巴氏合金的偏心轴套5，在钢衬套32中旋转。为使巴氏合金铸牢,在偏心套与内外表面,备有密布的燕尾槽和许多小孔，以便使内外表面上的巴氏合金铸得更加牢固。在中心套筒31与大圆锥齿轮26之间，放有三片止推圆盘，用以支承大圆锥齿轮与偏心套的重量，最下面圆盘是钢制的，用销子固定在中心套筒的上端，以防转动，上面的圆盘也是钢制的，用螺钉固定在大圆锥齿轮上，并与之一起转动；中间的青铜圆盘27，将以近似偏心轴套的转速之半而在上下圆盘之间自由地转动。

电动机经三角皮带轮、弹性联轴节2，传动轴3，大小齿轮36和26，以及偏心轴套5等，带动破碎圆锥作旋摆运动。悬挂在横梁上的主轴21的下端，插入偏心轴套的偏心孔中，当偏心轴套5转动时，主轴与压合于其中部的动锥体7，一起做旋摆运动。动锥表面任意点,都在以悬挂点O为顶点划出的锥面上，从而即可进行破碎物料。碎后产品，靠自重从动锥底部排出。

动锥体外表面装有高锰钢制成的衬板8,为了使衬板与动锥体紧密接触，在两者中间注锌，并于衬板上端用螺帽压紧。在螺帽上端装有锁紧板19，以防螺帽松脱。

中部机架6、10内部，各镶有两圈衬板9。下面一圈衬板，支靠在机架下端凸出部分上，而上面一圈，则插入机架的上部凸边中。这样就能承受破碎时由于摩擦而产生的推力和破碎力的垂直分力。衬板安装完毕，以混凝土浇注以固定之。

主轴21通过锥形螺帽14，锥形压套15、锥形套16和支承环18，悬挂在横梁11上，并用楔形键13，防止锥形螺帽松脱。锥形套16的锥形端,支承在支承环18上,而侧面，则支承在衬套17上。在破碎机运转时，由于锥形套16下端与侧面都是圆锥面，故能保证锥形套16，沿支承环18和衬套17上滚转，从而满足了动锥旋摆运动的要求。

横梁上部覆盖有护板12和40，以防被落下的岩矿物料打伤和磨损。

为了防止灰尘和矿粉浸入机器的转动部分中去，在动锥下端装有三个球面接触的套环22、23和24，构成密封防尘装置。套环24用螺钉固在动锥下端，套环23套在防尘盖37上，两者中间装有软胶管制成的防尘圈38，上部套环22自由地压在内套环23上，因而灰尘不可能透过各套环之间的缝隙进入破碎机的内部。

破碎机所需的润滑油，是用专门的油泵压入的。油沿输油管从机架底盖33上的油孔，进入偏心轴套的下部空间，由此再沿主轴与偏心轴套之间的间隙，以及偏心轴套与衬套之间的间隙上升，同时也润滑了这两个摩擦面。从偏心轴套表面上升的油，与挡油环25相遇而满至圆锥齿轮副26、36，使之润滑，然后油经油管流回油过滤器，返回油箱。从偏心轴套外表面上升的油，到偏心轴套的止推圆盘27处，润滑圆盘后，也经排油管排出。

破碎机的传动轴轴承，有单独的进油与排油管，动锥悬挂装置和大小皮带轮的四个轴承，定期用手动油泵压入干油润滑。

旋回破碎机的保险装置，原是在传动皮带轮上安装保险销子来实现的。由于保险销子的材料和危险断面尺寸很难选择准确，保险效果不佳，现已去掉，新式旋回破碎机都在无保险装置情况下工作。

旋回破碎机排料口的调整，是用主轴上端的锥形螺帽14实现的。其目的不是为了改变排矿口，而是为了补偿锥体磨损所带来的排料口改变。

B　液压旋回破碎机

A.C公司于1943年开始研究液压旋回式破碎机，于1953年开始在市场上出售。

液压旋回破碎机的优点是运用液压系统实现过载保护，排除进入破碎腔中非破碎物和升降锥体调节排料口尺寸。液压系统如图7.3.17所示。

图7.3.18为沈阳重型机器厂生产的1200轻型液压旋回式破碎机。

C　颚旋式破碎机

颚旋式破碎机是在旋回破碎机给料口向外延伸一个长方形

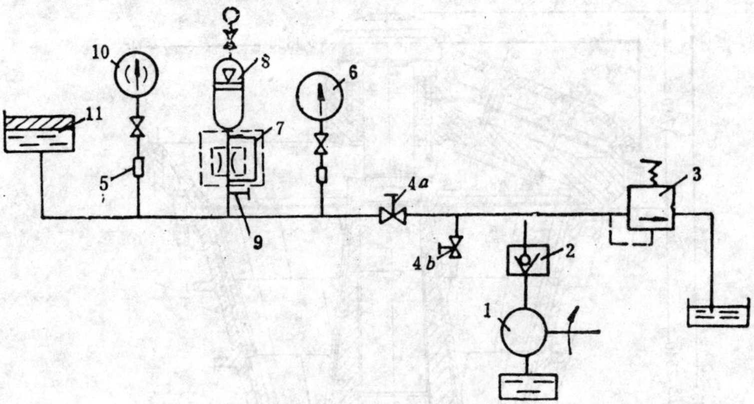

图 7.3.17 液压系统示意

1—油泵；2—单向阀；3—溢流阀；4—截止阀；5—减震器；6—压力表；7—单向节流阀；8—蓄能器；9—放气阀；10—电接点压力表；11—压力表

口，以便给入大块物料，这一局部有如颚式破碎机，故称为颚旋式破碎机。

由于其结构复杂，配置不便，以及其性能未得到明显改善，故未能大量应用。

7.3.3.3 旋回破碎机性能

表7.3.11给出了沈阳重型机器厂生产的主要规格旋回破碎机技术性能。

7.3.3.4 国内外新型旋回破碎机

A A.C公司液压旋回破碎机

美国A.C公司制造旋回破碎机已有 100 多年历史了。该公司自1943年就开始研究液压式旋回破碎机，1953年开始在市场上出售，至今已销售上千台，这个数量超过了世界上其他公司生产的旋回破碎机的总和。

该公司已生产的旋回破碎机最大规格为70—102型，计划生产84—120型旋回破碎机（用于建材工业）。

在旋回破碎机上应用液压技术是该公司首创的，因此《Supe-

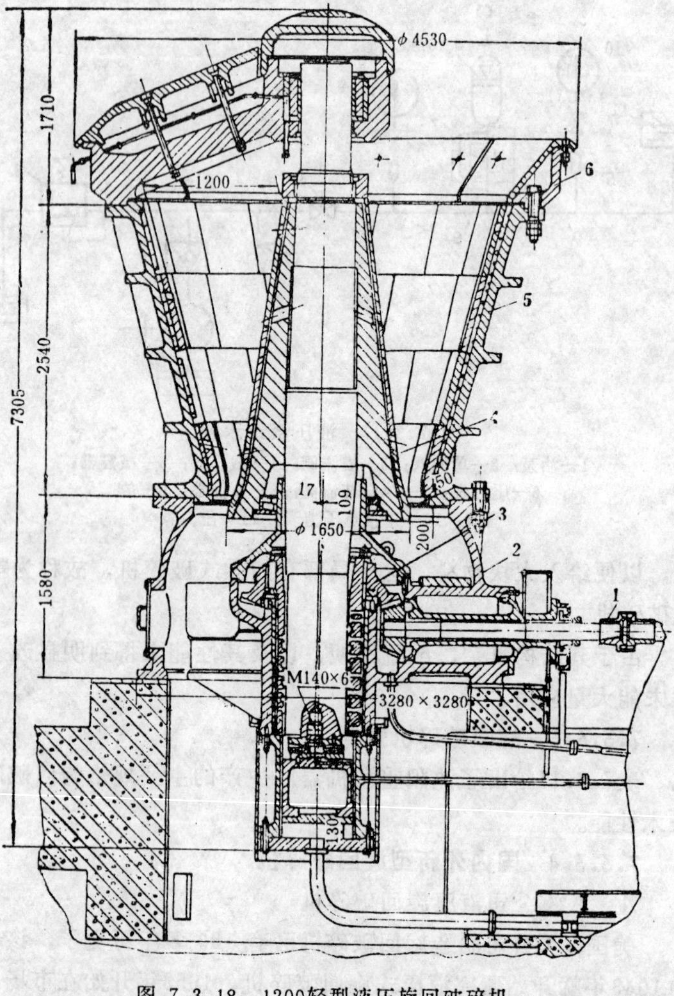

图 7.3.18 1200轻型液压旋回破碎机

1—传动；2—机架；3—偏心套；4—动锥；
5—中架体；6—横梁

rior》型旋回破碎机以采用底部单缸液压式装置调节排料口和实现液压过载保护而著称。

这种产品分为初级型和次级型两种。其结构如图7.3.19所

表 7.3.11 旋回破碎机规格性能

规格名称	给矿口宽度 mm	排矿口宽度 mm	推荐最大给矿尺寸 mm	动锥直径 mm	偏心套转数 r/min	产量 t/h
PX500/75 旋回破碎机	500	75	400	1200	140	170
PX700/130 旋回破碎机	700	130	550	1310	140	300
PX900/150 旋回破碎机	900	150	750	1636	125	500
PX1200/180 旋回破碎机	1200	180	1000	1740	110	1000

规格名称	主电机				动锥最大提升量 mm	润滑装置规格 L	机器重量 t	外形尺寸（长×宽×高） m
	型号	功率 kW	转速 r/min	电压 V				
PX500/75 旋回破碎机	JR127—8	130	735	380	140	50	42	3×2.1×3.5
PX700/130 旋回破碎机	JS136—8	145	735	3000	160	50	83.5	5.4×2.8×4.4
PX900/150 旋回破碎机	JR136—8	180	735	380	140	50	139.8	6.25×3.3×5.47
PX1200/180 旋回破碎机	JRQ158—10	310	585	6000	200	125	224	8.8×4.7×7.3

示，其技术性能列于表7.3.12*a*、*b*。

该机具有高速、高处理能力的特点。它克服了一般旋回破碎

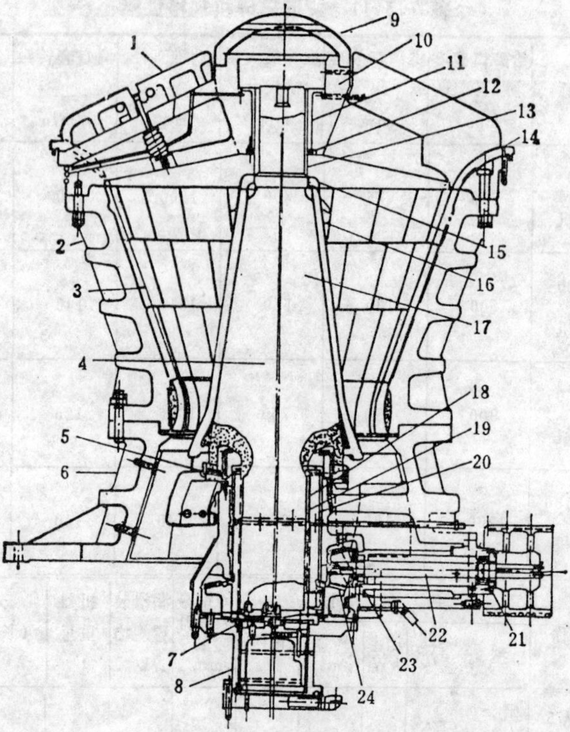

图 7.3.19 美国A.C公司液压旋回破碎机

1—多脚架杆衬垫；2—上部机架；3—凹面；4—主轴；5—防尘圆环；6—下部机架；7—阶梯形轴承；8—液压缸；9—多脚架盖；10—多脚架；11—多脚架轴垫；12—多脚架轴承油封；13—主轴套筒；14—多脚架轮缘衬垫；15—弹头螺帽；16—覆盖；17—弹头中央；18—偏心轮轴垫；19—偏心轮；20—下部机轴衬；21—滚球轴承；22—齿轮轴；23—滚柱轴承；24—螺旋伞齿轮

机的缺点，可以说是旋回破碎机中性能较好的一种。

该公司生产的优胜者（Superior）型旋回式破碎机取得了美国专利。日本神户制钢所，栗本铁工所，西德，加拿大和瑞典一些重型和矿山机械厂均购买了这项专利，也都生产了此种型式旋回式破碎机。

表 7.3.12a 初级型优胜者型旋回式破碎机技术性能

规格	给料口 mm	动锥体摆频 r/min	小齿轮转速 r/min	电机功率 kW(hp)	偏心距 mm	排料口 mm	处理能力 t/h
30—55	760	175	600	223.5(300)	32	64～140	420～900
36—55	910	175	600	223.5(300)	32	102～140	600～850
42—65	1070	150	514	298(400)	38	114～178	880～1650
48—74	1220	135	514	372.5(500)	41	127～203	1700～2700
54—74	1370	135	514	372.5(500)	41	140～203	1800～2550
60—89	1520	125	514	447(600)	46	152～229	2500～3600
60—109	1520	110	450	745(1000)	51	216～305	4300～6600

表 7.3.12b 次级型优胜者型旋回式破碎机技术性能

规格	给料口 mm	动锥体摆频 r/min	小齿轮转速 r/min	电动机功率,kW(hp)	偏心距 mm	排料口 mm	处理能力 t/h
13—30	320	285	925	93.13(125)	25	51～76	200～300
16—50	400	225	764	111.8(150)	32	51～89	350～480
24—60	610	175	600	223.5(300)	32	64～114	480～730
30—70	760	150	514	298(400)	38	64～140	700～1500

此种型式旋回式破碎机突出的特点为：

（1）采用了高深式破碎腔，保证物料在被破碎时与衬板形成尖锐的啮进角，物料不易滑脱。破碎腔的下部采用非阻塞形断面。

破碎腔的形状是决定破碎机处理能力、动力消耗、磨损以及其他各项技术指标的重要因素。

阻塞形（直线型）破碎腔排矿口面积小，空隙率极低，易发生堵塞。这是造成机器过载和衬板下端磨损严重的主要原因。阻塞形破碎腔的最小容积量和最大容积量之比小于0.3时产生阻塞现象。曲线型（非阻塞形）的排矿点上升而排出点的容积大。因此阻塞点位置以下的部分空隙率大，不会出现堵塞现象。所以动锥体和固定锥体衬板的磨损量小。在偏心行程相同的情况下，曲线型（非阻塞形）破碎腔物料通过量大，所以处理能力比直线型破碎腔高一些。采用非阻塞形破碎腔断面，不仅可以增大破碎能力，而且还可以缩小排矿间隙，既可提高破碎比又能减少产品过粉碎现象，并节省动力消耗。

（2）采用底部排矿，克服了侧面排矿存在的问题。而下部机体的高度又得到了缩小，机器重量也得到减轻。

（3）采用螺旋锥齿轮传动，齿轮接触系数高，运转平稳。

（4）采用富有自润性的树脂环密封，有效地防止了粉尘进入球面瓦和轴承内。

（5）采用了可靠的液压定位机构，可自动排出不可破碎物。

液压系统有支持破碎锥体，调节排矿间隙大小和实现过载保护三个作用。

破碎锥体的支持是靠油缸和活塞来完成。当压力油通过油缸时，缸中的活塞可以上下运动，使得破碎锥体上下运动。当衬板磨损后，可以通过破碎锥体上升或下降来调节排料口的尺寸。此外，当矿石中混入不可破碎的物料时，破碎锥把较大的压力传递给油缸中的油，当压力超过6844.7千帕（70千克力/厘米^2）时（平衡缸的工作压力）使油反向流动，迫使破碎锥体下降，一直到非破碎物从机器中排出为止，然后机器自动复位。

压力油是由高压油泵供给的，为防止油中混进杂质，在油路中设置了油过滤器。

该公司生产的液压旋回式破碎机排矿口的调节工作或非破碎物的排出工作，只需一分钟就可以完成。

旋回式破碎机在破碎大块物料时破碎锥体有时会出现跳动现象，往往使得破碎机的推力轴承损坏。该公司在油路中设置了平衡缸，使这一问题得到了解决。

平衡缸的上边是一个空气室，它起着密封空气的作用。

由于破碎锥体的重量作用，在管路中产生的油压高于空气密封的压力，所以应使锥体和活塞配合协调。因此在活塞无负载运转时，破碎锥体要经常保持在最高位置上。如果锥体跳动时，会削弱锥体向下的压力，因油缸中的油失去了破碎锥体的重量作用，只剩下锥体下边的活塞重量所产生的极小的油压。管路中油压低于平衡缸内空气室压力，平衡缸内的油由于空气室压力作用流往破碎机的油缸，使锥体下方的活塞随从锥体的跳动。当锥体由于重力作用重复时，油通过管路内的单向阀缓慢地流向平衡缸内，锥体缓慢下降与下部推力盘轴承慢慢接触，而防止锥体跳动而造成的损伤。

（6）该公司生产的旋回式破碎机可以通过更换偏心轴套的办法改变机器工作的偏心距，以适应破碎不同矿石的要求。

B 雷克斯诺德（Rexnord）公司重型旋回破碎机

美国雷克斯诺德公司生产的Symons型粗碎用旋回破碎机也是比较著名的。产品分为重型和超重型，给料口尺寸有30、42、48、54、60英寸五种。该机装设有液压式支撑和液压调节排料口装置。该公司也生产普通支撑主轴式旋回式破碎机。60英寸型旋回式破碎机处理能力为6960吨/时。图7.3.20为该公司生产之旋回式破碎机。

C 瑞典莫加德沙马尔(Morgardshammar）公司旋回破碎机

图7.3.20为瑞典莫加德沙马尔公司生产的顶部单缸液压式旋回破碎机。

该机最大的特点是偏心部分采用瑞典SKF公司生产的滚动轴承。装配时，采用冷冻法，消除了热装时产生的内应力，提高了轴承使用寿命。由于采用了滚动轴承偏心部件，使得偏心部分间隙减小，而有利于保持破碎机排料口尺寸。

作为重型负荷的旋回式破碎机，采用顶部单缸液压式调节和过载保护装置其技术难度是很大的。因为粗碎时破碎机主轴必须

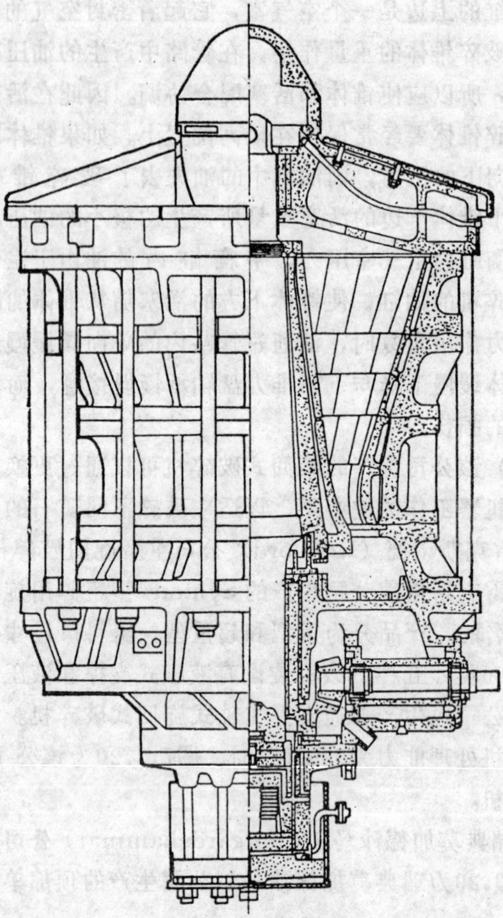

图 7.3.20　雷克斯诺德超重型旋回破碎机

承受很大的破碎力，而顶部液压缸又不可能有很大承载面积。

该机另一特点是动锥体的断面形状设计有独特之处。它使破碎机有较大的破碎空间，锥体下部曲线和凸出部分又能较好的保持排料口尺寸。

其性能列于表7.3.13。

表 7.3.13 莫加德沙马尔公司旋回破碎机性能

型 号	锥体直径,mm	给料口,mm	锥体摆频次/min	功率,kW	处理能力,m^3/h
BS400	1250	400×1200	220	130～150	90～130～200
BS600	1850	600×1800	127	190	400～690
BS750	2070	750×2000	115	315	450～770
BS900	2040	900×2300	115	315	520～860
BS1350	2100 2000	1500×3200	106	330～350	480～1700
BS1600	2400	1600×3700	110	500	1300～2500
BSA600	1300	600×1660	140	200	90～190
BSA900	1530	900×2350	120	250	240～370
BSA1100	1530	1100×2750	120	250	430～700

7.3.3.5 旋回破碎机的使用及故障排除

表7.3.14给出了旋回破碎机主要故障及消除方法。

旋回破碎机是选矿厂关键设备，其工作条件恶劣。在机器运转时，应注意下列事项：

（1）开车前要检查所有联接件是否松动；检查破碎腔，不允许有矿石或其他物品；检查排料口宽度；检查上、下工序设备的联锁装置；检查油箱中的油量和油温、油质；检查油泵系统是否正常。

（2）注意启动程序。

（3）破碎机运转时，应注意机器内部是否有异常声音及不正常情况；注意排矿是否畅通；检查回油温度是否高于50℃；注意检查传动三角皮带是否完好；检查圆锥齿轮运转声音是否正常。

（4）注意停车程序。

（5）注意及时调整排料口，以保证产品粒度适合工艺要求。

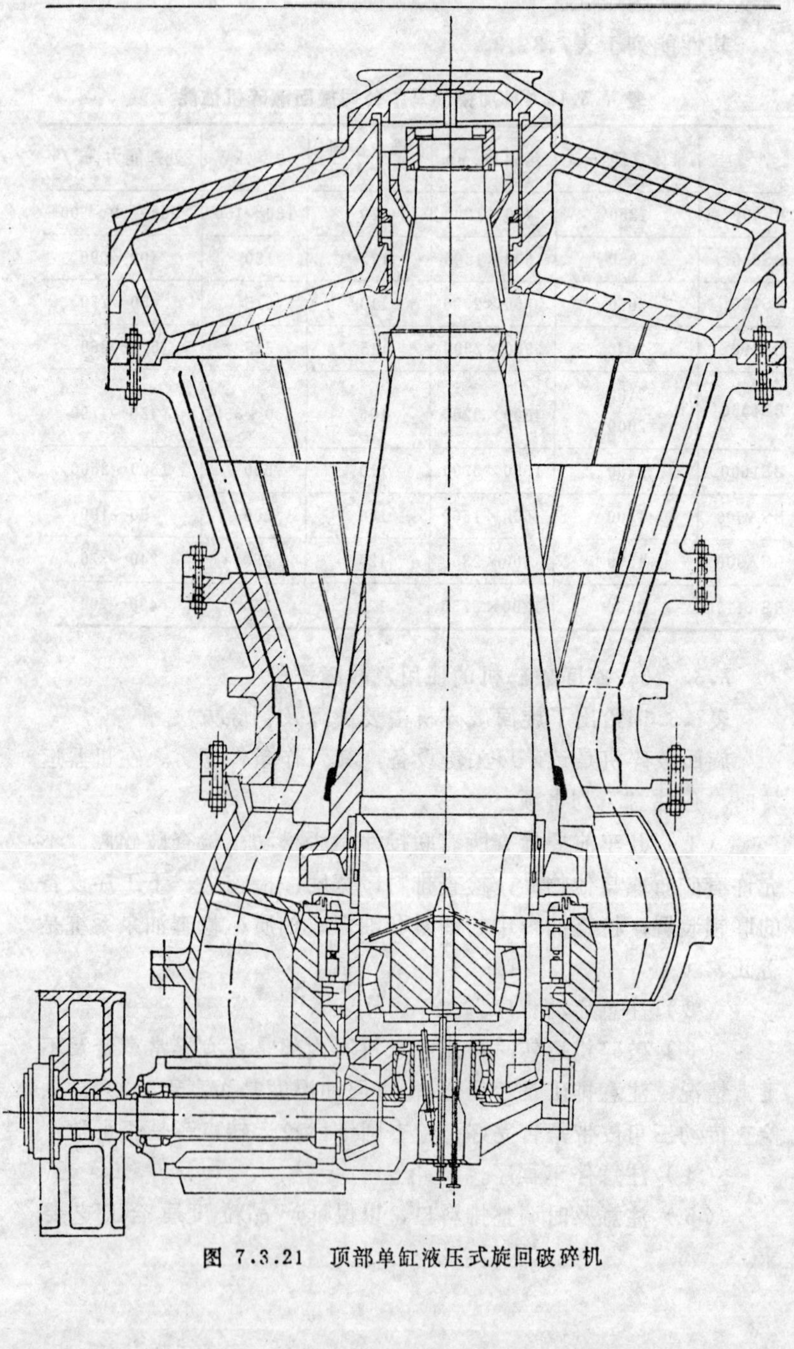

图 7.3.21 顶部单缸液压式旋回破碎机

表 7.3.14 旋回破碎机故障、产生原因和消除方法

故障	原因	消除方法
1. 润滑油中有水	过滤冷却器中的水压高于油压、渗漏	保持水压低于油压49kPa(0.5 kgf/cm²),检查冷却器的水管联接部分是否漏水
2. 过滤器前、后的压力表指示的压力差太大	过滤器堵塞了	当压力差大于39.23kPa (0.4 kgf/cm²)时,必须清洗过滤器
3. 油压下降	油泵有毛病; 油箱中的油温低; 油开关未开好	更换或检修油泵; 用电热器将油加热; 将开关开好
4. 油压升高,同时回油温度也升高	油管或破碎机由油路堵塞	停车,找出油温升高的原因并消除之
5. 回油温度超过60℃	偏心轴套等摩擦部位有毛病	停车,找出油温升高的原因并消除之
6. 过滤器出来的油温超过45℃	没有冷却水; 冷却水的温度高	通入冷却水; 检查冷却水的温度
7. 油流指示器里油是满的,经过润滑件后,油温超过60℃	轴承有毛病,冷却水路堵塞,冷却水温高,或衬套油路堵塞	停车,找出原因消除之
8. 油流指示器的油流中断了	油温低了; 指示器管路堵塞	将油加热,在油流指示器的油流没有正常前,不许运转
9. 回油少,油箱中的油量显著地减少	破碎机底盖漏油,回油油路堵塞了,给油过多使油从防尘装置处漏掉	消灭漏油原因; 调整给油量,停车时清洗或降低回油油路; 处理后应向油箱内添油
10. 破碎时有强烈的噼啪声	破碎机衬板松动了	检查衬板的固定
11. 皮带轮转动,但破碎圆锥不转动	齿轮或者轴被破坏	拆开破碎机、更换被破坏零件
12. 强烈劈裂声后,破碎圆锥停止工作而皮带轮继续转动	主轴折断	拆开破碎机,找出破坏原因,安装新主轴

续表7.3.14

故 障	原 因	消 除 方 法
13. 破碎机带负荷突然停车	油温过高，油位和油压过低，使继电器动作； 油泵或其他与破碎机有连锁的设备发生故障； 外部电源中断； 有过大非破碎物进入破碎腔，卡住破碎机	检查油温、油位、油压和连锁设备找出故障原因予以消除； 拉开电气开关，清除破碎腔内矿石，电源恢复再按规定程序开车； 可用气割方法，清除卡在破碎腔内的非破碎物

表7.3.15给出了我国部分矿山使用旋回破碎机情况。

7.3.4 圆锥破碎机

7.3.4.1 概述

圆锥破碎机最初由美国人西蒙斯（Symoms）兄弟设计，约在1920年开始应用于选矿厂。1948年美国A.C公司研制成液压圆锥破碎机。它能在机器运转中排出进入破碎腔的不可碎物，并能在运转中调节排矿口的大小，使破碎产品粒度均匀；70年代研制成用于控制液压圆锥式破碎机的自动控制器。60年代中期雷克斯诺德公司推出了以层压理论设计的旋盘式破碎机，70年代推出了超重型弹簧圆锥破碎机。前苏联于70年代推出了离心惯性圆锥破碎机。这些设备被用于超细破碎作业。

圆锥破碎机具有破碎比大、效率高、功耗少、产品粒度均匀等优点。适用于对硬岩矿物料中、细和超细破碎。

工作原理：其工作原理与旋回破碎机相似，不同的是两锥体置放方式。圆锥破碎机的两锥体顶点在同一个方向(上向方向)，而旋回破碎机动锥体顶点在上方，固定锥体顶点在下方。其结构和工艺参数不一样，圆锥破碎机具有比旋回破碎机高2.5倍的旋摆频率，4倍大的摆动角。所以在这样高速度，大的冲程的破碎过程中，破碎腔中的物料，不是像旋回破碎机那样，受运动较慢，冲程较小的动锥微冲击挤压，而是受快速冲击，非常有利于岩矿物料的粉碎。

表 7.3.15 旋回破碎机生产实例

设备规格	厂矿名称	矿石普氏硬度	矿石松散密度 t/m³	给矿粒度 mm	排料口宽度 mm	处理量 t/(台·h)	q_0值 t/(mm·h)	备注
500(侧排)	铜山铜矿选矿厂	9～17	1.80	400～0	75～110	200	2.47～1.62	
500	大吉山钨矿选矿厂	10～14	1.60	400～0	90	2.17	2.42	
500	西华山钨矿选矿厂			400～90	110	47		设备负荷率
500(侧排)	锦屏磷矿选矿厂	中硬偏软	1.60	350～0		140～200	1.05～1.50	19.0%
700	因民铜矿选矿厂		1.60	600～0	130	350	2.70	
900	易门铜矿选矿厂	中硬	1.70		120	360～500	2.82～3.92	
900	甘井子石灰石矿		1.60	750～0	125	620	4.95	
900/100	包钢选矿厂	中硬	2.52	500～0	125	650	3.30	设 计
1200	东鞍山铁矿选矿厂	12～18	2.00	1000～0	162	1376	6.80	1974年实测
1200	大孤山铁矿选矿厂	12～16	2.00	1000～0	115～125	1217	8.47～7.79	1980年考察
1200	弓长岭选矿厂一选车间	12～18	2.17	1000～0	170	1200～1320	5.20～5.73	
1200	水厂铁矿选矿厂	8～12	2.20	1000～0	160	1480	6.73	
1200	大石河铁矿选矿厂	8～12	2.20	1000～0	160	1000	4.55	
1200	歪头山铁矿选矿厂	12～16	2.13	1000～0	180	846	3.53	
1200	密地选矿厂		2.10	1000～0	180	1500～1800	6.35～7.62	
1350/180	齐大山铁矿选矿厂	13～15	2.13	1100～0	180	1300～1440	5.43～6.01	生产平均
1500/300	白云鄂博铁矿	中硬	2.52	1200～0	300	3200	6.77	设 计

由于圆锥破碎机高摆动频率和大冲程的缘故，破碎腔内的物料，有95%的时间处于沿锥间下滑的运动状态。也就是在任意瞬间，物料只有5%处于被破碎状态。因此，通过能力大，产量高。由于物料5%处于破碎状态，因此功耗小。并且，在破碎腔的局部面积上，产生很高的对物料压应力，适于破碎坚硬矿石。破碎机破碎腔下部设有长度不同的平行带，保证矿石物料在平行区内至少受一次破碎作用，产品粒度较为均匀。

圆锥破碎机可用于中碎和细碎作业。中、细碎破碎机之不同点在于破碎腔形状和尺寸不同，其他结构原理完全一样。

中细碎圆锥破碎机的规格用破碎圆锥底部直径D表示。如标准型圆锥破碎机，底锥直径为2200毫米，可记为PYB2200。P代表破碎机；Y代表圆锥式；B代表标准型。中间型用Z表示，短头型用D表示。

分类　根据其破碎腔形状不同可分为下述三种类型：

标准型（图7.3.22*a*），适用于中碎作业；

中间型（图7.3.22*b*），适用于中或细碎作业；

短头型（图7.3.22*c*），适用于细碎作业。

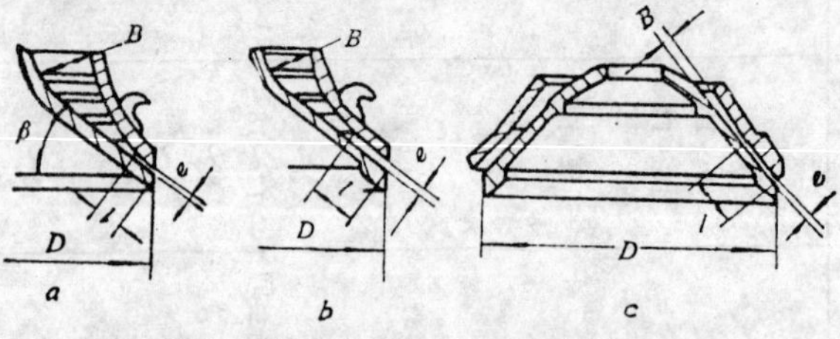

图 7.3.22　破碎腔形状

按结构特点可分为弹簧式、液压式、离心振动式三种类型。

各种规格标准型、中间型和短头型圆锥破碎机腔形尺寸列于表7.3.16。

7.3.4.2　圆锥破碎机结构

图7.3.23　标准型圆锥破碎机剖面图，示出了结构详细情况。

表 7.3.16 圆锥破碎机给矿口与排矿口尺寸，mm

型式	标准型					中型				短头型				
规格	600	900	1200	1750	2200	900	1200	1750	2200	600	900	1200	1750	2200
给矿口尺寸B	75	135	170	250	350	70	115	215	275	40	50	60	100	130
排矿口尺寸e	12～25	15～50	20～50	25～60	30～60	5～20	8～25	10～30	10～30	3～13	3～13	3～15	5～15	5～15
平行区长度l	60	75	100	150	175	90	120	150	250	125	150	200	275	350

圆锥破碎机由机架、传动系统、排料口调整装置、润滑系统、锥体等组成。以图7.3.23为例。

电动机直接通过弹性联轴器5，带动传动轴上的小圆锥齿轮7旋转。小圆锥齿轮通过大圆锥齿轮，带动偏心轴套12在机架中心筒内旋转。偏心轴套12内有一与其转动中心线偏2°左右的锥形孔，孔内装一锥形衬套11，圆锥体15被青铜碗形球瓦14支承，主轴9的中心线在空间画出一个圆锥面，使动锥4绕固定点O作旋摆运动，造成动锥衬板16的表面时而靠近时而离开定锥衬板17的表面。

被破碎的物料，从给料箱19落到动锥上端分配盘1上，由此再均匀地撒入动锥周围的破碎腔内，物料在破碎腔内的破碎过程如图7.3.24所示。物料在动锥离开定锥衬板一侧的瞬间，落入破碎腔，动锥冲向定锥时物料受到第一次破碎。当动锥再次离开定锥时，物料又下落而被第二次破碎，以此方式岩矿物料经过几次下落破碎后排出机外。

偏心轴套12，支承在由4片圆盘组成的止推轴承8上。最下面的铜圆盘，固定在机架底盖10上，最上面的钢圆盘，与偏心轴套用销联接在一起，两者共同旋转。中间的两个钢、铜圆盘的三个滑动面，各以偏心轴套转速1/3左右的速度做相对滑动。

机架上部装有支承套3，它借助于周边若干组压缩弹簧的压

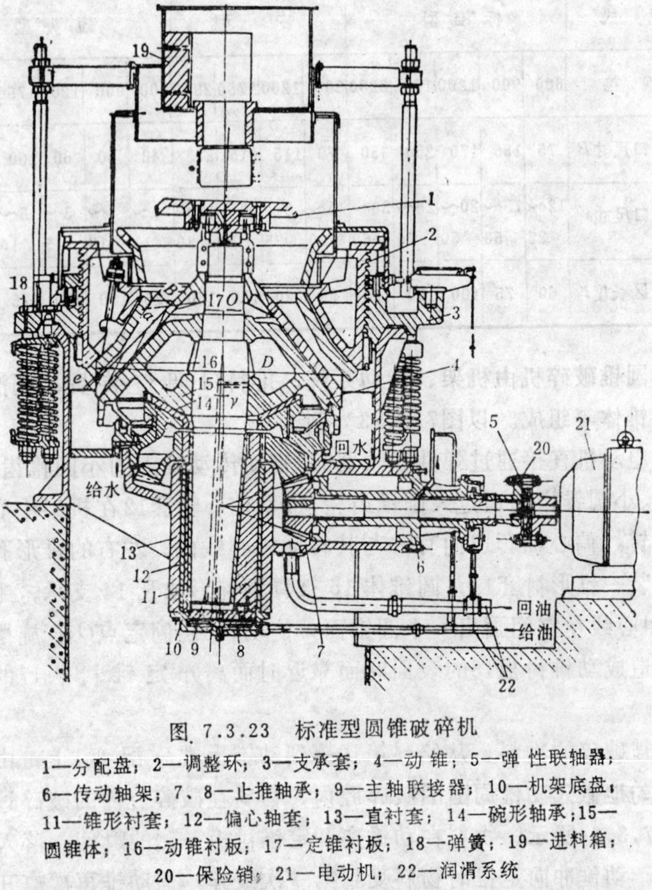

图 7.3.23 标准型圆锥破碎机

1—分配盘；2—调整环；3—支承套；4—动锥；5—弹性联轴器；6—传动轴架；7、8—止推轴承；9—主轴联接器；10—机架底盘；11—锥形衬套；12—偏心轴套；13—直衬套；14—碗形轴承；15—圆锥体；16—动锥衬板；17—定锥衬板；18—弹簧；19—进料箱；20—保险销；21—电动机；22—润滑系统

力，紧贴在机架上，支承套有锯齿形内螺纹，装有固定锥衬板17的调整环2，就拧入该螺纹中。左、右旋转调整环，即可使固定锥衬板沿高度方向上升或下降，以达到调整排矿口的目的。

机架周边的弹簧18，即是造成破碎机正常破碎时的破碎力，又是保护破碎机不被破坏的保险装置。当掉入非破碎物时，由于破碎力的急增，弹簧再次产生压缩，使破碎机上部即支承套和调整环的一侧向上抬起，从而增大了排料口，使非破碎物排出，然

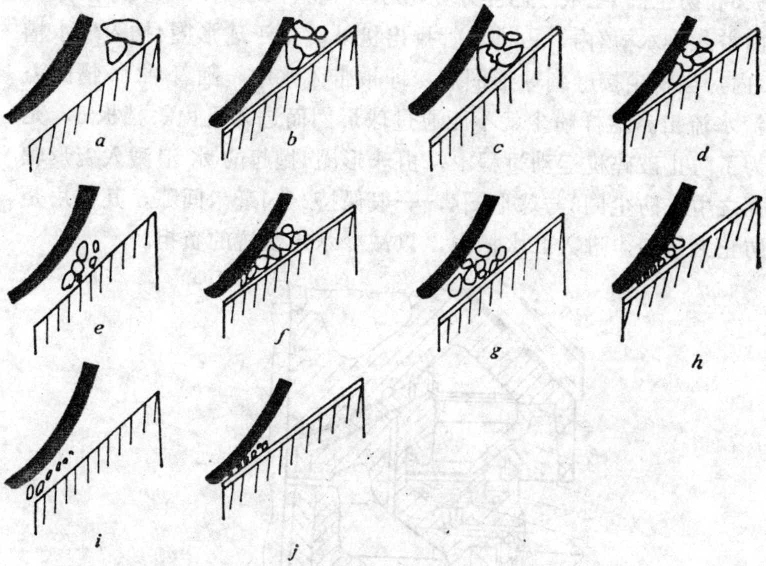

图 7.3.24 物料在破碎腔内被破碎过程

后支承套和调整环借弹簧的压力，又重返其原来的位置。

圆锥破碎机各运动摩擦表面上，受有很大的压力，但速度又比较高，故润滑对于圆锥破碎机有着极其重要的作用。目前沈阳重型机器厂生产的各种规格圆锥破碎机，均采用不同能力的稀油循环集中润滑站，由润滑油站供给的低压润滑油，分两路进入破碎机，一路经机架底盖10的进油孔，润滑止推轴承8、立套13、锥套11和碗形球瓦14。大小圆锥齿轮、依靠从锥套和碗形轴瓦的回油润滑之。另一路，经传动轴架6的进油孔，润滑传动轴两轴承。进入破碎机的润滑油，润滑各部位后，由回油管流回油站。

润滑油站用油：冬季可用20或30号机油。春、秋季可用40号机油，夏季可用50号机油。

在矿石破碎过程中，产生很多粉尘。为了防止粉尘进入破碎机内部，故设有水封防尘装置。

水封防尘装置图7.3.25由贮水槽1、排水槽2，球形圈4，挡板5和防尘圈3组成。防尘水从进水管输入贮水槽1，充满后水自由溢入排水槽2内，由排水管排出机外。由于球形圈4插入贮水槽1内，当粉尘接触到球形圈后，即被带入水中，随着贮水槽的溢流水流出。这样粉尘就不能通过球形圈而进入机内。挡板5，是为了防止破碎机运动过程中，由球形圈4抛起的水浪溅入碗形轴瓦之中。防尘圈3与球形圈4，一般保持2～4毫米间隙，其作用是防止大量粉尘进入贮水槽中，以减少水封装置的负担。

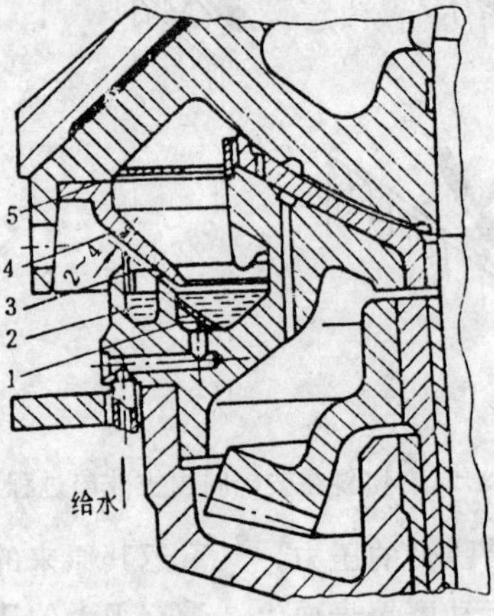

图 7.3.25　水封防尘装置

7.3.4.3　圆锥破碎机性能

沈阳重型机器厂生产的弹簧式圆锥破碎机性能列于表7.3.17。破碎机产品粒度见下文(7.4)。

一般推荐最大给料粒度为给料口的0.85倍。最大产品粒度，取决于被破碎物料的硬度，物理机械性质、动锥衬板和定锥衬板的规整程度、破碎机的性能和相关设备的合理配置等。在上述条件都处于最佳情况下，最大产品粒度可不超过排料口尺寸的1.5倍，而其中将有70%左右的产品，小于排料口尺寸。反之，最大产品粒度可能达到排料口的4倍，而且可能有80%左右的产品大于排料口尺寸。

7.3.4.4 国内外新型圆锥破碎机

A A.C型液压圆锥式破碎机

液压式圆锥式破碎机是1948年美国A.C公司首创的。这种设备的最大特点是采用液压系统，实现了液压保护和液压调节排料口。破碎机按其用途可以分粗型、中间型和细型三种。每种破碎机都可以用更换偏心套的方法改变偏心距的大小，以适应破碎不同类型矿石和岩石的需要。

液压式圆锥式破碎机在结构上和液压式旋回破碎机十分相近。其结构如图7.3.26所示。

液压系统结构与液压旋回破碎机相似,有下述三个作用：

（1）调节排料口尺寸。破碎机的主轴是采用压力油支承的，因此油压室的油的进出作用,就会使主轴上升或下降,从而达到调节排料口尺寸的目的。

558.8毫米（22英寸)的小型圆锥式破碎机采用手动齿轮泵，914.4～2133.6毫米（36～84英寸)圆锥破碎机则采用电动齿轮泵给油压室供油。调节排料口时，只需一个人在一分钟内就可以完成。操作非常安全，没有必要拆开设备，也不需任何辅助设施。当破碎机可动锥体和固定锥体衬板磨损后，可以采用主轴上升来弥补因磨损造成排料口加大问题。这样使得破碎机可以经常维持在给定的排料口工作。

（2）排出破碎腔中的矿石。倘若破碎机因停电以及其他外界原因而造成事故停车时，停留在破碎腔中的矿石，可以借助于液压系统使破碎机可动锥体下降,排矿间隙增大,从而把矿石排出破碎腔，不必象旧式破碎机那样把矿石一块块挖出来，这不仅改善了岗位操作人员的劳动强度，而且可以很快地排除故障进行生产。

（3）保护破碎机。如破碎腔内混进非破碎物(如铁块等)时,支持破碎锥的油压室中压力增高,超过储能器中气体的压力，致使蓄能器被压缩，此时油从油压室流到蓄能器一边。破碎锥自动下降，使非破碎物排出。当排除故障后，蓄能器使油回输到油

表 7.3.17　圆锥破碎机

性能 规格	破碎圆锥直径 mm	给矿口密度 mm	推荐最大给矿尺寸 mm	排矿口调整范围 mm	动锥摆动次数 次/min	弹簧组数 组	弹簧总压力 N(kgf)	产量 t/h
PYB600 标准型圆锥破碎机	600	75	65	12～25	356	8	392 (40)	e=25时 40
PYD600 短头型圆锥破碎机	600	40	35	3～15	356	8	392 (40)	e=13时 23
PYB900 标准型圆锥破碎机	900	135	115	15～50	333	10	686 (70)	50～90
PYZ900 中型圆锥破碎机	900	70	60	5～20	333	10	686 (70)	20～65
PYD900 短头型圆锥破碎机	900	50	40	3～13	333	10	686 (70)	15～50
PYB1200 标准型圆锥破碎机	1200	170	145	20～50	300	10	1470 (150)	110～168
PYZ1200 中型圆锥破碎机	1200	115	100	8～25	300	10	1470 (150)	42～135
PYD1200 短头圆锥破碎机	1200	60	50	3～15	300	10	1470 (150)	18～105
PYB1750 标准型圆锥破碎机	1750	250	215	25～60	245	12	2940 (300)	280～480
PYZ1750 中型圆锥破碎机	1750	215	185	10～30	245	12	2940 (300)	115～320
PYD1750 短头型圆锥破碎机	1750	100	85	5～15	245	12	2940 (300)	75～230
PYB2200 标准型圆锥破碎机	2200	350	300	30～60	220	16	3920 (400)	590～1000
PYZ2200 中型圆锥破碎机	2200	225	230	10～30	220	16	3920 (400)	200～580
PYD2200 短头型圆锥破碎机	2200	130	100	5～15	220	16	3920 (400)	120～340

①、②、③也可用4135T—1，59.6kW(80hp) 柴油机拖动。

规格性能（ZB D94 002—88）

主电机				润滑装置规格	机器重量	外形尺寸（长×宽×高）
型号	功率 kW	转速 r/min	电压 V	L	t	m
JO83—8	28	735	220/380		5.5	2.8×1.3×1.7
JO83—8	28	735	220/380		5.5	2.8×1.3×1.7
$JO_2$92—8①	55	720	380	16	9.6	3.05×1.64×2.35
$JO_2$92—8②	55	720	380	16	9.6	3.05×1.64×2.35
$JO_2$92—8③	55	720	380	16	9.7	3.05×1.64×2.35
JS126—8	110	730	220/380	50	24.7	5.1×5.3×2.3
JS126—8	110	730	220/380	50	25	5.1×5.3×2.3
JS126—8	110	730	220/380	50	25.3	5.1×5.3×2.3
JS128—8	155	735	220/380	70	50.3	6.02×5.2×5.9
JS128—8	155	735	220/380	70	50.3	6.02×5.2×5.9
JS128—8	155	735	220/380	70	50.2	6.02×5.2×5.9
JSQ1570—12 JSQ158—12	280/260	500	6000/3000	125	80	12.8×9.7×9.1
JSQ1570—12 JSQ158—12	280/260	500	6000/3000	125	81	12.8×9.7×9.1
JSQ1570—12 JSQ158—12	280/260	500	6000/3000	125	81	12.8×9.7×9.1

表 7.3.18a 液压圆锥破碎机使用性能(开路时处理能力，St/h)

破碎机规格 mm (in)	功率范围 kW	h	破碎腔 mm	破碎腔 型式	闭边排料口尺寸，mm(in) $6(\frac{1}{4})$	$10(\frac{3}{8})$	$13(\frac{1}{2})$	$16(\frac{5}{8})$	$19(\frac{3}{4})$	$22(\frac{7}{8})$	25(1)	$1\frac{1}{4}(32)$	$38(1\frac{1}{2})$	51(2)	$64(2\frac{1}{2})$
559 (22)	25～30	1	25	细	13										
		2	51	中	20	24	26	28							
		3	76	粗		34	36	38	40	45					
914 (36)	75～125	2	51	短	75	80	85	90	100						
		2	51	细		70	75	80	95						
		4	102	中		75	80	90	100	110	115				
		$5\frac{1}{2}$	140	中粗			85	100	110	120	130	140	150		
		7	178	粗					120	140	160	175	190		
1143 (45)	100～200	$2\frac{1}{2}$	64	短		110	125	135	140						
		3	76	细		80	95	105	110						
		6	152	中			145	155	160	165	175	190	220		
		$7\frac{1}{2}$	191	中粗					170	180	195	210	225		
		9	229	粗					195	215	235	250	265	290	

续表7.3.18a

破碎机规格 mm (in)	功率范围 kW	h	破碎腔 mm	破碎腔 型式	闭边排料口尺寸, mm(in) 6$\left(\frac{1}{4}\right)$	10$\left(\frac{3}{8}\right)$	13$\left(\frac{1}{2}\right)$	16$\left(\frac{5}{8}\right)$	19$\left(\frac{3}{4}\right)$	22$\left(\frac{7}{8}\right)$	25(1)	$1\frac{1}{4}$(32)	38$\left(1\frac{1}{2}\right)$	51(2)	64$\left(2\frac{1}{2}\right)$
129 (51)	125～200	2	51	短		145	160	170	190	200	210				
		$3\frac{1}{2}$	89	细		120	125	130	140	145	155	170	190		
		5	127	中细			140	145	155	160	170	185	205		
		6	152	中			165	185	205	220	235	255	275		
		7	178	中粗				190	210	225	245	265	285		
		10	254	粗					215	240	265	290	315	350	
1520 (60)	200～300	3	76	短		160	190	215	225	235	245				
		4	102	细		155	165	175	185	195	205				
		7	178	中				275	290	300	310	330	350		
		10	254	中粗						310	325	350	385	420	
		12	305	粗							350	400	450	525	600
1524 (60)	300～500	3	76	短		360	390	430	470	510	540				
		5	127	细		400	440	470	515	535	560				
		7	178	中细			470	520	535	550	570	640	690		
		10	254	中					575	625	675	750	850		
		13	330	中粗						650	700	800	900	1100	
		17	432	粗									950	1200	1300

表 7.3.18b 液压圆锥破碎机使用性能(闭路时处理能力,St/h)

破碎机规格 mm (in)	功率范围,kW	h	破碎腔 mm	型式	通过筛子的净产品,t/h						通过破碎机物料量(为净产品＋循环负荷)									
					3mm (1/8in)		5mm (3/16in)		6mm (1/4in)		10mm(3/8in)		13mm(1/2in)		16mm(5/8in)		19mm(3/4in)		25mm(1in)	
					A	B	A	B	A	B	A	B	A	B	A	B	A	B	A	B
559 (22)	25～30	1	25	细	6	10	7	11	8	13										
		2	51	中			11	18	14	23	18	28	22	31	24	34				
914 (36)	75～125	2	51	短	35	70	40	75	45	80	60	95	65	100	70	105	80	120		
		2	51	细			35	65	40	70	55	85	60	90	65	95	75	100		
		4	102	中							55	85	60	90	70	105	80	120	85	125
1143 (45)	100～200	$2\frac{1}{2}$	64	短			50	105	70	125	90	185	100	150	105	160	125	170		
		3	76	细					50	85	55	90	60	95	65	105	80	120		
		6	152	细							100	150	110	165	120	180	125	185	135	200
1295 (51)	125～200	2	51	短			60	125	75	150	120	175	125	190	135	200	160	225	175	250
		$3\frac{1}{2}$	89	细					55	110	80	120	35	130	90	140	105	160	130	190
		5	127	中细							90	135	95	145	100	155	115	175	140	205
		6	152	中									125	195	140	215	165	235	190	270
1524 (60)	200～300	3	76	短					95	160	125	190	155	230	175	260	190	270	205	290
		4	102	细							120	180	130	195	140	210	160	225	270	240
		7	178	中											200	300	225	330	250	350
2134 (84)	300～500	3	76	短					220	340	270	400	315	460	360	520	420	565	485	645
		5	127	细							320	475	345	525	380	565	450	615	500	670
		7	178	中									375	565	420	625	465	640	510	680

压室里，破碎机就自动回复到原来正常工作的位置。

A.C公司生产的液压圆锥式破碎机在结构上还有一个特点，就是高锰钢制的衬板和机体、锥体之间是经过磨削加工的，因此不采用灌锌工艺。其技术性能列于表7.3.18。

A.C公司近年来生产了新型液压圆锥破碎机，该机具有小的偏心距和高的动锥摆动速度，并装有自动调节排料口和功率的控制器，该机具有较大的破碎力和较高的处理能力。图7.3.26为该机结构。

该公司已完成200型、300型、400型、500型、600型、700型和800型破碎机的研制工作，并已形成了系列。表7.3.19为500型和600型技术性能。

A.C公司M.D.弗拉维尔(Flavel)曾用新型的小偏心距圆锥破碎机与常规用细碎机和湿式半自磨机进行了处理斑岩铜矿的试验，试验结果如表7.3.20所示。矿石的功指数$W_i=13$。

表中结果表明，新型小偏心距液压圆锥破碎机的能耗比常规细碎机低25%，比半自磨低53%，而且设备安装功率常规细碎机比新破碎机要高25%。

表 7.3.19 500型600型液压圆锥破碎机技术性能

破碎机型号	电机功率 kW(hp)	给料口 mm	破碎腔类型	顶部臂数	闭合边排料口与处理能力,t/h									
					10 mm	13 mm	16 mm	19 mm	22 mm	25 mm	32 mm	38 mm	51 mm	
500	93.13～186.3 (125～250)	39	细	3	118	150	159	172	181	136				
		127	中细	3		159	168	181	186	190				
		152	中	2或3		154	172	190	209	227	249	286		
		178	中粗	2			181	200	218	236	268	304		开
		254	粗	2				209	227	249	281	313		
600	149～223.5 (200～300)	76	细	3		204	218	236	245	258				
		102	中细	3		218	240	254	263	263				路
		178	中	2或3			254	268	290	313	349	395		
		254	中粗	2				277	299	331	372	417	508	
		305	粗	2					317	349	395	440	553	

续表7.3.19

破碎机型号	电机功率 kW(hp)	给矿口 mm	破碎腔类型	顶部臂数	闭合边排料口与处理能力,t/h										
					6mm		10mm		13mm		16mm		19mm		
					A	*B*	*A*	*B*	*A*	*B*	*A*	*B*	*A*	*B*	
500	93.13～186.3 (125～250)	89	细	3	81.6	122	90.7	136	113	177	122	186	132	204	闭路
		127	中细	3					122	186	127	195	141	213	
		152	中	3							132	204	150	227	
600	149～223.5 (200～300)	76	细	3			127	195	154	240	168	254	177	277	
		102	中细	3					168	254	181	281	195	299	
		178	中	3							195	299	204	313	

表 7.3.20　碎磨设备能耗和成本相对比较

项　　目	新型圆锥破碎机	常规细碎机	半自磨机
运转率，%	0.95	0.95	0.80
设计的功率系数	1.05	1.05	1.25
磨碎比能耗	1.00	1.25	1.53
安装功率	1.00	1.25	1.89
磨碎设备投资	1.00	1.25	1.86
金属磨耗	1.00	1.25	1.5
每吨产品费用	1.00	1.25	1.53
投资回收	100%	60%	25%
与半自磨比较	4倍	2～4倍	1

破碎机处理能力和产品粒度的大小是由破碎腔中两个主要机械因素所决定的：第一是破碎锥体的锥角、形状和高度；第二是动锥体运动时的偏心摆幅和运转速度。

图7.3.27所示之两种几何形状的破碎腔断面，都是目前在生产中应用的。然而它们对破碎同样数量的给料而言，物料得到的破碎效果却完全不同。可比较一下，当把这两种形式的破碎机都用于细碎，给料的上限粒度是30毫米，且排料口也相同时，试验

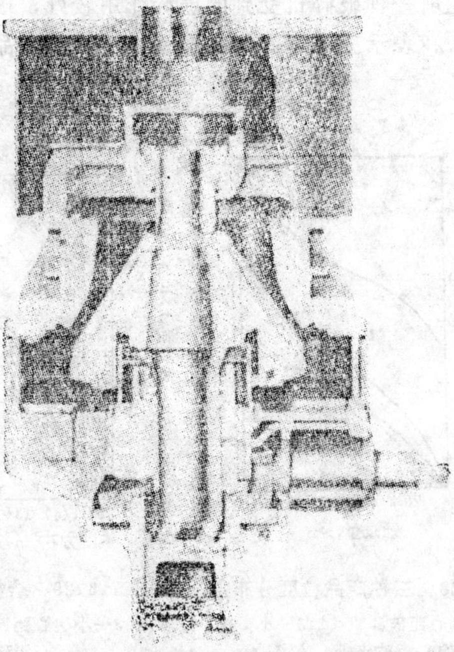

图 7.3.26 新型液压圆锥破碎机(A.C公司)

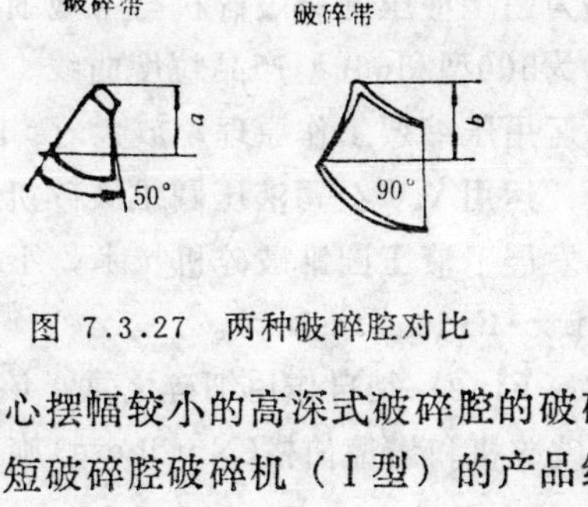

图 7.3.27 两种破碎腔对比

结果表明，那台偏心摆幅较小的高深式破碎腔的破碎机(Ⅱ型)，比偏心摆幅较大的短破碎腔破碎机（Ⅰ型）的产品细些。其原因在于物料在前一种破碎机受到的破碎作用较好，破碎比也较大。

图7.3.28表示三种不同形式圆锥破碎机的产品粒度分布情况。

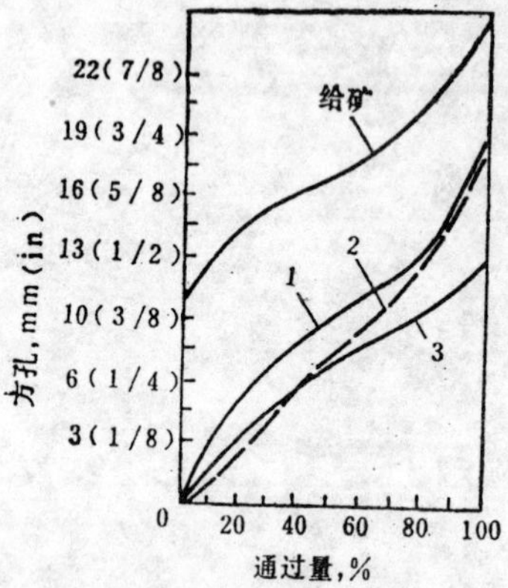

图 7.3.28　三种产品粒度分布

1—大偏心距破碎机；2、3—小偏心距破碎机

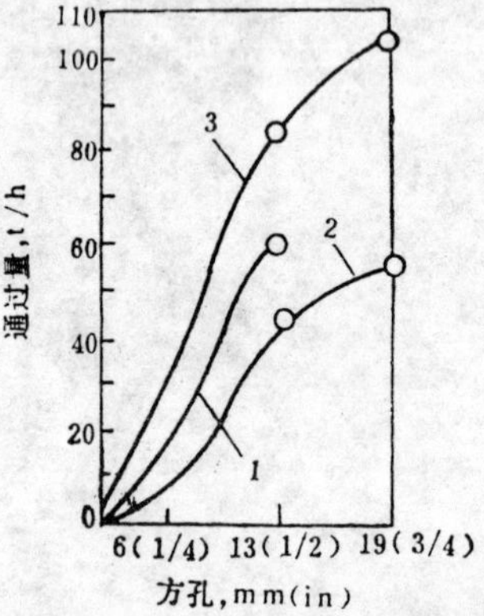

图 7.3.29　合格产品占有率

1、3—小偏心距破碎机；2—大偏心距破碎机

三种细破碎机具有不同的偏心距，给料来自同一个矿仓。细碎机 2 和 3 因具有较小偏心距，都可获得更多的细粒产品。细碎机 1 的排料口比细碎机 2 和 3 大40%。

从这些试验中所获得合格产品的占有量（图7.3.29）可以看出，功率较大的破碎机所生产的合格粒级产品数量也较多。

表7.3.20为新型液压圆锥破碎机与常规细碎机成本比较。

图7.3.30为500型和600型产品粒度曲线。

日本神户运用压缩层工作原理，放大了排料口尺寸，强化层压破碎作用，运用A.C公司液压圆锥破碎机及其自动控制系统（图7.3.31）发展了液压圆锥破碎机技术，于1976年研制出自作用细碎机（Auto-Fine Crusher）。

AF（Auto-Fine）是自作用细碎之意。该机工作原理介于A.C液压圆锥破碎机和诺德伯格(Nordberg)旋盘式破碎机之间，

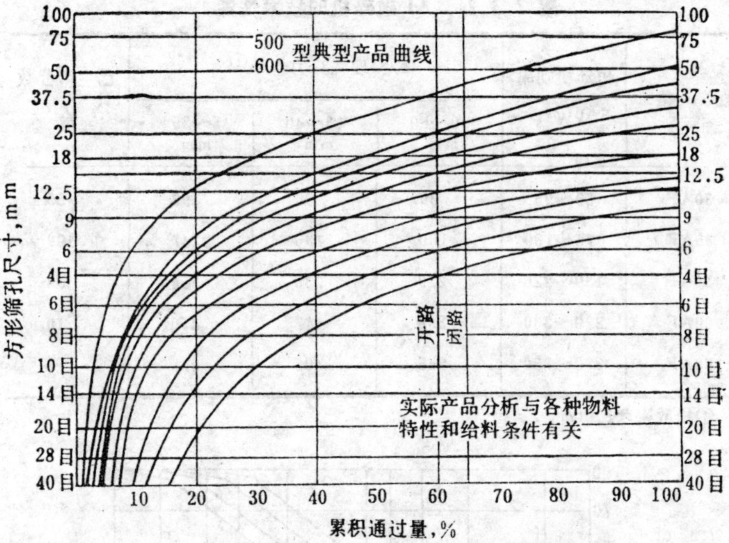

图 7.3.30 $\frac{500}{600}$型液压圆锥破碎机产品粒度曲线

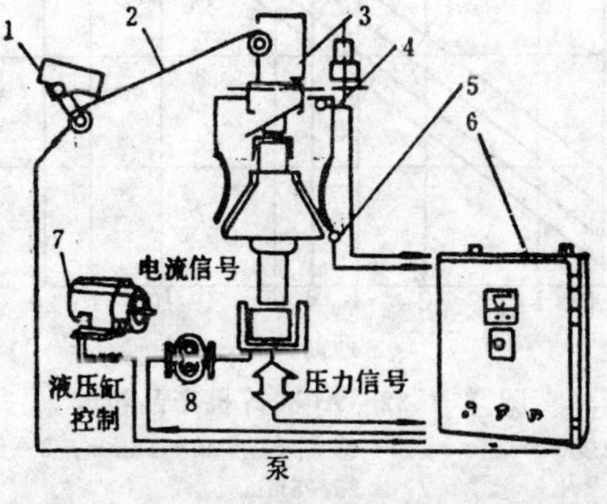

图 7.3.31 AF破碎机自动控制系统

1—振动给料机；2—变速带运输机；3—电动布料器；4—矿料面计；
5—排料指示器；6—控制箱；7—驱动 电机；8—液压缸控制

吸收两机的优点，共有八种规格(表7.3.21)，至1984年已生产了212台，全部用于砂石工业，破碎产品粒度示于图7.3.32。

这种破碎机的优点是：（1）对于相同的破碎产品粒度，其排料口宽度和处理能力比惯用的圆锥破碎机大得多；（2）由于

表 7.3.21 AF破碎机的技术性能

规 格	电动机功率 kW	处理能力,t/h①			已生产台数 台
		20～60 mm	13～40 mm	5～25 mm	
30AF	50～95	30	86	93	55
35AF	75～130	130	136	147	109
36AF	130～220	229	235	254	38
60AF	220～330	398	417	450	10
80AF	370～750	865	405	978	—

①松散密度1.6t/m³。

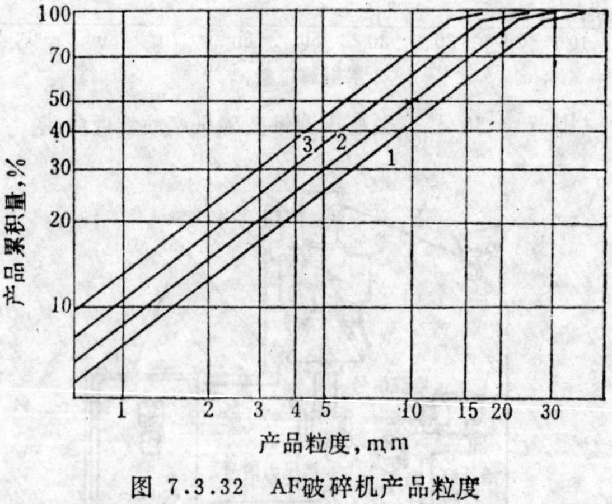

图 7.3.32 AF破碎机产品粒度

1—给料粒度60～20mm；2—给料粒度40～13mm；3—给料粒度25～5mm

排料口宽度较破碎产品粒度大，故适用于要求破碎产品粒度较细的场合；（3）破碎力和功率的波动小；（4）破碎产品中条状或片状颗粒较少；（5）80～150毫米的原块矿岩可直接破碎至5毫米以下；（6）AF破碎机对破碎物料性质变化不敏感，给料中含水量对破碎机生产能力影响不显著；配备有自动控制装置，保证设备在最佳条件下稳定地连续运转。

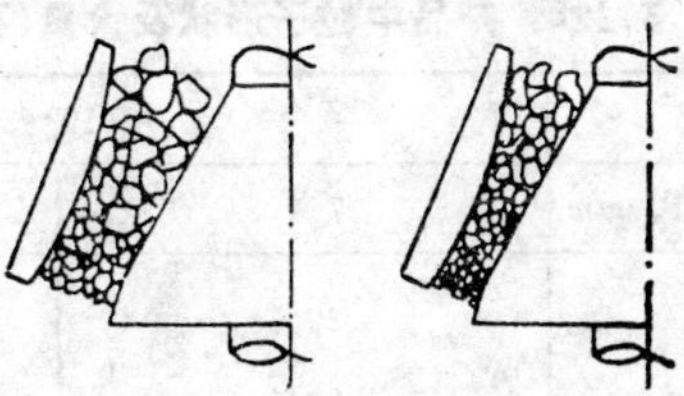

图 7.3.33 AF破碎机压缩层破碎过程示意
a—开边；b—闭边

表7.3.22a为914.4毫米（36英寸）液压式AF破碎机试验结果（石灰石矿）。图7.3.33为AF破碎机压缩层破碎过程。

表 7.3.22a 914.4mm(36in)液压破碎机试验结果（石灰石）

给料尺寸	mm	5～13		10～20	
闭合边排料口尺寸	mm	6.8	16.1	7.1	18.4
破碎机腔型	mm	短头	AF	短头	AF
液压压力(最大)	MPa	5.6	3.4	5.0	3.0
液压压力(平均)	MPa	2.6	2.4	3.4	2.6
电功率	kW	75	120	98	101
要求产品粒度	mm	−5		−10	
处理能力(产量)	t/h	36.1	76.2	55.6	84.8
单位动力消耗	kWh/t	2.08	1.57	1.79	1.19

表7.3.22b为破碎石灰石矿产品中粒子形状及其含量的分布。

B 旋盘式（Gyradisc）圆锥破碎机

为了增大细碎圆锥式破碎机的破碎比，试图在磨矿作业前能较为经济地获得－6毫米的细粒产品。从1960年起，美国诺德伯格（现Rexnord）公司就开始研究一种压力式破碎机，称为旋盘式（Gyradisc）圆锥破碎机。其实质是一种改进了破碎腔型式的圆锥破碎机。

旋盘式破碎机从外形看和普通西蒙斯型圆锥破碎机很相似，图7.3.34为该机的剖视图。图7.3.35为旋盘式破碎机破碎腔剖面

表 7.3.22b 产品中粒子形状及含量(石灰石矿)

给料粒度，mm	10～20	
排料口宽度(闭边)，mm	7.1	18.4
粒 状	20%	54%
细长形	26%	16%
薄片状	22%	26%
薄而长型	32%	4%
合 计	100%	100%

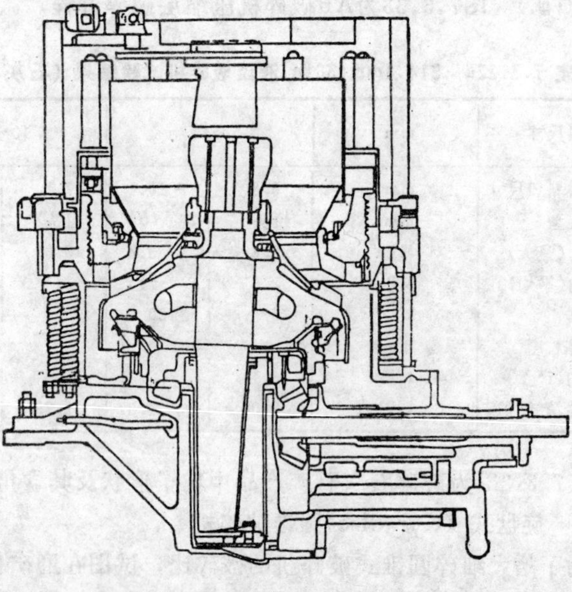

图 7.3.34 旋盘式破碎机剖视图

及其工作状况。

由图7.3.35可以看到，破碎腔的上部形成了一个圆锥漏斗式初碎区，工作时充满了待破碎的物料，形成了类似“压头”的作用，而改善了破碎效果。

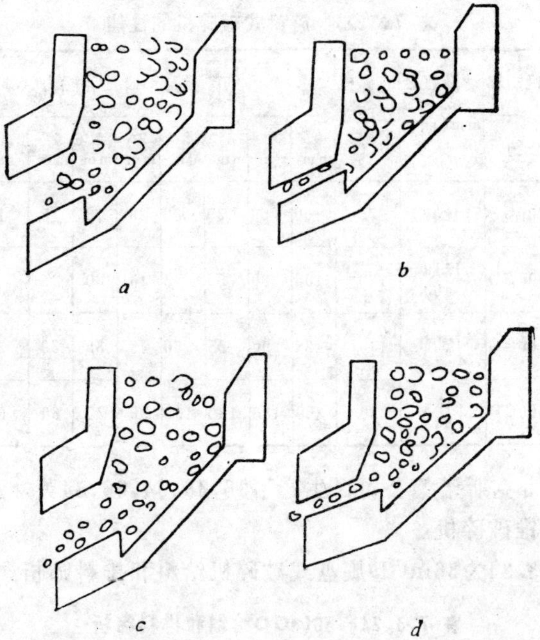

图 7.3.35 破碎腔型及破碎过程

旋盘式圆锥破碎机吸收了西蒙斯型圆锥破碎机和冲击作用原理的破碎机结构特点，利用多层颗粒的内部研磨和冲击压力作用破碎矿石和物料。

该机的主要特点是：（1）增大了非控制粒度区破碎腔体积；（2）在平行区改变了破碎腔结构型式，平行带很短，但角度很平缓，并做成环状“重块式”的特殊结构。物料在破碎机中形成很厚的环状“密实的聚积层”。物料在破碎腔内不会自行下滑，是靠锥体运动对物料的推进排出破碎机。破碎机中的物料一直处于填满状态。机器还设有旋转式给料器使物料均匀地给入破碎腔。

表7.3.23为旋盘式破碎机技术性能。

该机破碎比较大，产品细而均匀，从而减少了磨矿设备的负荷；适用于超细碎。

表 7.3.23 旋盘式破碎机的性能

旋盘式破碎机规格		动锥直径 mm(in)	破碎机处理能力,t/h	细产品每小时处理能力,t/h								
英制	公制			9 mm	6 mm	5 mm	3 mm	2 mm	1.6 mm	1 mm	0.083 mm	标准C—33砂样
36inCD	900GD	914(36)	75	60	50	35	30	23	18	15	10	20～25
48inGD	1200GD	1219 (46)	120	105	80	55	45	40	30	25	17	35～40
54inGD	1100GD	1371 (54)	140	125	90	95	50	45	35	30	20	40～45
84inGD	2100GD	2184 (84)	280	250	180	130	100	90	70	60	60	80～90

美国雷克斯诺德公司已生产了36,48,54,66,84英寸五种规格旋盘式圆锥破碎机。

表7.3.24为36inGD旋盘式破碎机给料和排料筛析。

表 7.3.24 36inGD给料和排料筛析

筛孔尺寸 mm	给 矿 γ%	排 矿 γ%	筛孔尺寸 mm	给 矿 γ%	排 矿 γ%
26.67	100.00		0.83		13.47
18.85	89.11	100.00	0.59		11.44
13.34	44.41	93.36	0.42		9.96
6.68	21.32	66.41	0.29		8.76
4.70	11.78	47.04	0.20		7.56
3.33	4.23	34.86	0.14		6.45
2.36	1.56	62.56	0.10		5.16
1.65	0.89	20.66	0.074		4.24
1.68		16.42	水析		0.00

据美国某铁燧岩选矿厂应用旋盘式破碎机的试验表明：旋盘式破碎机最终破碎产品为 9 毫米时，可以将该厂破碎设备流程中第一段棒磨取消，改用球磨机生产，结果电耗可节省2.04千瓦·时/吨。1980年J.C.莫茨（Motz）在《选矿厂设计》中指 出，在三段

开路破碎和棒磨-球磨生产流程中，增加第四段破碎机生产是可以考虑的重要技术方案。“多碎少磨”流程的效果是明显的，这对于节能确有现实意义。

雷克斯诺德公司生产的旋盘式破碎机已在美国、南非和英国大量应用。有人认为采用旋盘式破碎机生产磨矿机的给料，建设投资大为节省。特别是大型84英寸旋盘式破碎机供应市场后，更加引起各国选矿厂工作者的注意。看来，用它代替棒磨机是完全可行的。因为大量的实践已表明84英寸旋盘式破碎机产品中小于6毫米粒级含量高达67%。至于用它代替现场广泛使用的短头型圆锥式破碎更具有重要的现实意义。

C 超重型短头圆锥破碎机

美国雷克斯诺德公司近几年为坚硬铁矿的超细破碎而设计制造了超重型短头圆锥破碎机。

该机的主要特点是具有独特的破碎腔形状，(图7.3.36)。

以7′为例，该型的破碎机安装功率为298千瓦（400马力）机器高度(可比部分)为3613毫米，宽度为4020毫米；而普通型圆锥破碎机为263.9千瓦(350马力)，高度为3429毫米，宽度为3613毫米。弹簧破碎预紧力为750吨，比普通机高150吨；机器重量前者为89吨，后者为70吨。由此可见，超重型短头圆锥破碎机可承担坚硬矿石破碎。

澳大利亚布干维尔铜矿选矿厂采用了16台7′（ϕ2130）超重型短头圆锥破碎机，加大了破碎力的作用，提高了破碎比，使破碎产品最终粒度（P_{80}）由10毫米降至6.5毫米；同时降低了破碎作业比功率消耗（约为10%），大大改善了球磨机工作条件。

表7.3.25为破碎产品粒度筛析结果。

D 惯性离心式圆锥破碎机

前苏联米哈诺布尔(Механобр) 等从50年代末期就开始进行大破碎比惯性离心振动型圆锥破碎机的试验研究工作。经过近30多年的不断改进和完善，现已完成了ϕ300，ϕ600，ϕ1750毫米破碎机的试验并已开始定型生产。最近完成了ϕ2200破碎机工业生

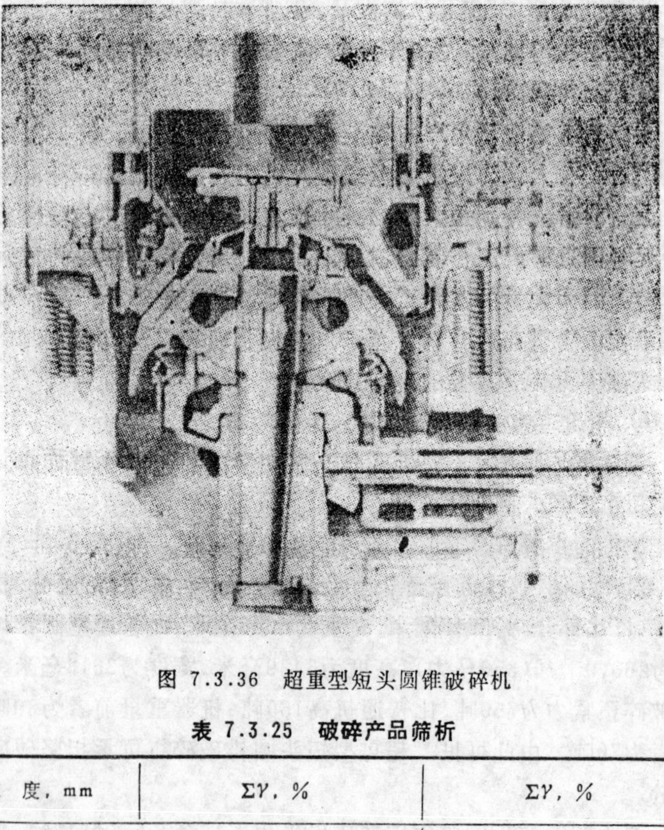

图 7.3.36 超重型短头圆锥破碎机

表 7.3.25 破碎产品筛析

粒 度, mm	ΣY, %	ΣY, %
+13.2	3.7	0.89
+9.5	14.9	5.86
+6.7	49.9	22.03
+0.3	84.0	79.58
+0.075	89.6	87.38
−0.075	10.4	12.62
P_{80}	9160	6968
	普通破碎机(1973年)	超重型破碎机(1978年)

产试验。大量生产和试验表明破碎产品粒度可达小于6毫米占80%。图7.3.37为现在生产的破碎机结构示意图。表7.3.26为惯性离心振动圆锥破碎机系列型普及技术性能。

表 7.3.26 惯性圆锥破碎机技术特性

性 能	КИД—300	КИД—600	КИД—1750
破碎锥直径，mm	300	600	1750
最大给矿尺寸，mm	20	50	90
体积处理能力，m^3/h	1	13	90
破碎产品标准粒度毫米P_{95}	2	8	10
电动机功率，kW	10	75	500

КИД圆锥破碎机适于破碎坚硬和中硬物料，其破碎比可达15～20。

КИД圆锥破碎机的破碎锥的驱动不是利用偏心轴套而是借助偏心振子，这样使破碎锥的运动不受机械限制。甚至在具有椭圆状和非同心衬板情况下（衬板磨损后），破碎锥亦可在离心力作用下沿着外锥衬板的内锥面上进行滚摆，由于离心压力作用力强，故可获得较大的破碎力。根据物料的硬度和由不平衡振子运动时产生离心破碎力，破碎腔中料层颗粒尺寸将发生变化。

哲兹卡兹干矿床坚硬硫化铜矿石进行КИД—1750破碎机和ϕ2000破碎机的工业工艺试验结果表明：可以稳定地获得含90～95%粒级小于8毫米的开路破碎产品，其中约30%粒级小于1.6毫米和10～5%粒级小于0.071毫米，给矿粒度100毫米，平均生产能力约为150吨/时(表7.3.27)。

由КМД—2200、КИД—1750破碎机和棒磨机的给料及破碎产品粒度组成分析可知，КИД—1750破碎机产品粒度与棒磨机产品相近，此时前者的破碎比达到10（与КМД—2200不同)。在增大卸矿缝隙时，КИД—1750的破碎比实际上没有改变。КИД—1750破碎机卸料缝隙从40毫米增大至60毫米，－1.6～＋3.2毫米和＋8毫米粒级实际上没有变化。

采用圆锥惯性破碎机的经济效益有：

增加破碎比2～3倍：

表 7.3.27 哲兹卡兹干矿冶联合企业破碎机试验的比较结果

指 标 粒度(按筛上产品占5%计), mm	КМД—2200	КИД—1750
给料	100	100
破碎产品	30	8
生产能力, t/h	250	150
加权平均粒度, mm		
给料	56	56
破碎产品	15	3
平均粒度(按相同面积计算)		
给料	18	18
破碎产品	8	1.6
电耗, kW·h		
按吨矿石	1	2.7
按单位破碎比	0.27	0.14
按单位新生表面	0.4	0.2

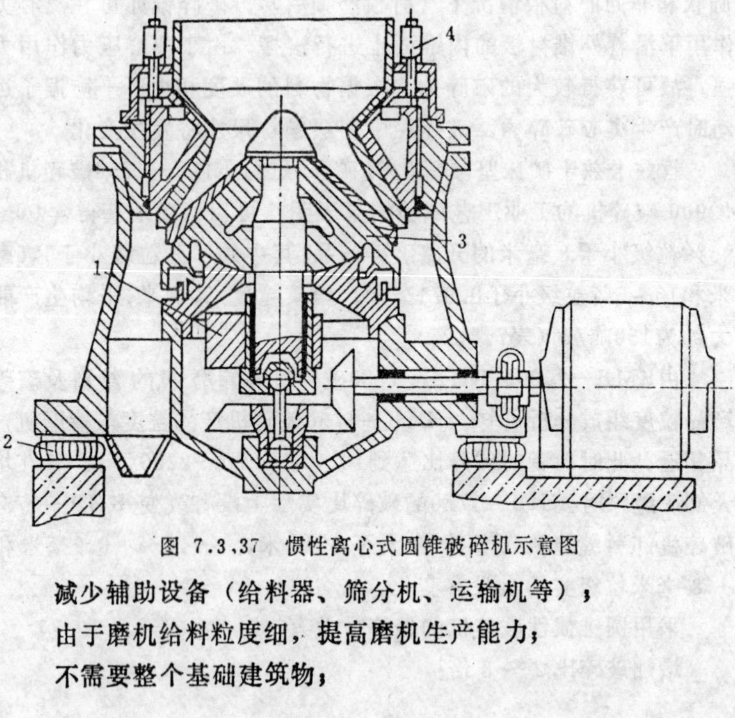

图 7.3.37 惯性离心式圆锥破碎机示意图

减少辅助设备（给料器、筛分机、运输机等）；

由于磨机给料粒度细，提高磨机生产能力；

不需要整个基础建筑物；

减小厂房和建筑物的容积；

简化破碎设备工作的自动化等。

E BS704UF型超细碎圆锥式破碎机

巴比特利斯（Babbitless）公司生产了BS704UF型超细碎圆锥式破碎机。这种破碎机是专门生产为0～10毫米细粒级破碎产品而设计的。破碎机处理能力约为50吨/时，破碎后产品中0～3.35毫米粒级含量为45％，而0～6.3毫米粒级含量则高达80％。

BS704UF型超细碎圆锥破碎机是该公司BS700系列破碎机的一种新产品。所以该机具有BS700系列破碎机所有优点。

该机动锥体旋回速度较高，所以处理能力高。该机采用了非常坚固的组合式机架；主轴采用高强度特殊合金钢锻制。破碎机动锥体支承在滚柱轴承上，由于不需要设置冷却系统，而显著地减少动力消耗。该机最大特点是没有采用锥形齿轮转动，而是由电动机通过皮带轮直接驱动偏心套，因而机械效率较高。破碎机可以在满载时起动。

破碎机可以通过主轴的液压支承装置在机器运行时自动地远距离控制排料口的宽度。液压支承装置系统还包括了新型的巴比特利斯过载双保护装置。

在该机的过载保护装置中有独立的瞬时过载保护装置和延时过载保护装置。瞬时过载时，液压气动的蓄能器允许排料口稍微增大以排除不太严重的阻塞。然后破碎机的排料口又自动地恢复正常工作位置。在延时过载或非常严重过载情况下，电动液压装置移动破碎机的轴使排矿口处于完全打开的状态并且联锁地关闭破碎机的电动机及启动警报器向操作者报警。这样，就大为减轻了由于破碎腔内物料中夹杂金属或因物料本身堵塞所造成的极其严重的危险。

图7.3.38为BS704UF型超细碎圆锥破碎机破碎产品粒度曲线。

图7.3.39为BS704UF型超细碎圆锥破碎机结构。

F 德国维达格（Wedag）型液压圆锥式破碎机

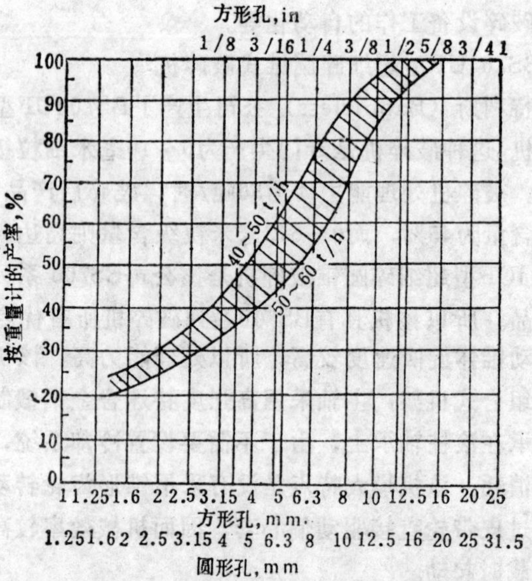

图 7.3.38　BS704UF破碎机产品粒度曲线

德国达维格公司生产了与A.C公司不同的液压圆锥式破碎机。其特点是：（1）采用了大型滚动轴承代替原来的滑动轴承；（2）采用三角皮带直接传动代替齿轮转动；（3）固定锥支持在6个均匀分布的液压缸上；（4）实现了液压调节排矿口和过载保护。

维达格型液压圆锥式破碎机使用经验证明，对给料为250毫米的锌矿石，可以破碎到小于25毫米，其衬板磨损量约为8克/吨，总磨损约为18～20克/吨；总功率消耗为0.55～0.66千瓦·时/吨矿石。

G　德国维达格公司标准型圆锥破碎机

德国维达格公司制成了标准型（Calibarator）破碎机（图7.3.40）。

固定锥衬板安在上部机架2上，破碎锥支承在球面瓦座上。球面瓦座下面有一组环形弹簧7，装于主轴9内。主轴的下部固

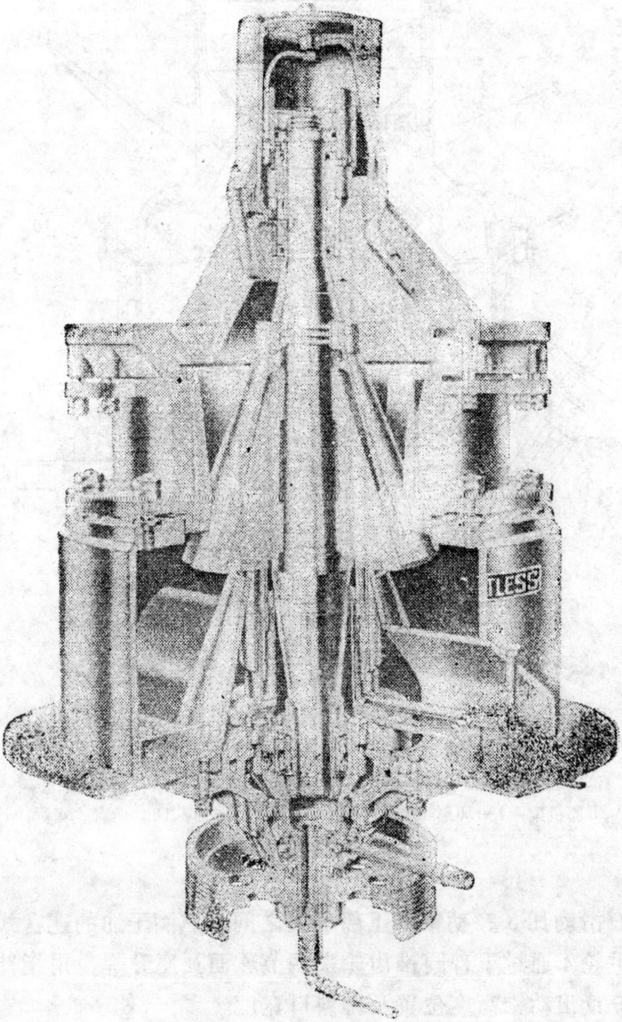

图 7.3.39 BS704UF型破碎机结构

定于下部机架 6 上，上部支承偏心轴套。偏心轴套由传动轴 8 和圆锥齿轮副带动，驱动动锥使其作旋摆运动。偏心轴套的内、外

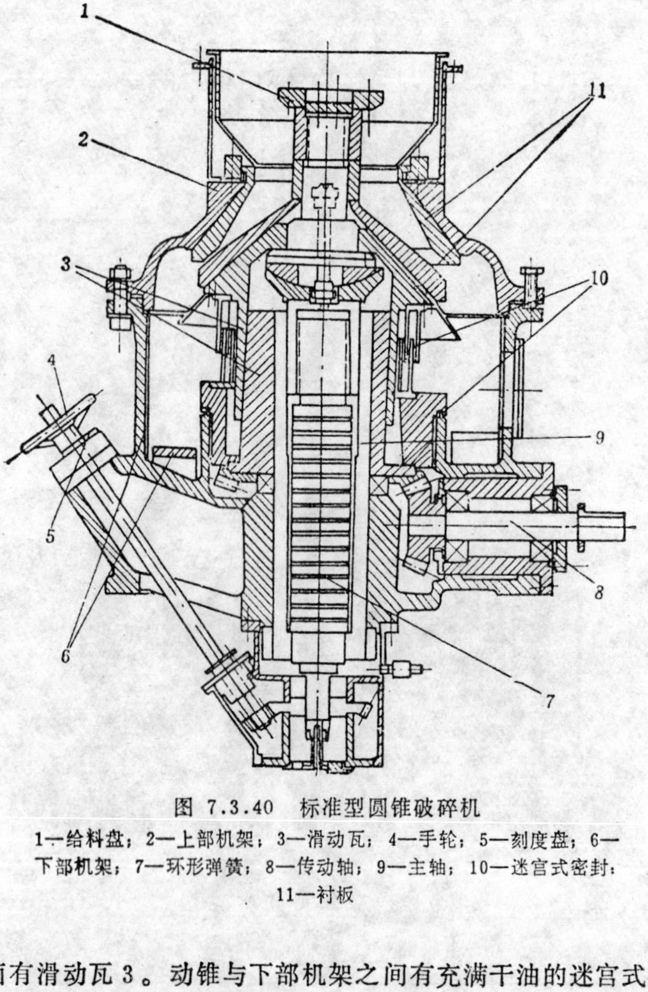

图 7.3.40 标准型圆锥破碎机

1—给料盘；2—上部机架；3—滑动瓦；4—手轮；5—刻度盘；6—下部机架；7—环形弹簧；8—传动轴；9—主轴；10—迷宫式密封；11—衬板

表面有滑动瓦 3 。动锥与下部机架之间有充满干油的迷宫式密封 10。手轮 4 通过下部圆锥齿轮来调节球面瓦座升降，用指针及刻度盘 5 读出动锥高度位置及排料口宽度。

从结构上分析，有创新的特点：保险装置和排料口调节装置设在球面瓦座上，使用环形弹簧。当非破碎物进入破碎腔后，环形弹簧受压变形，动锥和球面瓦座下降；排出异物后，由于弹簧阻尼较大，动锥及球面瓦座缓慢地恢复到原始工作位置，从而减少冲击和衬板的磨损。

这种破碎机结构坚固，偏心轴套、主轴、弹簧等部分尺寸较大，机器可靠性较高。

该公司还生产液压升降式Calibarator型圆锥破碎机，机器高度较弹簧式低。

为适应各种破碎作业的要求，破碎机提供四种形式衬板供选用（图7.3.41）。破碎机给料粒度与排料口宽度列于表7.3.28和表7.3.29。

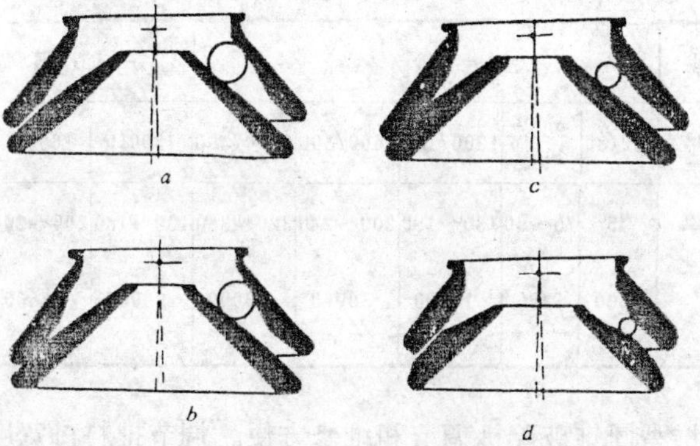

图 7.3.41 标准型圆锥破碎机腔形

a—A型（粗型）；b—B型（中型）；c—C型（细型）；d—S型（超细型）

表 7.3.28 标准型圆锥破碎机的衬板

破碎机规格	700/80			900/110			1200/180			1500/300		
衬板类型	A	B	S	A	B	S	A	B	C	A	B	C
最大给料粒度，mm	80	16	25	110	80	45	180	120	80	300	200	120
最小排矿口宽度，mm	8	6	2	10	8	3	12	10	8	15	12	10

当以F_{80}和P_{80}表示其粒度时，其破碎比R_{80}，A型和B型为4～6，C和S型为2～4。超细型腔形衬板能将坚硬物料破碎至5

表 7.3.29 液压标准型圆锥破碎机衬板

破碎机规格	1300H				1600H				2000H			
衬板类型	A	B	C	S	A	B	C	S	A	B	C	S
最大给矿口宽度，mm	285	220	190	75	360	320	240	100	500	360	260	120
最大给料粒度，mm	240	160	110	40	300	200	150	50	400	300	180	65

毫米以下。标准型圆锥破碎机的规格、功率及机重列于表7.3.30。

表 7.3.30 标准型圆锥破碎机技术性能

机器类型	弹簧型					液压型		
规格	700/80	900/110	1200/180	1600/300	2000/400	1300H	1600H	2000H
电动机功率 kW	45	75～90	130～150	200～240	320～360	130～160	200～240	320～360
机重 kW	5600	9400	18300	39000	76000	22000	38500	78000

标准型圆锥破碎机调节和维修方便。调节排料口宽度可以在机器运转时进行。拆装工作从机器上部进行，更换一套衬板仅需3小时。球面支承系统利用循环稀油系统润滑，寿命达到15000小时。

7.3.4.5 圆锥破碎机的使用及故障排除

圆锥破碎机多用于第二、第三段破碎，其产品供球磨机磨碎。因此，在第三或第四段破碎作业多与筛分构成闭路，以力求获得较细的产品。使用圆锥破碎机应注意以下事项：

开车前必须认真检查破碎腔内是否有矿石和异物；检查排料口宽度；检查各电气连锁装置和音响信号等是否正确好用；检查油箱中油温和油位，油温低于20℃不应开车，此时应用电热器加热油；开动润滑油泵，待油压为49.03～147.09千帕(0.5～1.5千克力/厘米^2)，冷却水压力为24.52～98.06千帕(0.25～1.0千克力/

厘米²)，油泵运转3～5分钟后，才能启动破碎机并给料。

破碎机运转中必须注意给矿均匀；应注意运输和排矿系统运转是否正常；要经常检查油泵、冷却器、过滤器及油量、油温、油泵运行情况；检查水封防尘和排水的情况。

此外，还要定期检查衬板磨损情况，各紧固件松紧情况。

操作者应严格遵守设备启动和停车程序等操作规程。

表7.3.31为圆锥破碎机的故障，产生原因和消除方法。表7.3.32，表7.3.33，表7.3.34分别为标准型和短头型圆锥破碎机在我国矿山使用情况。

表 7.3.31 圆锥破碎机的故障、原因和消除方法

故障	原因	消除方法
1. 油流指示器内没有油流，油泵运转，但油压低于49.03 kPa (0.5kgf/cm²)	(1)油温低； (2)油路开关未开好； (3)油泵不好使	(1)将油加热； (2)检查油路开关； (3)检修或更换油泵
2. 过滤器前后压差太大	过滤器堵塞	油压差超过39.23kPa (0.4kgf/cm²)时须清洗过滤器
3. 油压升高的同时油温也升高	油管或机内油路堵塞	停机找出堵塞点，并消除之
4. 油温超过60℃，但油压未升高	机内转动摩擦部位有毛病	停机检查球瓦、衬套、止推垫片等摩擦面，找出故障的原因，并消除之
5. 油箱中油量减少，油位显著下降	(1)机底部端盖漏油； (2)传动轴法兰漏油； (3)碗形轴承座或瓦上的回油槽堵了，致使从防尘装置漏油	(1)、(2)原因，应停机紧固螺栓或更换垫片消除之； (3)停机检查、清洗油路和油槽，并调节油量消除之，处理后应补加油料

续表7.3.31

故　障	原　因	消除方法
6．冷却器的进、出油温一样	（1）没有冷却水； （2）冷却水温度高； （3）冷却水管堵塞	（1）给冷却水； （2）检查水温，并采取降温措施； （3）清洗冷却器
7．油中有水、油箱中油位增高	（1）冷却器中的水压高于油压； （2）冷却器漏水； （3）水封给水量太大； （4）回水管堵塞	（1）调整水压稍低于油压； （2）检查、修理漏水部位； （3）调整给水量； （4）清洗回水管 应清洗油箱更换新油
8．水封排水中有油，油温未升高	碗形瓦，挡油环，油槽堵塞	清洗油槽和回油管
9．破碎机经常振动	（1）给矿不均匀或过多； （2）给矿中粉矿过多、潮湿，排矿口小产生堵矿； （3）弹簧紧度不够	（1）、（2）原因应按正确方法给矿； （3）按规定范围扭紧弹簧
10．有剧烈冲击声，支承套跳起，然后又正常工作	有非破碎物进入破碎腔（过铁现象），时常引起机件损坏	应采取除铁措施
11．破碎矿石时有噼烈声音	衬板松动	紧固螺栓或重新灌锌合金
12．破碎机有强烈振动、动锥自转很快	主轴由下述原因被抱住 （1）主轴与锥套间缺油或油不干净； （2）由于碗形瓦磨损或制造上的原因，使动锥下沉； （3）主轴与锥套间隙不正确	停车检查、找出原因对症消除之

表 7.3.32 标准圆锥破碎机生产实例

设备规格 mm	厂矿名称	矿石普氏硬度	矿石松散密度 t/m^3	给矿粒度 mm	排矿口宽度 mm	处理量 t/(台·h)	q_0值 t/(mm·h)	备注
φ800	青城子铅锌矿选矿厂	8	1.80		15～16	40	2.36～2.22	
φ900	马兰庄铁矿选矿厂	8～12		80～0	20	20～30		
φ1200	青城子铅锌选矿厂	8	1.80		20	81	3.60	
φ1200	闲林埠铁矿选矿厂	14～16	(3.80)	100～0		60		
φ1200	石嘴子铜矿选矿厂		1.70		15～17	55～80	3.45～4.42	
φ1200	岫岩铅锌矿选矿厂		1.70		11	65.5	5.53	
φ1200	双塔山铁矿选矿厂	9～13	2.30	150～50	25	90	2.5	
φ1200	小吴营选矿厂	10～18	2.00	130	24～27	100	2.96～3.33	
φ1200	八家子铅锌矿选矿厂	中硬	2.00	150	30	120	3.20	
φ1650	寿王坟铜矿选矿厂	8～12	1.90		20	160	6.75	
φ1650	长龙山铁矿选矿厂		2.10		25	270	8.25	
φ1650	铜山铜矿选矿厂	9～17	1.80		20～40	220～275	9.80～6.15	
φ1650	西华山钨矿选矿厂			150～35	25～30	16.24		设备负荷率
φ1650	桃冲铁矿选矿厂	10～12	2.13～2.42		28	210	5.63～4.96	7.38%

续表7.3.32

设备规格 mm	厂矿名称	矿石普氏硬度	矿石松散密度 t/m^3	给矿粒度 mm	排矿口宽度 mm	处理量 t/(台·h)	q_0值 t/(mm·h)	备注
φ2100	南芬铁矿选矿厂	12～16	2.00		25	426	13.60	
φ2100	大孤山铁矿选矿厂	12～16	2.00	350～0	40	650	13.00	
φ2100	易门铜矿选矿厂		1.60		30	420	14.00	
φ2100	锦屏磷矿选矿厂	中硬偏软	1.6	210～0	33	500～800	15.15～24.20	
φ2100	南山铁矿选矿厂		2.00	350～0	40	700～800	14.0～16.0	
φ2100	大冶铁矿选矿厂		2.5	350～0	35～40	780	14.90～13.00	1974年测
φ2100	东鞍山铁矿选矿厂	12～18	2.00	350～0	42	875	16.67	
φ2200	包钢选矿厂	12～14	2.52	200～0	25	820～850	20.83～21.59	
φ2200单缸液压	密地选矿厂		2.10	350～0	30～35	700～850	17.30～18.50	生产平均
φ2200单缸液压	齐大山铁矿选矿厂		2.13	350～0	40～45	620～730	17.64～12.19	生产平均
φ2200	大石河铁矿选矿厂	8～12	2.20	350～0	40～50	800	14.55～11.64	
φ2200	水厂铁矿选矿厂	8～12	2.20	350～0	40～50	800	14.55～11.64	生产平均
φ2200多缸液压	梅山铁矿选矿厂	9～15	1.60	250～0	45	500	11.11	

注：括号内的数值为矿石的密度。

表 7.3.33 短头圆锥破碎机生产实例（开路破碎）

设备规格 mm	厂矿名称	矿石普氏硬度	矿石松散密度 t/m³	给矿粒度 mm	排矿口宽度 mm
φ900	马兰庄铁矿选矿厂	8～12		40～0	12
φ1680	双塔山铁矿选矿厂	9～13	2.30	50～0	7～10
φ2100	大冶铁矿选矿厂	10～16	2.40	75～0	9～12
					8
φ2100	易门铜矿选矿厂	中 硬	1.6		5～8
φ2100	因民铜矿选矿厂	8～10	1.6		7
φ2100	铜山铜矿选矿厂	9～17	1.8		
φ2200单缸液压	密地选矿厂		2.10	75～20	7～8
φ2200	包钢选矿厂	12～14	2.52	75～20	8

设备规格 mm	厂矿名称	处理量 t/(台·h)	q_0值 t/(mm·h)	备注
φ900	马兰庄铁矿选矿厂	20		
φ1680	双塔山铁矿选矿厂	116～166	11.5	日本产单缸液压
φ2100	大冶铁矿选矿厂	439	32.52～24.39	1974年测定
		268	22.30	1980年测定
φ2100	易门铜矿选矿厂	290	58～36.3	
φ2100	因民铜矿选矿厂	156	22.2	
φ2100	铜山铜矿选矿厂	290		
φ2200单缸液压	密地选矿厂	350～420	38.10～40.00	有预先筛分
φ2200	包钢选矿厂	240～350	19.05～27.78	有预先筛分

表 7.3.34 短头圆锥破碎机生产实例（闭路破碎）

设备规格 mm	厂矿名称	矿石普氏硬度	矿石松散密度，t/m³	原始给矿量 t/(台·h)	预先筛分筛上矿量 t/h	通过破碎机矿量 t/h	最终产品粒度 mm	筛孔尺寸 mm	排矿口宽度，mm	循环负荷，%	备注
φ1200	新冶铜矿选矿厂	矽卡岩型	2.12	50		131	15	13.5			中型
φ1200	祥山铁矿选矿厂	9～14	(3.8)			27～35	30～0		15		
φ1200	闲林埠铁矿选矿厂	14～16	2.17			60					
φ1200	苏家铁矿选矿厂	10～12	(4.2)			39～45					排矿粒度30～0
φ1650	南芬铁矿选矿厂	8～16	2.0	124.0	82.4	200	17～0	12×168	9		
φ1650	恒仁铅锌矿选矿厂	中硬	1.85	85.0	61.5	157	12～0	12	10		
φ1650	寿王坟铜矿选矿厂	中硬	1.90	254		381	15～0	15	8		
φ1650	八家子铅锌矿选矿厂	中硬	2.00	130	120	120	12～0	12	6～8	40.0	
φ1650	西华山钨矿选矿厂			57.91			10～0	12×12	6～8		
φ2100	大孤山铁矿选矿厂	12～16	2.00	221	158	258	20～0	12×100	7.5		
φ2100	大孤山铁矿选矿厂	12～16	2.00	200～230	120	230	12～0	12×100	6～8	30	
φ2100	大石河铁矿选矿厂	8～12	2.20	270	135	135	12～0	12×100	7.5	50	
φ2200	大石河铁矿选矿厂	8～12	2.20	300	150	150	12～0	12×100	7.5	50	
φ2200	水厂铁矿选矿厂	8～12	2.20	350			12～0		8		
φ2200	德兴铜矿选矿厂										

注：括号内数值为矿石密度。

7.3.5 冲击作用破碎机

冲击作用破碎机利用高速旋转的破碎体对物料施以打击作用而破碎，故破碎比较大。

7.3.5.1 锤式破碎机

A 锤式破碎机工作原理及结构

锤式破碎机最早出现于1895年。它广泛地被应用于水泥、选煤、火力发电、冶金（烧结和焦化）、耐火材料等工业部门。主要用来对石灰石、煤、焦炭、油母页岩、白垩、石膏等脆性、中等硬度或软物料进行中、细碎。

锤式破碎机可分为单转子和双转子两种，单转子又可分为不可逆式（图7.3.42*a*）和可逆式（图7.3.42*b*）两种。其规格用其转子的直径和长度表示，例如$D \times L = 1600 \times 1600$毫米。

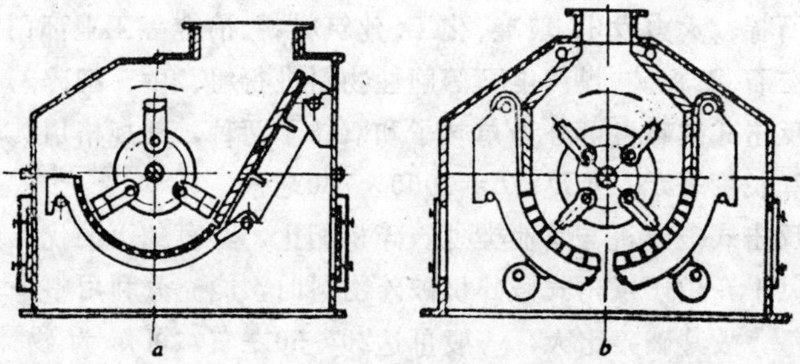

图 7.3.42 单转子锤式破碎机

锤式破碎机是靠冲击作用来破碎物料的。当物料给入破碎机中，立即遭到高速回转的锤头的打击而粉碎。受到打击的物料，从锤头处获得动能，以较高的速度向机壳内壁的衬板和篦条上冲击而遭到第二次破碎。小于篦条缝隙的物料，便从缝隙中排出，而块度较大的物料弹回锤头回转的轨道内，又将受到锤头的打击粉碎。

优点：生产率高、破碎比大、构造简单、尺寸紧凑、功率消耗较小，维护、修理和更换易损件容易，产品粒度均匀，过粉碎少。

缺点：锤头、篦条、衬板和转子圆盘磨损较快，特别是破碎较硬物料时磨损更快。当破碎物料的水分含量超过12%或含有粘土时，它的篦条缝隙容易堵塞，从而降低生产率，且增加能量消耗和锤头等零件的磨耗。

锤式破碎机可以采用篦条升降机构和改变篦条缝隙调节其产品粒度。

B 锤式破碎机性能

表7.3.35列出了我国常用的锤式破碎机技术性能。

7.3.5.2 反击式破碎机

反击式破碎机是二次大战后（1945年）出现于市场的新型高效率破碎设备，第一台反击式破碎机的设计者是原西德哈泽曼格（HAZAMAG）公司黑德森（Haderson）博士。它可用于水泥、石棉、火力发电、玻璃、化工、建筑材料、冶金等工业部门用来对石灰石、石棉矿、煤、电石等脆性物料进行粗、中、细碎。

反击式破碎机可分为单转子和双转子两种，其规格用其转子直径和长度表示，如$D \times L = 1000 \times 700$毫米。

反击式破碎机与其他类型破碎机相比，具有如下的优点：

（1）由于反击式破碎机破碎物料时，能充分利用整个转子的能量，故其破碎比大，一般可达20～50左右，可作为物料的粗、中、细破碎设备。因此，可简化生产流程，节省设备和基建投资。

（2）由于反击式破碎机对物料破碎时，是利用高速冲击原理，使物料沿其结晶界限及节理发育处等脆弱地方碎裂的机率极大，从而使物料具有选择性破碎作用，有利于分选。

（3）它的适应性很强，可以破碎中硬、软、脆性、韧性、纤维性低SiO_2物料，产品粒度多呈立方体形，特别适于破碎石料。

（4）机器构造简单、重量轻、外形尺寸小，运转安全、操

表 7.3.35 锤式破碎机技术性能

	不可逆式						可逆式		
	ϕ400×175	ϕ600×400	ϕ800×600	ϕ1000×800	ϕ1300×1600	ϕ1600×1600	ϕ1000×1000	ϕ1430×1230	ϕ1430×1300
给料口尺寸,mm	300×170	450×295	570×350	800×500	1720×590	1720×1200	1000×300	1320×300	1320×450
最大给料粒度,mm	50	100	200	200	300	350	80	80	100
破碎产品粒度,mm	<3	<35	<13	13～45	<10	<20	<3	<3	<3
机器转速,r/min	955	1000	980	975	740	590	740	735	985
生产量,t/h	0.2～0.5	12～15	18～24	34～100	150～200	300	100	200～250	400
锤子排数,个	4	5	6	6	6	4	6	10	10
锤子总数,个	16	20	36	48	120	40	54	270	70
锤子重量,kg/个	1	5	5.5	11.4	11.4	50	8.2	7.3	11.3
破碎物料种类	煤、石膏	煤	煤	煤、石灰石	煤、油母页岩	石灰石	煤	煤	煤
电动机功率,kW	5.5	17	55	115	200	430～480	200	370	550
物料最大湿度,%	12	12	12	12	12	12	12	12	12
机器重量(不包括电动机),t	0.7	1.2	2.53	6.0	10.75	26.6	12.18	17.2	18.0
外形尺寸,mm									
长度	550①	1055①	1495①	3514	4810	6015	4020	4607	5072
宽度	604	1020	1698	2230	2424	3364	2500	3350	2960
高度	560	1122	1020	1515	1942	2700	1800	2276	2426

①不包括电动机,

表 7.3.36　反击式

性能		单			
		φ500×400	φ1000×700	φ1250×1000	MFJ—20
转子直径,mm		500	1000	1250	750
转子长度,mm		400	700	1000	500
给料口尺寸,mm		320×250	670×400	1000×550	520×350
给料粒度,mm		<100	<250	<250	<80
排料粒度,mm		<20	<30	0～50	<3 占80%
被破碎物料的湿度,%					<12
被破碎物料种类		石灰石 煤 建筑材料	石灰石 煤 建筑材料	石灰石 煤 建筑材料	煤
生产率,t/h		4～8	15～30	40～80	20
转子	转速,r/min	960	680	475	1470
转子	线速度,m/s		35.5	31	58
板锤排数		3	3	6	4
电动机	型号	JO3—140—6	JO3—225S—6	JR—125—8	JO3—1802M—4
电动机	功率, kW	7.5	40	95	30
电动机	转速,r/min	960	980	1470	1470
电动机	电压,V	380	380	380	380
电动机	重量,kg				220
外型尺寸 mm	长	1200	2170	3357	2141
外型尺寸 mm	宽	1000	2650	2255	1670
外型尺寸 mm	高	1160	1850	2460	1470
机器重量,kg		1350	5320	13418	1869
最重部件重量 kg		360	1610	3795	580

破碎机技术性能

转		子			双转子
MFJ—50	MFD—100	MFD—200	MFJ—300	MFJ—500	ϕ1250×1250
750	1100	1100	1250	1600	1250
700	850	1200	1400	1600	1250
720×350			1440×450	1645×500	1440×1320
<80	<200,<80	<200,<80	<80	<80	800
<3 占80%	<15,<3 占80%	<15,<3 占80%	<3 占80%	<3 占80%	<20 占90%
<12	<12	<12	<12	<12	<10
煤	焦煤	焦煤	煤	煤	石灰石
50	100	200	300	500	80～150
1470	980	980	985	735	535,720
58	56	56	64.5	62	36,48
4	6	6	8	10	4. 6
JO3— 250S—4	JS— 125—6	JS— 136—6	JSQ— 1410 0	JSQ— 1510—8	JS—127—8 JS—126—6
75 1470 380	130 980 380 1300	240 980 380 1800	380 985 6000 3450	625 735 3000 4700	180 155 730 980
2375 1670 1470	3204 2400 2280	3622 2400 2280	5697 2448 2088	4975 3080 2700	5200 2400 5000
2358 800	5400 1700	7217 2400	9048 3250	14500 5000	64000 10680

作方便，便于维护和修理。

这种破碎机的最大不足之处是打击板和反击板极易磨损。

图7.3.43为单转子反击式破碎机，图7.3.44为双转子反击式破碎机。

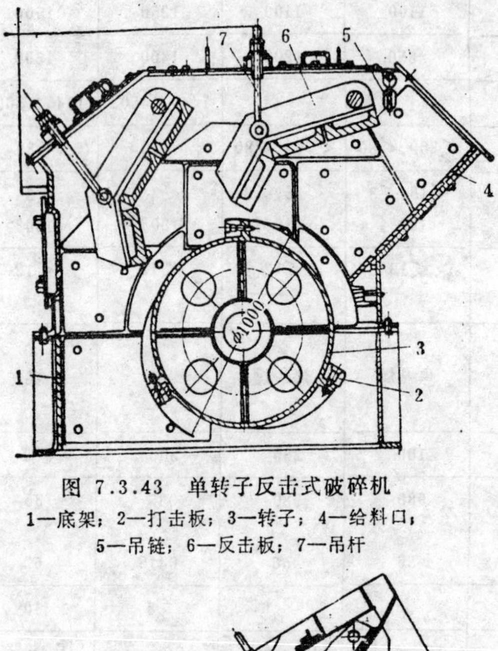

图 7.3.43　单转子反击式破碎机

1—底架；2—打击板；3—转子；4—给料口；
5—吊链；6—反击板；7—吊杆

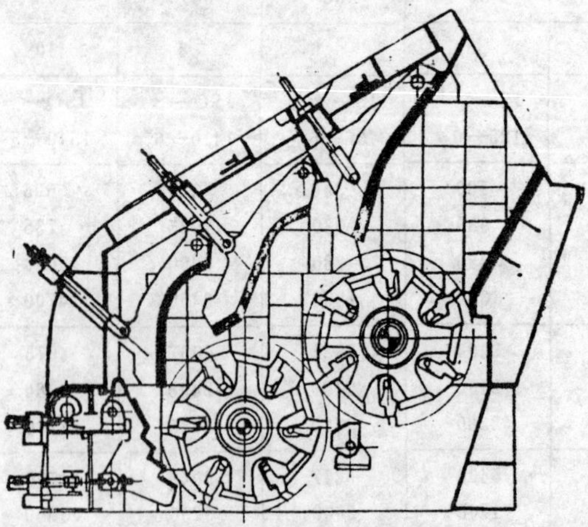

图 7.3.44　双转子反击式破碎机

与锤式破碎机不同之处在于：打击板锤与转子刚性地联在一起；有较大的破碎反击腔，没有篦条部件。因此，物料破碎效果好，而磨损低于锤式破碎机。

表7.3.36为我国生产的反击式破碎机的技术性能。

据苏联克里瓦洛格采选联合企业采用ϕ1450×1350毫米双转子反击式细碎机，破碎含铁石英岩表明，当给料粒度为80～8毫米时，一次破碎后获得的产品粒度为8～0毫米占80～90%，处理能力为170吨/时，电耗为0.8千瓦·时/吨。

奥地利特西尔钨选厂采用SBM反击式细碎机，1000毫米原矿一次碎成10毫米左右，完全满足生产要求。

美国A.C公司生产的1950×1828毫米双转子反击式细碎机，当用于细碎作业时，可将100～80毫米的给矿粒度破碎到0～3毫米。

表7.3.37为我国部份矿山使用锤式破碎机和反击式破碎机的情况。

表 7.3.37 锤式和反击式破碎机生产实例

序号	设备规格 mm	厂矿名称	矿石普氏硬度	矿石密度 t/m^3	处理量 t/台·h	给矿粒度 mm	排矿粒度 mm	板锤磨损量 kg/t	锤头更换次数
1	ϕ1300×1600锤式	金岭铁矿选矿厂	6～8	3.96～4.1	150～200	200～12	12～0	0.06	
2	ϕ1300×1600锤式	马兰庄铁矿选矿厂	中硬	3.4		150～0	40～0	0.02～0.05	3
3	ϕ1000×1000锤式	高戈庄铁矿选矿厂	8～12	3.3		120～0	20～0	0.13～0.16	2～3
4	ϕ1000×800锤式	刘岭铁矿选矿厂					15～0	0.13	5～6
5	ϕ1000×700反击式	湘潭锰矿				350～13	25～0		
6	ϕ1000×700反击式	酒埠江钢铁厂选矿厂				80～0	15～0		

7.3.5.3 笼形破碎机

笼形破碎机主要用于细碎干燥的软物料，如粘土块、硅藻土、白垩等。生产石棉水泥制品时，可用它来松解石棉；生产含沥青的煤球时，可用来粉碎沥青。

图7.3.45为笼形破碎机的结构。

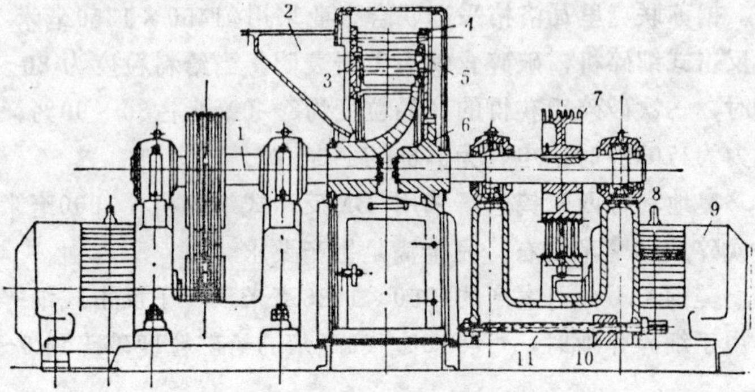

图 7.3.45　笼形破碎机

1—轴；2—加料斗；3、5—笼；4—钢棒；6—轮毂；
7—皮带轮；8—轴承架；9—电动机；10—螺帽；11—丝杠

物料给入彼此相向转动的笼子中心部分，受旋转钢棒不断猛烈冲击而被粉碎。然后在离心力作用下，被抛到下一圈钢棒上再次受到冲击，如此直到破碎好的物料落到笼外而被收集起来。

笼式破碎机的钢棒是极易磨损的，一般只能用400～500小时。

表7.3.38为ϕ1000×290笼形破碎机的技术性能。

表 7.3.38　ϕ1000×290笼形破碎机性能

转笼直径,mm	1000	电动机	型　号	JO2—D1—6
转笼宽度,mm	290		功率,kW	2×17=34
主轴转速,r/min	600		转速,r/min	1000
给料粒度,mm	<30	机器重量,kg		2415
排料粒度,mm	<0.54占80%	外形尺寸,长×宽×高,mm		2824×2259×1382
允许给料水分%	6～8	被破碎物料种类		干粘土,白垩等
生产能力,t/h	6～8			

笼形破碎机的规格用笼的直径和宽度来表示，如$D\times L=1000\times290$毫米。

笼形破碎机要求给料均匀，给料粒度不大于30毫米，给料中水分不超过6～8%，否则将发生堵塞现象。

7.3.6 辊式破碎机

辊式破碎机出现于1806年，由于它的结构简单，易于制造，特别是它的产品过粉碎少，因此现在仍在选煤、烧结、水泥、玻璃、陶瓷等工业部门，以及小型选矿厂，特别是选矿实验室中应用。

辊式破碎机适于破碎煤、焦炭、石灰石、页岩及长石等物料。

辊式破碎机可分为单辊、对辊和多辊式。

辊式破碎机按其辊子表面情况可分为光辊或齿辊式两种。

辊式破碎机的规格用辊子直径D和长度L表示。例如$D\times L=1200\times1000$毫米。

单辊式破碎机的辊子多在表面上镶有许多牙齿，以增加咬入物料块的能力，牙齿磨损后，可以拆下更换。

对辊式破碎机是利用两个相对转动的辊子，对物料施以摩擦力而咬入并靠辊的压力破碎物料。破碎产品从两辊的下部缝隙中排出。改变两辊间的下部缝隙，可以控制其产品粒度。图7.3.46为对辊破碎机。

四辊式破碎机常用于烧结厂破碎焦炭。这种破碎机，实质上是由两个对辊破碎机重叠起来而组成的，以便于增大破碎比，减少占地面积。

表7.3.39为我国各制造厂家生产的辊式破碎机技术性能。

近几年，德国学者舍恩诺特（Schonort）教授对高压层压破碎进行了深入理论研究，提出了高压辊式破碎机节能方案，并设计了工业用机器。西德克鲁普等先后推出了高压辊式破碎机产品。据介绍，可使破碎和磨碎作业综合节能30～50%。图7.3.47

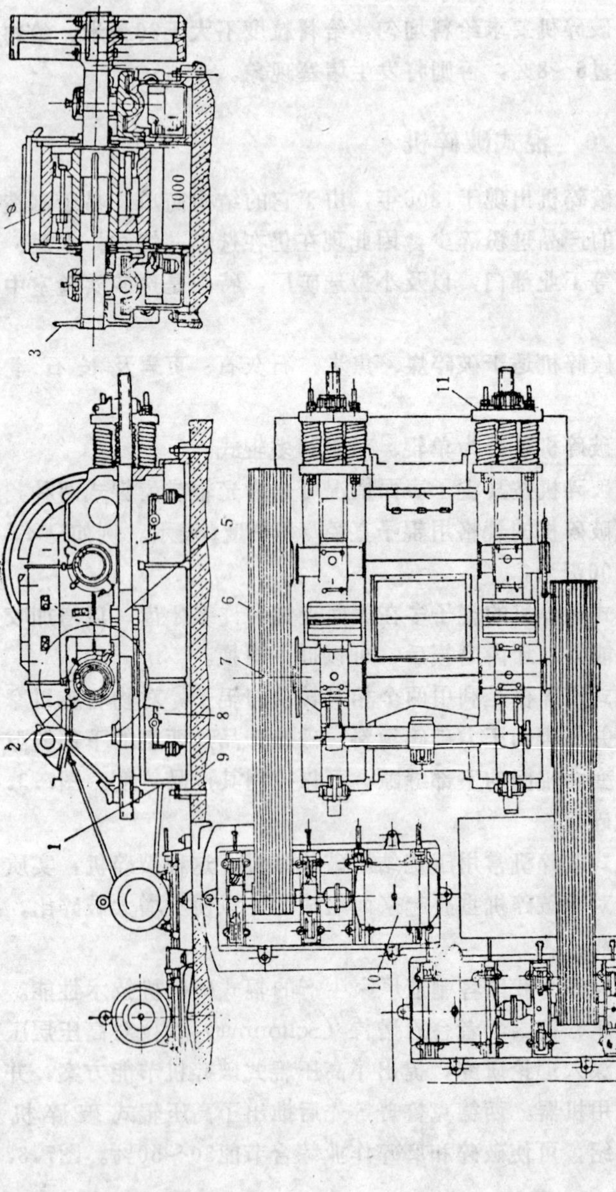

图 7.3.46 对辊破碎机

1—机架；2—活动轴承座；3—链轮；4—辊子；5—垫片；6—三角皮带传动；7—走刀架；8—刮板；9—螺母；10—电动机；11—弹簧保险装置

表 7.3.39 辊式破碎机规格性能

性能	四辊	双光辊			双齿辊			单辊			
	φ900×700	φ1200×1000	φ600×400	φ400×250	φ900×900	φ750×600	φ450×500	φ915×1830	φ1500×2800	φ1500×2140	φ1000×1300
辊子直径,mm	900	1200	600	400	900	750	450	915	1500	1500	1000
辊子长度,mm	700	1000	400	250	900	600	500	1830	2800（篦条宽度）	2140	1300
辊子转速,r/min 破碎时 上辊 下辊 车削辊皮时	 108 189 51	 122.2	 120	 200	 37.5	 50	 64	 56	 6	 ≈5.2	 4.44
给料尺寸,mm 上辊间隙10mm时 下辊间隙10mm时	 100 40	40	8～36	32	800	300；600	100：200	700	300×1000×2500		1200×750×300
排料尺寸,mm	2～10	2～12	2～9	2～8	0～100 0～125 0～150	0～125 0～100 0～75 0～50	0～100 0～75 0～50 0～25	0～225	200		100～130

续表 7.3.39

性能	四辊	双光辊			双齿辊			单辊			
	φ900×700	φ1200×1000	φ600×400	φ400×250	φ900×900	φ750×600	φ450×500	φ915×1830	φ1500×2800	φ1500×2140	φ1000×1300
电动机											
型号 用于上主动辊	JO—83—12/6	JO—93—8	JO2—61—8	JO2—61—6	JO—83—8	JB—32—8或JO3—200M—8	JB—21—8或JB—22—8		JO2—92—8	JO3—250S—8	JO2—71—8
用于下主动辊	JO—82—6										
容量,kW		40	20	10	28	20/22	8/11	350马力	55	40	13
上主动辊,破碎时	28										
车削时	12.5										
下主动辊,破碎时	20										
转速,r/min		735	720	970	735	735	735	600	730	750	
上主动辊,破碎时	980										
车削时	480										
下主动辊,破碎时	980										
电压,V	380	220/380	380	380	380	380	380		380	380	
外形尺寸 mm 长	4175	7470	1785	1430	4200	3165	2260	5660	7266.5	≈7136	4700
宽	3150	4780	2365	1436	3205	2780	2206	4330	3250	2600	2250
高	3147	2018	1415	816	1895	1092.5	766	3370	1735	1810	1116

续表7.3.39

性能	四辊	双光辊			双齿辊			单辊			
	φ900×700	φ1200×1000	φ600×400	φ400×250	φ900×900	φ750×600	φ450×500	φ915×1830	φ1500×2800	φ1500×2140	φ1000×1300
机器重量(不包括电机),t	27.460	45.318	2.55	1.3	13.27	6.712	3.765	80	32.2	27.129	8.1
生产率,t/h		15(间隙2)	4～15	5～10	125(排料0～100)	125(排料0～125)	55(排料0～100)	850	400	250～300	60
上辊间隙40mm		30(间隙4)			150(排料0～125)	100(排料0～100)	45(排料0～75)				
下辊间隙10mm时	18	45(间隙6)									
上辊间隙10mm		60(间隙8)									
下辊间隙2mm时	16	75(间隙10)			180(排料0～150)	80(排料0～75)	35(排料0～50)				
						60(排料0～50)	20(排料0～25)				
弹簧压力,kg											
正常		60000	13500	4800	5440	6274	4660				
最大			24300	13000	13040	14688	10600				

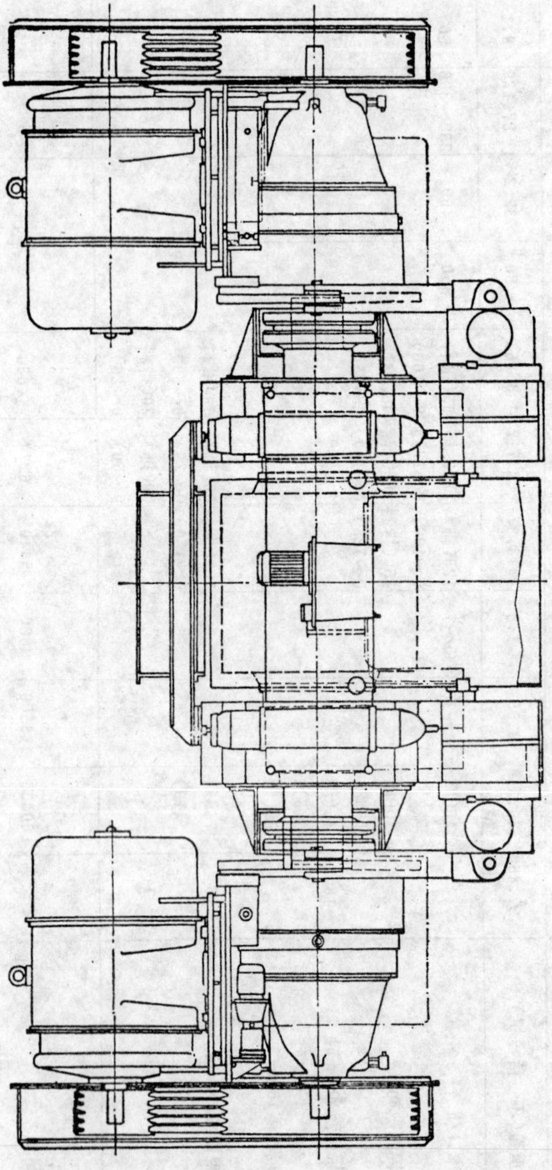

图 7.3.47 德国高压辊式破碎机

为WEDAG高压辊式机示意，图7.3.48为其工作原理示意。

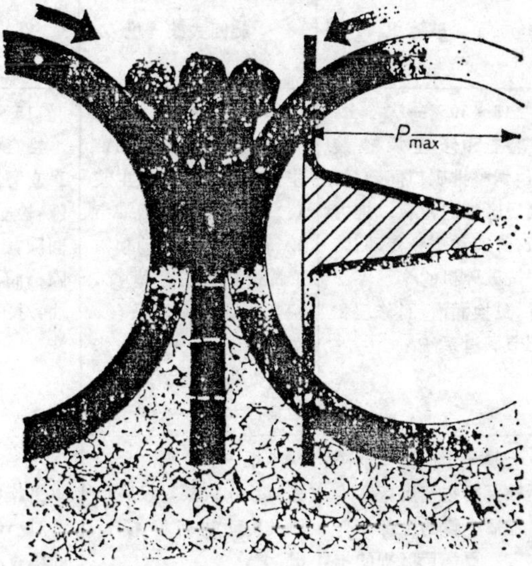

图 7.3.48 高压辊式破碎机工作原理

7.3.7 破碎机的检修

设备有计划的预期检修，是提高设备完好率，确保完成生产任务的重要措施。做好计划预修需在生产实践中进行研究、积累资料和搞好统计工作，从中找出设备零件的磨损规律，在零件尚未失去工作能力或精度以前，事先有计划的、有准备的进行修换零件。做到合理的安排检修力量和时间，使检修计划与生产计划紧密地结合起来。以保持设备经常在良好和安全条件下运转。

为了不断地提高检修质量，提高工作效率，降低成本和及时的满足生产需要，应实行备件标准化和部件预装配措施。

表7.3.40给出了颚式破碎机、旋回破碎机和圆锥破碎机计划检修的周期及检修内容。

表 7.3.40　计划检修周期及检修内容

检修类别＼机器类型	颚式破碎机	旋回式破碎机	圆锥式破碎机
小修	15～30天一次 检查和修理调整装置；调整排矿口间隙；更换已磨损的衬板、推力板；修理和更换传动件；清洗破碎机的个别零部件，更换润滑油，修理和调节润滑系统	15天一次 检查和修复破碎圆锥上部悬挂装置、防尘装置、偏心、轴套、圆锥齿轮、止推圆盘、传动轴衬套的磨损和润滑情况，检查和修复润滑系统，更换润滑油，检查和修复各处衬板的磨损和紧固情况	15～30天一次 检查碗形瓦、锥套和直套磨损情况及其间隙；检查圆锥齿轮啮合间隙；检查传动轴瓦间隙、润滑装置及润滑油；对主要零件进行清洗
中修	一般一年一次，取决于轴瓦磨损情况； 包括小修的全部工作内容；更换已磨损的推力板，轴衬，拉杆，衬板、更换滚动轴承或检查车削、研磨和浇注偏心轴轴瓦，连杆头轴瓦和动颚轴瓦等	半年一次，取决于圆锥衬板和机架衬板磨损以及传动轴套磨损情况； 包括小修全部内容； 更换破碎圆锥衬板；修复或更换传动轴、传动轴套、圆锥齿轮和悬挂轴承装置的各磨损件；修复或更换偏心套，内外衬套和止推圆盘，以及电气设备	4～6月一次 更换衬板； 对小修项目进行全面检查和处理；修复或更换： 偏心轴套、锥套、直套、圆锥齿轮、碗形瓦、防尘系统、传动轴轴瓦，分解电机，吹尘除垢，检查各部轴瓦间隙，检查修理电气系统
大修	一般四年一次，取决于偏心，轴动颚心轴磨损情况； 包括中修的全部工作； 更换或车削破碎机偏心轴和动颚心轴；浇铸连杆头上部的巴氏合金；更换和恢复全部磨损的零件和部件，更换全部传动皮带；校正整台破碎机和对设备进行技术革新和改造	五年一次； 包括中修全部内容； 修复或更换机架、中架体、横梁的磨损件及修理基础； 并进行技术改造	四年一次； 对中修项目全部检查和处理修复或更换； 机架及有关基础部分； 电机定子线圈及浸漆，转子轴

7.3.8 移动式破碎筛分厂

移动式破碎筛分厂近年来得到很大应用，主要用于两种情况，一为大型露天矿采场处，另一种类型用于工作量很小而固定破碎筛分厂运输矿石费用又很高的情况，如移动式选矿厂的破碎机组，筑路用碎石机等。

按其处理能力可分为大型、中型和小型三种；按其工艺能力可分为粗碎机组、中碎机组和细碎机组移动式破碎筛分厂：

大型的处理能力可达2000吨/时；

中型的处理能力可达250吨/时；

小型的处理能力低于50吨/时。

粗碎机通常采用颚式破碎机，选择时依需要的生产能力为依据。大型粗碎机组选用旋回式破碎机。

中碎机可选用圆锥破碎机（大型、中型和小型皆可）；对于小型机组可采用小型号颚式破碎机或细碎型颚式破碎机，第二段破碎也可采用小规格圆锥破碎机。

7.3.8.1 大型粗碎移动式破碎机

用于露天采场，可节省生产成本30～50%。

图7.3.49为西德克鲁伯制造的半移动式大型破碎机，用于南非铁矿，设计加工能力为6000吨/时，最大给料粒度为2000×1350毫米，最大产品粒度260毫米。机器为600吨重旋回破碎机，电机安装功率900千瓦，在露天矿中800吨牵引机使其移动。

图7.3.50为日本神户制造的3000吨/时大型移动式破碎机；图7.3.51为4000吨/时移动式破碎机。

图7.3.52为美国A.C公司制造的大型移动式破碎机，用于美国亚利桑那州杜瓦公司一铜矿，该机组由给矿机，破碎机及产品输送皮带组成。总重约2000吨。小时处理能力为4000吨。转移时搬运速度为0.5英里/时。

7.3.8.2 中、小型移动破碎机

图7.3.53为美国一机械制造公司制造的φ1650型中碎用圆锥

图 7.3.49 克鲁伯半移动式破碎机组

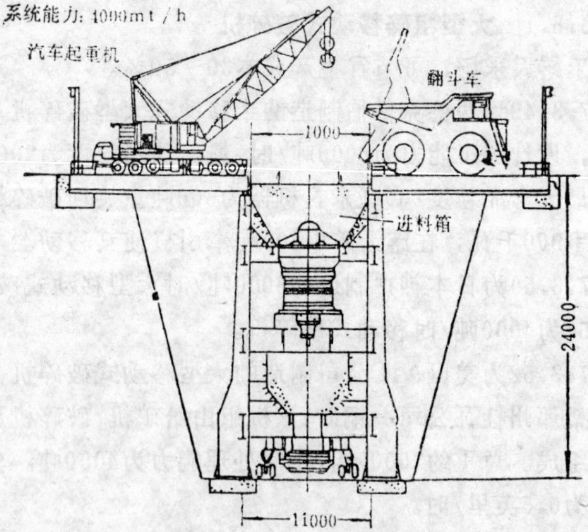

图 7.3.50 日本神户3000t/h粗碎移动式破碎机组

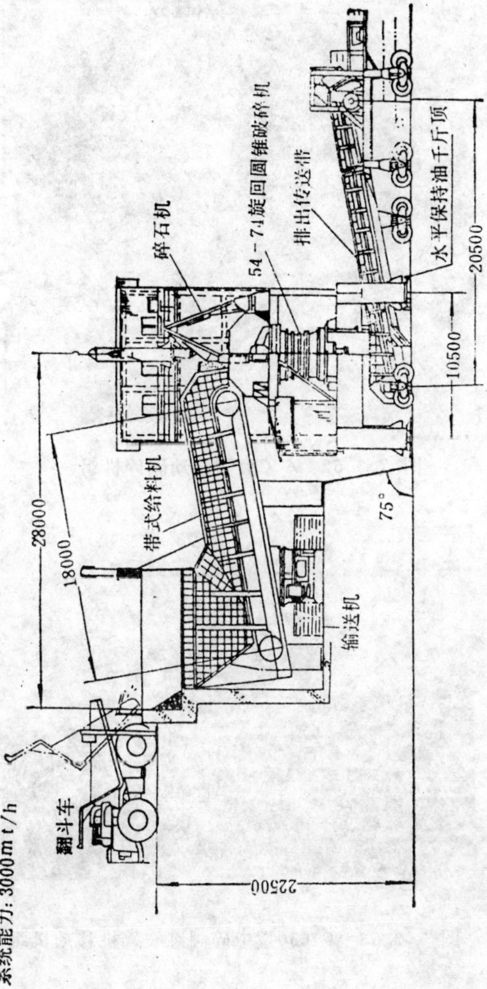

图 7.3.51 日本神户4000t/h粗碎移动式破碎机组

图 7.3.52 A.C大型移动破碎机组

图 7.3.53 φ1650型中碎圆锥破碎机移动机组

破碎机。

图7.3.54为瑞典一公司小型中碎或细碎用移动式破碎机组。破碎机采用新型小偏心距液压圆锥破碎机，规格为M200型。根据用户需要可选用粗、中、细三种破碎机腔型。机器的偏心摆幅为

图 7.3.54 小型移动破碎机组
(电机功率为45～75kW)

16～25毫米，处理能力为103吨/时，机重5.3吨。

7.3.9 国内外新型破碎机的技术特点分析

尽管各种类型破碎机问世已经有80～130年之久，但至今仍广泛应用各部门。而且许多学者和厂家还在不断改进其结构和性能，推出新产品。

新型破碎机的技术特点是：

（1）以岩石力学试验指导破碎机设计，出现利用层压破碎理论为基础的新型破碎机；

（2）腔形优化研究引起了广泛注意，如北京矿冶研究总院王宏勋-丁培洪提出动态啮角新概念，进行破碎机优化设计和腔形优化研究，将使破碎机性能得到很大提高；

（3）新型大破碎比破碎机出现，推动破碎工艺前进；

（4）液压系统用于破碎机排料口调节和过载保护；

（5）焊接结构件大量采用，减轻了机械重量，降低了成本；

（6）新型耐磨材料应用，提高了易损件使用寿命；

（7）专用破碎机大量出现；

（8）自动化系统不断完善。

7.4 破碎筛分厂

破碎筛分厂是破碎机、筛分机、料仓、给料机、运输机、计量系统、通风除尘设备、采样设备和控制系统等组成的统一集合体。由于原料条件和产品要求的不同，可以有不同的组合，以适应不同的工艺要求，不同生产规模的需要。尽管每种组合存在着差异，但它存在着很多共同之处。因此，选矿工作者才有可能归纳为数种典型工艺流程进行深入研究和探讨。

7.4.1 破碎工艺流程

破碎作业的主要任务是为磨矿作业准备经济合理的给矿粒度的原料，或者直接为选别或冶炼等用户提供最合适的入选、入炉和使用物料粒度的原料。制定破碎流程的依据，则是原矿最大粒度、最终产品粒度、原矿和各段破碎产物料粒度特性、原矿的物理机械性质、含泥量、含水量和破碎作业的规模。

7.4.1.1 破碎工艺流程选择基本原则

A 确定合理的最终破碎产品粒度

对于选矿厂，主要是为磨碎作业提供原料。由于最终破碎产品粒度即是磨矿机的适宜的给矿粒度，因为它对磨矿机的生产能力和单位产品的能耗(单产能耗)、单位产品钢耗(单产钢耗)有着重要影响。

确定磨矿机最适宜的给矿粒度（即最终破碎产品粒度）时，需要考虑破碎和磨碎总的技术经济效果。破碎的产品粒度愈大，破碎机的生产能力就愈高，破碎费用也愈低；但磨矿机的生产能力将降低，磨矿费用将增高。反之碎矿费用高，磨矿费用低。因此，应综合考虑碎矿和磨矿，选取总费用最小的破碎产品粒度，作为适宜的破碎最终产品粒度。

1958年我国学者宏力首先提出了“多碎少磨”节能流程观点。

近10多年来，许多选矿学者提倡“多碎少磨”，力求降低破碎产品最终粒度。这一问题的实质是确定合理的最终破碎产品粒度。其所以要降低，是由于目前工业生产的破碎粒度距合理值尚有一定的差距。

美国学者C. A. 罗兰（Rowland）建议用下式确定破碎最终产品粒度F_0：

对棒磨机 $$F_{or}=16000\sqrt{\frac{13}{W_{ir}}}\ \mu m \tag{7.4.1}$$

对球磨机 $$F_{ob}=4000\sqrt{\frac{13}{W_{ib}}}\ \mu m \tag{7.4.2}$$

式中 F_{or}，F_{ob}——供棒磨机，球磨机最佳给矿粒度，μm；

W_{ir}，W_{ib}——棒磨功指数，球磨功指数，kW·h/st。

由最终破碎产品粒度与破碎、磨碎功耗曲线也可以确定合理的最终产品粒度。对每一种矿石，通过实验或计算都可以绘制如图7.4.1相似的曲线。由曲线图中曲线3的最小值即可确定合理

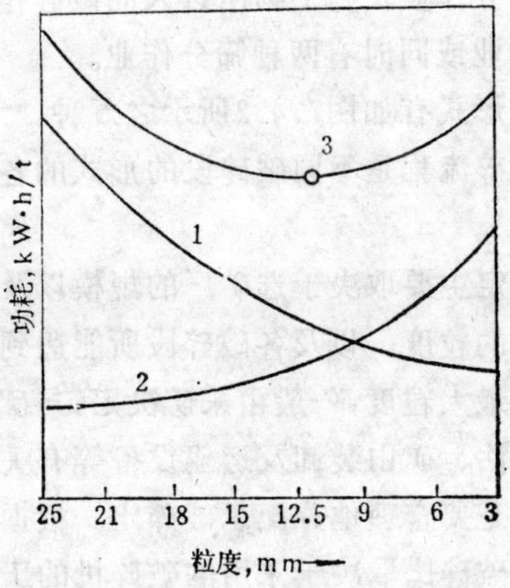

图 7.4.1 破碎产品粒度与功耗关系

1—磨矿；2—碎矿；3—碎矿与磨矿

的破碎产品粒度。

北京矿冶研究总院曾对凡口铅锌矿进行了最佳破碎产品粒度测定研究，结果在8～10毫米范围内。与典型曲线（图7.4.1）相近。这一数值与经验也相吻合。

对于自磨机最适宜的给矿粒度为200～350毫米。砾磨机需要从破碎产品中分出一部分矿石作为砾石时，其粒度一般为40～100毫米。破碎产品直接入选时，可根据工艺和设备的要求来确定。破碎产品作为成品时，则根据用户要求而定，且随技术的进展时有变化。

目前，我国技术水平可能达到的球磨机给矿粒度为10～15毫米，国外某些选矿厂已降低至10毫米以下。棒磨机在开路作业时最好为15～25毫米，这是近几年技术发展的趋势。含水含泥矿可适当增大些破碎产品粒度。此外，还要考虑选用的破碎机所能达到的实际破碎比（表7.4.1）。

B 选择合理的破碎段数

破碎段是破碎流程的最基本单元。破碎段数不同以及破碎机和筛子的组合不同，便有不同的破碎流程。

破碎段是由筛分作业及筛上物所进入的破碎作业所组成，也可以不包括筛分作业或同时有两种筛分作业。

破碎段的基本形式有如图7.4.2所示之五种。

两段以上的破碎流程是不同破碎段的形式的各种组合，故有许多方案。

破碎段数的确定主要取决于选矿厂的规模以及其原矿最大粒度与最终破碎产品的粒度，以及各破碎段所能达到的破碎比。

选矿厂原矿的最大粒度，一般由采矿决定，与矿床赋存条件、矿山规模、采矿方法、矿山装卸及运输设备等有关（表7.4.2）。

段数的确定就是要合理地分配总破碎比。根据总破碎比分配各段破碎比，各段破碎比取决于采用的破碎机的工作制度和矿石性质。

C 确定预先筛分和检查筛分工作制度

表 7.4.1 各种破碎机在不同条件下的破碎比范围

作业	破碎机型式	工作条件	破碎比范围
粗 碎	大型颚式破碎机	开 路	3～5
	旋回式破碎机	开 路	3～5
	中小型颚式破碎机	开 路	3～6
	锤式破碎机	开 路	8～25
	反击式破碎机	开 路	8～25
中 碎	标准型圆锥破碎机	开 路	3～5
	中型圆锥破碎机	开 路	3～6
	中型圆锥破碎机	闭 路	4～8
	锤式破碎机	闭 路	8～40
	反击式破碎机	闭 路	8～40
细 碎	短头型圆锥破碎机	开 路	3～6
	短头型圆锥破碎机	闭 路	4～8
	对辊破碎机	闭 路	3～15
	锤式破碎机	闭 路	4～10
	反击式破碎机	闭 路	4～10
超细碎	液压圆锥破碎机	闭 路	6～10
	旋盘式破碎机	闭 路	6～10
	超重型圆锥破碎机	闭 路	6～10
	惯性破碎机	开 路	10～20
	高压辊碎机	开 路	10～20

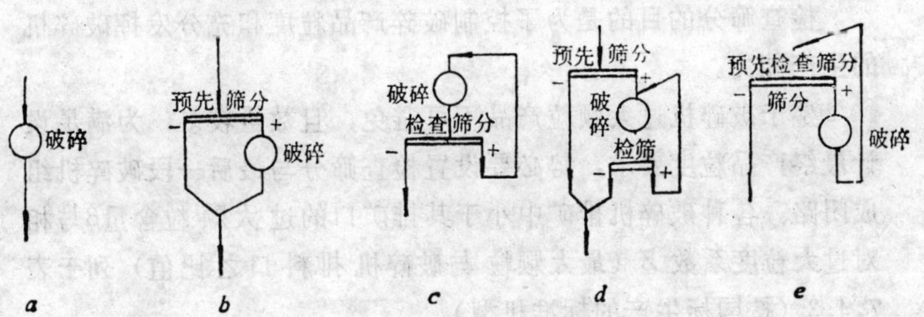

图 7.4.2 破碎段的基本形式

a—单一破碎段；*b*—预先筛分破碎段；*c*—检查筛分破碎段

*d*和*e*—带有预先筛分和检查筛分的破碎段

表 7.4.2 原矿最大粒度与采矿方法的关系

选矿厂规模	露天开采		地下开采	
	铲斗容积，m^3	原矿最大粒度，mm	采矿方法	原矿最大粒度，mm
大型	2～6	800～1300	深孔采矿	<500～600
中型	0.5～2	350～800	深孔采矿	<400～600
小型	0.2～1	200～500	浅孔采矿	<200～350

预先筛分是在矿石进入破碎机之前的筛分作业。预先筛除细粒，可防止过粉碎，相应能提高破碎机生产能力。当矿石含水分较高和粉矿较多时，预先筛分可避免破碎机堵塞，有利于破碎机工作。但矿石含水、含泥高时，又会堵塞筛孔，使预先筛分失去作用。因此，应权衡利弊，慎重取舍。不过，原则上认为设置预先筛分总是有利的。因为大多数原矿粒度特性曲线，特别是破碎机的产品粒度曲线表明均有相当数量下一段破碎合格产品。所以，预先筛除这部分细粒，对减轻该段破碎机的负荷，改善破碎机工作条件以及节约能耗都是有意义的。其缺点是：要增加厂房高度，增加基建投资。所以，若粗、中碎破碎机生产能力富余时，可以不考虑预先筛分。当大型旋回破碎机采用挤满给矿时，也不设预先筛分。

检查筛分的目的是为了控制破碎产品粒度和充分发挥破碎机的生产能力。

鉴于破碎机过大颗粒产品不可避免，且数量较多，为满足设计最终产品粒度要求，势必要设置检查筛分与最后一段破碎机组成闭路。各种破碎机排矿中小于其排矿口的过大颗粒含量β与相对过大粒度系数 Z（最大颗粒与破碎机排料口之比值）列于表7.4.3（按国标生产的标准机型）。

对于特大型选矿厂，有时不用检查筛分，而将细碎产品粒度放宽到25～30毫米，另加一段棒磨机作为细碎。有的矿山加上一个第四段闭路破碎段构成四段闭路破碎流程。

表 7.4.3 破碎机排矿的过大颗粒含量β与相对过大粒度系数Z的关系

矿石可碎性等级	破碎机类型							
	旋回破碎机		颚式破碎机		标准型圆锥破碎机		短头型圆锥①破碎机	
	β,%	Z	β,%	Z	β,%	Z	β,%	Z
难碎性矿石	35	1.65	38	1.75	53	2.4	75	2.9～3.0
中等可碎性矿石	20	1.45	25	1.60	35	1.9	60	2.2～2.7
易碎性矿石	12	1.25	13	1.40	22	1.6	38	1.8～2.2

①闭路取小值，开路时取大值.

D 确定洗矿作业是否必要

在处理含泥较多的氧化矿或其他含泥含水较多的矿石时，容易堵塞破碎筛分设备、矿仓、溜槽、漏斗，使破碎机生产能力显著下降，甚至影响正常生产，此时破碎流程必须考虑设置洗矿设施。一般认为原矿含水量大于5％、含泥大于5～8％，就应该考虑洗矿，并以开路破碎为宜。

对某些矿石（如黑钨矿等)为了便于手选，光电选矿或重介质选矿，也需要设置洗矿作业。也有些矿石（如沉积铁锰矿床）在破碎过程中经过洗矿、脱泥，使有用矿物富集而获得合格产品。

7.4.1.2 破碎流程类型

按破碎段数组合可分为一段，二段，三段和四段之分。按与筛子之间联系有分为开路和闭路之分。

通常用于各段的流程结构，可归纳为表7.4.4所示各种类型。

表7.4.4可以组合成200多种破碎流程。而实际上，有些组合是不合理的，据冶金矿山、化工矿山和有色金属矿山等实际生产统计，我国，29个重点黑色金属（铁）选矿厂和数十个重点有色金属选矿厂（每年约有2～3亿吨矿石经破碎加工）根据其规模和矿石性质，其破碎流程大致有如下几种常用类型：

A 一段开路粗碎流程

如图7.4.3所示，这种流程适用于为各种类型和规格的自磨

表 7.4.4 各段流程结构

段位	流程结构
第一段	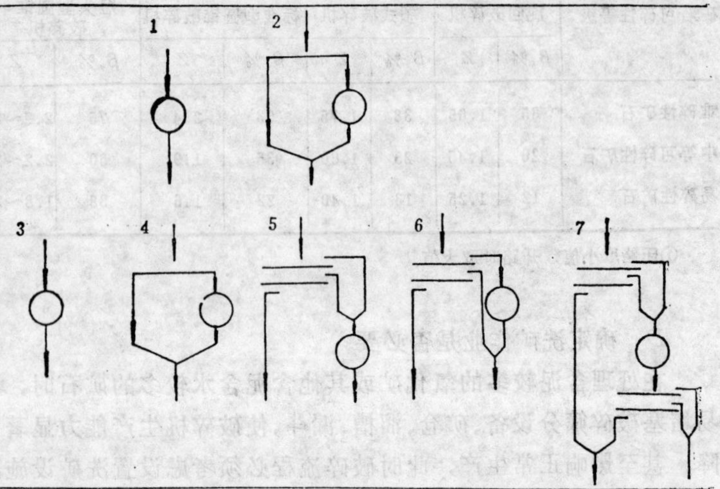
第二段或第三段	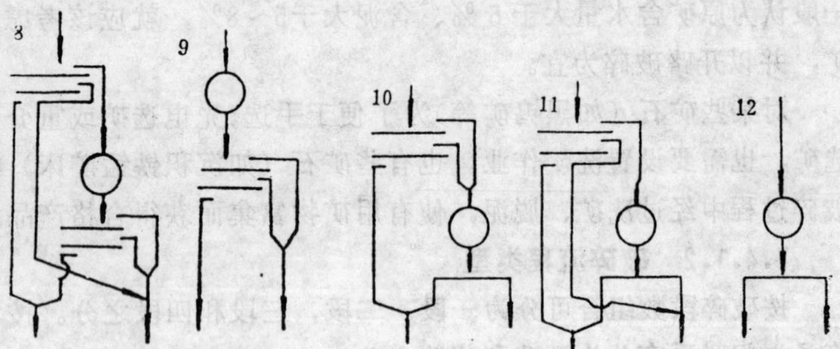
第三段或第四段	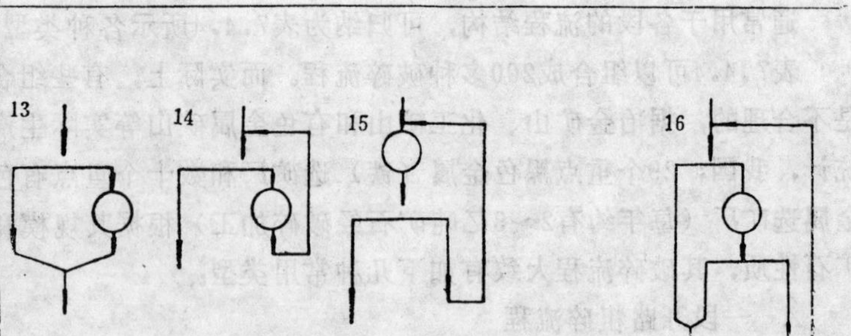

机提供原料，其给料粒度是由采矿方法决定的，破碎产品粒度为200～350毫米。表7.4.5列出了我国使用一段破碎流程的主要选矿厂。

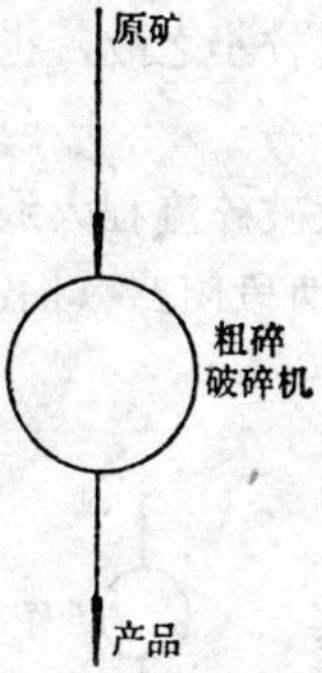

图 7.4.3 一段粗碎流程

这一类型流程，工艺简单、设备少、厂房占地面积小。从上表可见，自磨机给料粒度偏大一些，应该降低至300～0毫米较为合理。一般说来，采用自磨机磨碎矿石，其能耗是较高的。有人认为，比常规磨碎流程高25%；也有人认为不高，尚没有定论。但是，值得提出的是，采用自磨机处理含泥和含水量大的矿石，对于流程的畅流创造了良好的操作条件，如表7.4.5中的东山铁矿、铜录山铜矿、武山铜矿，原采用常规磨矿的，流程不畅通，在生产中经常堵住各个环节，如给矿机漏斗、破碎机腔、皮带机转换漏斗、筛子，严重影响生产正常进行，而改为自磨磨矿，采用一段粗碎流程，生产上取得了良好效果。

表 7.4.5 一段粗碎流程

选厂名称	设计规模 万t/a	粗 碎 机	给料粒度 mm	产品粒度 mm	自 磨 机
金山店	400	900×1200颚式2台	600～0	350～0	φ5.5×1.8湿式2台
歪头山	500	1200旋回2台	1000～0	350～0	φ5.5×1.8湿式9台
吉 山	200	2100×1500颚式1台	1000～0	400～0	φ5.5×1.8湿式4台
石人沟	150	2100×1500颚式1台	1000～0	350～0	φ5.5×1.8湿式3台
东 山	100	900×1200颚式1台	600～0	350～0	φ5.5×1.8湿式1台
漓 堵	100	600×900颚式2台	450～0	350～0	φ5.5×1.651台
铜录山	100	1200×1500颚式	1000～0	350～0	φ5.5×1.82台
武 山	设计 150				φ5.5×1.8

B 两段破碎流程

采用两段破碎流程的多是小型选矿厂，这是因为从采矿来的原矿粒度较小之故，也有的由于有工艺的特殊要求而采用两段破碎流程。

两段破碎流程大致结构有如下二种。

a 两段闭路（图7.4.4）

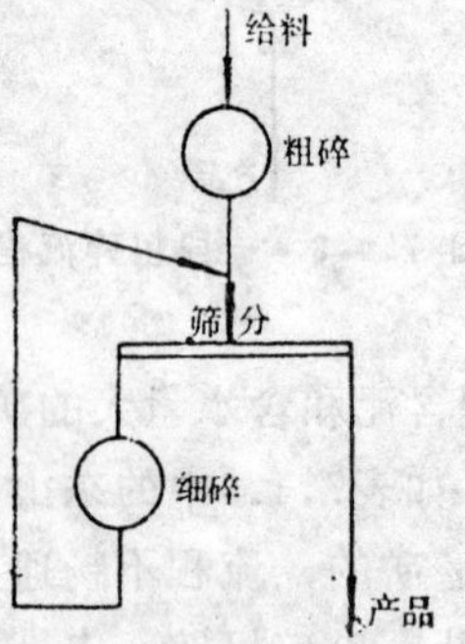

图 7.4.4 两段闭路流程

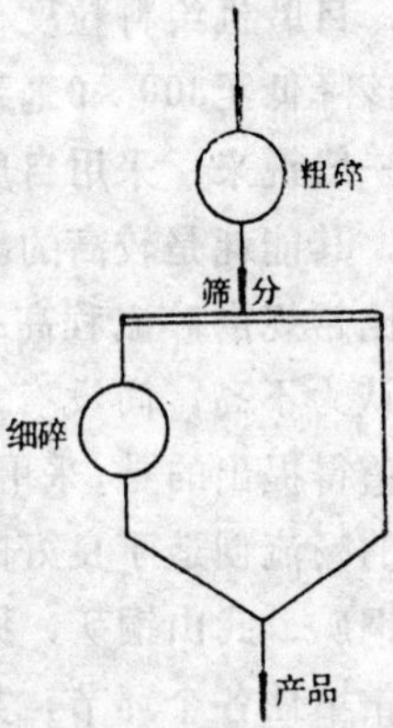

图 7.4.5 两段开路流程

表7.4.6给出了采用两段闭路工艺流程部分选厂。

b 两段开路（图7.4.5）

表7.4.7给出了采用两段开路工艺流程部分选厂。

为了使破碎产品粒度更小，有的小选矿厂采用了锤式破碎机（约有3～5家），其中用得最好的是金岭铁矿，用二段闭路破碎流程，得到了12～0毫米最终破碎产品粒度，达到了三段闭路破碎工艺水平，进而使磨矿机磨矿效率得以提高。但是锤式破碎机的锤头磨损较快，每处理一吨矿石锤头消耗费用高达0.28元（1988年底），而且维修量大。在生产中两段破碎流程大部分采用颚式破碎机和圆锥破碎机配套使用，近几年来也有采用粗碎颚式和细碎颚式破碎机配套使用的。

表7.4.7中的蚕庄金矿采用了较为先进的设备，第一段粗碎

表 7.4.6　两段闭路流程

选厂名称	规模 万t/a	原矿粒度	粗碎机	细碎机	产品粒度	矿石性质
金岭	60	650～0	900×1200 颚式(2台)	φ1300×1600 锤式(2台)	12～0	铁矿
高戈庄	32	500～0	400×600 颚式(2台)	φ1000×1000 锤式(2台)	20～0	铁矿
刘岭	10	350～0	400×600 颚式(1台)	φ800×1000 锤式(2台)		铁矿
苏家	10	350～0	400×600 颚式(1台)	φ1200单缸液压圆锥破碎机		铁矿
酒埠江	10	350～0	400×600 颚式	φ1000×700反击 φ1650圆锥		铁矿
玲珑	22	350～0	400×600 颚式	φ1200圆锥	17.5～0	金矿
焦家	25	350～0	600×900 颚式	φ1750中型圆锥		金矿
新城	16.5	350～0	400×600 颚式	φ1200中型圆锥	16～0	金矿
巴里	10	300～0	400×600 颚式	φ1200中型圆锥	20～0	锡矿
东乡(含泥)	50	450～0	600×900 颚式	φ1750多缸液压	25～0	铜矿
酒钢(焙烧)	200	650～0	900旋回	φ2200标准圆锥	75～0	铁矿
冶山(混合矿)(含泥)	80		600×900 颚式(2台)	φ1650液压中型圆锥	25～0	铁矿
赤马山			600×900 颚式	φ1200标准圆锥	20～0	铜矿
新冶		450～0	600×900 颚式	φ1200短头圆锥	15～0	铜矿
安溪冶炼厂		320～0	380×900 颚式	φ1520单缸液压	12～0	铜渣

采用了250×750强力细碎颚式破碎机（北京人民矿山机械厂产品），第二段采用了φ600旋盘式圆锥破碎机，破碎最终产品粒度为12～0毫米。

表 7.4.7 两段开路流程

选厂名称	规模万t/a	原矿粒度	粗碎机	细碎机	产品粒度	矿石性质
塔尔山	10	350～0	400×600颚式	ϕ600×400锤式	50～0	铁矿
涿鹿	10	350～0	400×600颚式	ϕ900圆锥	20～0	铁矿
小钛	10	350～0	400×600颚式	250×400颚式		铁矿
铁坑	30	300～0	400×600颚式(3台)	ϕ1650中重、圆锥	25～0	铁矿
蚕庄	5	210～0	250×750全重强力细碎颚式机	ϕ600旋盘破碎机	12～0	金矿

贵溪冶炼厂转炉渣分选车间，采用了380×900颚式破碎机和ϕ1500单缸液压破碎机与筛分机构成闭路，给料为300毫米，破碎产品粒度全部小于15毫米，底部单缸液压圆锥破碎机破碎比大、排矿口调节容易，液压过载保护装置可靠且先进。

C 三段破碎流程

采用三段破碎流程的大多是中型和大型选矿厂，黑色和有色金属大部分矿山采用了三段一闭路破碎流程。

a 三段一闭路破碎流程（图7.4.6）

表7.4.8为三段闭路破碎流程生产厂概况。

三段闭路破碎流程在中国选矿厂应用极为广泛，一般说来，其适应性较强，对于含泥较少，而不堵破碎机和筛孔的矿石，大都采用三段闭路破碎。大量工业实践表明，破碎产品粒度可以控制在12～0毫米，能给磨矿作业提供较为理想的给料。

b 三段开路破碎（图7.4.7）

表7.4.9给出了三段开路破碎流程

D 四段破碎流程

四段破碎流程在中国应用较少，过去只有包钢矿山公司采用四段开路破碎。近年来由于重视了矿石碎磨节能，有些矿山进行了改造，增设了第四段破碎作业，但其效果尚不显著。

表 7.4.8 三段闭路流程

选厂名称	规模 万t/a	给矿粒度 mm	粗碎	中碎	细碎	破碎产品粒度	矿石性质
南芬	700	1000～0	2100×1500颚式	φ1200标准	φ1650短头	15～0	铁矿
弓长岭(一选)	560	1000～0	1200/180旋回	φ2100标准	φ2100短头	12～0	铁矿
弓长岭(二选)	300	1000～0	1200/180旋回	φ2200标准	φ2200短头	12～0	铁矿
东鞍山	500	1000～0	1200/180旋回	φ2100标准	φ2100短头	12～0	铁矿
大孤山	550	1000～0	1200/180旋回	φ2100标准	φ2100短头	12～0	铁矿
大石河	650	1000～0	900旋回	φ2200标准	φ2200短头	12～0	铁矿
水厂	650	1000～0	1200/1200旋回	φ2200标准	φ2200短头	12～0	铁矿
程潮	150	600～0	900×1200颚式	φ2100标准	φ2200短头	13～0	铁矿
凹山	500	1000～0	1200×1500颚式	φ2100标准	φ2100短头	12～0	铁矿
冶山	175	500～0	600×900颚式	φ1650标准	φ1750短头	12～0	铁矿
上泉	150	350～0	600×900颚式	φ1200标准	φ1750短头	12～0	铁矿
铜录山			1200×1500颚式	φ2100标准	φ2100短头	15～0	铜矿
铜山口	100	1000～0	1200×1500颚式	φ1750标准	φ2200短头	18～0	铜矿
德兴	500	1000～0	1200×1500颚式	φ2200标准	φ2200短头	20～0	铜矿
落雪	215	750～0	900旋回	φ2100标准	φ2100短头		铜矿
烂泥坪	75	500～0	600×900颚式	φ1200标准	φ2100短头	12～0	铜矿
易门	60	500～0	600×900颚式	φ1650标准	φ2200短头	15～0	铜矿
牟定	50	400～0	500旋回	φ1650标准	φ1750短头	20～0	铜矿
大姚	100	400～0	500旋回	φ1200标准	φ1750短头	25～0	铜矿
长坡	30	350～0	400×600颚式	φ1200中重	φ1200短头	20～0	锡矿
车和	130	600～0	900×1200颚式	φ2200标准	φ2200短头	20～0	锡矿
长岭	60	350～0	400×600颚式	φ1200标准	φ1750短头	15～0	锡矿
金川(1)		1000～0	1500×2100颚式	φ2100标准	φ2100短头	25～0	镍矿
(2)				φ1750标准	φ1750短头	12～0	镍矿
金厂峪	40	350～0	400×600颚式	φ1200标准	φ1200短头	17～0	金矿

续表 7.4.8

选厂名称	规　模 万t/a	给矿粒度 mm	粗　碎	中　碎	细　碎	破碎产品粒度	矿石性质
沂　南	10	460～0	600×900颚式	400×600颚式	φ1200短头	20～0	金矿
凡　口	150	500～0	600×900颚式	φ1650标准	φ2200短头	22～0	铅锌矿
西华山	16.5	350～0	500旋回	φ1650标准	φ1650短头	12～0	钨矿

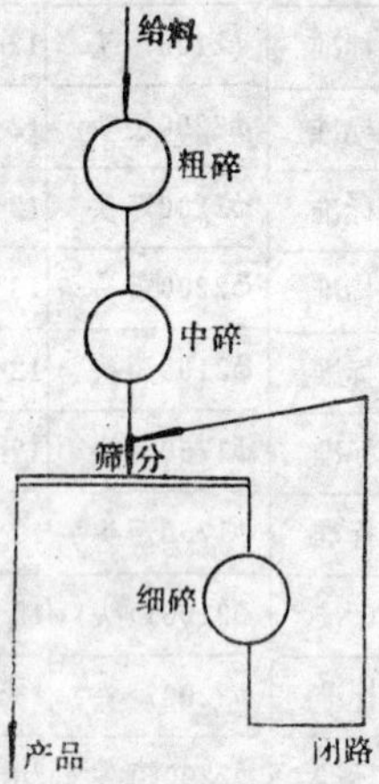

图 7.4.6　三段闭路流程

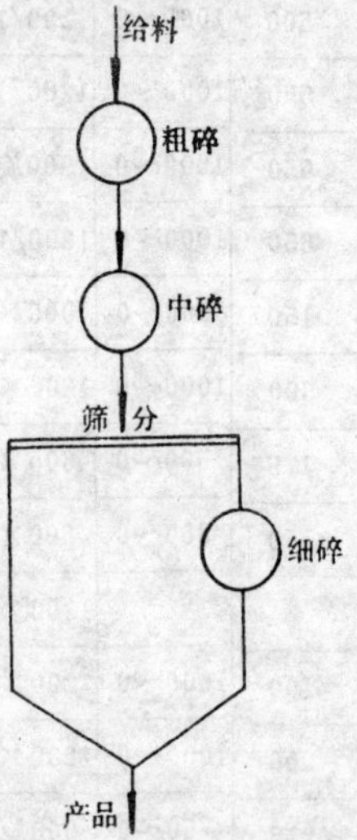

图 7.4.7　三段开路流程

表 7.4.9　三段开路流程

选厂名称	规　模 万t/a	给矿粒度	粗　碎	中　碎	细　碎	产品粒度	矿石性质
因　民	150	600～0	700旋回	φ1650标准	φ1650短头	20～0	铜矿
汤　丹	65	500～0	600×900颚式	φ1650标准	φ2200短头	15～0	铜矿
木　奔	200	600～0	900旋回	φ2100标准	φ2100短头	20～0	铜矿
铜　山	60	400～0	500旋回	φ1650标准	φ2100短头	16～0	铜矿
桃　林	120	400～0	750旋回	φ2100短头	φ1650短头	12～0	铅锌矿

7.4.2 破碎机的选择与计算

破碎机的选择与计算，主要是解决破碎机的类型、尺寸和数量，以及破碎机的运转参数等问题。要满足工艺要求和技术先进。

7.4.2.1 破碎机选择的依据及基本原则

A 破碎设备选择与计算依据

在选矿厂设计中，破碎设备选择与计算的依据是：

（1）选矿厂的建设规模，工作制度。

（2）所处理矿石的物理化学性质和用户对产品数、质量的要求及产品的经济价值。

（3）设计的破碎工艺流程图（包括数、质量流程图）。

（4）设备计算参数的试验资料及类似厂的生产指标。

（5）所建厂的机械装备水平与自控水平及设备作业率。

（6）定型设备产品样本，新设备鉴定资料。

B 破碎设备选择与计算原则

破碎设备选择与计算原则如下：

（1）选定的设备类型、规格、台数应满足选矿厂建设规模及所处理矿石的物理、化学性质，还应满足用户对产品质量的要求。若适应要求的设备方案较多时，需通过技术经济比较择优选用。

（2）上、下工序所选用的设备负荷率应当均衡，同一作业设备类型、规格应当相同，设备的台数应当与设置的系列数相适应。

（3）选用的设备必须是工作可靠，操作方便，维修简单、耗电少，生产费用低，易于解决备件供货的定型产品或经过鉴定确认可以推广使用的新设备。

（4）设计时应注意选用与所建厂规模相适应的大型设备，力争减少生产设备数量和系列数，以便降低投资和经营费，实现自动控制和管理。

（5）为了确保主机的作业率，与主机相关的设备应按实际需要给予一定数量的备品备件。

（6）采用多段破碎的大型选矿厂，中破碎和细破碎之间应设有中间贮矿仓，中间贮矿仓之前，按粗破碎机的处理量选择相关设备，中间贮矿仓之后，按细破碎机处理量选择相关设备。同时应考虑由于矿石性质变化所引起的处理量的波动。

7.4.2.2　**破碎机的选择**

破碎机类型和尺寸的选择，是与所处理矿石的物理性质、要求破碎的生产能力、破碎产品的粒度以及设备配置有关。矿石的物理性质包括：矿石的硬度、密度、粘性、矿石中的粘土含量、水分、给矿中的最大粒度等。

矿石的硬度（或称矿石可碎性），根据矿石极限抗压强度可分为硬矿石、中硬矿石和软矿石三种类型。如可能可根据待破碎物料给矿的自然颗粒抗压强度考虑。

所选用的破碎设备必须保证满足破碎产品粒度和符合设计生产能力的要求，同时能装入给矿中的最大矿块。给矿中的最大矿块，对粗碎机，一般不大于破碎机给矿口宽度的0.8～0.85倍；对中、细碎机不大于0.85～0.9倍。

A　粗碎机的选择

金属矿山选矿厂的粗破碎机，一般采用颚式破碎机或旋回破碎机，在某些非金属或水泥等工业部门中，当处理中等硬度或较软矿石时，也可采用反击式破碎机。

设计大、中型选矿厂时，在确定选用颚式破碎机或选用旋回破碎机之前，一般都从设备安装功率、设备重量、基建投资、生产经营管理费、设备配置情况及工艺操作的优缺点等方面经过技术经济比较、择优选用。

设计中、小型选矿厂时，为了适应采矿场来矿块度较大的特点，需要采用与矿块尺寸相适应的粗破碎机。

设在矿山坑内的大型破碎机应选择能解体吊装的特制的井下破碎机。设在露天采矿场的破碎机可采用半固定式或移动式破碎机。

颚式破碎机的优点：构造简单，重量轻，价格比较低廉，便于维修和运输，外型高度小，需要厂房高差小；在工艺方面，工作可靠，调节排矿口方便，破碎潮湿矿石及含粘土较多的矿石时不易堵塞。缺点是：衬板易磨损，处理量比旋回破碎机低，破碎产品粒度不均匀，过大块多，要求给矿均匀，需要设置给矿设备。该设备应用范围较广，近年来，国内外许多厂家研制生产出一系列新型大破碎比颚式破碎机，使其性能得到很大改善，特别是中小型颚式破碎机更为突出。在选择破碎机时应给予充分注意。

旋回破碎机是一种破碎能力较高的设备，主要用于大、中型选矿厂破碎各种硬度的矿石。与颚式破碎机相比，优点是：电耗少；能连续破碎矿石，处理量大，在同样给矿口与排矿口条件下，旋回破碎机处理量为颚式破碎机的2.5～3倍；破碎腔内衬板磨损分布均匀；破碎产品中过大块少，粒度均匀；当给矿条件比较合适时，可以"挤满给矿"，不需要给矿设备。缺点是：设备构造复杂；机身重，要求有坚固的基础；机体高，增加了厂房高度。

在大型选矿厂使用旋回破碎机时，应该考虑两侧受矿，以便提高破碎机的处理量和使破碎机衬板的磨损均匀。

B 中、细碎设备的选择

破碎硬矿石和中硬矿石的中、细碎设备，一般选用圆锥型破碎机，中碎设备选用标准型圆锥破碎机；细碎设备选用短头型圆锥破碎机；在采用两段破碎流程时，第二段可选用中型圆锥破碎机。近年来设计和制造的单缸液压圆锥破碎机，与弹簧圆锥破碎机相比，优点是：破碎力大；重量轻；外形尺寸小；价格便宜；容易实现过铁保护和调节自动化。缺点是：液压气压系统和动锥的支承结构等制造比较复杂。弹簧圆锥破碎机与对辊破碎机相比较，前者的优点是：生产能力大，破碎比大；适于破碎硬矿石和中硬矿石。缺点是：不适宜处理含粘土多的矿石；排矿口不能太小，短头圆锥破碎机最小排矿口只能达到6毫米左右。

对辊破碎机是一种较老的破碎机。它与圆锥破碎机相比：构造简单，易于制造；适于破碎含粘土多和要求产品粒度均匀的矿石，破碎产品粒度可小于1～2毫米，破碎比较高。缺点是：生产能力低，占地面积大，辊筒磨损不均匀，要经常加工修理，目前，一般仅用在处理脆性矿石，或者在工艺上要求矿石破碎时减少过粉碎，以及处理量不大的中小型选矿厂。例如，在选别钨、锡矿石的重选厂，用来破碎中间产物。

反击式破碎机，属于用冲击能破碎矿石的一种设备，适用于破碎中硬矿石和脆性矿石。与其他型式破碎机相比，其优点是：设备重量轻、体积小、生产能力大；构造简单，维修容易；单位电能消耗低，约比颚式破碎机节省1/3的电力；破碎产物粒度均匀，细粒含量多，有利于提高磨矿机的效率；能有选择性地破碎矿石，过粉碎少；破碎比高（一般为15～25,高时可达40以上），能一次完成中碎和细碎作业的要求，简化了破碎流程，节约了投资。缺点是：打击板和反击板容易磨损，需要经常更换；要求运动部件精确平衡，否则机器发生很大振动；噪音大，粉尘多。反击式破碎机虽有这些缺点，但随着科学技术的发展，材料质量的改善，这些缺点是可以逐步得到圆满解决的。煤炭、非金属矿山的破碎作业已广泛应用反击式破碎机，金属矿山选矿厂应用则较少。

国内外制造的圆锥破碎机，经过多次改进，结构日臻完善，特别是液压装置的采用，实现了液压保护和液压调整排矿口。美国、苏联制造的圆锥破碎机最大规格已达ϕ3000。

为了减小破碎产品粒度，以利节省磨矿能耗，国外在研制新型的细碎机和超细碎机方面，已取得了一定的成果。选择破碎机时，应给予充分注意。

7.4.2.3 破碎机生产能力计算

破碎设备处理量与被破碎物料的物理性质（可碎性、密度、解理、湿度、粒度组成等），破碎机的类型、规格及性能，以及工艺要求（破碎比、开路或闭路工作、给矿均匀性及产品粒度）

等因素有关。由于目前还没有把所有这些因素全部包括进去的理论计算方法，因此，在设计计算时，多采用经验公式进行概略计算，并根据实际条件及类似厂矿生产数据加以校正。

A 颚式、旋回和圆锥破碎机处理量的计算

a 开路破碎

开路破碎时，处理量按下式计算：

$$Q=K_1K_2K_3K_4Q_S \tag{7.4.3}$$

式中 Q——在设计条件下破碎机的处理量，t/h；

Q_S——标准条件下（中硬矿石、松散密度为1.6t/m³）开路破碎时的处理量(t/h)，按下式计算：

$$Q_S=q_0e \tag{7.4.4}$$

q_0——颚式、旋回破碎机，标准、中型、短头圆锥破碎机单位排矿口宽度的处理量(t/mm·h)，见表7.4.10～表7.4.14；

e——破碎机排矿口宽度，mm；

K_1——矿石可碎性系数，见表7.4.15；

K_2——矿石密度修正系数，按下式计算：

$$K_2=\frac{\gamma_0}{1.6}\approx\frac{\delta_0}{2} \tag{7.4.5}$$

δ_0——矿石密度，t/m³；

γ_0——矿石松散密度，t/m³；

K_3——给矿粒度或破碎比修正系数，见表7.4.16及表7.4.17；

K_4——水分修正系数，见表7.4.18。

表 7.4.10 颚式破碎机q_0值

破碎机规格 mm	250×400	400×600	600×900	900×1200	1200×1500	1500×2100
q_0, t/(mm·h)	0.40	0.65	0.95～1.0	1.25～1.30	1.99	2.70

表 7.4.11 旋回破碎机q_0值

破碎机规格 mm	500/75	700/130	900/160	1200/180	1500/180	1500/300
q_0,t/(mm·h)	2.5	3.0	4.5	6.0	10.5	13.5

表 7.4.12 开路破碎时标准、中型圆锥破碎机q_0值

破碎机规格 mm	φ600	φ900	φ1200	φ1650	φ1750	φ2200
q_0,t/(mm·h)	1.0	2.5	4.0～4.5		8.0～9.0	14.0～15.0

注：排矿口小时取大值，排矿口大时取小值.

表 7.4.13 开路破碎时短头圆锥破碎机q_0值

破碎机规格,mm	φ900	φ1200	φ1650	φ1750	φ2200
q_0,t/(mm·h)	4.0	6.5		14.0	24.0

表 7.4.14 开路破碎时单缸液压圆锥破碎机q_0值

破碎机规格,mm		φ900	φ1200	φ1650	φ1750	φ2200
q_0 t/(mm·h)	标准型	2	4.6		8.15	16.0
	中型	2.76	5.4		9.6	20.0
	短头型	4.25	6.7		14.0	25.0

表 7.4.15 矿石可碎性系数K_1值

矿石性质	极限抗压强度 MPa(kgf/cm²)	普氏硬度	K_1值
硬	156.9～196.1(1600～2000)	16～20	0.9～0.95
中硬	78.45～156.9(800～1600)	8～16	1.0
软	<78.45(<800)	<8	1.1～1.2

表 7.4.16 粗破碎设备的给矿粒度修正系数K_2值

给矿最大粒度D_{max}和给矿口宽度B之比$\frac{D_{max}}{B}$	0.85	0.70	0.6	0.5	0.4	0.3
K_2	1.00	1.01	1.07	1.11	1.16	1.23

表 7.4.17 中碎与细碎圆锥破碎机破碎比修正系数K_3值

标准或中型圆锥破碎机		短头圆锥破碎机	
$\frac{e}{B}$	K_3	$\frac{e}{B}$	K_3
0.60	0.90～0.98	0.40	0.90～0.94
0.55	0.92～1.00	0.25	1.00～1.05
0.40	0.96～1.06	0.15	1.06～1.12
0.35	1.00～1.10	0.075	1.14～1.20

注：1. e——在开路破碎时上段破碎机排矿口宽；

B——本段中碎或细碎圆锥破碎机给矿口宽.

2. 在闭路破碎时，$\frac{e}{B}$指闭路破碎机的排矿口与给矿口宽度之比；

3. 设有预先筛分时K_3取小值，不设预先筛分时取大值.

表 7.4.18 水分修正系数K_4值

矿石中水分含量,%	4	5	6	7	8	9	10	11
K_4	1.0	1.0	0.95	0.90	0.85	0.80	0.75	0.65

注：矿石中除含水外，还要有成球的粉矿时才能引用K_4系数.

b 闭路破碎

在闭路破碎时，破碎机的处理量，按闭路通过的矿量计算。计算公式如下：

$$Q_e = K_e Q K_1 K_2 K_3 K_4 \qquad (7.4.6)$$

式中 Q_e——闭路破碎时破碎机的处理量，t/h；

K_c——闭路时，平均给矿粒度变细的系数。中型或短头圆

表 7.4.19 矿石硬度及给矿粒度修正系数表

矿石硬度等级	矿石硬度修正系数，K_1										
	软		中硬				硬			特硬	
普氏硬度系数	10	11	12	13	14	15	16	17	18	19	20
K_1	1.2	1.15	1.10	1.05	1.0	0.95	0.90	0.85	0.80	0.75	0.70

给矿粒度系数，K_2						
最大矿块与给矿口之比，d_{max}/B	0.3	0.4	0.5	0.6	0.7	0.85
K_2	1.5	1.4	1.3	1.2	1.1	1.0

锥破碎机在闭路时，一般取1.15～1.4（硬矿石取小值、软矿石取大值）；

Q、K_1、K_2、K_3、K_4、——同式(7.4.3)。

B　光面对辊破碎机处理量的计算

光面对辊破碎机的处理按下式计算：

$$Q=60\pi\mu DnLe\gamma \tag{7.4.7}$$

式中　Q——对辊破碎机的处理量，t/h；

μ——破碎机排出口的充满系数，$\mu=0.2\sim0.4$，破碎硬矿石和粗粒矿石时取大值，反之取小值；

D——破碎机辊筒直径，m；

n——破碎机辊筒转数，r/min；

L——破碎机辊筒长度，m；

e——破碎机辊筒之间的排矿口宽度，m；

γ——破碎矿石的松散密度，t/m³。

选择光面对辊破碎时，辊筒啮角有很大意义，一般按下式计算：

$$\cos\frac{\alpha}{2}\doteq\frac{D+e}{D+d} \tag{7.4.8}$$

式中　α——啮角，(°)；

D——辊筒直径，mm；

d——最大给矿粒度，mm；

e——辊筒之间的排矿口宽度，mm。

根据啮角条件，为了不使破碎物料抛出，使破碎机能有效的工作，所选用破碎机辊筒直径应大于最大给矿粒度的22～25倍。

C 反击式破碎机处理量的计算

反击式破碎机的处理量按下式计算：

$$Q=60K_c(h+a)bDn\gamma \quad (7.4.9)$$

还可以按下式计算：

$$Q=3600\mu vLa\gamma \quad (7.4.10)$$

式中 Q——反击式破碎机的处理量，t/h；

K——理论处理量与实际处理量修正系数，一般取$K=0.1$；

c——转子上板锤数目；

b——板锤宽度，m；

h——板锤高度，m；

μ——矿石充满系数，$\mu=0.2\sim0.7$；

n——转子的转数，r/min；

D——转子的直径，m；

L——转子的长度，m；

a——反击板与板锤之间的间隙，m；

γ——矿石的松散密度，t/m^3；

v——打击板锤的线速度，m/s。

反击式破碎机的转子圆周速度使用范围是12～70米/秒，一般常用的是15～45米/秒。

转子直径根据给矿中最大粒度选取：

$$D\geqslant1.25d_{max}+200 \quad (7.4.11)$$

式中 D——反击式破碎机转子直径，mm；

d_{max}——最大给矿粒度，mm。

D 锤式破碎机处理量的计算

$$Q=60bLcd\mu mn\gamma \quad (7.4.12)$$

式中 Q——锤式破碎机的处理量，t/h；

b——筛格的缝隙宽度，m；

L——篦条筛格的长度，m；

c——排矿篦条的缝隙个数；

d——排矿粒度，m；

μ——充满与排料不均匀系数，一般取 $\mu=0.015\sim0.07$，小型破碎机取较小值，大型破碎机取大值；

m——转子圆周方向的锤子排数，一般 $m=3\sim6$；

n——转子转速，r/min；

γ——矿石松散密度，t/m³。

由于理论公式计算较麻烦，一般多采用经验公式计算。当破碎中硬物料和破碎比为15～20时，可用下式计算：

$$Q=(30\sim45)DL\gamma \tag{7.4.13}$$

式中 Q——锤式破碎机的处理量，t/h；

D——按转子外缘计的转子直径，m；

L——转子长度，m；

γ——矿石松散密度，t/m³。

破碎煤时，锤式破碎机的处理量按下式计算：

$$Q=\frac{\eta LD^2\left(\frac{n}{60}\right)^2}{S-1} \tag{7.4.14}$$

式中 n——转子转数，r/min；

S——破碎比；

η——物料硬度和破碎机结构型式影响的系数，对于煤 $\eta=0.12\sim0.22$；

Q、L、D意义同式(7.4.13)。

以上经验公式都有局限性，应注意其使用条件。特别是对于颚式破碎机、旋回破碎机及圆锥破碎机，因制造厂家不同，同类型、同规格设备，由于破碎腔、偏心距、转速、功率等，可能各不相同，因而处理量将各有差异，而式中的修正系数尚未考虑这些设备构造参数的，设计计算时，可以按样本处理量乘以被破碎矿石的硬度、密度、给矿粒度和水分等修正系数来校正。

7.4.2.4 破碎机台数的计算

设计需要的破碎机台数按下式计算：

$$n=\frac{Q_d}{Q} \qquad (7.4.15)$$

式中 n——设计需要的破碎机台数；

Q_d——破碎作业的设计矿量，闭路破碎时，按通过闭路破碎机的设计矿量计，t/h；

Q——选用的破碎机单台处理量，t/h。

计算出设计需要的破碎机台数后，将小数进位取整数，选定破碎机。

7.4.2.5 颚式、旋回和圆锥破碎机生产能力的其他计算法

这些破碎机的处理量也可根据产品目录的处理量用下式计算：

$$Q=Q_0K_1K_2K_3K_4 \qquad (7.4.16)$$

式中 Q——开路破碎机的处理量，t/h；

Q_0——产品样本中，破碎机破碎标准矿石（中硬矿石、松散密度1.6t/m³）的处理量，t/h；

K_1——矿石硬度（可碎性）修正系数，见表7.4.19；

K_2——矿石密度修正系数，见式(7.4.5)；

K_3——给矿粒度修正系数，见表7.4.19；

K_4——水分修正系数，见表7.4.18。

7.4.3 破碎流程的计算

破碎筛分流程的计算，一般只是确定各个破碎产品和筛分产品的绝对重量，即产量（吨/时），以Q表示；和相对重量，即产率（%）以γ表示。以此作为选择破碎和筛分设备的依据，并使各段的负荷能够大致平衡，使各段破碎机和筛分机处于最优化状态下工作。

应该指出，当破碎作业中有预选、洗矿(脱泥)、选别等作业时，则预选、洗矿、选别的产品还应计算其品位和回收率。

在破碎筛分过程中，仅是矿石的粒度及粒度组成发生变化，而进入各作业的产物重量（或产率）与从该作业排出的产品重量（或产率）仍是相等的。少量机械损失或其他流失在计算时均不予考虑。故各产品或产率的计算均可按重量或产率平衡方程式求出。

7.4.3.1 计算破碎流程的原始资料

A 破碎作业的处理能力

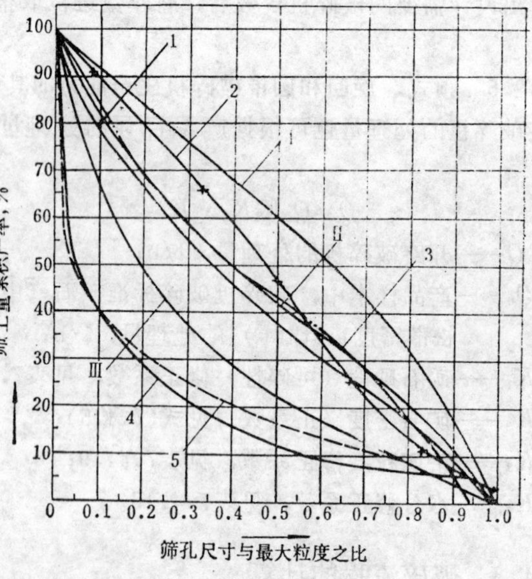

图 7.4.8 原矿粒度特性曲线

Ⅰ—难碎性矿石；Ⅱ—中等可碎性矿石；Ⅲ—易碎性矿石（甘井子石灰石）

1—铜官山，$f=9\sim17$；2—华铜，$f=6\sim10$；3—通化，$f=8\sim12$；

4—锦屏海相沉积变质磷块岩，矿石松软；5—易门中硬偏软矿石，溜井放矿

由于破碎作业的工作制度往往与磨矿作业不同，所以破碎作业的处理能力（吨/时）计算，即为选矿厂规模（吨/天）除以破碎作业工作时数。

B 原矿的粒度特性曲线

原矿粒度特性曲线可以通过工业试验直接测定，也可以借用可碎性相近的典型粒度特性曲线，有时即直接应用原矿示性粒度曲线（图7.4.8）。

C 各段破碎机产品粒度特性曲线

可以通过工业性试验直接测定，但测定工作量太大。一般可根据矿石可碎性试验或功指数值选用类似选矿厂的实际粒度特性曲线。也可以根据典型粒度特性曲线确定。各种破碎机产品粒度特性曲线示于图7.4.9至图7.4.15。

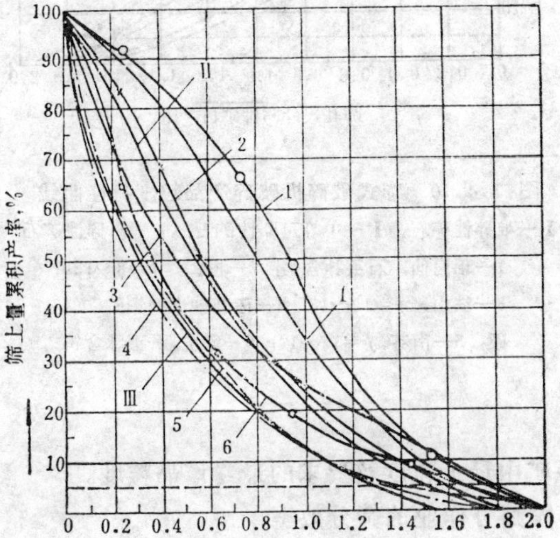

图 7.4.9 旋回破碎机破碎产品粒度特性曲线

Ⅰ—难碎性矿石；Ⅱ—中等可碎性矿石；Ⅲ—易碎性矿石

1—铜官山，$f=9\sim17$；2—华铜，$f=6\sim10$；3—寿王坟，$f=8\sim12$；

4—易门，中硬偏软矿石；5—东鞍山，$f=12\sim18$；6—大孤山，

$f=12\sim16$

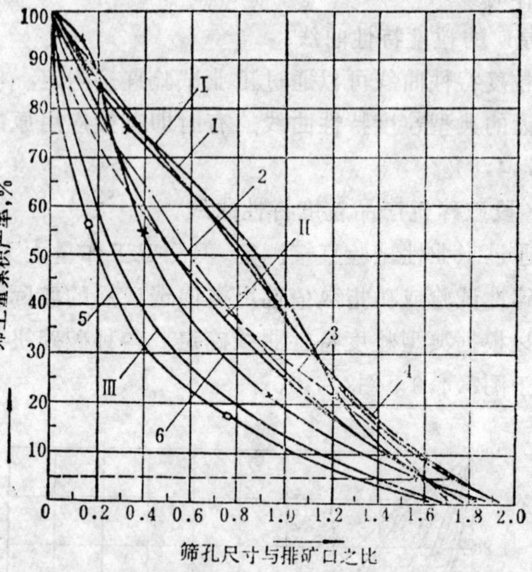

图 7.4.10 颚式破碎机破碎产品粒度特性曲线

Ⅰ—难碎性矿石；Ⅱ—中等可碎性矿石；Ⅲ—易碎性矿石

1—瑶岗仙，石英脉含钨；2—桓仁，$f=8\sim12$；3—铁山，$f=12\sim16$；4—诸几砂卡型铜矿，偏硬；5—南芬，$f=12\sim14$；6—浒坑，石英脉含钨

D 原矿中最大粒度及要求的最终产品粒度。

E 各段筛分作业的筛分效率

筛分效率要根据实际资料合理选择，粗碎和中碎前作预先筛分用的条筛，筛分效率一般为50～60%，中碎和细碎的预先筛分或检查筛分用的振动筛，一般为80～85%。筛孔尺寸和筛分效率的正确选择，对筛子的生产能力影响很大。筛孔尺寸一般在破碎机排矿口与破碎产品最大粒度之间选取，或根据工艺要求确定。

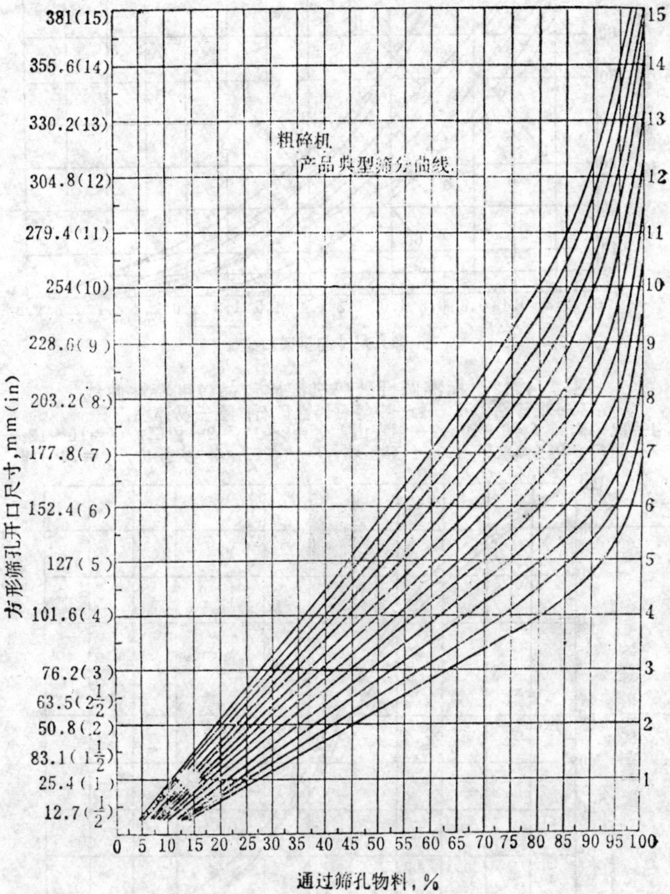

图 7.4.11 粗碎机产品典型曲线（颚式、旋回）

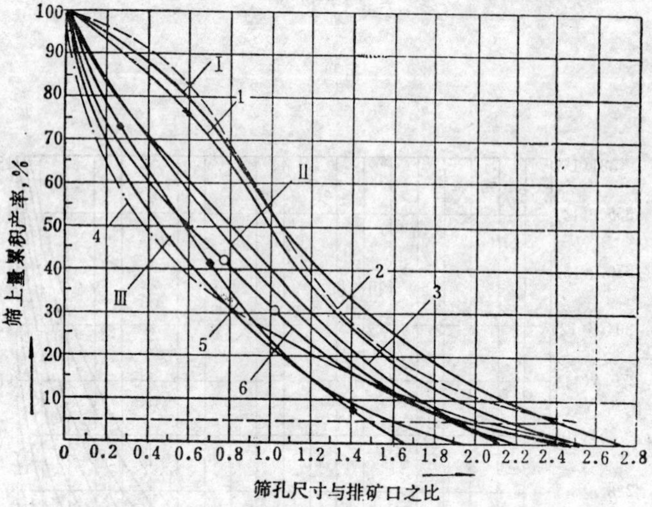

图 7.4.12 标准圆锥破碎机破碎产品粒度特性曲线

Ⅰ—难碎性矿石；Ⅱ—中等可碎性矿石；Ⅲ—易碎性矿石

1—比子沟，$f=6\sim10$；2—铜官山，$f=9\sim17$；3—桓仁，$f=10\sim12$；4—易门，中硬偏软矿石；5—寿王坟，$f=8\sim12$；6—大孤山，$f=12\sim16$

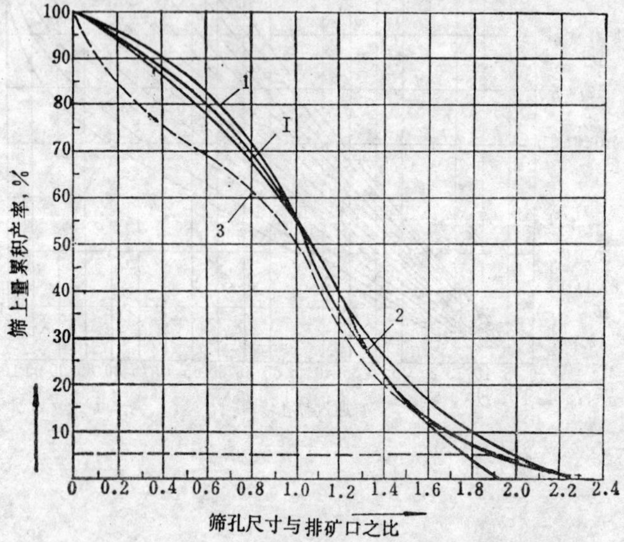

图 7.4.13 中型圆锥破碎机闭路破碎产品粒度特性曲线

Ⅰ—中等可碎性矿石

1—新冶，$f=8\sim10$；2—通化，$f=8\sim12$；3—赤马山，$f=8\sim9$

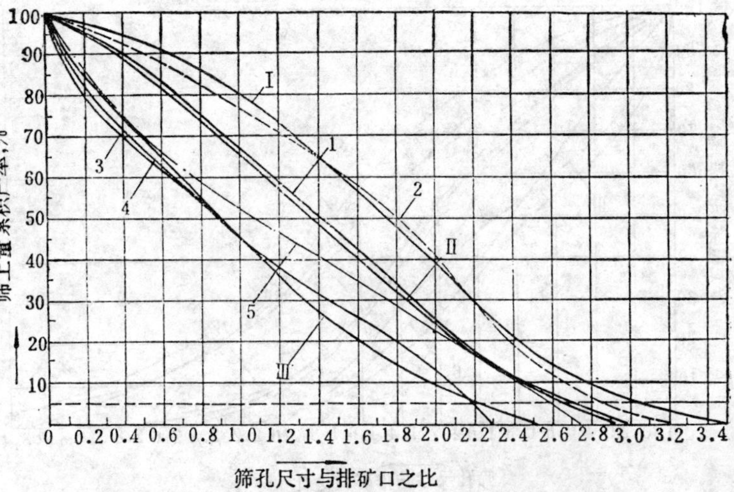

图 7.4.14 短头圆锥破碎机开路破碎产品粒度特性曲线

Ⅰ—难碎性矿石；Ⅱ—中等可碎性矿石；Ⅲ—易碎性矿石

1—东鞍山，$f=12\sim18$；2—泥坪，层状铜矿；3—铁山，$f=12\sim16$；4—桃林变质岩、火成岩脉状铅锌多金属矿；5—易门，中硬偏软矿石

具体选用时，可参考表7.4.20。

F 矿石的物理机械性质

主要是指矿石的可碎性、邦德冲击功指数。可以把矿石划分为硬矿石、中硬矿石和软矿石。其次是矿石其密度（比重）、松散密度（堆比重）、含水量和含泥量等。

7.4.3.2 各种基本破碎流程的计算

A 没有预先筛分和检查筛分的破碎作业

如图7.4.16*a*所示流程，破碎机排矿量Q_2（吨/时）等于它的给矿量（吨/时）。

B 有预先筛分的破碎作业

预先筛分的筛下产品重量Q_2等于给矿中小于筛孔级别的重量$Q_1\beta_1$乘以筛分效率E（%）。如图7.4.16*b*所示可知：

$$Q_2=Q_1\beta_1E$$

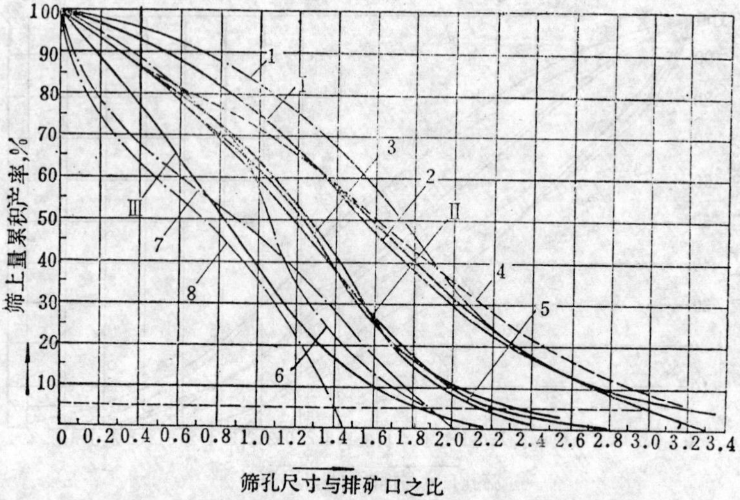

图 7.4.15　短头圆锥破碎机闭路破碎产品粒度特性曲线

Ⅰ—难碎性矿石；Ⅱ—中等可碎性矿石；Ⅲ—易碎性矿石

1—华铜，$f=6\sim10$；2—南芬，$f=12\sim14$；3—桓仁，$f=10\sim12$；4—东鞍山，$f=12\sim16$；5—寿王坟，$f=8\sim12$；6—通化，$f=8\sim12$；7、8—双塔山，$f=9\sim13$，ϕ1680多缸液压圆锥破碎机，$e=7$、$e=10$

表 7.4.20　破碎产品最大粒度d_{max}与破碎机排矿口、筛孔、筛分效率等的关系

矿石性质	破碎流程	组合关系		
		破碎机排矿口 e	筛孔 d	筛分效率 E,%
中等可碎性矿石	闭路(组合Ⅰ)	$0.8d_{max}$	$1.2d_{max}$	80
	闭路(组合Ⅱ)	$0.8d_{max}$	$1.4d_{max}$	65
	开路(振动筛)	$0.4\sim0.5d_{max}$	$1d_{max}$	85
难碎性矿石	闭路(组合Ⅰ)	$0.8d_{max}$	$1.15d_{max}$	80
	闭路(组合Ⅱ)	$0.8d_{max}$	$1.3d_{max}$	65
	开路(振动筛)	$0.3\sim0.4d_{max}$	$1d_{max}$	85

注：闭路破碎时，一般选用组合Ⅰ的组合关系。

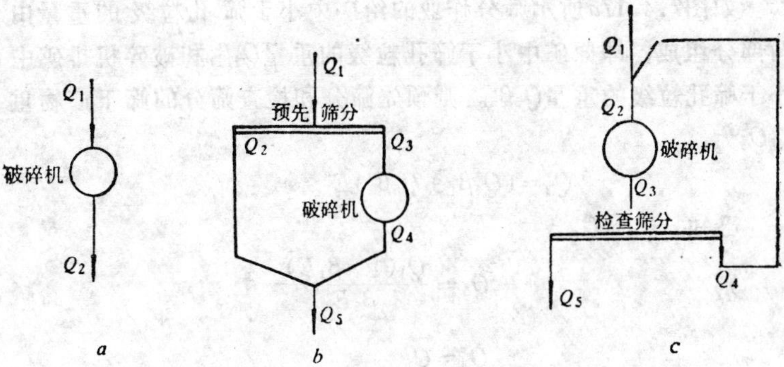

图 7.4.16 流程计算单元（1）

式中 β_1——给矿中小于筛孔级别的含量，%。

筛上产物的重量Q_3则为：

$$Q_3 = Q_1 - Q_2 = Q_1 - Q\beta_1 E = Q_1(1-\beta_1 E)$$

$$Q_3 = Q_4$$

$$Q_5 = Q_2 + Q_4 = Q_1$$

C 有检查筛分的破碎作业

如图7.4.16c所示，检查筛分的筛下产物重量Q_5等于破碎机排矿中小于筛孔级别的重量$Q_3\beta_3$乘以筛分效率E（%）。即：

$$Q_5 = Q_3\beta_3 E$$

式中 β_3——破碎机排矿中小于筛孔级别的含量，%。

已知 $Q_5 = Q_1$

则 $$Q_3 = \frac{Q_5}{\beta_3 E} = \frac{Q_1}{\beta_3 E}$$

筛上产物重量$Q_4 = Q_3 - Q_5 = \dfrac{Q_1}{\beta_3 E} - Q_1 = \dfrac{Q(1-\beta_3 E)}{\beta_3 E}$

则破碎机的循环负荷c（%）为：

$$c = \frac{Q_4}{Q_1} = \frac{1-\beta_3 E}{\beta_3 E}\cdot 100\%$$

D　预先筛分和检查筛分合一的破碎作业

如图7.4.17*a*所示筛分作业的给矿中小于筛孔粒级的重量由两部分组成，即原矿中小于筛孔粒级的重量$Q_1\beta_1$和破碎机排矿中小于筛孔粒级的重量$Q_5\beta_5$。则预先筛分和检查筛分的筛下产物重量Q_3为：

$$Q_3=(Q_1\beta_1+Q_5\beta_5)E$$

已知　$Q_3=Q_1$

则

$$Q_5=\frac{Q_1(1-\beta_1E)}{\beta_5E}$$

$$Q_4=Q_5$$

筛分作业的循环负荷*c*（%）为：

$$c=\frac{Q_5}{Q_1}=\frac{1-\beta_1E}{\beta_5E}\times100\%$$

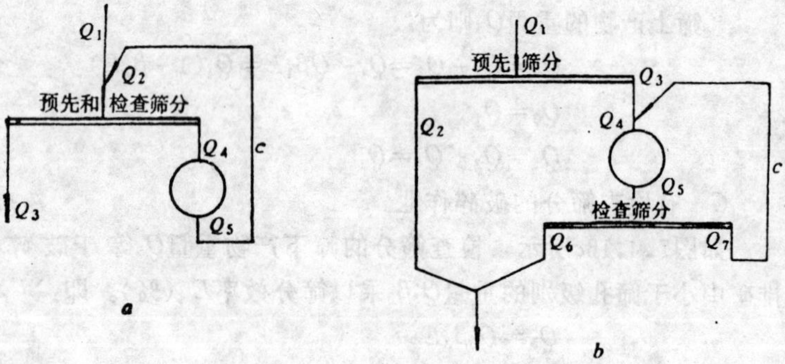

图 7.4.17　流程计算单元 (2)

E　预先筛分和检查筛分分开的破碎作业如图7.4.17*b*所示预先筛分的筛下产物：

$$Q_2=Q_1\beta_1E_1$$

预先筛分的筛上产物：

$$Q_3=Q_1(1-\beta_1E_1)$$

检查筛分的筛下产物：

$$Q_6=Q_5\beta_5E_2$$

因为 $$Q_6=Q_3$$

所以 $$Q_5=\frac{Q_1(1-\beta_1E_1)}{\beta_5E_2}$$

又 $$Q_4=Q_5$$

则检查筛分的筛上产物：

$$Q_7=Q_5-Q_6=Q_4-Q_3=Q_5-Q_3$$

$$=\frac{Q_1(1-\beta_1E_1)}{\beta_5E_2}-Q_1(1-\beta_1E_1)$$

$$=\frac{Q_1(1-\beta_1E_1)(1-\beta_5E_2)}{\beta_5E_2}$$

故破碎机的循环负荷c（%）为：

$$c=\frac{Q_7}{Q_3}=\frac{Q_1(1-\beta_1E_1)(1-\beta_5E_2)}{\beta_5E_2Q_1(1-\beta_1E_1)}$$

$$=\frac{1-\beta_5E_2}{\beta_5E_2}$$

应当指出：当预先筛分和检查筛分合一时，则$E_1=E_2$；当预先筛分和检查筛分分开时，则筛分效率E_1和E_2可以不相等，也可以相等。

在进行流程计算时，必须结合设备的选择同时进行，因为破碎流程计算必须利用选用破碎机的产品粒度特性曲线。在着手破碎流程计算之先，必须要拟定各段将采用的破碎机和筛分机的类型。

7.4.3.3 破碎流程计算步骤

以常见的三段一闭路和三段开路为例，如图7.4.18所示，其具体计算步骤如下：

（1）求出总破碎比$R_{总}$。

（2）根据总破碎比确定破碎段数，并进行各段破碎比分配。

用试算各段破碎比的方法，即是先求出各段的平均破碎比$\overline{R}=\sqrt[n]{R_{总}}$，式中$n$为破碎段数，本例为3。而后根据各段破碎机可能，合适破碎比范围调整各段破碎比，使各段破碎比的乘积等于总破碎比，即$R_{总}=R_1R_2R_3$。

（3）求出各段破碎产品的最大粒度：

第一段　$d_s=\frac{D_{max}}{R_1}$；第二段$d_g=\frac{d_s}{R_2}$；

第三段　闭路$d_{11}=\frac{d_9}{R_3}$；开路$d_{13}=d_{12}$。

（4）求出各段破碎机的排矿口d_s。用于闭路破碎的破碎机排矿口，一般略小于或等于最终破碎产品的粒度，即$d_{sc}=(0.8\sim1)P_{100}$；用于开路破碎机排矿口，则应保证排矿中的最大粒度不超过所要求的本段或最终产品粒度。因此，必须按表7.4.3所列的相对过大粒度系数Z去除以本段或最终产品粒度，即$d_{so}=\frac{P_{100}}{Z}$或$d_{so}=p_{100/1.8}$。

（5）确定筛孔尺寸a，都以本段破碎机排矿中的最大粒度为依据。作为预先筛分的筛孔尺寸，在本段破碎机排矿口与排矿中最大粒度之间选取，即$a_{预}=d_s\sim P_{100}$；用作检查筛分的筛孔尺寸，即是闭路筛分作业的筛孔尺寸。为着提高筛子的处理能力而节省筛子台数，往往采用增大筛孔使之大于破碎机排矿口20～40%，即所谓的等值筛分工作制度。所以，检查筛分的筛孔尺寸$a_{检}=(1\sim1.4)P_{100}$。

（5）筛分效率E的选取。参照表7.4.20选取。

（6）各个产物的产率和重量计算。

根据平衡方程式计算。从图7.4.18看出$Q_1=Q_5=Q_9=Q_{11}$；$\gamma_1=\gamma_5=\gamma_9=\gamma_{11}=100\%$，然后分段求出各个产物的产率（%）和产量（吨/时）。

在第一破碎段中，应先出第一段筛分的筛下产物重量$Q_2=Q_1\beta_1^{-a_1}E_1$，然后求出产物2的产率$\gamma_2=\frac{Q_2}{Q_1}$和其它产物未知的产量和产率。

在第二破碎段中，应先求第二段筛分的筛下产物重量$Q_6=$

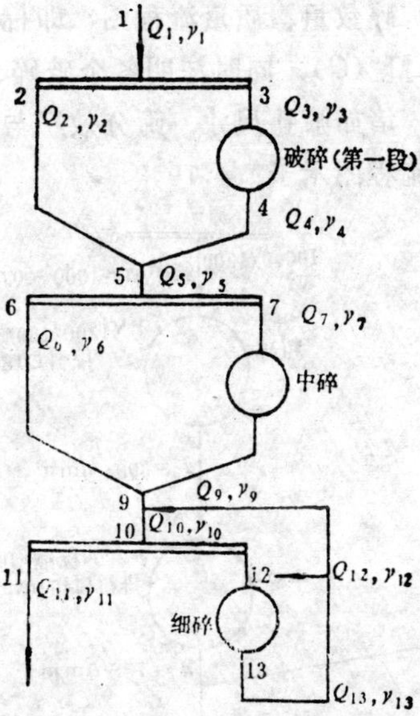

图 7.4.18 三段一闭路破碎流程

$(Q_1\beta^{-a_2}+Q_4\beta_4^{-a_2})E_2$，然后求出其余未知的产率和产量。式中$\beta_1^{-a_2}$与$\beta_4^{-a_2}$分别为原矿中和第一段破碎中新生的 小于第二段筛子筛孔的含量,%。

在第三破碎段中，则是利用已知与原给 矿量相 等的产物Q_{11}列出平衡方程式：

$$Q_{11}=(Q_1\beta_1^{-a_3}+Q_4\beta_4^{-a_3}+Q_8\beta_8^{-a_3})E_3+Q_{13}\beta_{13}^{-a_3}\cdot E_3$$

式中$\beta_1^{-a_3}\beta_4^{-a_3}$和$\beta_{13}^{-a_3}$分别为原矿中，第一段 破碎中、 第二段破碎中和第三段破碎中新生的小于第三段筛孔粒级的含量，%。

由此求出循环负荷率：

$$c=\gamma_{13}=\frac{1-(\beta_1^{-a_3}+\gamma_4\beta_4^{-a_3}+\gamma_8\beta_8^{-a_3})E_3}{\beta_{13}^{-a_3}E_3}$$

或

$$c=\gamma_{13}=\frac{1-\beta_9^{-a_3}E_3}{\beta_{13}^{-a_3}E_3}$$

然后求出其余产物的未知产率和产量。

（7）绘出破碎数量、质量流程图，即标出各个产物编号及其产率（γ）与产量（Q），同时注明各个破碎、筛分作业所用设备及其作业条件，诸如筛孔尺寸、筛分效率与排矿等。

典型 质量流程图示于7.4.19。

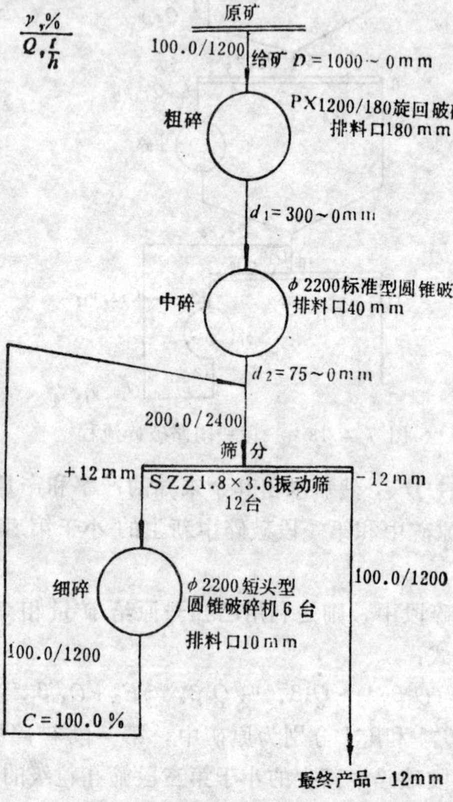

图 7.4.19 典型三段一闭路数质量流程

参 考 文 献

〔1〕 Allen T，颗粒大小测定，中国建筑工业出版社，1984，p.108～172。

〔2〕 徐秉权，粉碎工程，2 (1987)，p.1～9。

〔3〕 王宏勋，粉碎工程，7 (1988)，p.1～5。

〔4〕 王宏勋，粉碎工程，1 (1989)，p.1～4。

〔5〕 陈炳辰，选矿数学模型，中国选矿情报网，1984，p.145～146。

〔6〕 Перов，磨矿，辽宁人民出版社，1954，p.115。
〔7〕 王宏勋，破碎与磨矿试验技术，冶金部有色金属选矿情报网，1982，p.11～42。
〔8〕 三轮茂雄，粉体工学通论，日刊工业新闻社，1980。
〔9〕 三轮茂雄等，粉体工学实验，日刊工业新闻社，1984。
〔10〕 丁培洪、王宏勋，物料破碎机理研究及破碎机参数探讨，（1988）未发表著作。
〔11〕 神保二元等，粉碎，中国建筑工业出版社，1985.3。
〔12〕 徐秉权，粉碎原理与节能，中南工业大学出版社，1983。
〔13〕 破碎粉磨机械编写组编，破碎粉磨机械，机械工业出版社，1978，p.10～117，p.186～228。
〔14〕 任德树，破碎筛分原理与设备，冶金工业出版社，1984。
〔15〕 周忠尚主编，选矿厂设计，冶金工业出版社，1984，11。
〔16〕《选矿设计手册》编委会，选矿设计手册，冶金工业出版社，1988，7。
〔17〕 李啟衡主编，碎矿与磨矿，冶金工业出版社，1980。
〔18〕 王宏勋，国内外破碎与磨碎工艺和设备技术现状和发展动向，中国金属学会1983，p.1～82。
〔19〕 王宏勋，粉碎工程技术进展，（1987），未发表著作。
〔20〕 丁培洪，粉碎工程，1（1987），p.10～19。
〔21〕 王宏勋，粉碎工程技术进展，中国选矿科技情报网，1988。
〔22〕 Mular, A. L., Design and Installation of Comminution Circuits, Newyork, 1982, 343～386.
〔23〕 Lynch A. J., Mineral chushing and gridmg circuits, Amsterdam, 1977.
〔24〕 Kelly, E. G等, Introduction to Mineral Processcug, U.S.A., 1982, 113～121。